Change Management für Personaler

Thomas Bartscher, Regina Nissen

Change Management für Personaler

Die digitale Arbeitswelt mitgestalten

1. Auflage

Haufe Group
Freiburg - München - Stuttgart

Bibliografische Information der Deutschen Nationalbibliothek

Die Deutsche Nationalbibliothek verzeichnet diese Publikation in der Deutschen Nationalbibliografie; detaillierte bibliografische Daten sind im Internet über http://dnb.dnb.de abrufbar.

Print: ISBN 978-3-7910-11074-4 Bestell-Nr. 14062-0001
ePub: ISBN 978-3-7910-11075-1 Bestell-Nr. 14062-0100
ePDF: ISBN 978-3-7910-11076-8 Bestell-Nr. 14062-0150

Thomas Bartscher, Regina Nissen
Change Management für Personaler
1. Auflage, 2019

www.haufe.de
info@haufe.de

Bildnachweis (Cover): shutterstock.com

Produktmanagement: Christiane Haas

Inhaltsverzeichnis

Vorwort

Liebe Leserin, lieber Leser,

das Ihnen vorliegende Buch bietet Ihnen nicht nur einen Überblick über das allgemeine Vorgehen in Veränderungsarchitekturen, sondern will Sie vielmehr dabei unterstützen, Ihre eigene Funktion als Personaler im Change-Management-Prozess zu schärfen, Ihre Rolle und damit verbunden Ihre Handlungsoptionen zu erkennen und gewinnstiftend für das Veränderungsvorhaben zu nutzen. Denn eine der großen Herausforderungen der Zukunft wird auch für uns Personaler darin liegen, die digitale Arbeitswelt mitzugestalten.

Veränderungen in kleinen wie auch in großen Dimensionen gehören zum Unternehmensalltag dazu!

Veränderungen sind wichtig für die Weiterentwicklung der Organisationen!

Veränderungen sind aber auch besonders relevant für jeden einzelnen Mitarbeiter[1]!

Und hierbei kommen nun Sie als Personaler ins Spiel. Als Translator und Bindeglied zwischen der Unternehmensführung, den Führungskräften und den einzelnen Mitarbeitern nehmen Sie in Veränderungsprozessen eine wichtige Funktion ein. Sie haben die Möglichkeit, Transparenz zu schaffen, Orientierung zu geben und somit einen maßgeblichen Einfluss auf das Gelingen des Change-Management-Prozesses auszuüben.

Um Sie bei diesem wichtigen Vorgehen zu unterstützen, haben wir das Ihnen vorliegende Buch geschrieben. Aus vielen Seminaren und Workshops haben wir uns inspirieren lassen und sind mit Ihnen als Teilnehmer in den Diskurs gegangen, um zu erfahren, mit welchen Fragestellungen Sie während eines Veränderungsvorhabens konfrontiert sind.

Wir wollten wissen, welche Fragestellungen Ihnen besonders wichtig sind!

Wir haben Sie gefragt, an welchen Prozessstellen Sie sich mehr Unterstützung wünschen!

1 Gemeint sind stets alle Geschlechter. Aus Gründen der Lesbarkeit wird auf die Nennung aller Formen verzichtet.

Wir haben aufmerksam zugehört, als Sie uns von Ihren Sorgen, Nöten und Befürchtungen berichteten!

Und aus all diesen intensiven Gesprächen und teilweise emotionalen Diskussionen haben wir unsere Schlüsse gezogen, zusammengefasst und Handlungsoptionen herausgearbeitet. Wir sind nach vielfältigen Überlegungen zu dem Schluss gekommen, dass die folgenden drei Begriffe

Verständnis – Verständigung – Vertrauen!

Basis jedes Veränderungsvorhabens sein sollten.

Haben Sie **Verständnis** für Ihre Mitarbeiter, Führungskräfte und das Personalmanagement, also für alle, die mit Veränderungen konfrontiert werden. Setzen Sie auf eine klare und deutliche **Verständigung** über das Vorgehen, die Abläufe und die Konsequenzen aus Ihrem Change-Prozess. Transparenz und Kommunikationsverhalten beeinflussen Ihren Erfolg im Veränderungsprozess maßgeblich. Schaffen Sie **Vertrauen** aller an der Veränderung beteiligten Akteure in das Gelingen der Transformation.

Wir haben uns entschieden, Ihnen **vier thematische Schwerpunkte** näherzubringen. Nach einem grundlegenden Überblick über die **Arbeitswelten** heute und einem Ausblick auf die Entwicklung dieser, bedingt durch die zunehmende Digitalisierung, zeigen wir auch mögliche Auswirkungen auf die Beschäftigten Ihrer Organisation auf.

Uns ist besonders wichtig, Ihnen zu verdeutlichen, *warum* sich Menschen *wie* in Veränderungsprozessen verhalten. **Beziehungsdynamiken** zu erkennen hilft, geeignete Strategien zu entwickeln, die den Erfolg einer Veränderung befördern.

Als Personaler fungieren Sie nicht nur als Betreiber von Veränderungsprozessen. Vielmehr werden sich aus dem Change-Prozess für Sie **zentrale Kompetenz- und Gestaltungsfelder** ergeben. Wir zeigen Ihnen Möglichkeiten auf, Ihre Personalkapazitäten bei Planung, Anpassung oder auch bei Trennung zu optimieren. Ein Mix an **Change-Tools** soll Ihnen dabei helfen, unterschiedliche Methoden kennenzulernen und während Ihres Veränderungsvorhabens einzusetzen.

Mit diesem Buch wollen wir eine Dialogplattform schaffen. Denn auch wir wissen, Themen wie Digitalisierung, Disruptionen und Transformationen müssen in den Unternehmen diskutierbar sein, und dafür benötigen wir alle Akteure im Zusammenspiel. Wir wünschen uns einen konstruktiven Austausch, um das wichtige Thema Veränderung weiter voranbringen zu können.

Und nicht zuletzt wollen wir Ihnen Mut machen, denn Veränderungen brauchen ein engagiertes, aber eben auch mutiges Vorgehen!

Uns ist daran gelegen, mit Ihnen in den fachlichen Austausch zu gehen. Besuchen Sie doch unsere Homepage unter www.ipp-institut.de.

Regina Nissen & Thomas Bartscher

1 Einführung

Unsere Arbeitswelt verändert sich im Zuge der zunehmenden Digitalisierung immer schneller und nachhaltiger. Die digitale Arbeitswelt mitzugestalten, darin liegt eine bedeutende Herausforderung für uns Personaler. Veränderungsprozesse sind dabei allgegenwärtig und verlangen allen Beteiligten viel ab. Gerade deshalb müssen wir Personaler auf diese neuen Anforderungen vorbereitet sein. Unsere Aufgabe besteht zukünftig vermehrt darin, Orientierung im Veränderungsprozess zu geben, dabei weitere, neue Möglichkeiten und Horizonte zu eröffnen, aber auch Handlungs- und Lösungsoptionen aufzuzeigen. Ein wahrlich bunter Blumenstrauß an Erwartungshaltungen an uns und unsere Möglichkeiten.

»Wenn wir auch nicht sicher wissen, wie eine Handlung ausgeht, so müssen wir doch handeln, denn sonst kommt es zu keiner Veränderung. Ein Fehlgreifen in der Wahl der Mittel ist besser, als nichts zu tun.«

Dieses Zitat stammt von Carl Philipp Gottlieb von Clausewitz, der bis zu seinem Tod 1831 als preußischer Generalmajor, Heeresreformer, Militärwissenschaftler und -ethiker von sich reden machte. Interessant, dass diese Aussage heute noch genauso zutreffend ist wie zu seiner Zeit. Was also können wir von dem großen Strategen der damaligen Zeit lernen und in unser Heute übertragen? Von Clausewitz ging davon aus, dass sich jedes Vorgehen in zwei strukturelle Bereiche untergliedert – in Strategie und in Taktik.

Nun, auf das Change-Management übertragen bedeutet das: Die Strategie stellt die globale Planung im Rahmen Ihres Veränderungsvorhabens dar, wohingegen sich die Taktik auf die lokale Planung bezieht. Hilfreich mag vielleicht auch der direkte Vergleich der Begriffe Strategie und Taktik sein. Bezogen auf Ihr Veränderungsvorhaben stellt die Strategie das große Ganze der Veränderung dar, wohingegen die Taktik die detaillierten Teilschritte in der Umsetzung bestimmt.

Konkret formuliert bedeutet dies, Sie brauchen zunächst eine globale und langfristig orientierte Strategie, einen Masterplan, um dann zu entscheiden, nach welcher Taktik Sie verfahren wollen, damit Ihr Veränderungsvorhaben gelingt!

Im Aufbau des Ihnen vorliegenden Buches haben wir uns an den Begriffen Strategie und Taktik orientiert. Ausgehend von einer Strategie, die Ihr Veränderungsvorhaben flankiert, schauen wir uns zunächst gemeinsam die Arbeitswelten an. In einem sich zunehmend schneller verändernden Arbeitsumfeld gilt es, passende Taktiken zu entwickeln, die notwendige Veränderungen befördern. Dafür ist es hilfreich, zunächst die eigenen Geschäftsmodelle zu hinterfragen und in ihrer zukünftigen Ausgestaltung auf den Prüfstand zu stellen. Ergebnis kann dabei sein, dass eine Veränderung angezeigt ist und damit eingeleitet und umgesetzt werden sollte.

Um dies weiter zu verdeutlichen, bemühen wir an dieser Stelle das Veränderungszielbild »Vision – Mission – Werte« aus der Organisationsentwicklung. Ihr Veränderungsvorhaben braucht eine **Vision!** Formulieren Sie diese möglichst konkret, damit deutlich wird, was genau durch die Veränderung erreicht werden soll, was zukünftig anders sein soll. Welche *Mission* verfolgen Sie mit Ihrem Veränderungsvorhaben? Worin liegt dabei Ihre konkrete Aufgabe? Und nicht zuletzt ist eine Beschreibung Ihrer *Werte* erforderlich. Diese gibt Aufschluss darüber, wie Sie in Ihrem Veränderungsprozess agieren wollen. Aus diesem Zielkatalog ergibt sich für Ihr Veränderungsbestreben ein Umsetzungsplan. Was genau machen Sie bis wann! Und hier kommen Sie wieder vom Bereich der Strategie in den der Taktik. Wie genau wollen Sie vorgehen, um Ihr Veränderungsvorhaben umzusetzen?

Zunächst einmal ist das Erkennen, dass eine Veränderung notwendig und jedes Handeln besser ist, als nichts zu tun, ein erster und wichtiger Schritt. Das stellte von Clausewitz, wie in dem einleitenden Zitat erwähnt, auch schon fest. Wir wollen Ihnen mit diesem Buch helfen, ein Fehlgreifen bei der Wahl der Mittel möglichst zu vermeiden. Und damit sind wir bereits bei den Taktiken.

Warum Change-Management für jede Organisation wichtig, ja sogar überlebenswichtig ist, haben wir eingangs erläutert. Ihre Aufgabe als Personaler liegt nun darin, diesen Umstand zu artikulieren, Ihre Führungskräfte und Mitarbeiter zu überzeugen und für die Veränderung zu gewinnen.

Ihnen wird bei der Lektüre dieses Buches immer wieder die Frage nach den Kompetenzen, dem Erhalt, dem Aufbau und der Veränderung von Kompetenzen begegnen. Die digitale Arbeitswelt von Morgen braucht andere Kompetenzen als die, die wir heute noch in den Organisationen vorfinden. Es lohnt sich sicher für Sie, Ihre Führungskräfte und Mitarbeiter hinsichtlich deren Kompetenzen gut zu kennen. Die demografische Zusammensetzung Ihrer Belegschaft spielt dabei eine zentrale Rolle.

Die sogenannten Babyboomer und die darauffolgende Generation X werden in den nächsten Jahren aufgrund von Alter Ihre Organisation verlassen und mit ihnen wird viel Erfahrungswissen verloren gehen. Viele Babyboomer zeichnen sich durch eine hohe Leistungsbereitschaft und Loyalität ihrem Arbeitgeber gegenüber aus. Auch ist ihnen hierarchisches Führen nicht fremd und ein ständiges Hinterfragen von Unternehmensentscheidungen gehört nicht unbedingt zu ihren bevorzugten Anliegen. Stabilität und Verlässlichkeit stehen für die Babyboomer an erster Stelle.

Die sogenannten Millennials, auch als Generation Y oder Digital Natives bezeichnet, umgeben von der Generation X und der nachwachsenden Generation Z, werden dann einen Großteil Ihrer Belegschaftsstruktur ausmachen. Gemeint sind damit alle Menschen, die bis zur Jahrtausendwende (Millenium) geboren wurden. Es wird viel diskutiert, was nun eigentlich diese Generation ausmacht, was hervortretende Merkmale dieser Menschengruppe sind. Einigkeit besteht darüber, dass diese Generation besonders technikaffin ist, da die Menschen mit dem Internet und sozialen Medien wie Facebook, Instagram usw. aufgewachsen sind. Diese Generation wird häufig beschrieben als besonders gut ausgebildet und dennoch gekennzeichnet durch eine Abkehr vom Streben nach Status und materiellem Erfolg. Spaß an der Arbeit, Selbstverwirklichung und Sinnsuche bestimmen das Leben der Millenials. Eine Ausgewogenheit zwischen Arbeits- und Privatleben erscheint wichtiger als beruflicher Erfolg um jeden Preis. Hierarchische Strukturen werden verstärkt hinterfragt und abgelehnt. Dennoch verschwimmt auch für diese Generation die klare Trennlinie zwischen Arbeit- und Privatleben aufgrund der ständigen Erreichbarkeit dank des Internets.

Auch für die Millenials gibt es bereits eine Nachfolgergruppe an Beschäftigten – die sogenannte Generation Z (geboren von ungefähr 1995 bis 2010). Kennzeichen dieser Gruppe ist, dass sie vollständig in einer digitalisierten Welt aufwachsen und bereits von frühester Kindheit an mit Smartphones, dem Internet und anderen Technologien ganz selbstverständlich umgehen. Bereits der Generation Y wurde eine fehlende emotionale Bindung zum Arbeitgeber nachgesagt, in der nachfolgenden Generation Z setzt sich dieses Phänomen fort.

Für Personaler liegt die Herausforderung darin, andere Motivationseffekte zu nutzen, um die jungen Mitarbeiter für das Unternehmen zu begeistern und an dieses zu binden. Projektarbeit, wechselnde Herausforderungen, positive Entfaltungsmöglichkeiten stellen nur einige Ansätze dar. Wichtig ist für diese Generation auch das Thema ergebnisorientierte Führung. Eine hohe Flexibilität in der Arbeitszeitgestaltung, aber auch die Berücksichtigung einer Ausgewogenheit zwischen Berufs- und Privatleben sind Bestandteil des Unternehmensalltages. Eine leistungsorientierte Arbeitsvergütung stärkt die Arbeitnehmermotivation und die Bereitschaft, sich an ein Unternehmen zu binden. Ein beständiger Wunsch nach Entfaltungsmöglichkeiten im beruflichen Kontext, ohne das Damoklesschwert der befristeten Beschäftigungen, ist zunehmend Teil der Haltung der Generation Z.

Damit einhergehend gewinnt die Bedeutung der Arbeitgebermarke zunehmend an Beachtung. Für die Generation Z ist es selbstverständlich, einen Zugang zu Bewertungen über den Arbeitgeber zu haben. Befragungs- und Bewertungsportale sind nur einen Klick weit entfernt und erlauben jedem Interessenten oder Arbeitnehmer, sich einen Eindruck über das Unternehmen, dessen Präsentation und die Erfahrungen anderer mit diesem zu verschaffen. Für die Generation Z gehört Digitalisierung zwingend zum beruflichen Alltag dazu. Moderne, innovative Personalstrategien sind gefragt. Für Personaler liegt damit die Herausforderung darin, auch für diese nachfolgende Beschäftigtengruppe als Arbeitgeber attraktiv zu sein.

Die erfolgreiche Bewerberansprache zur Gewinnung von zukünftigen Mitarbeitern der Generation Z kann einen entscheidenden Wettbewerbsvorteil für das Unternehmen darstellen. Gut ausgebildet, technikaffin und motiviert kann die Generation Z einen Beitrag zum langfristigen Unternehmensbestand und -erfolg leisten. Das bedeutet für Personaler in der Konsequenz, innovative Strategien in einer digitalen Arbeitswelt zu etablieren.

Das Schöne an Demografie ist, dass sie nicht über Nacht und unplanbar kommt, sondern bekannt ist und Sie die Möglichkeit haben, angemessen darauf zu reagieren. Besser noch, proaktiv das Thema Demografie in Ihrer Organisation anzugehen. Das gilt auch für die Einbindung in Ihr Veränderungsvorhaben. Wir stellen Ihnen nachfolgend die unterschiedlichen mentalen Modelle vor, die auch den Umgang Einzelner mit Veränderungen beschreiben können. Die Darstellung der Phasen der Veränderung und das House of Change geben zusätzlich Klarheit und Verständnis für jene Akteure, die von Veränderungen betroffen sind.

Wie genau Ihre Rolle im Veränderungsprozess aussieht, wissen wir nicht. Wir bieten Ihnen aber Kompetenz- und Gestaltungsfelder an, indem wir darstellen, worauf Sie z. B. in Trennungsprozessen achten sollten. Denn ein gut strukturiertes und durchgeführtes Trennungsmanagement bringt mehr Gewinner als Verlierer hervor. Sie können als Personaler somit einen gewichtigen Anteil an der Veränderungsarchitektur nehmen.

Was genau Sie dafür brauchen, sind neben den notwendigen Kompetenzen insbesondere Tools, mit denen Sie sich als gleichberechtigter Partner auf Augenhöhe profilieren und anbieten können. Wir zeigen Ihnen unterschiedliche Formate, mit denen Sie Ihr Veränderungsvorhaben unterstützend begleiten können. Nicht jedes Format wird zu Ihnen passen, daher probieren Sie sich aus, testen Sie unterschiedliche Vorgehensweisen, aber bleiben Sie authentisch. Nur wenn Sie glaubhaft hinter Ihrem Tun stehen, werden die Mitarbeiter Ihnen folgen.

Auch die Inhalte der Personalarbeit werden sich zunehmend verändern. In einer digitalisierten Arbeitswelt zerfällt die Personalarbeit immer stärker in administrative Bereiche und in eine eher strategische Ausrichtung. Durch den vermehrten Einsatz von Algorithmen werden heutige Mitarbeiterkontakte zunehmend digitalisiert. Es wird folglich auch für uns Personaler zu einem verstärkten Kompetenzaufbau kommen müssen, damit wir weiterhin eine Daseinsberechtigung in unseren Organisationen haben.

Dieses Buch soll mehr sein als eine Handlungsanweisung, wie Change-Management aus Personalersicht einzuordnen ist. Wir haben es uns zum Auftrag gemacht, Sie in Ihrem Veränderungsvorhaben beratend zu begleiten, Ihnen Ideen zu geben, welches Vorgehen opportun ist, und Sie zu bestärken, Ihren Weg weiter in Ihrem Sinne zu gehen.

Die digitale Arbeitswelt mitzugestalten sehen wir als Aufgabe des Personalmanagements – also auch als unsere Aufgabe an!

2 Arbeitswelten heute und morgen

Aus dem Geschäftsmodell eines Unternehmens leiten sich die Aktivitäten im Personalmanagement ab. Verkürzt formuliert: Die Personalpolitik ist eine Folge der Unternehmenspolitik und unterstützt die Umsetzung der jeweils anvisierten strategischen Unternehmensziele. Hierbei sind u.a. markt- und kundenbezogene Einflussgrößen zu berücksichtigen. Komplexität im Unternehmensumfeld bewirkt dabei nicht selten auch komplexe Strukturen und Arbeitsabläufe in den Unternehmen. Insoweit sind die Anforderungen an das Personalmanagement und an dessen Ausgestaltung ein Abbild der Gegebenheiten der Märkte, in denen sich ein Unternehmen bewegt. Neue Technologien, disruptive Geschäftsmodelle, Änderungen in den gesetzlichen Rahmenbedingungen oder auch konjunkturelle Schwankungen sind nur einige Faktoren, die die Anforderungen an die personalen Aktivitäten eines Unternehmens beeinflussen (siehe Abbildung 2.1).

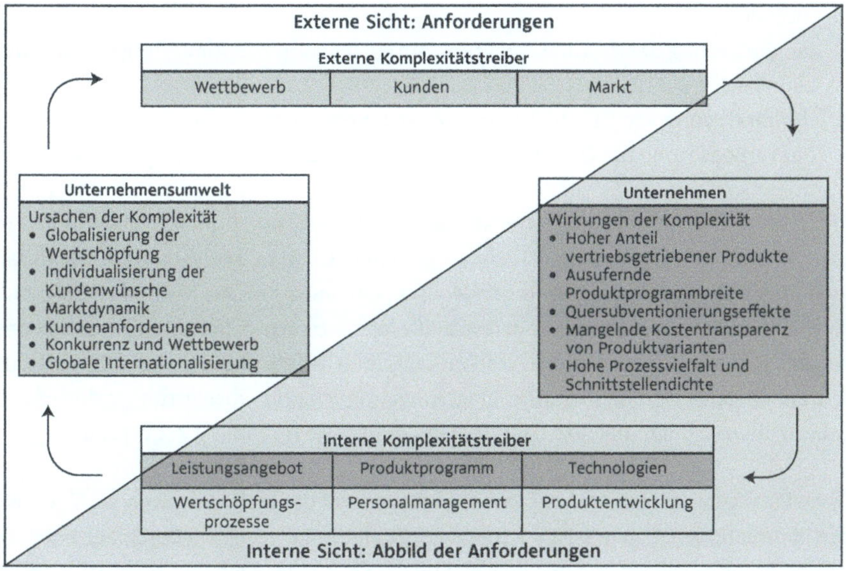

Abb. 2.1: Ursachen und Wirkungen von Komplexität, in Anlehnung an Wildemann (2015), S. 8

Wir können also feststellen: Komplexe Umweltbedingungen führen zu einer eher komplexen Ausgestaltung der Aktivitäten im Personalmanagement. Hingegen haben weniger komplexe Marktgegebenheiten weniger komplexe personale Lösungen zur Folge. Jedes Unternehmen ist daher durch spezifische soziale Rahmenbedingungen gekennzeichnet. Jedes Unternehmen muss sich also mit spezifischen personalen Marktgegebenheiten auseinandersetzen, etwa mit spezifischen Arbeitsmärkten oder mit den spezifischen Qualifikationen ihrer Mitarbeiter. Hieraus ist u.a. zu schlussfolgern, dass jedes Unternehmen in gewisser Hinsicht seine eigenen personalen Lösungen entwickeln muss. Folglich prägen die expliziten und impliziten Verhaltenslogiken an den Märkten maßgeblich die Arbeitsverhältnisse und somit auch die Personalarbeit eines Unternehmens[2]. Ausgehend von den heutigen Ausprägungen des Personalmanagements und den bereits heute erkennbaren Veränderungstendenzen in den Eckwerten der Personalarbeit möchten wir nachfolgend gemeinsam mit Ihnen auf die Arbeitswelt von morgen blicken.

2.1 Die Digitalisierung von Aufgaben und Arbeitsabläufen

Für die Sicherung der Wettbewerbsfähigkeit von Organisationen ist die Effizienz und die Effektivität der betrieblichen Leistungserstellung unverzichtbar. Die nachfolgenden Anlässe bilden zumeist den Startschuss, um Arbeitsweisen und Prozesse, aber auch Produktions- und Organisationsstrukturen anzupassen bzw. neu zu gestalten[3]:

- die Überprüfung und Überarbeitung der strategischen Ausrichtung des Geschäftsmodells,
- die Steigerung der Produktivität (Performanz) bzw. die Optimierung des Ressourceneinsatzes,
- die Verkürzung von Durchlauf- und Entwicklungszeiten, sowie
- die Verbesserung der Qualitätsdimensionen, etwa von Produkteigenschaften.

Im Vordergrund stehen hierbei der strategiekonforme und optimal abgestimmte Einsatz von Arbeitskräften, neuen Technologien und arbeitsorganisatorischen Maßnahmen. Das angestrebte Verhältnis von Mensch, Organisation und Technikeinsatz kann hierbei je nach Unternehmen oder Geschäftsfeld unterschiedlich ausfallen. In diesem Zusammenhang haben sich die technologischen Möglichkeiten der Informationserfassung, -speicherung, -verarbeitung, -übertragung und -auswertung in den letzten Jahren überproportional (exponentiell) erweitert, wie Abbildung 2.2 verdeutlicht.

Diese Entwicklung führt u. a. zu einer schnelleren und qualitativ besseren Verfügbarkeit von Informationen. Letztere ist u. a. die Basis für die Verkürzung von Durchlaufzeiten, die Verbesserung der Flexibilität und der Qualität des Leistungsangebotes, ebenso für dessen Ausweitung oder dessen vollständige Neukonzeption. Die technologischen Entwicklungen erlauben weiterhin eine zunehmende zeitliche, räumliche und personelle Entkopplung von Arbeitsplätzen und Organisationseinheiten. Zudem bewirken sie eine Weiterentwicklung der Mensch-Maschine-Schnittstellen[4] bis hin zu deren Ersatz durch Maschinen- bzw.

2 Vgl. Martin (1996), S. 27 ff.; vgl. Bartscher/Nissen (2017), S. 67 ff.
3 Vgl. etwa o. V. (2017) http://www.plattform-i40.de/I40/Navigation/DE/Industrie40/WasIndustrie40/was-ist-industrie-40.html; abgerufen am 31.01.2018.
4 Vgl. z. B. o. V. (2015) http://www.itwissen.info/HMI-human-machine-interface-Benutzerschnittstelle.html; abgerufen am 31.01.2018.

Softwareschnittstellen. In letzter Konsequenz greifen nun sowohl Arbeitskräfte als auch deren (it-)technischen Alternativen auf zentral und dezentral verfügbare Informationen zu. Mit Blick auf die Organisationsgestaltung und -entwicklung resultieren aus diesen Möglichkeiten zusätzliche bzw. alternative Lösungen[5].

Insoweit eröffnet der digitale und technologische Wandel auch neue Optionen, um den »... Komplex von Aufgaben, die zur Steuerung einer Organisation erfüllt werden müssen«[6], zu bewältigen. Die Digitalisierung schafft die Voraussetzung dafür, dass etwa die nachfolgenden Managementfunktionen[7] mit den für diese typischen Aufgaben noch effektiver und effizienter als in der Vergangenheit ausgeübt werden können:

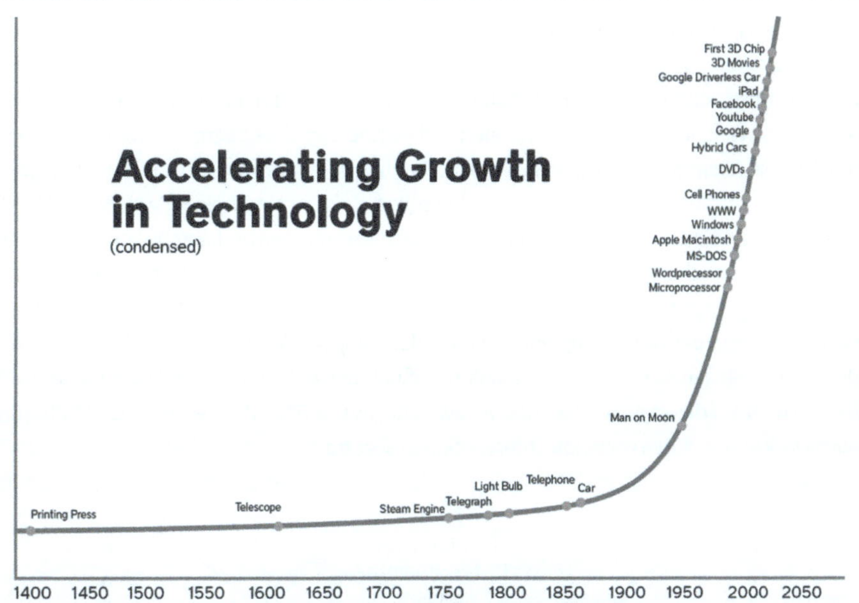

Abb. 2.2: Exponentieller technologischer Wandel nach Kurzweil (2001); Westerheide (2014) nach Kurzweil (2001), http://asgard.vc/tag/acceleration-growth/; abgerufen am 31.01.2018

- **Planning:** Bestimmen, was zu tun ist und wie es getan werden soll, um die Unternehmensziele zu erreichen.
- **Organizing:** Aufbau einer formalen Struktur, Bilden von Arbeitseinheiten und die Koordination dieser.

5 Vgl. z.B. o.V. (2016), https://www.zukunftsinstitut.de/dossier/megatrend-new-work/; abgerufen am 31.01.2018.

6 Steinmann et al. (2013), S. 8.

7 Vgl. Gulick (1937), S. 13.

- **Staffing:** Rekrutieren und Weiterentwickeln von Arbeitskräften sowie Schaffen angemessener Arbeitsbedingungen.
- **Directing:** Fortwährendes Treffen und Umsetzen von fallweisen und generellen Entscheidungen.
- **Coordinating:** Verknüpfen der verschiedenen Teile des Arbeitsprozesses.
- **Reporting:** Beständige Information der übergeordneten Führungskräfte über die Entwicklung von Projekten und Aufgaben bzw. des Arbeitsvollzuges. Dies schließt die eigenständige Informationsbeschaffung und auch die Information der unterstellten Mitarbeiter mit ein.
- **Budgeting:** Aufstellen und Kontrollieren der Budgets.

Die Digitalisierung führt also nicht nur zu neuen Abläufen und Strukturen im Leistungserstellungsprozess, auch die Aufgaben im sog. Regelkreis der Führung (siehe Abbildung 2.3) sind davon betroffen. Hier werden zunächst im Rahmen strategischer und operativer Planungsprozesse die Unternehmensziele für alle Aufgabenfelder konkretisiert. Bei der Planung ist zu überdenken, mit welchen alternativen Aktionen und Ressourcen diese bearbeitet werden können, um die Ziele zu erreichen. Im Anschluss an die Planung ist festzulegen, welche grundlegenden Interventionsstoßrichtungen verfolgt werden sollen. Es ist zu entscheiden, welche der Handlungsoptionen bis zu welchem Zeitpunkt umgesetzt sein müssen und welche konkreten Maßnahmen schließlich getätigt werden. Über Anordnungen, Aufträge bzw. festgelegte Prozesse und innerhalb organisatorischer Strukturen sind die festgelegten Maßnahmen dann zu realisieren. Während der Umsetzung und am Ende der Planperiode ist zu untersuchen, inwieweit die durchgeführten Aktionen den geplanten Maßnahmen entsprechen und ob diese sich wie beabsichtigt auf die angestrebten Ziele auswirken. Etwaige Soll-Ist-Differenzen sind frühzeitig aufzudecken und durch geeignete Interventionen abzutragen.

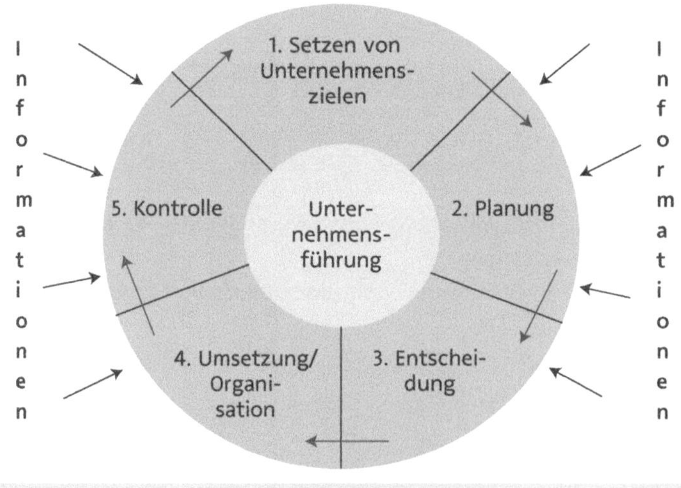

Abb. 2.3: Regelkreis der Führung, Kreutle (2014), S. 11

Die Qualität des gesamten Führungsprozesses und die der Aufgabenerfüllung hängen dabei von den verfügbaren Informationen und deren Güte ab – und damit vom Reifegrad des Informationsmanagements[8]. Dieser Reifegrad ist in den letzten Jahrzehnten exponentiell angewachsen. Denn die Informations- und Kommunikationstechnik hat die zunehmende Digitalisierung der Informationsströme und deren Optimierung befördert.

Definition: Digitalisierung

»Der Begriff Digitalisierung kann auf unterschiedliche Art und Weise interpretiert werden. Traditionell ist die technische Interpretation. Danach bezeichnet Digitalisierung einerseits die Überführung von Informationen von einer analogen in eine digitale Speicherform und andererseits thematisiert er die Übertragung von Aufgaben, die bisher vom Menschen übernommen wurden, auf den Computer. … Digitalisierung im (letzteren) Sinne … bezeichnet eine spezielle Form der Automatisierung, nämlich die (Teil-)Automatisierung mittels Informationstechnologien (IT). Bis vor wenigen Jahren war eine derartige Digitalisierung weitgehend auf Aufgaben beschränkt, die in Unternehmen wiederholt und immer wieder in gleicher Art und Weise angefallen sind, so z. B. im betrieblichen Rechnungswesen. Mittlerweile erstreckt sich die Digitalisierung auf Aufgaben, die … weniger stark strukturiert sind.«[9]

Die strategische Bedeutung der Informationswertschöpfungskette (siehe Abbildung 2.4) wächst mit der Digitalisierung um ein Vielfaches an. Sie wird zu einem eigenständigen Wettbewerbsfaktor.

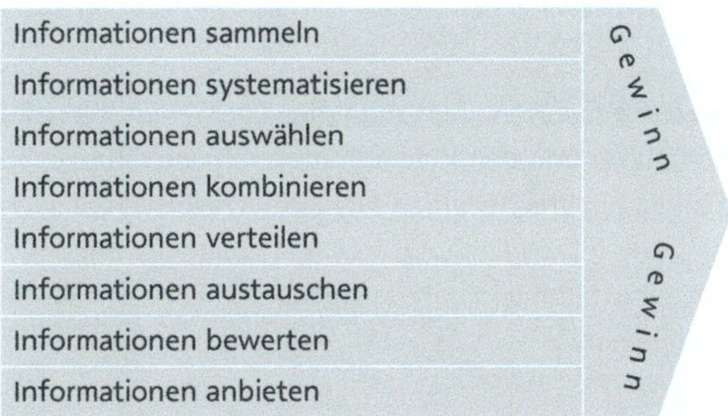

Abb. 2.4: Informationswertschöpfungskette; Kollmann (2014), http://wirtschaftslexikon.gabler.de/Archiv/54580/electronic-business-v11.html; abgerufen am 03.01.2018

Indem informationelle Wertaktivitäten digitalisiert werden, etwa das Sammeln, Systematisieren und Verteilen von Informationen, können u. a. bestehende Geschäfts-

8 Die informationswirtschaftlichen Aufgaben, insbesondere die informationswirtschaftlichen Leitungsaufgaben, fasst die Literatur unter dem Begriff Informationsmanagement zusammen. Im Mittelpunkt steht dabei die Informationsversorgung von Aufgabenträgern und deren Unterstützung durch Informationssysteme; siehe Jacobs (2012), S. 23.

9 Hess (2016), http://www.enzyklopaedie-der-wirtschaftsinformatik.de/lexikon/technologien-methoden/Informatik--Grundlagen/digitalisierung; abgerufen am 03.01.2018.

prozesse untereinander vernetzt werden. Die Angebotsvielfalt und die inhaltliche Qualität von digitalisierten Informationen können darüber hinaus auch gänzlich neue Verknüpfungen zwischen den Managementfunktionen generieren. Dies schließt die Sachfunktionen (z. B. Forschung & Entwicklung, Einkauf, Vertrieb) und die sie stützenden Technologien mit ein.

Die Digitalisierung entlang der Informationswertschöpfungskette erfasst dabei immer mehr Aufgabenkategorien und deren zielorientierte Bewältigung. Aufgaben können in diesem Zusammenhang anhand unterschiedlicher Ordnungsprinzipien kategorisiert werden. Die Klassifikation in Abbildung 2.5 unterscheidet sechs aufeinander aufbauende Ebenen des Denkens, die bei der kognitiven Bearbeitung von Aufgabenstellungen relevant sein können.

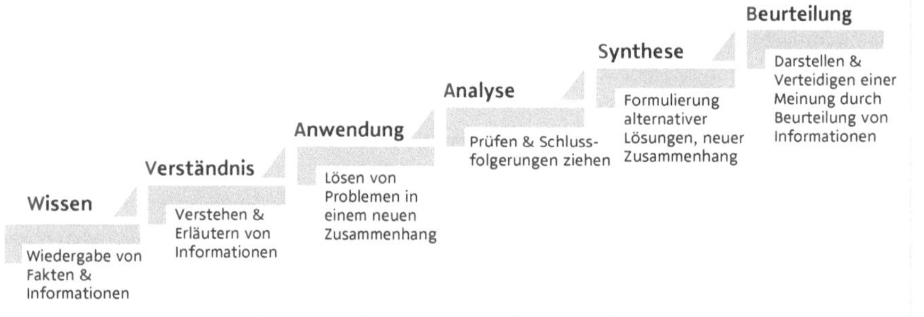

Abb. 2.5: Ebenen des Denkens bei der Bewältigung von Aufgaben; Bartscher (2016), S. 68, in Anlehnung an Bloom/Krathwohl (1956/1971), S. 45 ff.

Es ist nachvollziehbar abzulesen, dass mit jeder Ebene die zu bewältigenden Aufgabenstellungen komplexer und damit divergenter bzw. vieldeutiger werden. Auf allen Ebenen können bereits heute vielfältige Anwendungssoftwarelösungen (Application Softwares, Apps) unterstützend genutzt werden. Einige der digitalen Programme erledigen dabei Aufgabenstellungen bereits eigenständig, ohne dass noch ein menschlicher Akteur eingreifen muss[10].

Fazit

Der Begriff der Digitalisierung ist vielschichtig. Einerseits beinhaltet er das digitale Erfassen und Speichern von mehr oder weniger stark strukturierten Daten bis hin zum aktiven Anbieten von aufbereiteten Informationen. Andererseits verweist der Digitalisierungsbegriff auf die Nutzung von informations- und softwaretechnischen Algorithmen. Diese ermöglichen ein (teil-)automatisiertes Bearbeiten von mehr oder weniger komplexen Aufgabenstellungen. Hierbei werden digital verfügbare und aufbereitete Daten verwendet.

10 Haußmann (2016), http://schule-ipad.de/?p=3081; abgerufen am 03.01.2018.

Bis Anfang der 2000er Jahre werden eher einfache Aufgabenstellungen und standardisierte Bearbeitungsprozeduren automatisiert. Letztere fallen zudem wiederholt und immer wieder in gleicher Art und Weise an und verarbeiten dabei eher wenige, tendenziell gleichartige und strukturierte Daten. Beispiele sind etwa der Einsatz von Robotik und IT in der Produktion oder die Einführung von Enterprise Resource Planning (ERP-) Systemen zur Ressourcenplanung. Hierbei werden eher starre Wertschöpfungsketten optimiert, um robuste und weitgehend fehlerfreie Prozessketten zu erzeugen[11].

Exponentiell angewachsen sind seither individuelle und individualisierbare it-basierte Bearbeitungsprozeduren. Diese sind aufgrund der it-technischen Entwicklung zunehmend in der Lage, digitalisierte (Massen-)Daten zu erfassen, zu verarbeiten und auszuwerten. Dies gilt auch, wenn letztere stark differenziert und lediglich als unstrukturierte Einzelinformationen vorliegen sollten. Mithilfe von informations- und softwaretechnischen Lösungen sowie mithilfe von sog. Cyber-physischen Systemen können nun auch komplexe Aufgabenstellungen (teil-)automatisiert bearbeitet werden.

Definition: Cyber-physische Systeme

»Cyber-physische Systeme sind Systeme, bei denen informations- und softwaretechnische mit mechanischen Komponenten verbunden sind, wobei Datentransfer und -austausch sowie Kontrolle bzw. Steuerung über ein Netzwerk, wie das Internet, in Echtzeit erfolgen. Wesentliche Bestandteile sind mobile und bewegliche Einrichtungen, Geräte und Maschinen (darunter auch Roboter), eingebettete Systeme und vernetzte Gegenstände (Internet der Dinge). Sensoren registrieren und verarbeiten Daten aus der physikalischen Welt, Aktoren (Antriebselemente) wirken auf die physikalische Welt ein, sodass z. B. Weichen gestellt, Schleusen geöffnet, Fenster und Türen geschlossen, Produktionsvorgänge begonnen, geändert und angehalten werden. Herausforderungen sind Standardisierung und Integration von Komponenten, Verifizierung von Systemen, Reduktion von Komplexität und Erhöhung der Sicherheit.«[12]

Die Tendenz hin zu automatisierten und individuellen Lösungen wird verstärkt durch das Nutzen von Künstlicher Intelligenz (KI), also durch selbstlernende it-basierte Algorithmensysteme, die menschliche Verstandesleistungen nachvollziehen und simulieren können. Selbstfahrende Fahrzeugen[13] oder der Hochfrequenzhandel an den Börsen[14] sind Belege für diese Entwicklung. Ebenso der von IBM entwickelte kognitive

11 Börkircher (2016), http://www.kvp.de/blog/fehlerfreie-und-robuste-prozesse-sind-voraussetzungen-fuer-industrie-4-0/; abgerufen am 15.01.2018.

12 Bendel (2016), http://wirtschaftslexikon.gabler.de/Definition/cyber-physische-systeme.html;abgerufen am 15.01.2018.

13 O. V., 3sat, 31.03.2017, https://www.3sat.de/page/?source=/nano/technik/175412/index.html; abgerufen am 15.01.2018.

14 Thiemann, D. et al. (2015), http://winfwiki.wi-fom.de/index.php/Auswirkung_von_Big_Data_auf_das_B%C3%B6rsengesch%C3%A4ft; abgerufen am 15.01.2018.

Computer ROSS, der u. a. Zitate und Leseempfehlungen aus der Gesetzgebung zusammenstellt, nachdem ihm in natürlicher Sprache juristische Fragen gestellt wurden. »Dabei lernt das Programm mit jeder neuen Aufgabe und verbessert seine Ergebnisse somit permanent selbst.«[15]

Beispiel: Die Logik der Digitalisierung

»Im Zuge der Verfügbarkeit digitaler Massendaten, der Automatisierung von Fertigungsprozessen, der Vernetzung von Wertschöpfungsketten und der Herausbildung digitaler Kundenschnittstellen kommt es zur Transformation von Geschäftsmodellen und zur Neugliederung ganzer Branchen. Wie tiefgreifend dieser Wandel sein wird, verdeutlichen Pionierbranchen wie Medien (Bedeutungsverlust von Printmedien und Infrastrukturanbietern, möglicherweise bald auch TV), Musikindustrie (volldigitalisierte Produkte und Vertriebswege), Einzelhandel (Online-Kaufhäuser und digitaler Fachhandel) oder Tourismus (Reisebürosterben und Dominanz der Aggregatoren). In den Branchen Automobil und Logistik deuten sich ähnlich disruptive Veränderungen bereits heute an.

Bei durchgängiger Vernetzung können Disruptoren bestehende Wertschöpfungsketten in ihre kleinsten Bestandteile zerlegen und sie dank niedriger Transaktionskosten neu wieder zusammensetzen. Durch diese Aufspaltung werden aber auch Markteintrittsbarrieren kleiner oder verschwinden ganz, und es entfällt zum Teil der hohe Bedarf an Anlagevermögen für Produktion und Logistik. Branchenführer, die komplexe Prozesse beherrschen und einen hohen Kapitalstock aufgebaut haben, können sich in diesem hochdynamischen Umfeld ihres Vorteils nicht gewiss sein, auch dies hat das Beispiel Mobilfunk früh gezeigt. Schon heute sehen wir im Einzelhandel ähnliche Entwicklungen. Neue, branchenfremde Akteure können sich mit innovativen Geschäftsmodellen wesentliche Teile der Wertschöpfung aneignen. So erscheint es denkbar, dass in der Wertschöpfungskette der Automobilindustrie bald Intermediäre bei der Versicherung, der Autovermietung, der Koordination von Tankstopps oder der Erstellung von hochdetaillierten Reiseinformationen auftreten und die Kundenschnittstelle neu besetzen. … Ganze Wertschöpfungsketten werden somit digital disruptiert, d. h., innovative Unternehmen bewegen sich ausgehend von bestehenden Geschäftsmodellen in anliegende Bereiche. Im Nachhinein erscheint jeder Schritt als logische Folge des vorhergehenden. So entwickelte sich Amazon innerhalb weniger Jahre vom Online-Buchhändler zum Internetkaufhaus, zum Anbieter komplexer Logistikdienstleistungen, zum Cloud Services Provider, zum Anbieter von Tablets und Smartphones, zur Videoplattform. Welche Branchen morgen angegriffen werden, lässt sich kaum vorhersehen. Das Erfolgsgeheimnis besteht darin, die Spielregeln des digitalen Marktes zu verstehen und schneller als andere strategische Kontrollpunkte zu besetzen.«[16]

Quelle: Roland Berger Strategy Consultants/BDI (2015)

15 Kewitz (2016), https://motherboard.vice.com/de/article/in-den-usa-wurde-gerade-die-erste-kuenstliche-intelligenz-als-anwalt-eingestellt; abgerufen am 15.01.2018.

16 Bloching et al. (2015), S. 19 f., http://bdi.eu/media/user_upload/Digitale_Transformation.pdf; abgerufen am 16.01.2018.

2.2 Digitalisierung: Wandel in den Tätigkeitsfeldern

Die Digitalisierung führt zu einer Veränderung der Arbeitssysteme in den Unternehmen[17]. Insoweit ändert sich für die Beschäftigten die Art ihrer Arbeit und es werden u. a. neue Anforderungen an die Qualifikation der Mitarbeiter und die ihrer Führungskräfte gestellt. Entscheidend hierbei ist, frühzeitig abschätzen zu können, welche Kompetenzen auf- und ausgebaut werden müssen. Qualifizierung ist damit als strategisches Asset des digitalen Wandels zu betrachten und zu gestalten[18]. Welche Änderungen konkret auf die Beschäftigten zukommen können, zeigt Abbildung 2.6.

Welche Auswirkungen auf die Tätigkeitsfelder in den Unternehmen zeichnen sich damit angesichts der digitalen Veränderungen in den Arbeitssystemen ab? U. a. ist das Zentrum für Europäische Wirtschaftsforschung (ZEW), Mannheim, dieser Frage in Zusammenarbeit mit dem Institut für Arbeitsmarkt und Berufsforschung (IAB), Nürnberg, nachgegangen.[19] Einerseits haben die Autoren die Auswirkungen des Automatisierungs- und Digitalisierungsgrades der Arbeitsmittel in der Produktion und andererseits bei den Büro- und Kommunikationsmitteln betrachtet. Diesbezüglich unterscheiden sie drei Technologieklassen, deren Automatisierungs- und Digitalisierungsgrad zunehmend ansteigt (siehe Abbildung 2.7). Bei den Produktionsmitteln reicht die Unterscheidung von »manuell gesteuerten« Arbeitsmitteln bis hin zu »selbststeuernden« Maschinen und Anlagen. Bei ersteren ist der Mensch noch im hohen Maße selbst tätig, bei letzteren werden die Arbeitsabläufe/-vorgänge weitgehend selbstgesteuert und automatisch durch »die Technik« bearbeitet. Die Büro- und Kommunikationsmittel in der Verwaltung von Produktions- sowie Dienstleistungsbetrieben werden analog eingeteilt. Diese erstrecken sich von »nicht IT-gestützten« Arbeitsmitteln, wie etwa Telefon oder Fax, bei denen der Mensch noch in hohem Maße selbst tätig ist, bis hin »... zu ›IT-integrierten‹ Computersystemen oder Plattformen, wo Software und Algorithmen Arbeitsprozesse weitestgehend selbstständig und automatisch erledigen«[20].

17 Das Kapitel 2.2 basiert zu wesentlichen Teilen auf dem gleichnamigen Artikel im Gabler Wirtschaftslexikon, https://wirtschaftslexikon.gabler.de/definition/digitalisierung-und-arbeit-40-54273, Verfasser Nissen.
18 Vgl. z. B. Pfeiffer et al. (2016), S. 56 ff.
19 Vgl. Arntz et al. (2016), S. 3 ff.; vgl. auch Bonin et al. (2015), S. 8 ff.; vgl. auch Lorenz et al. (2015), S. 3 ff.
20 Arntz et al. (2016), S. 12.

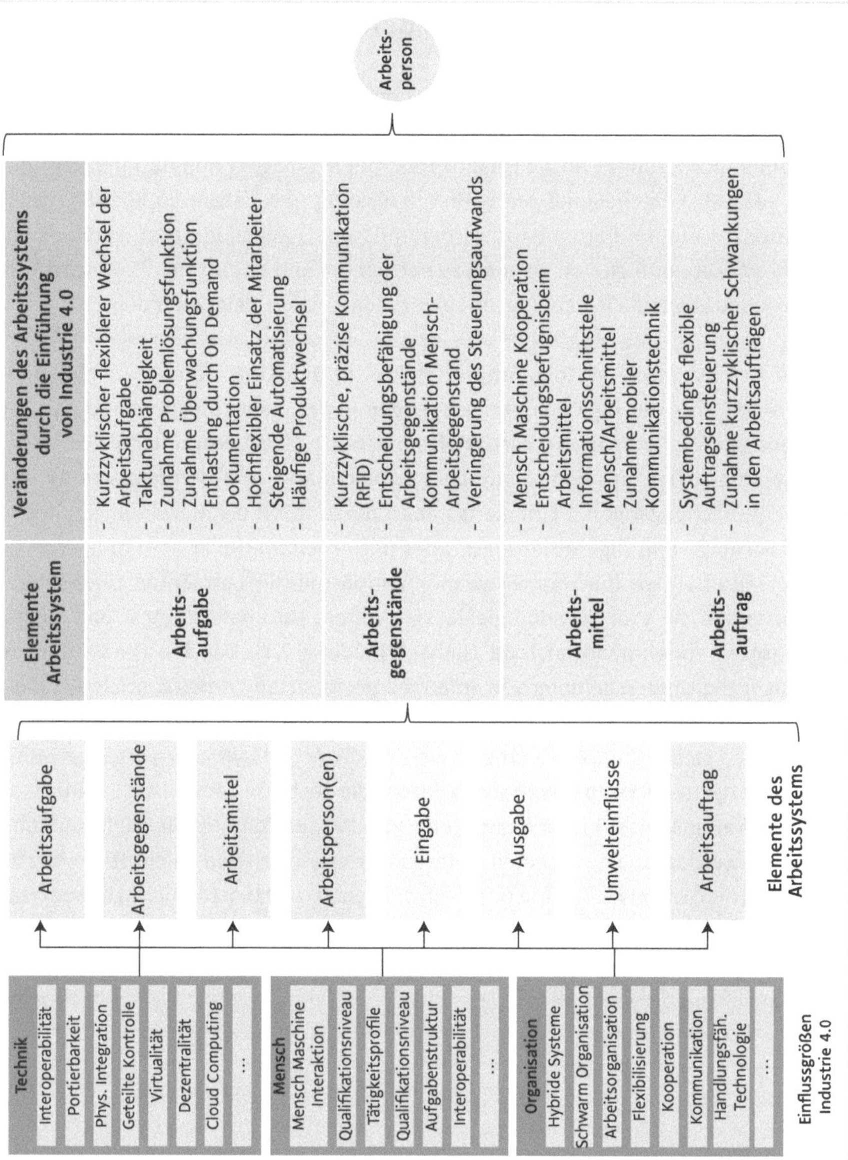

Abb. 2.6: Veränderungen des Arbeitssystems durch die Digitale Transformation; Dombrowski et al. (2014), S. 140; vgl. auch Dombrowski/Wagner (2014), S. 351 ff.

Arbeitsmittel:	**Produktionsmittel**	**Elektronische Büro-und Kommunikationsmittel**
Einsatzbereich:	**Produktion**	**Verwaltung/Dienstleistungen**
Automatisierungs- und Digitalisierungsgrad ansteigend	**1. Manuell gesteuert** z. B. Bohrmaschinen, Kraftfahrzeuge oder Röntgengeräte. Bei diesen Arbeitsmitteln ist der Mensch im hohen Maße selbst tätig.	**1. Nicht IT-gestützt** z. B. Telefone, Fax-oder Kopiergeräte.Bei diesen Arbeitsmitteln ist der Mensch im hohen Maße selbst tätig.
	2. Indirekt gesteuert z. B. CNC-Maschinen, Industrieroboter oder verfahrenstechnische Anlagen. Bei diesen Arbeitsmitteln übernimmt die Technik einen Großteil der Arbeit; der Mensch ist nur indirekt tätig.	**2. IT-gestützt** z. B. Computer, Terminals, elektronische Kassen oder CAD-Systeme. Bei diesen Arbeitsmitteln übernimmt die Technik einen Großteil der Arbeit; der Mensch ist nur indirekt tätig.
	4.0 Technologien	
	3. Selbststeuernd Dazu zählen Produktionsanlagen bis hin zu »Smart Factories«, »Cyber-Physische Systeme« und »Internet der Dinge«. Bei diesen Arbeitsmitteln übernimmt die Technik Arbeitsprozesse weitestgehend selbstständig und automatisch.	**3. IT-integriert** z. B. Analysetools mit Big Data, Cloud Computing Systeme, Internetplattformen wie Amazon, Shop-Systeme oder Online-Märkte. Bei diesen Arbeitsmitteln übernimmt die Technik Arbeitsprozesse weitestgehend selbstständig und automatisch.

Abb. 2.7: Unterscheidung von Arbeitsmitteln nach dem Automatisierungs- und Digitalisierungsgrad; Arntz et al. (2016), S. 13

Die selbststeuernden Produktionsmittel und die IT-integrierten Büro- und Kommunikationsmittel (BuK-Mittel) können damit als Technologien der vierten industriellen Revolution bezeichnet werden. Die Forscher des ZEW haben im Weiteren nun untersucht, wie sich der vermehrte Einsatz von 4.0-Technologien auf einzelne Tätigkeitsfelder auswirkt. Hierzu wird auf eine in der Arbeitsmarktforschung übliche Einteilung Bezug genommen und zwischen Routinetätigkeiten, manuellen und abstrakten Tätigkeiten unterschieden[21]. Routinetätigkeiten beinhalten dabei vor allem klar definierte Aufgaben, die sich zudem immer wiederholen. Manuelle Tätigkeiten umfassen einerseits situative Anpassungen aufgrund von sprachlicher und visueller Erkennung und andererseits die zwischenmenschliche Interaktion. Abstrakte Tätigkeiten erfordern Problemlösungskompetenzen, Kreativität, Intuition und Überzeugungskraft. Abbildung 2.8 gibt einen Überblick über die Einteilung der Tätigkeitsbereiche.

21 Vgl. Rohrbach-Schmidt/Tiemann (2013), S. 216 f. und die dort angegebene Literatur.

Routine	Manuell	Abstrakt
• Messen, Prüfen oder Qualität kontrollieren • Schreibarbeiten, Schriftverkehr oder Formulararbeiten • Kalkulieren, Berechnen oder Buchen • Überwachen oder Steuern von Maschinen, Anlagen oder technischen Prozessen • Manuelle Tätigkeiten zum Herstellen oder Produzieren von Waren • Transportieren, Lagern oder Versenden	• Reparieren, Warten oder Instandsetzen • Bewirten, Bedienen oder Beherbergen • Pflegen, Betreuen oder Heilen • Reinigen, Abfall beseitigen oder Recyceln • Sichern, Schützen oder Bewachen	• Informationen sammeln, Recherchieren, Dokumentieren • Organisieren, Planen und Vorbereiten von Arbeitsprozessen • Entwickeln, Forschen oder Konstruieren • EDV-Tätigkeiten, Programmieren • Gesetze oder Vorschriften anwenden oder auslegen • Ausbilden, Lehren, Unterrichten oder Erziehen • Beraten oder Informieren • Einkaufen, Beschaffen oder Verkaufen • Werben, Marketing, Öffentlichkeitsarbeit, Public Relations • Personal einstellen, Mitarbeiter anleiten, kontrollieren, beurteilen • Verhandeln

Abb. 2.8: Tätigkeitsbereiche in der Arbeitsmarktforschung; in Anlehnung an Rohrbach-Schmidt/Tiemann (2013), S. 227 und Arntz et al. (2016), S. 22

Es bestätigt sich die Erwartung, dass der vermehrte Einsatz von 4.0-Technologien branchenübergreifend vor allem Routinetätigkeiten verdrängt, insbesondere dann, wenn diese auf Basis standardisierter, strukturierter Daten und bei eineindeutiger Informationslage durchgeführt werden. Beispiele hierfür sind etwa die Bearbeitung von Formularen oder das Überwachen von technischen Prozessen. Diese Automatisierungstendenz ist inzwischen sowohl bei Berufen mit einfacher, mittlerer und hoher Aufgabenkomplexität und den daraus resultierenden Anforderungen an die Qualifikation der Mitarbeiter feststellbar. Es ist zu erwarten, dass diese Entwicklung anhält und zunehmend auch Tätigkeiten erfasst, bei denen weniger strukturierte Daten und volatilere Datenlagen verarbeitet werden. Im Zuge der Digitalisierung werden also im ersten Schritt vor allem Routinetätigkeiten automatisiert (siehe Abbildung 2.9).

Im Verwaltungsbereich von Unternehmen und in der Dienstleitungsbranche führt diese Entwicklung aktuell vor allem dazu, dass Menschen zunehmend manuelle und damit einfachere Tätigkeiten ausführen, die situatives Reagieren erfordern. Im Produktionsbereich ist der Trend hin zu manuellen Tätigkeiten durch den Menschen dagegen kaum ausgeprägt, teilweise sogar bereits rückläufig. Denn Tätigkeiten wie Sichern, Schützen und Bewachen, aber auch Reparieren, Instandsetzen und Warten werden zunehmend in 4.0-Technologien integriert. Bei den manuellen Tätigkeitsbereichen ist darüber hinaus die Tendenz feststellbar, dass der Mensch eher eine Assistenzfunktion übernimmt[22]. »Im Produktionsbereich geht der Einsatz von 4.0-Technologien somit offensichtlich mit einem relativen Bedeutungsverlust sowohl von menschlichen Routinetätigkeiten als auch manuellen Tätigkeiten einher.«[23] Dagegen zeichnet sich ab, dass abstrakte Tätigkeiten, wie etwa Analysieren, Programmieren, Mitarbeiterführung, Entwickeln, Forschen, Konstruieren sowie Verhandeln, stark an Bedeutung gewinnen werden, vor allem in produzierenden Unternehmen, die in 4.0-Technologien investieren[24].

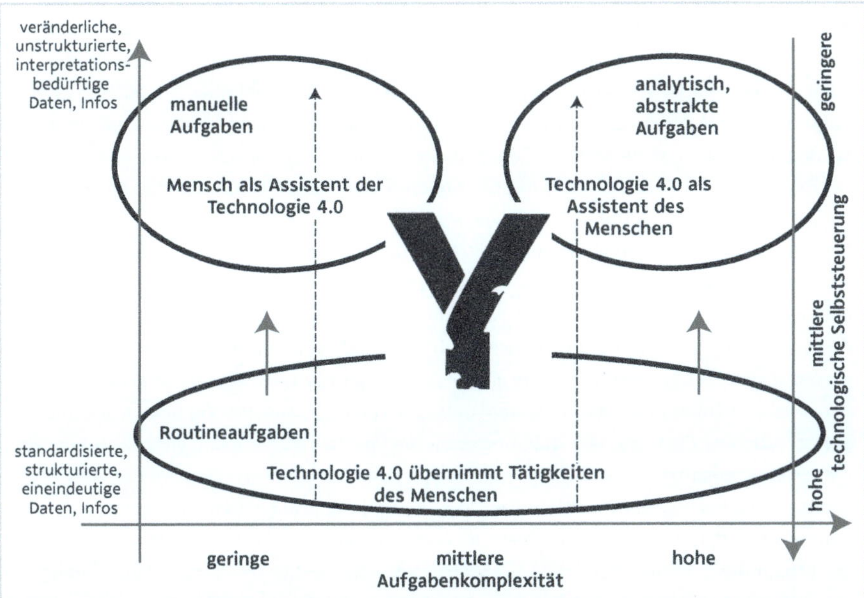

Abb. 2.9: Y-Modell zum Tätigkeitswandel durch die Digitale Transformation; Bartscher (2016), S. 178, siehe Arntz et al. (2016), S. 23 ff.

Fazit

Insoweit ist zu erwarten, dass »... die Jobs der Zukunft weniger körperlich anstrengend, dafür geistig anspruchsvoller, vielfältiger, aber auch komplexer werden. Beschäftigte müssen sich durch kontinuierliches Lernen an die sich schnell verändernden Kompetenzanforde-

22 Vgl. etwa Hirsch-Kreinsen (2015), S. 13 ff.
23 Arntz et al. (2016), S. 26.
24 Arntz et al. (2016), S. 29; vgl. auch Lorenz et al. (2015), S 9 ff., Bonin et al. (2015), S. 8 ff. und Eilers, S. et al. (2017), S. 12 ff.

rungen flexibel anpassen, um ihre Beschäftigungsfähigkeit zu sichern. Die Anforderungen an die Arbeitnehmer verschieben sich dabei insbesondere in Richtung von übergreifenden Kompetenzen wie Prozessknowhow, interdisziplinäre Arbeitsweise oder überfachliche Fähigkeiten. Überfachliche Fähigkeiten umfassen vor allem persönliche und soziale Kompetenzen sowie Problemlösungskompetenzen, wo Menschen nach wie vor einen komparativen Vorteil gegenüber Maschinen haben. Zu den Nebenwirkungen dieser Entwicklungen gehört jedoch auch zunehmendes Arbeiten unter hoher geistiger Belastung«[25]. Die Gesundheitsrisiken dieser technologischen Entwicklung sowie die arbeitsplatzbezogenen psychischen Belastungen werden damit ansteigen.

Beispiel: Industrielle Serviceroboter

»Viele manuelle Arbeiten in der Industriefertigung könnten durch Serviceroboter übernommen werden. Vor allem zur Vermeidung von monotonen und körperlich belastenden Bewegungen wäre das ein großer Gewinn. Dem Einsatz von industriellen Servicerobotern steht oft mangelndes Wissen über die Möglichkeiten, die Angst vor hohen Kosten und Zeitaufwänden für Machbarkeitsanalysen sowie die Auswahl und Implementierung geeigneter Lösungen im Weg. Auf der anderen Seite fehlen den Entwicklern und Anbietern von Servicerobotik-Applikationen konkrete Informationen zu den manuell ausgeführten Prozessen, die sich für eine (Teil-)Automatisierung eignen. Das sind Wissenslücken, durch die gerade bei kleinen und mittleren Unternehmen (KMU) Effizienzpotenziale ungenutzt bleiben. Daher wurde im Projekt MANUSERV ein System zur Planungs- und Entscheidungsunterstützung entwickelt, das potenziellen Anwendern von industrieller Servicerobotik eine vereinfachte Analyse und Bewertung ihrer Prozesse hinsichtlich möglicher (Teil-)Automatisierungslösungen ermöglicht. Es geht dabei sowohl um die technologische Realisierbarkeit als auch um die ökonomische Sinnhaftigkeit. Das System unterstützt die Auswahl des am besten geeigneten Serviceroboters, die Kostenabschätzung sowie die Programmierung und virtuelle Inbetriebnahme einer Lösung.

Funktion und Vorteile von MANUSERV wurden anhand von praktischen Anwendungsszenarien getestet, evaluiert und optimiert. Im Anwendungsszenario »Hybride Montage mit Leichtbaurobotern« liegt der Fokus auf der Mensch-Roboter-Interaktion und Einbeziehung von Sicherheits- und Überwachungssystemen sowie auf der Koordinierung manueller und automatisierter Prozessschritte. Mit diesem hybriden Prozess wurden Teile für das Produkt »Smart Radio« beim Industriepartner Albrecht Jung GmbH & Co. KG im Mensch-Roboter-Betrieb gefertigt und montiert.

In einem weiteren Anwendungsszenario wurden Serviceroboter eingesetzt, um Instandhaltungs-, Rüst- oder Produktwechselzeiten bei Maschinen zu optimieren. Im Referenzprozess des Industriepartners KHS Corpoplast GmbH wurde der Dornwechsel bei Hochleistungsstreckblasmaschinen für PET-Flaschen durch einen Serviceroboter automatisiert.

Ein drittes Anwendungsszenario wurde beim flexiblen Robotereinsatz in der Landwirtschaft umgesetzt. In einem Referenzprozess beim Industriepartner GEA Farm Technologies GmbH

25 Arntz et al. (2016), S. 38 f.

wurden bisher nicht automatisierte komplexe und körperlich anstrengende Tätigkeiten der Viehhaltung und Milchproduktion auf Roboter übertragen.«[26]
Quelle: BMWi AUTONOMIK für Industrie 4.0, 2016

2.3 Digitalisierung: Neue Arbeitsformen

Die digitale Transformation der Wirtschaft und damit auch der Arbeitswelt hat bereits zurückliegend die Lebenswelt maßgeblich verändert. Raymond Kurzweil (2001) verweist diesbezüglich in seinem Essay »The Law of Accelerating Returns« darauf, dass die technologische Entwicklung exponentiell voranschreitet[27]. Insoweit überrascht es nicht, dass bislang die sich abzeichnenden technologischen Möglichkeiten und der damit ggf. einhergehende Strukturwandel in Wirtschaft und Gesellschaft unterschätzt werden[28]. »Auf der Basis der neuen Digitaltechnologien entstehen neue Arbeitsformen, welche auch die Arbeitsbereiche, wie zum Beispiel die der Wissensarbeit, revolutionieren, die bisher noch nicht im Fokus der massiven Veränderungen standen. Welche konkreten Folgen der Einsatz von extrem rechenstarken Computern und autonom agierenden Maschinen haben wird, welche Berufszweige wie stark betroffen sein werden und wo neue Arbeitsplätze entstehen können – all dies muss sorgfältig untersucht werden. Dies wirft auch die Frage nach neuen Regularien auf und stößt dementsprechend einen Reflexionsprozess in der Gesellschaft insgesamt über eine gerechte Ausformung der Digitalökonomie an.«[29]

In welche Richtung die Umbrüche in der Arbeitswelt verlaufen, ist noch keineswegs determiniert. Vielmehr ist dies ein offener sozialer Prozess, der in Deutschland u. a. durch das Bundesministerium für Arbeit und Soziales (bmas.bund) über die Diskussion zum »Weissbuch. Arbeiten 4.0« angestoßen worden ist[30]. Zwei gegenläufige Entwicklungstrends scheinen möglich. Einerseits »... gewinnen Negativ-Szenarien wie das ›digitale Fließband‹ und ein ›Kontrollpanoptikum der Daten‹ an Kontur. Selbst hoch qualifizierte Beschäftigte müssen befürchten, in industriell getakteten Wertschöpfungsketten bei ihrer Arbeit transparent und austauschbar zu werden«[31]. Andererseits werden vielfältige Chancen formuliert, die von einem zunehmenden Empowerment der Beschäftigten über neue Arbeitsformen wie Crowd Work reichen. Es wird u. a. darüber diskutiert, dass die kulturelle Bedeutung von Hierarchie und Status in Organisationen neu zu definieren ist. Auch wird angenommen, dass Mensch und Maschine

26 O. V., MANUSERV (2016), S. 29; vgl. auch www.manuserv.de; abgerufen am 21.01.2018.
27 Kurzweil (2001), http://www.kurzweilai.net/the-law-of-accelerating-returns; abgerufen am 03.01.2018.
28 Vgl. z. B. Brynjolfsson/McAfee (2011); siehe auch http://www.arbeitenviernull.de/; abgerufen am 21.01.2018.
29 Minx (2016), S. 2.
30 Siehe http://www.arbeitenviernull.de/; abgerufen am 21.01.2018.
31 Boes et al. (2016a), S. 12.

sich gegenseitig ergänzen, dass es zu einer Vernetzung von Wissen zwischen beiden kommt, was wiederum eine Steigerung der geistigen Produktivkräfte erwarten lässt[32].

Welche Arbeitsformen sich bereits heute abzeichnen, wird anhand verschiedener Studienergebnisse vielfältig diskutiert[33]. Neben agilen Arbeitsmethoden wie Scrum oder Design Thinking werden immer auch virtuelle bzw. fluide Teams und flexible Arbeitszeitmodelle als Gestaltungsoptionen benannt. Als zentrale Erfolgsfaktoren werden gesehen: (1) Führung mit Vision und Inspiration, (2) Vertrauenskultur, (3) Selbstkompetenz der Mitarbeitenden und (4) Flexible Strukturen. Abbildung 2.10 gibt einen diesbezüglichen Überblick.

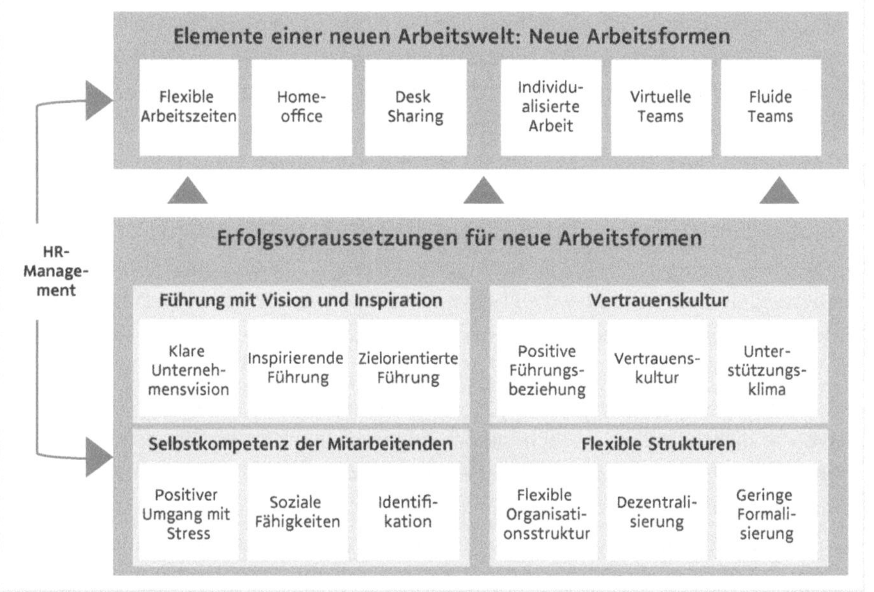

Abb. 2.10: Faktoren für das erfolgreiche Agieren in einer neuen Arbeitswelt; Bruch et al. (2016), S. 13

Beispielhaft sei hier die Entwicklung hin zur sog. Social Collaboration dargelegt. Unter dem Begriff wird eine vernetzte, meist interne Unternehmensplattform verstanden, die es den Mitarbeitern ermöglicht, auf digitaler Ebene zusammenzuarbeiten. Von dieser Innovation versprechen sich die Unternehmen unter anderem eine bessere Koordination sowie eine effektivere Nutzung der bereits gesammelten Erfahrungen und dadurch einen Produktivitätszuwachs.

32 Vgl. z. B. Boes et al. (2016b), Hirsch-Kreinsen (2016), Leimeister/Durward (2016).

33 Vgl. z. B. Bruch et al. (2016), o. V., Haufe Agilitätsbarometer (2016), o. V., Kienbaum: Das Ehreshoven-Manifest (2016).

Beispiel: Deutsche Social-Collaboration-Studie

»Die digitale Transformation verändert die Zusammenarbeit in Unternehmen grundlegend. Deutsche Firmen sind bei der Einführung moderner Technologien jedoch häufig zurückhaltend. Dabei kann die Nutzung von Social Intranet oder File-Sharing-Plattformen die Arbeitseffizienz deutlich steigern. Dies belegt die ›Deutsche Social Collaboration Studie‹, die der Fachbereich Wirtschaftsinformatik der Technischen Universität Darmstadt und Campana & Schott erstmals durchgeführt haben.

Wenn es um die digitale Transformation geht, betonen Vorstände, Geschäftsführer und CIOs den hohen Stellenwert von ›Social Collaboration‹ in ihrem Unternehmen. Gemeint ist hier der Einsatz unterschiedlicher Tools und Technologien, um vernetzte Formen der Zusammenarbeit zu etablieren – mit dem Ziel, den Wissenstransfer innerhalb der Belegschaft zu fördern und Businessentscheidungen zu beschleunigen. So streben fast drei Viertel der Teilnehmer durch die vernetzte Zusammenarbeit eine Verbesserung der eigenen Unternehmenskultur an. Jeweils knapp die Hälfte zielt zudem auf die Förderung von Prozess- bzw. Produktinnovationen.

Gleichzeitig konnte die Studie einen deutlichen Zusammenhang zwischen der Nutzung von fortschrittlichen Technologien und der eigenen Arbeitseffizienz nachweisen. Folglich können Unternehmen ihre Produktivität verbessern, wenn sie geeignete Lösungen bereitstellen und dafür sorgen, dass sie genutzt werden. Dieses Potenzial ist längst noch nicht ausgeschöpft.

Der Grad der vernetzten Zusammenarbeit und die jeweilige Unternehmenskultur stehen in engem Zusammenhang: So nutzen markt- und kundenorientierte Firmen deutlich häufiger fortschrittliche Technologien als auf interne Prozesse und Hierarchen ausgerichtete. Vor allem in stark regulierten Branchen spielen Stabilität und Regelkonformität eine wichtige Rolle. Somit verwundert es nicht, dass die Mehrheit der Banken, Versicherungen aber auch Unternehmen aus der Konsumgüterindustrie einen unterdurchschnittlichen Reifegrad aufweisen. Das Gegenbeispiel dazu sind die FinTechs, die sich über Wachstum und Weiterentwicklung definieren: Nach dem Motto ›Trial and Error‹ ist partielles Scheitern hier kein Fehler, sondern trägt zur schnelleren Marktreife von Innovationen bei. Auch in anderen Branchen setzen disruptive Firmen traditionelle Unternehmen zunehmend unter Druck. Mit vernetzter Zusammenarbeit können sie ihre Flexibilität und Effizienz erhöhen.«[34]

Quelle: Bundesverband Digitale Wirtschaft (BVDW) e. V., 23.06.2016

Fazit

Die Digitalisierung hat zur Folge, dass vor allem einfache, repetitive oder fehleranfällige Aufgaben automatisiert werden. Ebenso Aufgaben der Informationsbeschaffung, der Informationsauswertung/-aufbereitung sowie routinemäßige Entscheidungen. Aber auch rein steuernde, koordinierende und kontrollierende Aufgaben/Tätigkeiten verlieren an Bedeutung bzw. werden in Cyber-physische Systeme oder in Softwarelösungen integriert.

34 O. V., BVDW (2016), https://www.campana-schott.com/de/de/social-collaboration-studie/; abgerufen am 21.01.2018; vgl. auch http://www.collaboration-studie.de/; abgerufen am 21.01.2018.

Angesichts dieser Entwicklung zeichnen sich bereits heute Herausforderungen für die Arbeitswelt 4.0 (New Work) und sich wandelnde Anforderungen an die Beschäftigten ab[35]. Letztere sind etwa aufgefordert, ihre Medien- und IT-Grundkompetenzen auszubauen. Auch deutet der Hay HR Report 2017 an, dass Arbeitnehmer vermehrt Aufgaben zu bewältigen haben, die durch das Akronym VUCA charakterisiert sind (siehe Abbildung 2.11)[36].

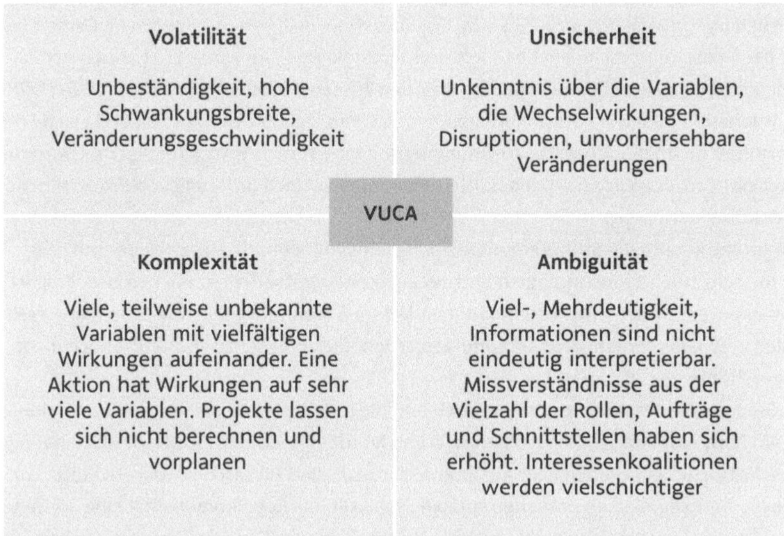

Abb. 2.11: Aufgabenmerkmale der VUCA-Welt; Starker/Peschke (2017), S. 58

Arbeitnehmer müssen Fähigkeiten entwickeln, die ihnen den Umgang mit komplexen, unsicheren, dynamischen und mehrdeutigen Aufgabenstellungen erlauben. Insbesondere ist hierbei das Denken in Zusammenhängen gefordert. Die digitalen Arbeits- und Kommunikationsmittel unterstützen die Menschen bei der Bewältigung dieser Aufgaben. Sie ermöglichen es ihnen zudem, Arbeit auch unabhängig von festen Arbeitsplätzen und von vorgegebenen Arbeitszeiten zu erledigen. Insoweit nehmen flexible Arbeitszeitmodelle und Telearbeit, aber auch die ortsungebundene und zeitzonenunabhängige Projektarbeit zu.

35 Vgl. z. B. Hackl et al (2017).

36 Vgl. Eilers et al. (2017), S. 16 ff.; https://www.hays.de/documents/10192/118775/Hays-Studie-HR-Report-2017.pdf/3df94932-63ca-4706-830b-583c107c098e; abgerufen am 16.01.2018.

2.4 Digitalisierung: Auswirkungen auf die Kernbelegschaft

Die Digitalisierung bringt bislang ertragreiche Geschäftsmodelle ins Wanken. Bisherige Erfahrungswerte, beispielsweise traditionelle Annahmen in Produktlebenszyklusmodellen, verlieren an Bedeutung, u. a. weil historische Parallelen fehlen. Aufgrund der exponentiellen Dynamik des technologischen Wandels reduziert sich damit aus Unternehmenssicht die Vorlaufzeit für strategische Entscheidungen. Strukturbrüche, Turbulenzen oder (disruptive) Veränderungen, wie etwa in der Medien- und Touristikbranche, dem Handel oder der Logistikbranche, treten in immer kürzeren Abständen auf[37].

Definition: Disruption

»Disruption beschreibt einen Prozess, bei dem ein kleines Unternehmen oft mit geringen Ressourcen ein erfolgreiches etabliertes Geschäft herausfordert. Denn in der Regel fokussieren sich etablierte Firmen auf die Verbesserungen ihrer Produkte und Dienstleistungen für ihre besten und lukrativsten Kunden und vernachlässigen dabei andere Kundensegmente. Genau dort beginnen dann die disruptiven Unternehmen. Sie bieten einfachere Produkte meist zu einem geringeren Preis an. Weil sich die etablierten Firmen vorrangig mit der besseren Profitabilität in den lukrativen Segmenten beschäftigen, beachten sie das oft nicht. Die disruptiven Unternehmen arbeiten sich dann langsam hoch und liefern das, was der Großteil der Kunden möchte. Diese nehmen nach und nach die neuen Angebote an und damit passiert Disruption. Es gibt aber auch disruptive Firmen, die neue Märkte schaffen, die bisher nicht existiert haben. Nehmen Sie den Computer. Zunächst waren die Mainframe-Computer so teuer, dass sich selbst Universitäten nur einen leisten konnten. Dann kamen der PC und der Laptop und es entstand ein neuer Markt. Der nächste Schritt war dann das Smartphone.«[38]
Quelle: Haufe Online, 07. Dezember 2016

Hierbei zeigt sich, dass im Zeitalter der Digitalisierung und Disruption Geschwindigkeit und Anpassungsfähigkeit zentrale Werttreiber sind[39]. Um auf diese Entwicklungen reagieren zu können, sind aus Managementsicht u. a. drei Interventionsstoßrichtungen zur Reduktion der unternehmerischen Risiken bedeutsam[40]:

---

37 Vgl. etwa Gröner (2015), http://www.adhibeo.de/2015/10/02/disruption-in-den-medien-aktuelle-entwicklung-und-ausblick-in-die-zukunft/; abgerufen am 25.01.2018; bitkom (2018), https://www.bitkom.org/Themen/Digitale-Transformation-Branchen/index.jsp; abgerufen am 25.01.2018.

38 O. V., Haufe online (2016), https://www.haufe.de/personal/hr-management/innovationsmanagement-christensen-ueber-disruptive-innovation_80_388494.html; abgerufen am 25.01.2018; vgl. auch Christensen/Raynor/McDonald (2015), S. 44 ff.; vgl. auch https://hbr.org/2015/12/what-is-disruptive-innovation; abgerufen am 25.01.2018.

39 Vgl. z. B. Bartscher/Nissen (2017), S. 141 ff.; vgl. Leubner et al. (2018), S. 95 ff.

40 Vgl. z. B. Welge/Al-Laham/Eulerich (2017), S. 299 ff.; vgl. auch Macharzina/Wolf (2015), S. 257 ff.; vgl. auch Macharzina (1984), S. 18 ff.

1. **Das regelmäßige Hinterfragen bzw. Infragestellen der strategischen Positionierung der Organisation**
   Dies erfolgt auf Basis einer strategischen Analyse und Prognose, also auf Basis einer kontinuierlichen, antizipativen und problemadäquaten Beschaffung von unterschiedlichen Massedaten/Informationen, deren variantenreichen und algorithmengestützten Aus- und Bewertung, sowie einer Diagnose und einer daraus abgeleiteten Strategiebewertung. Bei Bedarf ist die Strategie neu zu konzipieren[41].
2. **Eine generelle und weitläufige Flexibilisierung des Ressourceneinsatzes, inklusive eines eingeschränkten Vorhaltens unternehmenseigener Ressourcenbestände**[42]
   Mit Blick auf die Arbeitssysteme bedeutet diese grundlegende Stoßrichtung, dass bislang gefestigte Arbeitsstrukturen aufgehoben werden. Hierbei ist zwischen interner und externer Flexibilisierung zu unterscheiden. »Bei der internen Flexibilisierung wird eine schwankende Nachfrage nach Arbeitskraft mit Betriebszugehörigkeit, aber flexiblem Arbeitseinsatz geregelt. Externe Flexibilisierung meint flexiblen Arbeitseinsatz zwischen Unternehmen. (...) Die schwankende Arbeitsnachfrage wird u. a. durch Entlassungen und Einstellungen geregelt.«[43] Der externen Flexibilisierung sind auch das Outsourcing, Offshoring und auch die befristeten Arbeitsverhältnisse von Vertragskräften, etwa über Crowdsourcing, zuzuordnen.
3. **Explorativer Einsatz von agilen Innovationsansätzen und Innovationsteams**
   Aus den laufenden Umsätzen werden Ressourcen für agile Experimente abgezweigt. Über die Implementierung von Konzepten wie Lean Startup, Design Thinking, Business Model Generation, Scrum etc. sind die Unternehmen bestrebt, Marktanteile zu stabilisieren oder wieder zurückzugewinnen. Auch Innovationen sollen so vorangetrieben werden, um Mitarbeitern sowie Kunden neue Perspektiven aufzeigen zu können. Das disruptive Marktprinzip wird quasi internalisiert, indem agile Unternehmenseinheiten entweder eigenständig aufgebaut oder über den Zukauf etwa von Startups integriert werden. Auch Kooperationen, Netzwerke oder Allianzen[44] mit anderen Unternehmen werden als explorativ-disruptiver Innovationsansatz genutzt[45].

41 Vgl. Nemeth (2011), S. 109 ff.; vgl. Brühl (2015), S. 21 ff.
42 Vgl. etwa Brühl (2015), S. 169 ff.
43 O. V., Unternehmenswelt (2018), https://www.unternehmenswelt.de/flexibilisierung.html; abgerufen am 25.01.2018.
44 Vgl. etwa o. V., t3n (2017), https://t3n.de/news/car2go-drivenow-carsharing-fusion-daimler-bmw-826059/; abgerufen am 25.01.2018.
45 Vgl. Henrici (2017), http://www.financial-disruption.de/die-sechs-groessten-fallstricke-im-agilen-konzernumbau/; abgerufen am 25.01.2018.

Fazit

Die Digitalisierung verändert vielfältige Marktgegebenheiten und erhöht das unternehmerische Risiko. Unternehmen investieren in Folge dessen bevorzugt in Ressourcen, die einen nachhaltigen Wettbewerbsvorteil eröffnen[46].

Vier prinzipielle Gestaltungsarenen als Folge der digitalen und disruptiven Veränderungsprozesse zeichnen sich ab (siehe Abbildung 2.12)[47].

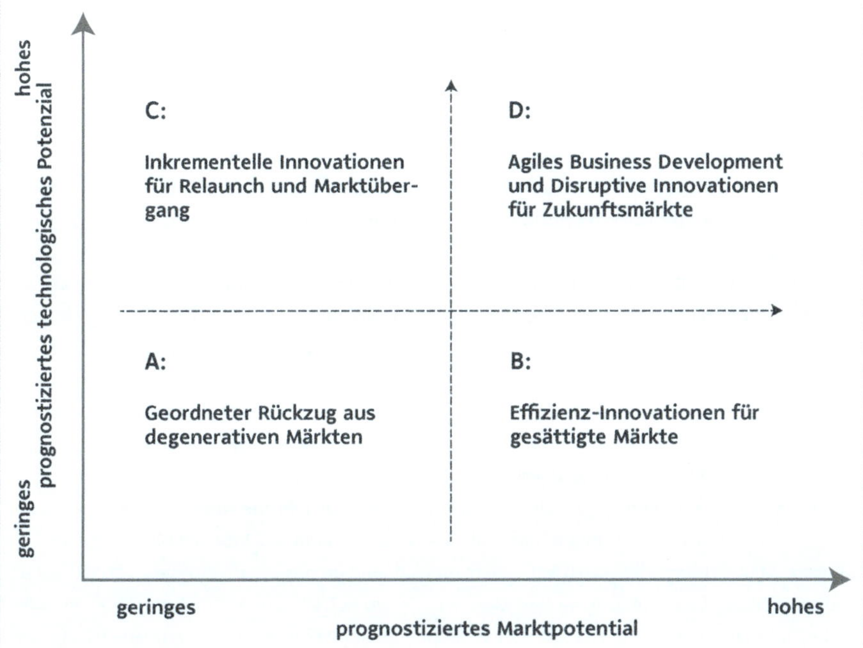

Abb. 2.12: Gestaltungsarenen digitaler und disruptiver Veränderungsprozesse; Bartscher (2016), S. 32

Arena (A): Geordneter Rückzug aus degenerativen Märkten

Degenerative Märkte sind schrumpfende Märkte. Die Produkte in diesen Märkten nutzen häufig eine in die Jahre gekommene Technologie, sie befinden sich in der Abschwungphase ihres Produktlebenszyklus, sodass sie nicht mehr in vollem Umfang die heutigen und zukünftigen Bedarfe der Kunden abdecken. Aufgrund alternativer Angebote bzw. Konzepte wenden sich die Kunden von diesen Produkten vermehrt ab. Angesichts dieser Rahmenbedingungen werden Restrukturierungs-

46 Vgl. z. B. Bartscher/Nissen (2017), S. 61 ff.

47 Bei diesen Überlegungen ist allerdings zu berücksichtigen, dass es sich um Hypothesen, also um Annahmen über zukünftige Entwicklungen handelt. Diesen ist zum jetzigen Zeitpunkt noch eine erhebliche Unschärfe inhärent, da der Einfluss der digitalen und der darüber hinaus gehenden technologischen Entwicklung – aufgrund deren exponentiellen Verlaufes – auf die wirtschaftlichen und gesellschaftlichen Strukturen und Prozesse eingeschränkt vorhersehbar ist.

prozesse angestoßen, die schlicht der Risikominimierung und Kostenreduktion bzw. -flexibilisierung dienen.

Arena (B): Effizienz-Innovationen für gesättigte Märkte
Hier werden Abläufe verschlankt, Kostenstrukturen abgeschmolzen, Produkt- bzw. Dienstleistungsmerkmale auf einem einfachen bis mittleren Qualitätsstandard festgeschrieben und Sonderleistungen extra bepreist.

Beispiel: Wie Paketdienste den Weihnachts-Wahnsinn meistern wollen

»Derzeit versuchen die Paketdienste, möglichst viele verschiedene Wege anzubieten, auf denen das Päckchen den Kunden erreichen soll. Denn einfach an der Tür klingeln und es persönlich abgeben, das funktioniert zu häufig nicht mehr. Die Deutsche Post stellte bundesweit bisher 3400 Packstationen auf, an denen Pakete aufgegeben und abgeholt werden können, und eröffnet immer mehr Paketshops in Kiosken, Blumenläden und Supermärkten. Ein möglichst dichtes Netz mit Abholorten soll verhindern, dass die Paketzustellung für Kundenfrust sorgt. …

Eine Strategie der Dienstleister ist es, das Paket auch ohne die persönliche Zustellung so nah wie möglich zum Empfänger zu bringen. Beim DPD können Kunden per GPS genau verfolgen, wo ihr Zusteller gerade ist. Im Idealfall wissen sie bis auf 30 Minuten genau, wann er an der Tür klingeln würde und können das Paket umleiten, wenn sie nicht zu Hause sind. Einen ähnlichen Service bieten auch andere Logistikunternehmen an. Noch während des Versands kann der Empfänger auswählen, wo das Paket abgestellt werden soll, zum Beispiel im Hausflur, auf der Terrasse oder im Kellereingang. …

In Berlin und in München gibt es außerdem den Lieferservice Prime Now. Amazon-Boten bringen bestimmte Bestellungen innerhalb von zwei Stunden, auf Wunsch bis 24 Uhr. In diesem Jahr stellte der Konzern außerdem eine Lösung für das Paket-Problem vor, die noch weiter geht als die Zustellung im Paketkasten oder im Kofferraum: Mit Amazon Key sollen die Paketboten die Bestellung direkt in der Wohnung ablegen können. Kunden müssen dafür ein elektronisches Türschloss einbauen und eine Kamera installieren. Über das System sollen sich die Amazon-Zusteller autorisieren können. Wenn der Kunde nach Hause kommt, liegt das Paket schon in seinem Wohnungsflur.

Doch viele dieser technischen Lösungen sind noch nicht ausgereift oder weit genug verbreitet, um die Situation bei der Paketzustellung zu entspannen. Bis dahin erwarten Hermes und auch der DPD höhere Portokosten, wenn das Paket bis an die Haustür geliefert werden soll und nicht nur in den Paketshop. Hermes geht sogar noch weiter, bis die vielen Zukunftsvisionen der Paketzustellung alltagstauglich sind. Die Strategie: Den Kunden davon abhalten, vor Weihnachten zu viele Pakete zu bestellen oder zu verschicken. ›Wir werden 2018 einen Preiszuschlag für das Weihnachtsgeschäft einführen‹, kündigte Hermes-Geschäftsführer Frank Rausch kürzlich an.«[48]

Quelle: Süddeutsche Zeitung, 18. Dezember 2017

48 Dornis (2017), http://www.sueddeutsche.de/wirtschaft/pakete-zu-weihnachten-wie-paketdienste-den-weihnachts-wahnsinn-meistern-wollen-1.3796692; abgerufen am 28.01.2018.

Arena (C): Inkrementelle Innovationen (inkl. sog. Brückentechnologien) für Relaunch und Marktübergang

Etablierte Produkte werden hinsichtlich bestimmter Produkteigenschaften verbessert und es werden sog. Brückentechnologien genutzt. »Veraltete« Produkte werden somit durch technologisch erneuerte Produkte ersetzt, wie etwa die vielfältigen Beispiele aus der Automobilindustrie zeigen (z. B. Audi: »Vorsprung durch Technik«)[49]. Auf diese Weise sichern sich die Unternehmen ihr kurz- bis mittelfristig (noch) profitables Geschäft.

Arena (D): Agiles Business Development und Disruptive Innovationen für Zukunftsmärkte

Durch die Digitalisierung erhöht sich das Risiko, dass bewährte Geschäftsmodelle gefährdet bzw. bedroht sein können. Zum einen kann dies geschehen durch disruptiv-technologische Innovationen, wie beispielsweise die Sprachassistenten Siri und Alexa zeigen. Je ausgefeilter etwa diese Technologien werden, umso weniger häufig werden Kunden sich noch an einen PC setzen, die Google-Startseite aufrufen und Suchanfragen eintippen. Für Google kann diese Entwicklung in nächster Konsequenz bedeuten, dass die Einnahmen aus Anzeigen und Werbung zurückgehen werden. Aktuell noch profitable Geschäftsmodelle sind also durch disruptiv-technologische Innovationen oder durch disruptive Geschäftspraktiken von direkten und indirekten Wettbewerbern gefährdet. Beispiele hierfür sind Uber und Airbnb. Um derartigen Entwicklungen vorzubeugen oder entgegenzuwirken, bedienen sich die heute noch erfolg- und ertragreichen Unternehmen agiler Innovationsansätze und agiler Innovationsteams. Die Vorbereitung der Unternehmen für die digitale Zukunft wird dabei häufig durch Digital-Units vorangetrieben[50]. Innerhalb der »... Digital-Unit wird meist jeder Mitarbeiter stark in die unternehmerische Struktur eingebunden und fühlt sich auch wohl darin. Aber was passiert, wenn gleichzeitig das Mutterschiff sinkt? Die Sichtbarkeit der Aktivitäten der Digital-Unit wird für die meisten Mitarbeiter des ... Unternehmens) beschränkt sein. Das aber kann zur Konsequenz haben, dass

1. eine unzureichende Beteiligung der Business Units während der Entwicklung zu Ablehnung führen wird (›Not-invented-here-Syndrom‹), vor allem bei der Übergabe von der Digital-Unit zum Mutterunternehmen,
2. die meisten Leute außerhalb der Digital-Unit noch nicht den Geist der agilen Dynamik erfahren haben und deshalb dem System ablehnend gegenüberstehen,
3. die bestehenden Business-Units vielleicht neidisch auf den Erfolg der Digital-Unit sein könnten (›Die Digital-Unit ist der neue Liebling und wir bleiben auf der Strecke‹),

49 Vgl. VDA (2018), https://www.vda.de/de/themen/innovation-und-technik.html; abgerufen am 28.01.2018.
50 Vgl. etwa Christensen/Raynor (2013), S. 177 ff.

4. die Verwirrung durch verschiedene Metriken (Lerngeschwindigkeit vs. kommerzielle Performance) zu konzerninternen Kämpfen führen könnte«[51].

Um derartige Entwicklungen aufzufangen, sollten daher digitale und disruptiv-innovative Vorzeigeprojekte in eine professionelle Veränderungsarchitektur eingebettet sein, um von den übrigen Mitarbeitern mit der Zeit akzeptiert zu werden. Wichtig ist auch, eine weitreichende, alle Mitarbeiter umfassende Lernkultur zu etablieren bzw. zu reaktivieren. Unterstützen hierbei können u. a. optionale, unternehmensweite Trainingsprogramme für Innovationen, Inkubatorenkonzepte[52], strukturierte »Digitale Exkursionen« zu Disruptoren[53] sowie Blueprints zum Lernen. Der Erfolg der Digital-Units hängt zudem stark davon ab, dass sie getrennt vom Kerngeschäft laufen. »Denn sie brauchen eine völlig andere Organisations- und Kostenstruktur. Das bedeutet, dass Unternehmen für eine Zeit zwei verschiedene Organisationen managen müssen. Wenn das disruptive Geschäft wächst, wird es vielleicht auch Kunden vom Kerngeschäft abwerben. Aber als Manager sollten Sie nicht versuchen, dieses Problem zu lösen, bevor es ein Problem ist.«[54]

Fazit

Die Digitalisierung und die damit einhergehenden disruptiven Marktveränderungen werden einerseits dazu führen, dass die bestehenden Kernbelegschaften der Unternehmen flexibilisiert werden. Dies bedeutet, dass diese zum Teil neu aufgestellt und zum Teil abgeschmolzen werden. Andererseits gilt es, neue Kompetenzfelder aufzubauen und damit neue Mitarbeiter für die Unternehmen zu gewinnen und zu integrieren.
Mit diesen beiden Entwicklungsrichtungen gehen vielfältige Anforderungen an die Veränderungsbereitschaft und die Veränderungskompetenz der heutigen und zukünftigen Mitarbeiterschaft einher. Inwieweit sich die betroffenen Personen diesen Herausforderungen stellen, inwieweit sie bereit sind, ihre Kompetenzen weiterzuentwickeln und die anstehenden Veränderungen mitzugestalten, hängt dabei u. a. von einem professionell gestalteten und geführten Veränderungsmanagement ab[55].

51 Henrici (2017), http://www.financial-disruption.de/die-sechs-groessten-fallstricke-im-agilen-konzernumbau/; abgerufen am 25.01.2018; vgl. auch Horx (2016), https://www.zukunftsinstitut.de/artikel/innovation-und-neugier/der-mythos-disruption/; abgerufen am 02.02.2018.

52 Vgl. z. B. Heilmann et al. (2015), S. 10 ff., http://research.handelsblatt.com/assets/uploads/files/Studie_Inkubator.pdf; abgerufen am 02.02.2018.

53 Vgl. Afting et al. (2017), S. 98 ff.

54 Haufe online (2016), https://www.haufe.de/personal/hr-management/innovationsmanagement-christensen-ueber-disruptive-innovation_80_388494.html; abgerufen am 02.02.2018.

55 Vgl. z. B. Bartscher/Nissen (2017), S. 321 ff.

3 Landkarten für das Change-Management

Entstehen, Wachsen, Vergehen oder Erneuern sind Kennzeichen des Lebens. Theorien und praxisnahe Erklärungsmodelle hierzu finden sich sowohl in den Naturwissenschaften als auch in den Sozial- und Geisteswissenschaften. Auf die Verschränkung von aktuellem Sein und zukünftigem Werden verweist bereits Heraklit (ca. 520-460 v. Chr.). Er hebt u. a. hervor, dass die alltägliche Erfahrung von Stabilität und Identität irreführend sei. Leben sei vielmehr ein immerwährender Prozess des Wandels. Nichts bleibt so, wie es ist (panta rhei – Alles fließt). Diese Erkenntnis setzt sich auch zunehmend bei den Beschäftigten der Smart Economy durch. Dominierte in den 60er-80er Jahren des letzten Jahrhunderts bei den Menschen in Organisationen das Gefühl relativer Stabilität, die gelegentlich von Veränderungen unterbrochen wird, erleben viele heute den beständigen Wandel als Normalfall. Relative Stabilität wird somit zur Ausnahme, wie vielfältige Studien dokumentieren[56].

Veränderungen haben für die Führungskräfte und Mitarbeiter einer Organisation zur Folge, dass sie sich weiterentwickeln, also lernen müssen. Lernen kann dabei heißen, kleinere Anpassungen in Arbeitsroutinen vorzunehmen. Es kann aber auch bedeuten, dass die von der Veränderung Betroffenen sowohl ihre Denk- und Verstehensmodelle als auch ihre grundlegenden Verhaltensmuster ergänzen oder neu ausrichten müssen. Je nach Veränderungssituation zeichnen sich für die betroffenen Führungskräfte und Mitarbeiter unterschiedlich intensiv empfundene fachliche, methodische und psychosoziale Lernprozesse ab. Der wahrgenommene Intensitätsgrad der Lernerfordernisse hängt dabei u. a. von der Veränderungssituation ab.

Beispiel: Veränderung & Lernen

Wie lernen Menschen in Veränderungsprozessen? Drei Ebenen lassen sich diesbezüglich unterscheiden:
»1. Das klassische lebenslange Lernen der einzelnen Mitarbeiter ist die erste Ebene der Lernprozesse: Die Führungskräfte und Mitarbeiter entwickeln auf der Basis ihrer Potenziale neue Kompetenzen, eventuell auch eine neue Einstellung zu ihrer Tätigkeit und neue Fertigkeiten. Der Lernbedarf richtet sich zum einen danach, was diese Mitarbeiter für die Umsetzung der Veränderung benötigen (...). Zum anderen richten sich die Lernziele danach, welche Personalkompetenz die ›neue Situation‹ nach der Veränderung erfordert.

56 Vgl. etwa o.V., Telekom (2015), https://www.telekom.com/de/medien/medieninformationen/detail/maschinen-werden-kuenftig-kollegen-sein-349222; abgerufen am 17.01.2018; Böhm (2016), https://www.unisg.ch/de/wissen/newsroom/aktuell/rssnews/forschung-lehre/2016/september/untersuchung-digitalisierung-arbeit-27september2016; abgerufen am 17.01.2018; Krapf, et al. (2017), https://www.tk.de/centaurus/servlet/contentblob/948596/Datei/74949/TK-Studie-whatsnext-Mai-2017.pdf; abgerufen am 17.01.2018.

2. Gleichzeitig verändern Führungskräfte mit Mitarbeitern die Kommunikation und Struktur der Zusammenarbeit untereinander (...). Organisation und Zusammenarbeit werden neu gestaltet, neue Formen der Kommunikation gelernt. Auch hier gilt: Zum einen muss die Veränderung durch spezifische Zusammenarbeit bewältigt werden, zum Beispiel in Projektgruppen, Task-Forces, Steuerungsgruppen und Workshops. Nach der Veränderung sind eventuell neue Formen der Zusammenarbeit angemessen, wie Key-Account-Teams oder Business-Units (...).
3. Für das Unternehmen im Change – also für das System der Mitarbeiter, der Führungskräfte und ihrer Zusammenarbeit – ist es bedeutsam, wie der Veränderungsbedarf mit einem Sinn, einer Zukunftsaussicht und einer klaren Richtung verbunden ist. Wird die Veränderung als überraschend erlebt und muss sich das Unternehmen als Spielball der Umwelt empfinden – oder wird sie als beabsichtigt erlebt und als Chance empfunden, auf die direkte Unternehmensumwelt mitgestaltend Einfluss zu nehmen? Im ersten Fall werden Personen wie Strukturen – falls sie sich nicht trennen bzw. auflösen – kurzfristiges Überleben und Krisenmanagement lernen. Im zweiten Fall werden sie sensibles Wahrnehmen von Veränderungsbedarfen und vorausschauende Veränderung lernen.«[57]

3.1 Suche nach Orientierung und Verlässlichkeit

Veränderungsprozesse in Organisationen lösen bei den davon direkt und indirekt betroffenen Menschen eine Vielzahl von Fragen und Emotionen aus. Drei zentrale Anforderungs- und Themenkomplexe sind hier hervorzuheben:

1. Fragen im Zusammenhang mit der zukünftigen Arbeits-/Aufgabensituation,
2. Fragen zu den Gründen und der Unabänderlichkeit der Veränderung,
3. Emotionen, die in Veränderungsprozessen typischerweise aufkommen.

Die Mitarbeiter erahnen in der Regel bereits im Vorfeld, dass sie sich auf eine neue Arbeits-/Aufgabensituation einstellen müssen. In den Vorphasen der Veränderung überblicken sie allerdings die konkreten Auswirkungen auf ihr berufliches und damit einhergehend auf ihr privates Lebenskonzept eher schemenhaft. Auch empfinden die Mitarbeiter häufig die unternehmensbezogene Informationslage als eher dünn. Um diesbezüglich zumindest erste Indizien an die Hand zu bekommen, werden u. a. Gerüchte gestreut, Anfragen an den Betriebs-/Personalrat gestellt, Unzufriedenheiten geäußert und informelle Gesprächsrunden aufgesucht. Für die Mitarbeiter stellen sich Fragen wie: Was ist im Arbeitsalltag zukünftig nicht mehr zu tun bzw. was ist zu unterlassen? Was muss zukünftig konkret anders gemacht oder angepasst werden? Was ist an neuartigen Tätigkeiten zu übernehmen, die außerhalb der bisherigen Routinen liegen? Wie attraktiv sind diese Tätigkeiten für mich? Welche Kompetenzen sind hierzu

57 Hofmann (2010), S. 88 f., http://www.shsconsult.de/wp-content/uploads/2017/01/2010_Hofmann_Lernen_und_Veraendern_Seminare_2010-1.pdf; abgerufen am 09.03.2018.

notwendig? Kann ich auf letztere bereits zurückgreifen, oder muss ich diese aufbauen und werde ich diese auch entwickeln können? Ist mein jetziger Arbeitsplatz in Gefahr? Werde ich in den Zukunftsplänen meines Arbeitgebers überhaupt noch Berücksichtigung finden?

Menschen suchen und benötigen Orientierung. Zwischen Beunruhigung (Spannung) und Beruhigung (Entspanunng) wollen sie Sicherheit und Klarheit finden, gerade in komplexen Veränderungssituationen (siehe Abbildung 3.1). Orientierung dient Menschen zur Selbststrukturierung. U. a. in Interaktionen mit anderen Personen und mittels Selbstreflexion setzen sie sich zu Informationen aus und in ihrer Umwelt in Beziehung[58]. Auf diese Art und Weise hoffen sie, über erste, aber auch tiefergehende Anhaltspunkte einen inneren Spanungsabbau bewirken zu können.

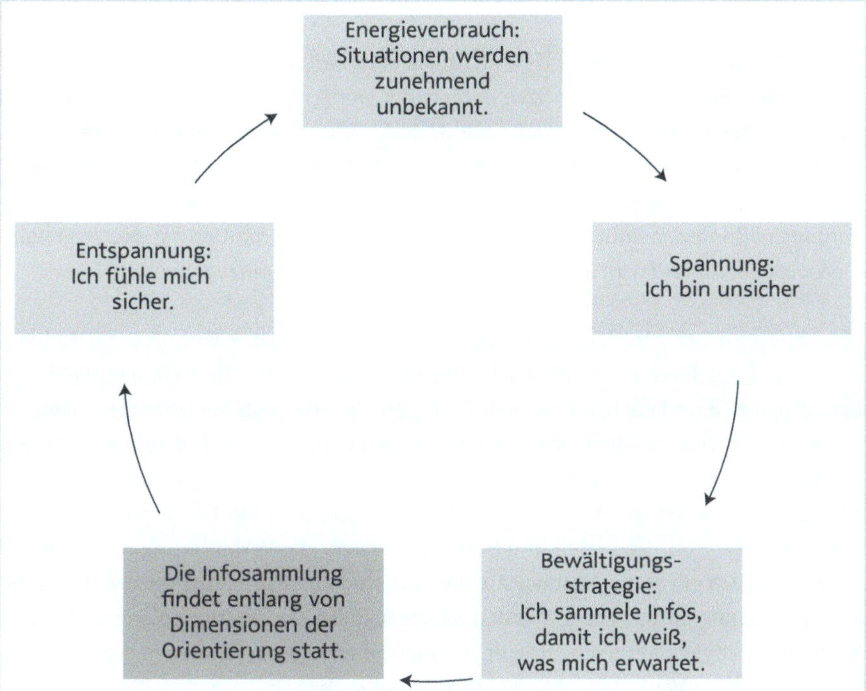

Abb. 3.1: Orientierung als Selbststrukturierung problematischer Zusammenhänge; Stegmaier (2008), S. 19

Zur Bestimmung der Dimensionen der Orientierung können u.a. metaphysische, soziologische, psychologische, aber auch bewusstseinstheoretische Modelle herangezogen werden. In den praxisorientierten Diskussionen zur Organisationsentwick-

58 Vgl. z. B. Stegmaier (2008), S. 16 ff.; vgl. Bartscher/Nissen (2017), S. 174 ff.

lung ist vor allem eine Dominanz systemtheoretischer und handlungs- und kommunikationstheoretischer Ansätze festzustellen[59]. Fünf Dimensionen werden hier häufig unterschieden:

1. Sachliche Dimension: Was soll wie getan und bearbeitet werden?
2. Zeitliche Dimension: Was wird in der knappen Gegenwart bearbeitet, was wird auf später vertagt oder endgültig beendet?
3. Räumliche Dimension: Wer befindet sich mit mir in der gleichen Situation, wer nicht, wer gehört dazu, wer nicht, wen betrifft die Veränderung, wen nicht?
4. Soziale Dimension: Wer spricht mit wem worüber (oder auch nicht), wer ist mir nah, wer ist mir fern, wer hat hier welchen Einfluss und wer nicht?
5. Symbolische Dimension: Welche sinnhafte Ordnung zeichnet sich ab, welche Werte, Normen und Regeln liegen Handlungen bzw. den Interventionen in Change-Prozessen möglicherweise zugrunde?

In Veränderungsprozessen kann damit für die Mitarbeiter die Suche und das Sammeln von Informationen erleichtert bzw. unterstützt werden, indem letztere mit Blick auf die genannten Dimensionen systematisch und zielführend aufbereitet werden. U. a. bei der Gestaltung von Kommunikationskonzepten, bei der kontinuierlichen Berichterstattung über das gesamte Transformationsprojekt und auch bei einzelnen Veränderungsmaßnahmen sollte auf diese Dimensionen der Orientierung Bezug genommen werden. Hierauf wird im weiteren Verlauf noch näher einzugehen sein.

Eine weitere Herausforderung für die Treiber und Gestalter von Change-Maßnahmen ist bereits durch die symbolische Dimension adressiert. Menschen möchten die Gründe kennen und nachvollziehen können, die für eine anstehende Veränderung ursächlich sind. Diesbezüglich erwarten sie von den Entscheidern und Verantwortungsträgern der Organisation, dass letztere sich Zeit für sie nehmen und damit Wertschätzung zeigen. Die Mitarbeiter wünschen sich hierbei von ihren Leitungskräften, dass diese sich erklären. Sie sollen ihre Beweggründe für die Veränderung darlegen und erläutern. Auch ein erster Ausblick auf die nächsten Prozessschritte wird von den Mitarbeitern häufig eingefordert. Werden diesbezügliche Informationen angeboten und besteht die Möglichkeit nachzufragen, können Mitarbeiter Vertrauen in die Führungskräfte und in den Veränderungsprozess auf- und ausbauen.

Beispiel: Glaubwürdigkeit

»Das zugrunde liegende Prinzip ist hierbei recht einfach und wohl jedem aus dem Alltag bekannt: Derjenige, der in seiner Position und Rolle klar und authentisch ist, wirkt glaubwürdig und wir sind bereit, dieser Person unser Vertrauen zu schenken. Wie lässt sich eine solche Vertrauensbasis herbeiführen?

59 Vgl. Stegmaier (2008), S. 151 ff.; vgl. z. B. König/Volmer (2014), S. 13 ff.

1. Zielklarheit schaffen: Es ist entscheidend, ob die Verantwortlichen für den Veränderungsprozess ein klares Ziel ausgeben, dieses begründen und den Weg dorthin beschreiben können. Je klarer und einfacher sie dieses Ziel beziehungsweise den Weg dorthin beschreiben können, desto weniger wird ihre eigene Kompetenz bezüglich der Umsetzung angezweifelt. Zudem ist die Chance groß, dass diese Aussagen als wahr akzeptiert werden und nicht als »Storyline« mit einer so genannten »Hidden Agenda«, die eigentlich ein anderes Ziel mit der Veränderungsmaßnahme bezweckt, als kommuniziert wurde.
2. Die Sprache der Leute sprechen: Organisationen weisen zwangsläufig eine gewisse Heterogenität auf. Sei es hinsichtlich der aktuellen Tätigkeit der Personen, dem Wissensstand, der schulischen und/oder universitären Ausbildung etc. Oder einfach gesagt: Nicht jeder beschäftigt sich täglich mit Change-Management, Balanced Scorecards, Key Performance Indicators oder Prozessmanagement. (...) Auf die Mitarbeiter wirkt es häufig so, als müsste hinter diesen Worten etwas verborgen werden – etwas, was man nur ›verschlüsselt‹ aussprechen möchte. Mitunter wird diese Art der Kommunikation aber auch als Geringschätzung der Zuhörerschaft angesehen, im Sinne von ›Der macht sich nicht die Mühe das zu erklären‹ oder ›Jetzt will er uns wohl beweisen, dass wir doof sind und nichts verstehen‹.
3. ›Practice what you preach!‹: Hinter diesem Ausruf steckt der Hinweis, die einmal gemachten Aus- und Zusagen auch einzuhalten und entsprechend zu kommunizieren. Die verantwortlichen Führungskräfte müssen sich darüber klar sein, dass sie im Rahmen von Veränderungsprozessen noch stärker als sonst im Fokus der Aufmerksamkeit stehen. Insbesondere dann, wenn kein Vertrauensvorschuss gegeben ist, werden Aussagen und Handlungen häufig auf die Goldwaage gelegt.«[60]

Insoweit erhoffen sich die von einer Veränderung betroffenen Menschen ein Kommunikationskonzept, das an ihrem Bedarf, an ihren Fragen ausgerichtet ist. Auch möchten sie leicht und verständlich Zugang zu Erkenntnissen erlangen. Diese wollen sie zudem entschlüsseln und damit verstehen können, sodass diese ihre eigenen Überlegungen befördern. Sie erwarten also eine typgerechte Kommunikation. Oder, um es mit Kurt Tucholsky zu sagen: »Wer auf andere Leute wirken will, der muss erst einmal in ihrer Sprache mit ihnen reden.«

Die Leitungskraft, die ihre Kommunikationsmedien und ihr Kommunikationsverhalten an die Bedürfnisse und die momentane Situation ihrer Mitarbeiter anpassen kann, erhöht erfolgreich ihre soziale Akzeptanz im Umgang mit letzteren. Diese Fähigkeit und das Bemühen darum ist ein strategisch bedeutsames Asset. Dies gilt gerade angesichts der Komplexität, der z. T. radikalen, neuartigen und umfassenden Sachverhalte, die mit Projekten zur Digitalen Transformation in Zusammenhang stehen[61]. Für eine wirkungsvolle Kommunikationsstrategie ist dabei die Balance zwischen den beiden

60 Brandenburg (2009), S. 229 f., http://www.thielsch.org/download/wirtschaftspsychologie/brandenburg_2009.pdf; abgerufen am 09.03.2018.
61 Vgl. z. B. Deekeling/Barghop (2017), S. 6 ff.

Extremen (»zu viel« versus »zu wenig« Information) zu suchen. Auch sind ein sorgfältiges Planen und Umsetzen der Informationsprozesse notwendig, wie Abbildung 3.2 zeigt.

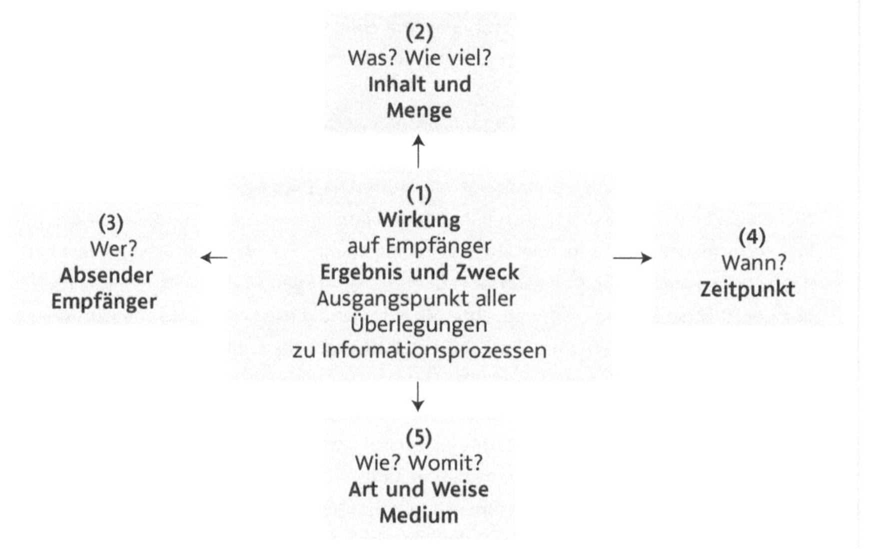

Abb. 3.2: Elemente von Kommunikationskonzepten nach Kalcher; Kalcher (2008), S. 287

Obige Grafik verdeutlicht, dass die angestrebte Wirkung (1) einer Information, deren Ergebnis und Zweck für den Empfänger die zentrale Ausgangsbasis bilden. Was wollen die Mitarbeiter wirklich wissen? Hierzu ist es erforderlich, sich ein Bild von der Situation und Befindlichkeit der Empfänger zu machen. Hieraus leitet sich das Ausmaß der Informationen nach Inhalt und Menge (2) ab. Festzulegen ist, wer Absender (3) von Informationen ist und wer der Empfänger. Weiterhin ist der richtige Zeitpunkt (4) entscheidend für eine gelungene Kommunikation. Schließlich ist zu bestimmen, auf welche Art und Weise (5), also über welche Kommunikationskanäle (Medien) kommuniziert werden soll. Hierbei ist zu berücksichtigen, dass Menschen unterschiedliche Informationsbedürfnisse haben, u. a. abhängig von der Typologiegruppe, der sie angehören. Hieran orientiert sollten unterschiedliche und typgerechte Darstellungs- und Vermittlungsformen verwendet werden.

Je nach Typus des Empfängers bieten sich hier unterschiedliche Kommunikationsformen an, etwa eher rationale oder eher emotionale. Nur so können möglichst viele und unterschiedliche Menschentypen mit Informationen versorgt werden. Nur so kann erreicht werden, dass sich die Menschen mit den Informationen überhaupt auseinandersetzen und diese ggf. verstehen. Nur so erhöht sich mit der Zeit die Wahrscheinlichkeit, dass diese sich auch die Sinnhaftigkeit der Veränderung erschließen[62]. Nur auf diese Weise können die Menschen mit der Zeit für einen Veränderungsprozess gewonnen und zur Mitarbeit motiviert werden. Beispielhaft sind in Abbildung 3.3 unter Zuhilfenahme des Riemann/Thomann-Modells und des Golden-Profiler of Personality™ vier Typologiegruppen abgegrenzt. Diese sind durch die für sie typischen Informationsbedürfnisarten und die daraus ableitbaren zentralen Fragestellungen an ein Veränderungskonzept skizziert.

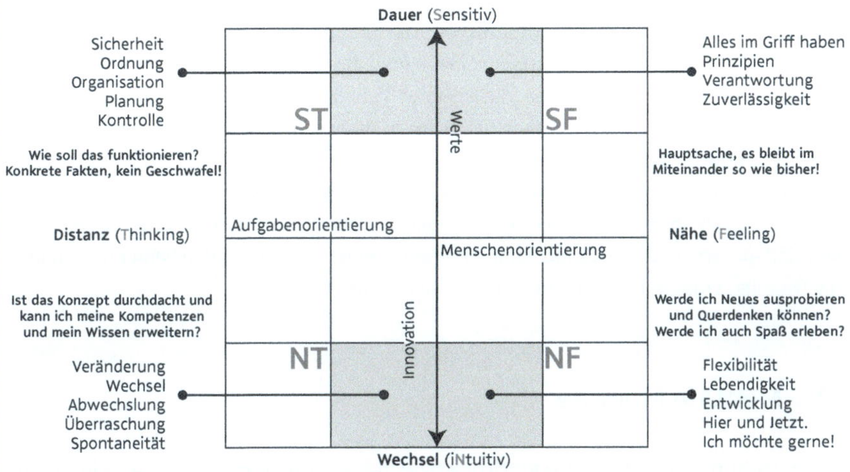

Abb. 3.3: Typische Informationsbedürfnisarten kombiniert aus Riemann/Thomann-Modell und Golden-Profiler of Personality™; Bartscher/Nissen (2016), S. 89, in Anlehnung an Büning (2012) und Bents/Blank (2005)

Für gelingende Veränderungsvorhaben ist es wichtig, die Typologiegruppen der Menschen, die von dieser Veränderung betroffen sind, zu kennen. Darüber hinaus ist es aber umso wichtiger, die **Persönlichkeit** der Betroffenen zu bestimmen, diese zu verstehen und ggf. im Rahmen der Veränderungsvorhaben weiterzuentwickeln. Ein Ansatz zur umfassenden Beschreibung der menschlichen Persönlichkeit sind die »Big-Five-Persönlichkeitsfaktoren«, die auch als Fünf-Faktoren-Modell bezeichnet werden. Diese fünf Faktoren sind das Resultat jahrzehntelanger Persönlichkeitsforschung und gelten als die empirisch mit am besten nachgewiesenen Persönlichkeitsmerkmale. Damit gehört dieses Modell zu den anerkannten psychologischen Modellen, die zum Verständnis der Persönlichkeit der Menschen beitragen. Der LINC PERSONALITY PROFILER[63] geht noch über diesen Ansatz hinaus, indem mit der Betrachtung der Perspektive der Lebensmotive noch eine weitere Komponente erfasst wird.

62 Vgl. z. B. Zowislo und Schwab (2003), S. 6 ff.

63 Unternehmensdarstellung LINC https://linc-institute.de/wp-content/uploads/2018/04/Broschüre-PERSONALITY-PROFILER_März-2018.pdf, abgerufen am 25.08.2018.

Fazit

Menschen suchen und benötigen Orientierung. Hierzu nutzen sie unterschiedliche Informationskanäle. Die hierüber von den Menschen wahrgenommenen Informationen werden mit Hilfe eines fünfdimensionalen Rasters analysiert und interpretiert. Auf diese Weise strukturieren Menschen sich und entwickeln Orientierung. In Veränderungssituationen suchen Menschen zusätzlich auch die Interaktion, das Gespräch mit anderen, um sich zu orientieren. Mittels Selbstreflexion setzen sie sich dann zu den von ihnen wahrgenommenen Informationen in Beziehung.

Bei der Gestaltung von Veränderungsprozessen ist es daher zielführend und sinnvoll, den betroffenen Menschen aktiv Informationen anzubieten. Die Treiber und Gestalter von Veränderungen sollten dabei Informationen, die aus ihrer Sicht bedeutsam sind, empfängergerecht aufbereiten. So erhöht sich die Wahrscheinlichkeit, dass Menschen diese Informationen in ihren Reflexionsprozess einfließen lassen.

Allerdings ist auch hier die Kommunikationsregel nach Konrad Lorenz mit zu bedenken: Gedacht heißt nicht immer gesagt, gesagt heißt nicht immer gehört, gehört heißt nicht immer verstanden, verstanden heißt nicht immer einverstanden, einverstanden heißt nicht immer angewendet, angewendet heißt nicht immer beibehalten.

3.2 Mentale Modelle

Wie entsteht bei Menschen der Eindruck bzw. das Gefühl, jemanden oder einen Sachverhalt verstanden zu haben? Wann können Menschen angebotene Daten bzw. Informationen hinreichend gut einordnen, damit diese zur Grundlage für Entscheidungen und Handlungen werden? Was muss gegeben sein, damit Daten bzw. Informationen Menschen dazu dienen, Probleme durchdringen und lösen zu können? Und umgekehrt, wie lassen sich (potenzielle) Missverständnisse und Fehlhandlungen erklären bzw. nachvollziehen? In der Kognitionspsychologie finden sich vielfältige Ansätze, die sich mit dem Verstehen und Missverstehen auseinandersetzen[64]. Vorliegend wird an der Annahme angeknüpft, dass Menschen modellhafte Vorstellungen entwickeln, um realweltliche Gegebenheiten und Abläufe sich und anderen zu veranschaulichen. Insbesondere strukturelle sowie dynamische Aspekte komplexer Sachverhalte werden vereinfacht abgebildet, um diese verstehen und gedanklich simulieren zu können[65].

Menschen sind u. a. bestrebt, soziale Zusammenhänge und Prozesse dadurch zu erklären, dass sie »... wesentliche Elemente und ihre Beziehungen zueinander in einer Vorstellung, einem geistigen Modell speichern (repräsentieren). (...) Die Erfahrungen, die Menschen in komplexen Situationen machen, veranlassen sie Zusammenhänge zu

64 Vgl. z. B. Seel (1991), S. 34 ff.; Winkel/Petermann/Petermann (2006), S. 42 ff.; Bach (2010), S. 36 ff., Kiesel/Koch (2012), S 83 ff.

65 Vgl. z. B. Strebe (2015), https://www.usabilityblog.de/mental-models-teil-1-die-welt-im-kopf-des-nutzers/; abgerufen am 10.03.2018.

bilden (konstruieren), die schließlich als mentale Modelle zur Verfügung stehen, wenn eine Situation ein bestimmtes Handeln erfordert«[66]. Menschen entwickeln dabei von der ersten Information an Vorstellungen (Bilder) darüber, was gemeint sein könnte. Diese Interpretationen bzw. Hypothesen gehen zumeist weit über das explizit Gesagte oder Geschriebene hinaus[67].

Definition: Mentale Modelle

»Als mentale Modelle werden kognitiv-emotionale Repräsentationen von Objekten, Objektbeziehungen und Prozessen – kurz: innere Repräsentationen der externen Welt – bezeichnet. Der Begriff des mentalen Modells (... besagt), dass Menschen in ihrem Geist vereinfachte Modelle über die Funktionen und Abläufe ihrer Umwelt entwickeln. Die Modelle dienen der Orientierung, dem Verständnis, dem Schlussfolgern sowie der Vorhersage von Ereignissen. (...) In der Literatur der Kognitionspsychologie besteht weitgehend Konsens (...), dass mentale Modelle dynamischer Natur sind und sich durch drei zentrale Eigenschaften beschreiben lassen.

1. Mentale Modelle werden im Arbeitsgedächtnis erstellt und ermöglichen Individuen, Handlungsmöglichkeiten und ihre Folgen zu simulieren. Denken ist somit die Manipulation von mentalen Modellen.
2. Mentale Modelle können Ursache und Wirkungszusammenhänge repräsentieren. Sie generieren ein kausales Verständnis darüber, wie Systeme funktionieren.
3. Mentale Modelle können sich durch Erfahrungen im Verlauf der Zeit verändern – d. h., sie sind lernfähig. Die Qualität der Modelle und die der darauf basierenden Schlussfolgerungen entwickeln sich durch spezifische Lernerfahrungen weiter.

Mit zunehmender Expertise entwickelt sich das Verständnis von Sachverhalten von konkreten hin zu abstrakten Repräsentationen. (...) Mentale Modelle umfassen folglich Repräsentationen menschlichen Wissens, Einstellungen sowie Werte und Emotionen, die in Wechselwirkung mit ihrer Umwelt stehen.«[68]

Mentale Modelle sind subjektive Abbildungen realer Gegebenheiten. Sie dienen der Komplexitätsreduktion und unterstützen beispielsweise dabei, komplexe Entscheidungssituationen zu strukturieren und zu bewältigen. Des Weiteren begrenzen sie den kognitiven Aufwand bei regelmäßig bzw. routinemäßig auftretenden Entscheidungen und Handlungen. Mentale Modelle werden daher zumeist anlassbezogen und zweckbestimmt entwickelt. Durch Reize aus der Umwelt bzw. durch gedankliche Simulationen (Nachdenken) werden bei den jeweiligen Menschen interne kognitive Prozesse angeregt, die in mentalen Modellen münden. Solange diese ihren angestrebten Zweck erfüllen, werden sie nicht weiter hinterfragt, oder weiterentwickelt.

66 Rasch (2006), S. 56.
67 Vgl. z. B. Moser (2003), S. 183 ff.
68 Wolf (2015), https://studlib.de/7051/maschinenbau/mentale_modelle_autonomen_fahrens#451; abgerufen am 03.03.2018.

Teilweise verhindern sie, dass Menschen tieferliegende Ursachen eines Sachverhaltes ergründen[69]. Insoweit sind mentale Modelle zunächst personenspezifische Abbildungen im Kopf einer Person und haben hypothetischen Charakter[70]. Bei ihrer Anwendung, etwa in realen Interaktions- oder Kommunikationsprozessen, können sie sich als falsch herausstellen. Oder aber sie erweisen sich als vorläufig tragfähig, im Sinne eines vereinfachenden Abbildes der originalen Zusammenhänge. Schließlich verweist die letzte Formulierung darauf, dass mentale Modelle einen analogen Charakter aufweisen[71].

Typische Merkmale sind die bereits oben beschriebenen Dimensionen Zeit, Inhalt, Raum, Soziales, Symbolik, aber auch kausale Beziehungen zwischen Elementen sowie generische oder archaische Formen und Beziehungsmuster, oder etwa Farben, Gerüche, Stimmungen, Mystik. Neben Kurztexten (Sprüchen), Bildern, Gleichnissen, Geschichten können sich mentale Modelle auch in konkreten Gegenständen, Simulationen, emotionalen Zuständen und in Lebe- oder Fabelwesen aktualisieren. Mentale Modelle repräsentieren das verdichtete Wissen und Erleben einer Person. Sie beinhalten deren implizite und explizite, bewusste und unbewusste Vorstellungen über die reale Welt.

Einerseits können mentale Modelle das Ergebnis von zurückliegenden Verstehens- und Reflexionsprozessen der jeweiligen Person und insoweit individuelle Konstrukte sein. Sie können aber auch das Ergebnis sozialer und kultureller Prägungen sein und damit kollektive Sozialisierungsprozesse widerspiegeln[72]. Die mentalen Konstruktionen eines Menschen nehmen nun Einfluss auf dessen Entscheidungen und Handlungen. Insoweit ist es nicht überraschend, dass unterschiedliche Menschen trotz gleicher Tatsachen und Informationen unterschiedliche Bewertungen vornehmen. Diese Beobachtung legt die Vermutung nahe, dass Menschen aufgrund von Unterschieden in ihren mentalen Modellen gleiche Tatsachen und Informationen verschieden interpretieren. »Es gibt somit keine Tatsachen und Informationen, die unabhängig von einer Theorie oder von Weltmodellen der Erkenntnis zugänglich sind. Das Handlungssubjekt muss deshalb für jede Entscheidung angeben können, auf welche Interpretation welcher Welt – und das heißt auf welchen Alternativenraum – es sich bezieht.«[73]

»

Fazit

Menschen interpretieren Tatsachen und Informationen auf Basis von selbst entwickelten oder bewusst oder unbewusst übernommenen mentalen Modellen. Menschen gründen ihr Entscheiden und Handeln auf diesen Interpretationen. Nur ziehen Menschen trotz gleicher Tatsachen und Informationen voneinander abweichende Schlussfolgerungen. Sie treffen

69 Vgl. z. B. Johnson-Laird (1983), S. 8 ff.
70 Vgl. z. B. Dutke (1994), S. 76.
71 Vgl. z. B. Steiner (1988), S. 99 ff.
72 Vgl. z. B. Denzau/North (1994), S. 3 ff.
73 Pridatt (2006), S. 28.

unterschiedliche Entscheidungen und zeigen inkongruente Verhaltensweisen. Erklären lässt sich dies dadurch, dass die mentalen Modelle der jeweiligen Personen vermutlich nicht deckungsgleich sind. Darüber hinaus lässt sich sogar beobachten, dass ein und dieselbe Person zu unterschiedlichen Zeitpunkten gleiche Tatsachen und Informationen unterschiedlich interpretiert, je nach emotionaler Verfasstheit und persönlicher Interessenslage.
Für jeden Menschen sollte es daher Anspruch sein, regelmäßig zu reflektieren, auf Basis welcher mentalen Modelle er/sie interpretiert, entscheidet und handelt. Ergeben sich Anpassungsbedarfe bei den Verstehensmodellen aufgrund von Fehlhandlungen, Missverständnissen, oder aufgrund von Rückmeldungen aus der Umwelt oder eigener Erkenntnis (Lernen), darf erwartet werden, dass Menschen ihre mentalen Modelle weiterentwickeln oder durch zweckmäßigere ersetzen.

Nun sind organisationale Abläufe u. a. darauf angewiesen, dass gleiche Tatsachen und Informationen gleich interpretiert werden und regelmäßig die gleichen Entscheidungen und Handlungen zur Folge haben. Um die Streuung in den menschlichen Interpretationen, Entscheidungen und Handlungen zu reduzieren, werden daher in Organisationen z. B. Verhaltensregeln und Prozesse definiert bzw. standardisiert. Vermehrt werden diese auch digitalisiert und automatisiert. Schließlich werden Fehlhandlungen etwa mittels sog. Poka-Yoke-Lösungen unterbunden. Ziel ist es, Fehlbeurteilungen, Flüchtigkeitsfehler, unzureichende Problemanalysen usw., aber auch opportunistisches und nicht der Situation angemessenes emotionales Verhalten soweit als möglich zu verhindern[74].

Formale, aber auch informale Regeln in Organisationen vereinheitlichen tendenziell also die Interpretationen von Entscheidungssituationen, um Fehlhandlungen zu vermeiden. Gleichzeitig wird so auch die Unsicherheit von Menschen über die Interpretationen, Entscheidungen und Handlungen anderer Menschen reduziert. Formale und informale Regeln und daraus abgeleitete digitale Algorithmen liefern damit eine stabile Struktur für Mensch-Mensch-, Mensch-Maschine- und Maschine-Maschine-Interaktionen. Hierbei werden jene mentalen Modelle positiv selektiert, die die Einhaltung der Regeln begünstigen. Im Zeitverlauf ist zu erwarten, dass immer mehr Individuen diese Verstehensmodelle ganz oder teilweise übernehmen. Letztere werden zudem immer weniger hinterfragt, oder in Frage gestellt. Die Befolgung einer Regel durch mehrere Personen führt also zu einer gleichen oder einer sich annähernden Weltsicht dieser Personen.

In Arbeitsprozessen ist es hilfreich, wenn Mitarbeiter ähnliche mentale Modelle verwenden. Es entsteht Kontinuität und Verlässlichkeit. Beides gibt Menschen Sicherheit und Autonomie im Handeln. Allerdings können mentale Modelle auch negative Auswirkungen oder Einschränkungen beinhalten. So kann eine gemeinsame Sicht auf die

74 Vgl. z. B. Bartscher/Nissen (2017), S. 70 ff.

Welt bedeuten, dass sich die Personen gemeinsam irren. Weltsichten können des Weiteren Handlungen nicht erlauben bzw. verwerfen, die für die Zusammenarbeit förderlich wären. Insoweit können gemeinsam geteilte mentale Modelle in Organisationen dazu führen, dass verkrustete, unbewegliche Strukturen entstehen. Die Innovationskraft, das Querdenken erlahmt. Zu befürchten ist auch, dass Menschen an Abläufen, Entscheidungen und Handlungen festhalten, auch wenn sich letztere im Zeitverlauf als zunehmend ineffizient und ineffektiv erweisen. Diese Entwicklung und die damit einhergehenden rigiden Verhaltensmuster können allerdings durchbrochen werden. Hierzu ist es erforderlich, dass sich die Mitglieder immer wieder über die dominanten Interpretationsmuster ihrer Organisation austauschen und diese anlassbezogen gemeinsam weiterentwickeln.

Die Herausforderung in diesem Zusammenhang ist nun, dass die dominanten mentalen Modelle oft weder dem einzelnen Organisationsmitglied noch der Organisation insgesamt bewusst sind. Um Zugang zur herrschenden Denkwelt zu erlangen, ist diese im offenen Austausch unter den Organisationsmitgliedern, also explizit, zu erarbeiten. Erst dann kann diese reflektiert, bewertet, verändert oder weiterentwickelt werden. Nur so lässt sich die Lernfähigkeit von Organisationen und von Individuen erhalten oder wieder aufbauen. Eine organisationsexterne Unterstützung ist hierbei hilfreich.

Beispielsweise stellt Peter Senge in seinem zum Klassiker gewordenen Buch »Die Fünfte Disziplin« die folgende Frage: »Welche expliziten und impliziten Grundannahmen besitzen wir, um die Welt um uns herum zu erklären?« Sein Bestreben ist, diese Annahmen sichtbar, verhandelbar und damit zum Gegenstand der Entwicklung zu machen. Zentral für die Entwicklung von Selbstführung wie auch von Organisationslernen ist die Überprüfung der inneren Bilder, also der mentalen Modelle, die in den Köpfen der Organisationsmitglieder bestehen und deren Handlungen leiten. Was sind die subjektiven und kollektiven Annahmen und Hypothesen darüber, wer wir sind, wie wir sind? Worin bestehen unsere Innen- und Außenweltbedingungen, Rollen, Ziele und Strategien? Gelingt es der Organisation diese Bilder kritisch und offen zu beleuchten, zu verifizieren und zu modifizieren, so ist sie auch in der Lage, das aus diesen mentalen Modellen abgeleitete Handeln zu überprüfen und bei Bedarf weiterzuentwickeln[75].

Ebenen mentaler Modelle

Um diese inneren Bilder offenzulegen und bei Bedarf weiterentwickeln zu können, wird in der Praxis der Organisationsentwicklung auf unterschiedliche Verfahren zur Organisations-(kultur-)diagnose zurückgegriffen[76]. Viele der Untersuchungskonzepte orientieren sich dabei am Kulturmodell von Edgar Schein. Insoweit wird vorliegend

75 Vgl. Senge (2011), S. 171 ff.

76 Vgl. z. B. Werner/Elbe (2013).

die Gesamtheit aller dominanten mentalen Modelle einer Organisation als deren Kultur angesehen. Die Kultur einer Organisation umfasst also das verdichtete (Erfahrungs-)Wissen, die dominanten Einstellungen sowie die dominanten Werte und die hervorstechenden Emotionen ihrer Mitglieder.

Anknüpfend an kulturanthropologische Überlegungen unterscheidet Schein drei Ebenen der Organisationskultur und damit drei Ebenen mentaler Modelle (siehe Abbildung 3.4). Hierbei erschließt sich die sichtbare Symbol- und Zeichenebene über die direkte Beobachtung. Die nächsten beiden Ebenen, die der Normen und Standards und die der Basisannahmen bzw. Glaubenssätze, sind nur sukzessive offenzulegen. Hierzu bedarf es fortlaufender Beobachtungs-, Reflexions- und Interpretationsprozesse[77].

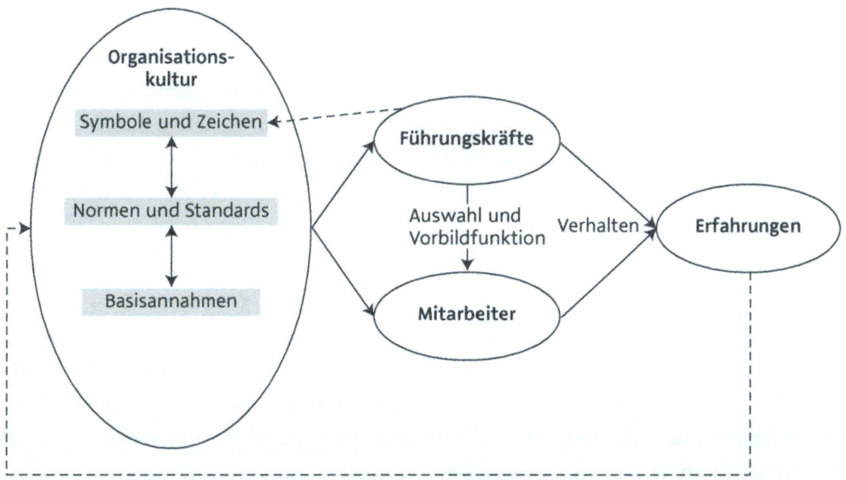

Abb. 3.4: Ebenen der Organisationskultur nach Schein (1984/1985) und ihre Verhaltenswirksamkeit; Bartscher (2016), S. 67, in Anlehnung an Schein (1984) S. 4 ff.

Der sichtbare und am ehesten beschreibbare Teil einer Kultur sind die Symbole und Zeichen. Hierzu gehören unmittelbare Aspekte, wie die architektonische Gestaltung von Gebäuden und Räumen, eine etwaige spezifische Bekleidung, die Art und Weise der Begrüßung, der Firmenjargon oder die sonst übliche Form der Sprache. Ebenso gehören zu dieser Beobachtungsebene Rituale, z. B. bei der Aufnahme- oder bei der Verabschiedung von Mitgliedern, oder im täglichen Umgang, wie etwa gemeinsame oder zeitversetzte Mittagspausen. Zu benennen an dieser Stelle sind auch sog. Bekräftigungsriten, wenn beispielsweise der Mitarbeiter des Monats nominiert und dann auch offiziell geehrt wird. Ein weiterer wichtiger Bestandteil der Symbol- und Zeichenebene sind die Legenden und Ge-

77 Vgl. Schein (1984), S. 4 ff.; vgl. Schein (1985), S. 23 ff.; vgl. Denison (2006), S. 4 ff.; vgl. auch Steinmann/Schreyögg/Koch (2013), S. 654 ff.; vgl. Kasper/Schmidt (2015), S. 245 ff.

schichten etwa über den Firmengründer bzw. die Firmengründung und andere prägende Schlüsselereignisse. Diese Geschichten werden neuen Mitgliedern und Geschäftspartnern meist in geselliger Runde erzählt, um auf einprägsame Weise zu vermitteln, worauf es in diesem Sozialen System besonders ankommt. Symbolen und Zeichen kommt damit die Aufgabe zu, »... den schwer fassbaren, wenig bewussten Komplex von Annahmen, Interpretationsmustern und Wertvorstellungen zu repräsentieren, lebendig zu erhalten, weiter auszubauen und, was besonders wichtig ist, an neue Mitglieder weiterzugeben«[78]. Der sichtbare Teil der Organisationskultur ist in seiner Bedeutung damit nur vollumfänglich zu verstehen, wenn man die beiden tieferliegenden Ebenen ebenfalls in die Betrachtung mit einbezieht.

Die mittlere Ebene im Modell von Schein bilden die Normen und Standards. Diese beinhalten geschriebene, aber vor allem auch die ungeschriebenen Verhaltensregeln, Gebote und Verbote, die dem täglichen Handeln in der und für die Organisation Orientierung verleihen. Sie helfen den Mitgliedern beim Abwägen des eigenen Handelns und bei der Erwartung und der Einschätzung des Handelns von anderen. Offizielle Unternehmensleitsätze und Compliance-Regeln sind sichtbare Elemente dieser Ebene.

Bedeutsamer, weil verhaltenswirksamer, sind jedoch die nicht formell kodifizierten Verhaltenserwartungen, wie etwa die Umgangsregeln zwischen den Mitgliedern. Sie repräsentieren letztlich die unterschwellig in einer Organisation gültigen Wertvorstellungen und konkretisieren diese. Sie regulieren also einerseits das Verhalten der Mitglieder untereinander. Ein Beispiel ist etwa die unausgesprochene Empfehlung: »Widersprich der Chefin nicht und erledige den Job weiterhin auf Deine Weise.« Andererseits helfen sie dabei, formale Regelungen »richtig« zu interpretieren. Beispielsweise kann offiziell die Norm gelten: »Wir geben immer unser Bestes«, informell gilt aber: »Arbeite nicht mehr als die anderen und achte das übliche Arbeitspensum.« Das Einhalten der (informellen) Verhaltensstandards wird geschätzt, häufig explizit belohnt. Abweichungen werden hingegen direkt oder indirekt sanktioniert.

Die tiefste Ebene einer Kultur sind deren grundlegende Glaubenssätze bzw. Basisannahmen. Schein ordnet diesen sechs Grundthemen zu, deren Beantwortung bzw. Bewältigung für jeden Menschen von existenzieller Bedeutung sind[79]:

- Annahmen über die Umwelt: Ist diese übermächtig, bedrohlich, herausfordernd oder bezwingbar?
- Vorstellungen über die Wahrheit: Was soll die Grundlage für Entscheidungen bilden? Sind es Traditionen, sind es Autoritäten, sind es Fakten? Orientieren wir uns an den Wissenschaften, dem Pragmatismus oder am Prinzip »Versuch und Irrtum«?

---

78 Steinmann/Schreyögg/Koch (2013), S. 654.

79 Vgl. Schein (1985), S. 73ff.; vgl. auch Kluckkohn/Strodtbeck (1961).

- Vorstellungen über die Zeit: Welcher Zeitrhythmus wird im jeweiligen Sozialen System gelebt? Wie wird mit Zeit umgegangen, wie wird sie bewirtschaftet? Wann ist es etwas zu spät, wann zu früh?
- Annahmen über die Natur des Menschen: Sind Menschen von Natur aus gut oder schlecht oder werden sie aufgrund der Umstände in die eine oder andere Richtung geformt? Sind Menschen eher arbeitsscheu oder sind sie grundsätzlich neugierig und damit auch leistungsbereit?
- Annahmen über die Natur menschlichen Handelns: Sind Dinge tatkräftig selbst in die Hand zu nehmen oder ist es wichtiger, abzuwarten und sich dann anzupassen? Was wird überhaupt als Arbeit definiert? Darf man Freude dabei empfinden oder sind lediglich Leid und Mühsal kennzeichnend? Ist beruflicher Erfolg überwiegend Glücksache oder über individuelle Leistung erzielbar?
- Annahmen über die Natur zwischenmenschlicher Beziehungen: Welche Ordnung soll sozialen Beziehungen zugrunde liegen: Herkunft, Alter, Geschlecht oder Erfolg? Sind Emotionen am Arbeitsplatz zulässig oder soll lediglich eine sachorientierte Atmosphäre vorherrschen? Soll zwischen Dienstlichem und Privatem getrennt werden? Kann man anderen vertrauen oder muss man sich eher in Acht nehmen? Was kennzeichnet zwischenmenschliche Beziehungen: Wettbewerb oder Kooperation?

Die drei skizzierten Ebenen mentaler Modelle prägen das jeweilige soziale System. Sie entwickeln sich sowohl unbewusst und ungeplant als auch bewusst und geplant. Dabei entstehen sie nicht isoliert voneinander, sondern münden im Verlaufe ihrer Entwicklung in eine Gesamtheit, in ein mehr oder weniger in sich stimmiges Muster. Sie formen zusammen eine Art Weltbild. Letzteres und die daraus ableitbaren Interpretationen, Entscheidungs- und Handlungsmuster nehmen Einfluss auf die Prioritäten des Gestaltens in und für die Organisation. Sie steuern die Wahrnehmung, selektieren Informationen und sie ermöglichen es, eigenes und fremdes Handeln zu interpretieren. Eigenes und fremdes Entscheiden und Handeln wird determiniert und damit tendenziell vorhersagbar.

Mentale Modell- bzw. Kulturtypologien

Wie die eben skizzierten Kulturebenen einer Organisation zusammenwirken und auf welche Charakteristika diese sich im Zusammenspiel verdichten, ist Gegenstand sog. Kulturtypologien. Diese heben besondere Kennzeichen sozialer Systeme hervor. Anhand dieser lassen sich typische Handlungsmuster einer Organisation beschreiben und sortieren. Typologien sind Hilfskonstrukte, die im Rahmen von Kulturanalysen dazu beitragen, einen ganzheitlichen Blick zu bewahren (siehe nachfolgendes Beispiel: Prozessarchitektur Kulturanalyse). Im Verbund mit weiteren Methoden und Tools der Organisationsdiagnostik geben sie darüber hinaus Orientierung und Anleitung, wie sich einzelne Analyseergebnisse in einer Gesamtschau zusammenfassen lassen[80]. Damit liefern sie einen Aufsetzpunkt für eine gemeinschaftliche Auseinandersetzung über hintergründige und damit nicht sofort ersichtliche Denk- und Verstehenswelten eines sozialen Systems. Insoweit unterstützen diese Typologien bei der konkreten Erkundung der Sichtweisen und angenommenen Wahrheiten innerhalb einer Organisation. Dies ist bedeutsam, wenn im Rahmen von Veränderungsprozessen Einfluss auf die mentalen Modelle und damit die Organisationskultur genommen werden soll.

Wie schon erwähnt, empfiehlt es sich in diesem Zusammenhang, mit externen Beobachtern zu arbeiten. Denn die kulturellen Eigenheiten erschließen sich häufig erst dann, wenn gegen selbstverständlich gewordene Regeln und Muster verstoßen wird. Dies ist für Externe meist unvermeidbar, da sie diese ja nicht kennen. Allerdings ist im Analyse- und Diagnoseprozess zu bedenken, dass es sich bei mentalen Modellen und der damit korrespondierenden Kultur meist um implizite Phänomene handelt. Diese liegen unterhalb der Symbolebene. Jede diesbezügliche Aussage ist insoweit eine erste Annahme bzw. Hypothese über »... Deutungs- und Orientierungsmuster, die von den Organisationsmitgliedern verwendet werden. Es geht also um die externe Erschließung einer inneren Orientierungswelt, die selbst den Handelnden nur in Ausnahmefällen bewusst ist.«[81] Die Ergebnisse einer Kulturdiagnose sind daher zunächst unter den Beobachtern ausgiebig auf ihre innere Logik und Stimmigkeit zu hinterfragen. Danach sind die Erkenntnisse und Bewertungen an ausgewählte Mitarbeiter und Leistungskräfte des Sozialen Systems zurück zu spiegeln. Ziel ist hierbei, im Diskurs mit diesen das Risiko von Fehldeutungen zu minimieren. Erst hiernach können Veränderungs- und Anpassungsbedarfe abgeleitet und geeignete Entwicklungsmaßnahmen im Rahmen von Veränderungsprozessen konzipiert werden[82].

Beispiel: Prozessarchitektur Kulturanalyse (siehe Seite 57)

In der Literatur findet sich eine Vielzahl von Kulturtypologien[83]. Auf das Modell von Simon (2000) wird hier näher eingegangen. Einerseits nutzt der Autor verschiedene organisationskulturell relevante Dimensionen, die auch in anderen Ansätzen verwendet werden und die empirisch vielfältig untersucht sind[84]. Andererseits verdeutlicht dieses Modell, welche kulturellen Ausprägungen die Bereitschaft für Veränderungen in Organisationen eher befördern und welche letztere eher behindern. Simon betrachtet in seinem Modell die nachfolgenden organisationskulturell relevanten Dimensionen[85]:

80 Vgl. z. B. Pelzmann/Strümpf (2012), Werner/Elbe (2013).
81 Nagel (2014), S. 119.
82 Vgl. z. B. Königswieser/Exner (2008), S. 45 ff.; Bartscher/Stöckl (2011), S. 110 ff.; Nagel (2014), S. 117 ff.
83 Vgl. z. B. Wagner (2001), S. 9 ff.; Sackmann (2004), S. 193 ff.; Weissmann (2004), S. 36 ff.
84 Vgl. z. B. House et al. (2002), S. 3 und auch http://globe.bus.sfu.ca/; abgerufen am 12.03.2018; vgl. Alvesson (2013), S. 42 ff.; Alvesson/Sveningsson (2016), S. 67 ff.
85 Vgl. Simon (2000), S. 264 ff.

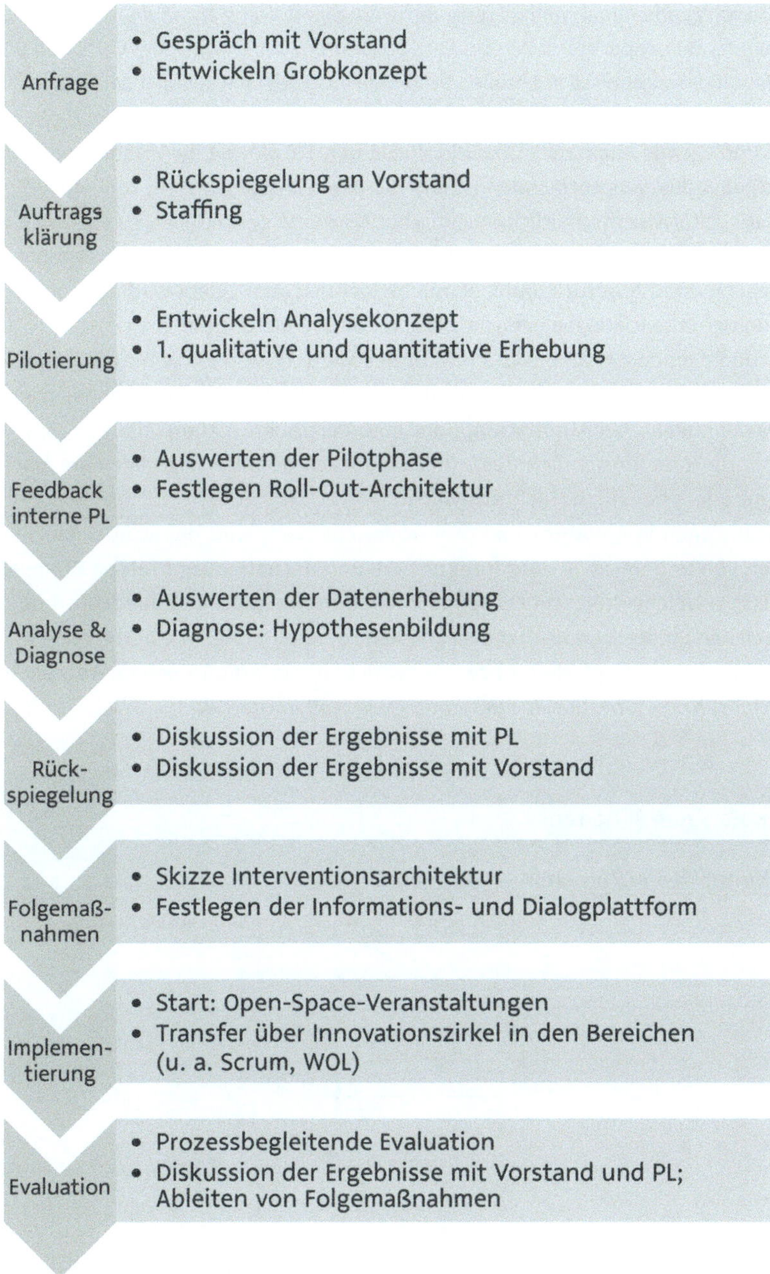

Abb. 3.5: Prozessarchitektur Kulturanalyse, Quelle: © IPP-Institut GmbH; o. V. (2018), http://www.ipp-institut.de/analysetools.html; abgerufen am 04.03.2018

- Grundlegende Annahmen über die Beziehungsgestaltung zur »Aufgabenumwelt« und zu Interaktionspartnern: Wie sind die Strukturen, das erwünschte Verhalten und die Handlungsergebnisse in Sozialen Systemen ausgelegt hinsichtlich der Kriterien Heterogenität (gering – hoch) und Risikoorientierung (risikoscheu – risikofreudig)?
- Grundlegende Annahmen über die »Realitäten«: Inwieweit die Vorstellung verbreitet ist, dass das, was entstanden ist und was noch entstehen wird, vom Menschen auf Basis naturwissenschaftlich-analytischer Konzepte gestaltet ist, spiegelt sich in der Wertschätzung des »Tuns« (gering – hoch). Ebenso findet die Haltung gegenüber der Realität ihren Ausdruck darin, ob nur im hier und jetzt gelebt wird oder ob auch zukünftige Entwicklungen bedacht werden; Zeitorientierung (kurzfristig – langfristig).
- Grundlegende Annahmen zur »Natur des Menschen« und die hieraus resultierenden Muster der »Beziehungsgestaltung«: Legt das Menschenbild nahe, in sozialen Beziehungen eher Misstrauen, oder eher Vertrauen vorherrschen zu lassen und befördert es hinsichtlich des Kriteriums Machtorientierung eher eine Machtdistanz oder eher einen Machtausgleich?
- Grundlegende Annahmen zur Kontrollorientierung und damit über die »Wertigkeit von Neuem«: Wie ausgeprägt ist die Bereitschaft, ausgetretene Pfade zu verlassen, welche Wertschätzung genießen Änderung/Wandel (niedrig – hoch) und welchen Stellenwert besitzt die Fähigkeit zur Anpassung? Wie bereitwillig wird Bewährtes hinterfragt, Neues bzw. Innovatives integriert und welche Wertschätzung erfährt Kritik (überflüssig hemmend – wertvoll, fördernd)?

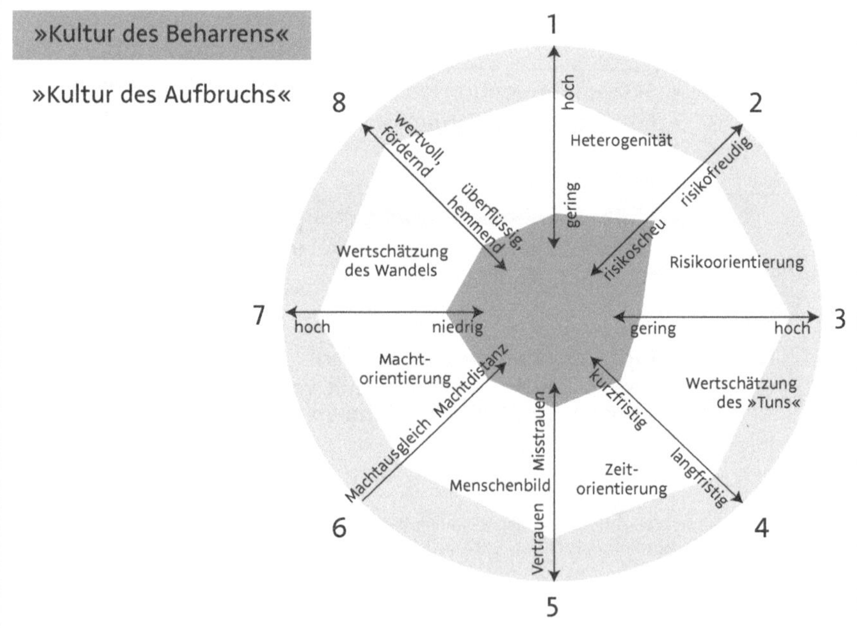

Abb. 3.6: Organisationskulturtypen nach Simon (2000); Wagner (2001), S. 26, in Anlehnung an Simon (2000), S. 272 f.

Aufbauend auf diesen Dimensionen unterscheidet Simon zwei Kulturtypen sozialer Systeme. Diese bezeichnet er zum einen als die »Kultur des Beharrens« und zum anderen als die »Kultur des Aufbruchs« (siehe Abbildung 3.6). Abhängig von den situativen Rahmenbedingungen einer Organisation können beide Kulturprofile nutzenstiftend, aber auch hinderlich sein. Werden nun aufgrund von gesellschaftlichen, technologischen oder wettbewerblichen Umwelteinflüssen (organisations-)kulturelle Veränderungen notwendig, ist bei einer aktuellen »Kultur des Beharrens« mit einem langwierigen und oft mehrere Jahre andauernden Anpassungsprozess zu rechnen[86].

Fazit

Organisationskulturen entwickeln sich aus den dominanten mentalen Modellen, aus den Bildern in den Köpfen der Menschen einer Organisation. Umgekehrt prägt eine bestehende Kultur die Lern- und Innovationsprozesse bzw. die Anpassungsfähigkeit einer Organisation. Diesbezüglich sind vier verhaltensprägende Wirkebenen einer Kultur festzustellen:

- Eine Kultur prägt Annahmen darüber, welches Wissen wichtig ist und welches nicht.
- Eine Kultur vermittelt die Beziehungen zwischen verschiedenen mentalen Modellebenen. Sie repräsentiert das charakteristische (Erfahrungs-)Wissen, die dominanten Werte, Einstellungen und Verhaltensmuster einer Organisation, sowie die für sie typischen Emotionsformen. Sie beeinflusst, auf welche Denk- und Verstehensmodelle ihre Mitglieder bei der Interpretation von Tatsachen und Informationen, beim Entscheiden und Handeln zurückgreifen.
- Eine Kultur kreiert durch Regeln und Praktiken den Kontext sozialer Interaktionen innerhalb der Organisation und zu externen Partnern.
- Eine Kultur beeinflusst das Entwickeln und das Aneignen neuen Wissens. Sie kann kritisches Denken und Lernen einfordern und fördern, sie kann letzteres aber auch behindern oder sogar unterbinden.

Organisationen zu verändern beginnt damit, deren dominante mentalen Modelle zu erfassen und nachzuvollziehen. Es ist bedeutsam, dass auch die Menschen selbst ihre Bilder im Kopf, ihre Vorstellungen von »Richtig und Falsch« erkennen und verstehen. Erst danach können ihre Überzeugungen mit ihnen diskutiert, ggf. weiterentwickelt werden. Wenn wir also Menschen auf eine Veränderung mitnehmen wollen, müssen wir zuerst verstehen, in welcher Welt sie leben, was ihre zentralen mentalen Modelle sind. An diesen müssen wir anknüpfen und deren Begrenzung, »Irrglaube«, »Missverständnis« verdeutlichen. Dies ist notwendig, wenn wir mentale Modelle weiterentwickeln oder durch neue, adäquate Denkmodelle ersetzen wollen. Hierbei sind Kulturanalyse- bzw. Organisationsdiagnoseprozesse hilfreich. Über Entwicklungsmaßnahmen sind den Menschen im nächsten Schritt neue Methoden des Analysierens, Interpretierens, Entscheidens, Planens, Handelns zu vermitteln.

86 Vgl. Alvesson/Sveningsson (2016), S. 35 ff.

3.3 Beziehungsdynamiken und Latenzen

Damit Personen, Teams oder Bereiche in Organisationen erfolgreich sein können, ist es bedeutsam, dass sie für ihre Arbeit Ziele formulieren und vereinbaren.[87] Den damit verbundenen Ergebniserwartungen sollen sich die Organisationsmitglieder verpflichtet fühlen. Ihre tägliche Arbeit richten sie an diesen Erwartungen aus, sowie an den zugesprochenen Aufgaben, Funktionen und Rollen. Sie erfüllen diese sowohl in qualitativer, als auch quantitativer Hinsicht. Etwa beachten sie die offen oder verdeckt verabredeten Spielregeln der Zusammenarbeit. Diese beschreiben u. a., welche Verhaltensweisen in den Arbeitsprozessen erwünscht sind. Die Mitglieder einer Organisation akzeptieren die dortigen strukturellen Gegebenheiten, den jeweiligen Arbeitskontext sowie den erarbeiteten Normen-, Werte- und Sanktionskatalog. Nicht selten sind sie bereit, sich mit der Organisation als solches zu identifizieren, ebenso mit den festgelegten oder gemeinsam getroffenen Vereinbarungen. Organisationen und ihre Mitglieder lernen und entwickeln sich insoweit auf unterschiedlichen Ebenen. Bei der Zusammenarbeit von Menschen in sozialen Systemen geht es damit selten nur um die Sache als solche, eher um das Abarbeiten von Aufgaben. Vielmehr schwingt immer auch die Bewältigung unterschiedlicher Beziehungsdynamiken mit.

Um diese Ebenen und Dynamiken genauer betrachten zu können, bietet sich das Vierebenen-Modell der Gruppendynamik von König/Schattenhofer an, das diese beiden Autoren mit dem sog. Eisbergmodell verknüpfen (siehe Abbildung 3.7).

Bei einem Eisberg ragt rund ein Siebtel der Fläche über die Wasseroberfläche hinaus. Auch in Arbeitsprozessen gibt es manifeste Themenstellungen, meist auf der Sach- oder Inhaltsebene, die für alle Beteiligten ersichtlich und damit auch besprechbar sind. Etwa sind die Arbeitsinhalte so aufzubereiten, dass sie für alle Beteiligten verständlich und nachvollziehbar sind. Strukturelle Gestaltungs- und Steuerungsaufgaben müssen abgestimmt und verabschiedet bzw. entschieden werden. Typische Gestaltungsaufgaben sind das Festlegen von Zielen, das Setzen von organisationalen Rahmenbedingungen, das Entwickeln von Arbeitssequenzen, sowie das Kontrollieren von Ergebnissen und das Sichern des Erfolges. Zu den Steuerungsleistungen zählen u. a. das systematische Erkennen, Benennen, Differenzieren und Bewerten von Fakten. Auf dieser manifesten Ebene dominiert die Sachlogik.

87 Teile dieses Kapitels sind dem Buch »Personalmanagement: Grundlagen, Handlungsfelder, Praxis«, Bartscher/Nissen, mit freundlicher Genehmigung des Verlags Pearson Studium entnommen.

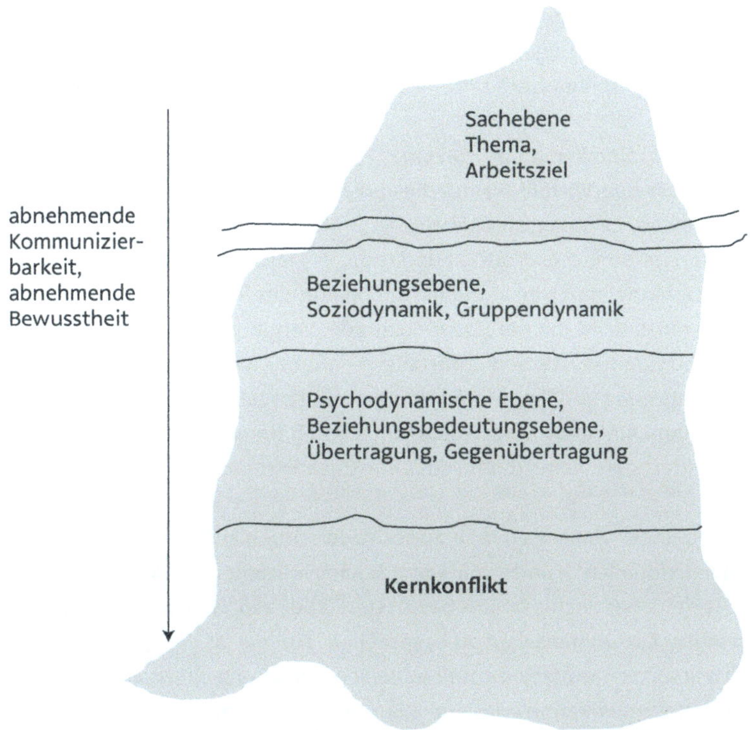

Abb. 3.7: Vierebenen-Modell der Gruppendynamik König/Schattenhofer (2015); König/Schattenhofer (2015), S. 27

Unter der Wasseroberfläche liegen »... mehrere Schichten ›latenten‹ Geschehens, das man – je weiter es von der Oberfläche entfernt ist – nur erahnen kann. Darüber gibt es Vermutungen, die aber im ›normalen‹ Gruppenalltag nicht besprochen werden«[88]. Bei den Vermutungen handelt es sich um theoriegeleitete Annahmen, anhand derer zwischenmenschliche Transaktionen interpretiert werden, die sachlogisch keinen Sinn ergeben. Wird etwa die Person mit der größten Fachkompetenz in Bezug auf die Aufgabenstellung nicht in den Bearbeitungsprozess eingebunden, erscheint dies für die Erledigung der Sachaufgabe unsinnig. Aus Sicht der Gruppendynamik erwächst hier ein erster Verdacht auf die Wirkkraft latenter Ebenen. Unter Latenz verstehen wir vorliegend »Verstecktheit«, »Verborgenheit«. Übertragen auf soziale Beziehungen wird damit auf den Umstand verwiesen, dass auch Unbewusstes, etwa sog. blinde Flecken, oder auch verdeckte Transaktionen und verdrängte Fakten Einfluss auf die Beziehungsdynamik haben[89]. Dient Verdrängen u. a. der Selbsterhaltung und Lebensbewäl-

88 König/Schattenhofer (2015), S. 27.
89 Vgl. z. B. Loer (2017), S. 15 ff.

tigung in sozialen Beziehungen, liegen unbewussten oder verdeckten Transaktionen möglicherweise Erfahrungen aus der Vergangenheit zugrunde, die »unauffällig« für den Abruf bereitgehalten werden[90].

Fühlt sich bspw. eine Person (A) von einer Person (B) in der Vergangenheit ungerecht behandelt, oder übervorteilt, kann A dieses Faktum B immer wieder (verdeckt) spüren lassen, etwa über Leistungszurückhaltung. B wiederum empfindet A seit jeher als anstrengend im persönlichen Kontakt und reduziert letzteren auf das notwendige Minimum. A unterbindet durch ihr Vorgehen nachhaltig eine konstruktive Zusammenarbeit mit B. Auch muss sich A mit der Situation aus der Vergangenheit nicht auseinandersetzen, noch muss A ihre latenten Vorurteile gegenüber B revidieren. Die Selektivität in ihrer Wahrnehmung und Bewertung ist insoweit funktional, als A sich so gegenüber B abgrenzen kann. Im Alltag mögen sich nun A und B freundlich und korrekt begegnen. Dennoch ändert dies nichts daran, dass ihre Zusammenarbeit schleppend ist.

Einem Beobachter von außen mag dieser Widerspruch auffallen, auch mag er die jeweiligen individuellen Gründe von A und B nachvollziehen können. Dem Beobachter erschließt sich aber auch das (un-)bewusste »Tabu« zwischen A und B, die Reibungsflächen in der Zusammenarbeit zu besprechen. Für alle ist der »gebremste Schaum« in der Arbeitsbeziehung latent spürbar, dieser wird aber nicht thematisiert. Diese Latenz in der Kommunikation wird von allen Beteiligten sorgfältig gepflegt, weil diese die Funktion eines »Strukturschutzes« (Luhmann) erlangt hat. Weder A noch B sind gezwungen, sich mit der anderen Person auseinandersetzen. Beide haben eine Rechtfertigung für ihr zurückhaltendes Arbeitsverhalten und die allenfalls durchschnittlichen Arbeitsergebnisse, die sie miteinander erzielen. Insoweit wird diese Arbeitsbeziehung auf ihre Art beständig und berechenbar. Es entstehen Verhaltensroutinen, die sich über konstante Wiederholungen verfestigen. Die für A und B typischen Verhaltensmuster beinhalten dabei Normen, wie sie sich untereinander, aber auch gegenüber anderen Kollegen verhalten[91].

Definition: Latenz

Der Begriff Latenz »... meint nicht nur die reine Faktizität des Außerachtlassens, sondern besagt, dass menschliches Handeln sich Teilaspekte seiner sozialen Wirklichkeit verdecken müsse, um Orientierbarkeit und Motivierbarkeit nicht zu verlieren. Eine gewisse Ignoranz, eine Verdrängung mancher Informationen sei ein notwendiger Selbstschutz personaler und sozialer Handlungssysteme, ohne den sie nicht in der Lage wären, ihre eigene Identität und ihre integrierende Struktur in einer höchst komplexen Umwelt konstant zu halten«[92].

90 Vgl. z. B. Sejkora/Schulze (2016), S. 23 ff.

91 Vgl. Kühl (2009), http://www.uni-bielefeld.de/soz/personen/kuehl/pdf/a-Beobachtungs-und-Kommunikationslatenz-3-Endfassung-090309.pdf; abgerufen am 13.03.2018.

92 Luhmann (2017), S. 69; vgl. http://de.luhmann.wikia.com/wiki/Latenz; abgerufen am 03.03.2018.

König/Schattenhofer unterscheiden nun drei latente Wirkebenen: die soziodynamische Ebene, die psychodynamische Ebene und die Ebene des Kernkonfliktes eines sozialen Systems (siehe Abbildung 3.7).

3.3.1 Soziodynamische Ebene

Die soziodynamische Ebene verweist darauf, dass u.a. die Arbeitsatmosphäre und der Stand der Entwicklung in der Zusammenarbeit entscheidend für den reibungslosen Ablauf der Arbeitsprozesse in und den Erfolg von sozialen Systemen sind. Mit Blick auf deren Leistungsvermögen ist es förderlich, dass die Mitglieder bewusst oder unterbewusst ihre Kooperationsbeziehungen und Rollen bestimmen. Ebenso ist ihr Status untereinander zu klären. Auch sind die Normen der Führung und der Zusammenarbeit zu verhandeln. Welche Fortschritte die Mitglieder diesbezüglich zu einem Zeitpunkt erzielt haben, kann anhand unterschiedlicher Analysemodelle ermittelt werden[93]. Etwa skizziert das Modell von Tuckman/Jensen bedeutsame Phasen der Beziehungsklärung in Gruppen. Diese reichen von der Forming- oder Testphase, der Storming- oder Nahkampfphase über die Norming- oder Orientierungsphase hin zur Performing- oder Verschmelzungsphase. Anhand des Rollenstruktur-Modells von Belbin und des Modells der Arbeitsfunktionen von Margerison/McCann kann festgestellt werden, welche aufgabenbezogenen Funktionen und Rollen Organisationsmitglieder üblicherweise einnehmen.

Das Rangdynamische Positionsmodell von Raoul Schindler wiederum erlaubt es, Statusunterschiede zwischen einzelnen Personen zu durchleuchten. Hiernach können in jedem sozialen System vier Positionen unterschieden werden. Diese beziehen ihren jeweiligen Stellenwert über die Auseinandersetzung mit einem »Gegenüber«. Dieses Gegenüber ist nicht Teil des Systems und kann etwa eine Person, ein anderes soziales System oder ein Auftrag von außerhalb des Systems sein. Alpha (α) erhält seine Position durch die Konfrontation mit dem Gegenüber. Von α wird Erfolg erwartet, u.a. ein zielführendes Einwirken auf G. Wer die α-Position innehat, führt das System an, repräsentiert es. Letztlich sind es aber die Gammas (γ), die Alpha als Führer einsetzen, indem sie sich ihm anschließen. Die Mitglieder identifizieren sich mit der α-Person und erwarten von ihr im Gegenzug sichtbare Zeichen der Verbundenheit mit ihnen und den Zielen des Systems. Leistet die α-Person dies nicht, entstehen bei ihnen schnell Angst und Unsicherheit. Die Gammas stellen das Gros des Systems dar. Sie tauchen gerne in dessen Kollektivität ein, zeigen das Verhalten von Mitläufern, tragen die Leistung der Gruppe und sind eher indirekt mit der Willensbildung befasst.

93 Vgl. z.B. Bartscher/Nissen (2017), S. 198 ff.

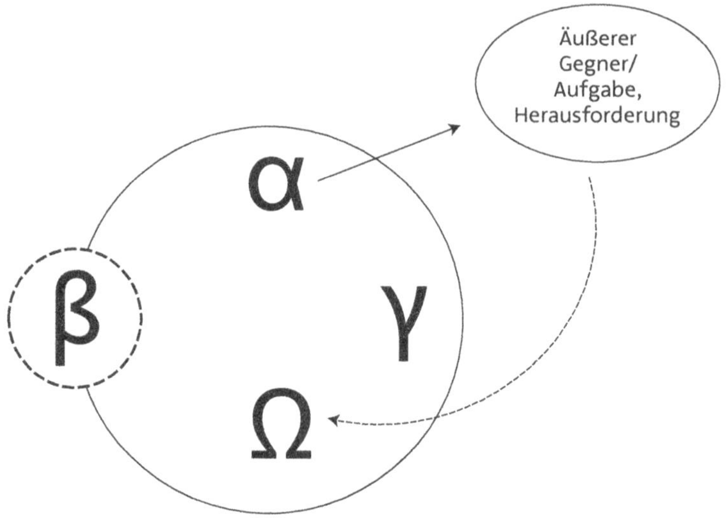

Abb. 3.8: Modell der Rangdynamik nach Schindler (1957); Hofer (2014), S. 61, in Anlehnung an Schindler (1957), S. 313

Die Beta(β)-Position hat eine beratende, meist fachlich unterstützende Funktion. Die Person auf der β-Position verfügt über Zugänge zu relevanten Ressourcen, wie etwa Informationen, Kompetenzen, Netzwerken, die α und damit letztlich dem Team zum Erfolg verhelfen können. Dadurch wächst der Person eine gewisse Autorität zu (Graue Eminenz). Sie ist unabhängiger als α und nur indirekt mit dem Team verbunden – nämlich über α. Daher widerfährt β bei einem Sturz des α auch häufig dessen Schicksal. Alpha (α) muss β anerkennen, β muss sich über Leistung und das Einbringen der Ressourcen beweisen, im Gegensatz zu α.

Omega (Ω) identifiziert sich mit dem äußeren Gegenüber und wird so indirekt zu dessen Repräsentanten im sozialen System. Ω verkörpert damit das, was es abzuwehren gilt. Er ist das, was einerseits verunsichert und andererseits aber auch fasziniert. Die Personen der Ω-Position greifen die α-Person an, stehen zu dieser in Opposition und stellen letztlich den momentanen Zustand des sozialen Systems in Frage. Die Ω-Person zieht dadurch nicht selten die Aggression der anderen, vor allem der Gammas, auf sich und gerät in Gefahr, ausgeschlossen zu werden. »Während die Position Alpha für Identität und Kontinuität, für die Sicherheit der Gruppe steht (mit der Gefahr der Erstarrung), so steht Omega für Verunsicherung, Veränderung und Neues (mit der Gefahr der Auflösung).«[94] Die Ω-Position spiegelt weiterhin einen Teil der Zerrissenheit, der Ambivalenz der Gammas wider. Diese identifizieren sich zwar mit der α-Person, sehen aber üblicherweise auch deren Schwachpunkte, die Ω letztlich stellvertretend für sie äu-

94 König/Schattenhofer (2015), S. 52.

ßert. Für die Weiterentwicklung eines sozialen Systems ist es hilfreich, wenn die unterschiedlichen Positionen zwischen Alpha und Omega konstruktiv aufgegriffen werden. Beta kann dabei aus seiner relativ unabhängigen Position zur Bearbeitung beitragen.

Die unterschiedlichen Positionen sind üblicherweise in jedem sozialen System besetzt und können je nach Situation von wechselnden Personen eingenommen werden. Eine Ausnahme bildet die Beta-Position. Diese kann auch lediglich anlassbezogen bzw. nur zeitweilig bestückt sein. Damit ist auch ein periodischer oder situationsspezifischer Wechsel auf der α-Position, z. B. in demokratisch verfassten Organisationen, aus Systemsicht funktional. Bedeutsam ist allerdings, dass die jeweils gewählte Person die Führungsfunktion dann auch ausübt. Andererseits »... werden Konflikte nicht dauerhaft dadurch behoben werden, dass jemand, der die Omegaposition einnimmt, aus der Gruppe ausgeschlossen wird, statt dass der zugrunde liegende Konflikt behandelt wird, weil diese Position dann mit hoher Wahrscheinlichkeit von jemand anders besetzt werden wird«[95]. Letzteres nennt man auch den Rote-Laternen-Effekt. Insofern brauchen Teams eine α-Person, die Initiative zeigt, die Bisheriges in Frage stellt, neue Konzepte entwickelt und einfordert und Ideen voranbringt, unterstützt durch eine β-Person. Des Weiteren sind Personen nötig, die die Initiative loyal und engagiert unterstützen. Schließlich ist auch eine Ω-Person für den Teamerfolg förderlich. Soweit diese den Teamprozess kritisch und kompetent reflektiert, kann sie die Antreiber des Teams dazu veranlassen, ihr Vorgehen und ihre Entscheidungen zu überprüfen und ggf. weiterzuentwickeln.

Die Rolle dieses sog. »Advocatus Diaboli« kann bewusst, für alle Teammitglieder sichtbar und mit wechselnden Personen bereits zu Beginn eines Teamentwicklungsprozesses besetzt werden. Auf diese Weise wird etwa auch das Group-Think-Phänomen nach Irving Janis begrenzt. Dieses verweist darauf, dass die α-/γ-Personen aufgrund ihrer gegenseitigen Solidarität und Loyalität den Wunsch nach Konsens verspüren. Dieser Drang, auch Gruppendruck genannt, hält die Mitglieder davon ab, sich kritisch mit abweichenden Minderheitsstandpunkten und Handlungsalternativen auseinanderzusetzen und diese zu bewerten[96]. Gleiches gilt für die Folgen bzw. die Risiken, die aus einem unreflektierten Entscheidungsverhalten resultieren. Insoweit überrascht es nicht, dass soziale Systeme im Allgemeinen risikofreudiger entscheiden, als es Einzelpersonen tun würden. John Stoner etwa bezeichnet diese Verhaltensweise als Risky-shift, als Risikoschub-Phänomen.

Auf der soziodynamischen Ebene werden neben der aufgabenbezogenen Rollen- und Statusklärung auch Normen und Regeln für die Zusammenarbeit im Team verhandelt.

95 Ebda.
96 Vgl. Janis (1972/1982), S. 18 ff.; vgl. auch Martin/Bartscher-Finzer (2004), S. 5 ff.

Normen sind dabei geteilte Meinungen darüber, welches Verhalten Organisationsmitglieder zeigen bzw. nicht zeigen sollen. Die diesbezüglichen Ansichten und Verhaltensweisen gleichen sich unter den Mitgliedern im Laufe der Entwicklung eines sozialen Systems an. Diese Tendenz zur Konformität belegen u. a. die Experimente von Solomon Asch. Damit bilden Normen den Gegenpol zur sozialen Ausdifferenzierung, der Ausbildung unterschiedlicher Rollen. Normen begrenzen die Mitglieder in ihrer Eigenständigkeit und Individualität, doch Normen sind notwendig, damit ein soziales System bestehen kann. Die Unberechenbarkeit menschlichen Verhaltens wird tendenziell aufgehoben und die Organisationsmitglieder können sich tendenziell aufeinander einstellen[97]. Normen beinhalten aber nicht nur die verbindliche Aufforderung zu einem definierten Verhalten, sie bilden auch die Bewertungsgrundlage von Verhalten. Des Weiteren ziehen Normen die Sanktionierung von Personen bei abweichendem Verhalten nach sich. Dies widerfährt bspw. Personen unmittelbar, die die oben beschriebene Omega(Ω)-Position einnehmen. Sie erfahren u. a. soziale Ächtung, Ignoranz und Mobbing.

Weiterhin sind Normen auch Ausdruck und Ergebnis des bereits erwähnten Konformitätsdrucks in sozialen Systemen. Die Mitglieder passen sich an. Ein hoher Konformitätsgrad verengt die Wahrnehmung, Aufnahme und Verarbeitung von Informationen. Er befördert u. a. Vorurteile und stereotypes Denken, wie etwa das sog. Scheuklappen-Denken oder den sog. Tunnelblick. Insoweit sollten in sozialen Systemen regelmäßig die (in-)formellen Regeln und Normen thematisiert sowie hinsichtlich ihrer Funktionalität und Angemessenheit diskutiert werden. Gerade in Veränderungsprozessen sollte dies erfolgen. Indem etwa externe Berater, analog zu Personen auf der Omega(Ω)-Position, Normen bewusst oder unbewusst brechen, rücken sie diese den Mitgliedern (wieder) ins Bewusstsein. Gleichzeitig stellen sie die Normen zur Diskussion und eröffnen den Mitgliedern die Möglichkeit, diese weiterzuentwickeln. Normen sind somit nicht unveränderbar, noch sakrosankt. Sie sind grundsätzlich weder richtig noch falsch. Vielmehr sind sie anlassbezogen in der Vergangenheit entstanden. Sie können daher für andere Zwecke und im Zusammenhang mit Veränderungen sinnlos bis kontraproduktiv sein. Richtig ist allerdings auch: Wer Normen und Verfahrensabläufe in Frage stellt, bringt automatisch die Machtfrage mit ein. Dazu mehr in nächsten Kapitel.

3.3.2 Psychodynamische Ebene

Zurückgehend auf Erkenntnisse der Psychoanalyse ist davon auszugehen, dass in Entwicklungsprozessen und in jeder Arbeitssituation unbewusst grundlegende Wünsche und Bedürfnisse, aber auch Befürchtungen und Ängste der beteiligten Menschen prä-

97 Nerdinger (2012), S. 167.

sent sind. Im Wesentlichen geht es dabei um die Fragen von **Zugehörigkeit, Macht und Einfluss sowie Intimität und Vertrauen**[98].

Die Kategorie **Zugehörigkeit** beleuchtet die Frage, wer dem sozialen System angehört und wer nicht, wer im Zentrum und wer eher am Rand steht. Es geht um die Grenze zwischen drinnen und draußen. Organisationen bilden sich durch die Abgrenzung zu anderen Organisationen und Individuen. Mit der Grenzziehung ist gleichzeitig die Frage nach dem Austausch mit der relevanten Umwelt verbunden und nach der Durchlässigkeit der Grenzen. Ist die Organisation beispielsweise bereit, neue Mitglieder zu integrieren, um so ihr Entwicklungspotenzial zu erweitern? Dieser Frage steht gegenüber: Welches Ausmaß an Fluktuation kann das soziale System verkraften, ohne dass sein Bestand gefährdet ist? Tiefenpsychologisch betrachtet, geht es für (potenzielle) Organisationsmitglieder um das existenzielle Bedürfnis nach Zugehörigkeit und um die existenzielle Angst vor dem Ausschluss. Für jede Person geht es dabei um die Klärung der nachfolgenden Fragen: »Gehöre ich dazu oder nicht? Schaffe ich es hineinzukommen? Werde ich mit meinen Besonderheiten akzeptiert? Kann ich dazugehören, ohne mich (völlig) anpassen zu müssen?«[99] In diesen Fragen äußern sich zwei gegensätzliche Bedürfnisse. Einerseits das Bedürfnis, mit anderen eine enge Gemeinschaft bilden zu wollen. Andererseits ist der Drang spürbar, die eigene Individualität ungestört und ungeteilt ausleben zu wollen. In Veränderungsprozessen ist daher für manche Menschen ein abwartendes bzw. herantastendes Zugehörigkeitsverhalten natürlich. Bei Anderen dagegen dürfte ein offensives Zugehörigkeitsverhalten zu beobachten sein. Hierbei suchen manche Menschen bevorzugt Beziehungen zu Personen, die einen ähnlichen Hintergrund oder ähnliche Ansichten haben. Andere wiederum finden ihren Platz, indem sie deutlich am Rand des sozialen Systems verweilen und von dort aus agieren.

Die Dimension **Macht und Einfluss** adressiert aus gruppendynamischer Sicht das generelle Bedürfnis des Menschen, mitgestalten zu wollen und zu können. Sie ist Merkmal jeder sozialen Beziehung. Insoweit ist Macht eingebunden in soziale Strukturen, damit ist sie immer relativ und bedarf der Zustimmung der anderen. Da Organisationsmitglieder gemeinsam an einer Aufgabenstellung arbeiten, haben alle mehr oder weniger das Bedürfnis, einen Beitrag dazu zu leisten. Fragen, die die einzelnen Personen diesbezüglich begleiten, sind: »Kann ich persönlich genug Einfluss ausüben, um die eigene Zukunft für mich günstig mitzubestimmen? Kann ich andere so steuern, dass sie mich innerhalb der Gruppe unterstützen? Kann ich genug Steuerung preisgeben, um mich auch von anderen unterstützen und belehren zu lassen? Kann ich mir ein Stück Verantwortung abnehmen lassen oder muss ich mich für alles selbst ver-

98 Vgl. z. B. Antons et al. (2013), S. 27 ff.
99 König/Schattenhofer (2015), S. 36.

antwortlich zeichnen?«[100] Das Zulassen, Zurückdrängen und Ausüben von Macht, das Entwickeln einer tragfähigen Balance aus Einfluss und Mitgestaltung aller Mitglieder ist eine notwendige Aufgabe in sozialen Systemen. Diese findet zum einen ihren Ausdruck in der Rollendifferenzierung und in der Festschreibung von Entscheidungsbefugnissen, zum anderen in der Festlegung von Normen. Wird also in Veränderungsprozessen um die besten Ideen, ein adäquates Vorgehen und die »richtige« Lösung gerungen, geht es nicht nur um die Bewältigung einer Sachaufgabe, es geht unterschwellig auch um das Austarieren der Machtbalance.

Die dritte Dimension der Psychodynamik behandelt die Themen **Intimität und Vertrauen** und somit das Gestalten von Nähe und Distanz. Es geht um die grundlegende Frage, wie nah sich Menschen untereinander kommen wollen. Auch ist zu klären, wie weit es eine Person einer anderen erlaubt, sich ihr zu nähern. Ob beruflich oder privat, ob innerhalb oder außerhalb der Arbeit, sobald Menschen näher miteinander zu tun haben, stellt sich die Frage nach der graduellen Annäherung zwischen ihnen. Der Begriff Intimität verweist dabei die Bereiche zwischen Sympathie und Zuneigung, aber auch zwischen Attraktivität und Sexualität[101]. Typische Fragen der Menschen in diesem Zusammenhang sind: »Werde ich in dieser Gruppe als ein vertrauenswürdiger Mensch akzeptiert sein? Wird man mich auch dann mögen, wenn ich mich einmal gegen die Gruppe wende? Was ist der Preis des Zusammenhaltes in dieser Gruppe, wird Ausgrenzung nötig sein, damit Nähe zustande kommen kann? Werden das allmähliche Zusammenfinden und die Annäherung innerhalb der Gruppe zu einer zu starken Euphorie bezüglich des angestrebten Ergebnisses führen?«[102] Die Aushandlungsprozesse um Zugehörigkeit, Rolle, Status, Hierarchie und um Normen benötigen Zeit, auch und gerade in Veränderungsprozessen. Die zentralen Konfliktlinien müssen bereinigt oder zumindest beigelegt sein. Erst dann sind die betroffenen Personen bereit, ein (neues) Wir-Gefühl zu entwickeln und zuzulassen. Erst dann nehmen die Menschen »... freundlich Bezug aufeinander und finden (mitunter erstaunliche) Ähnlichkeiten heraus. Die Differenzen, die zuvor wie unüberbrückbare Gegensätze aussahen, scheinen nun keine Rolle mehr zu spielen. Sie sind in der erkämpften Zugehörigkeit zum sozialen System aufgehoben. Das Gefühl, Bestandteil eines sozialen Systems zu sein, kann so viel Geborgenheit vermitteln, dass Persönliches, ja mitunter Intimes mitteilbar wird. Eine Grundstimmung von wechselseitiger Anteilnahme und Fürsorge breitet sich aus, die alle Beteiligten genießen«[103]. Diese Entwicklung mündet in einen hohen Grad an Beziehungsreife unter den beteiligten Personen – eine notwendige Bedingung für eine überdurchschnittliche Performanz in den Veränderungsprozessen eines sozialen Systems.

100 Geramanis (2007), S. 27.
101 Vgl. z. B. König/Schattenhofer (2015), S. 38 ff.
102 Geramanis (2007), S. 28.
103 Ebda, S. 28.

Mit Blick auf die psychodynamische Ebene bringt jede Person schließlich ihre eigene Lebensgeschichte in den Arbeitsalltag mit ein. Dies bedeutet, dass Menschen in ungewohnten bzw. neuen Situationen und bei unbekannten Personen auf Erfahrungen aus der Vergangenheit zurückgreifen. Sie behandeln Personen und Situationen so oder so ähnlich, wie sie es in der Vergangenheit getan haben. Hierbei kommt es zu Übertragungsprozessen und Gegenübertragungsprozessen zwischen den Menschen. Erfahrungen, Wünsche, Ängste und Projektionen (innere Bilder) aus früheren Erlebnissen in der Organisation, aber auch aus der eigenen Herkunftsfamilie, werden unbewusst auf das Organisationsgeschehen übertragen[104]. »Es gibt kein aktuelles Erleben ohne Verbindung zur Erinnerung. Vergangene Erfahrungen werden in die aktuell erlebte Gegenwart übertragen und die entsprechende Reaktion, die Gegenübertragung von davon betroffenen Beziehungspartnern, steht damit in mehr oder weniger engem Zusammenhang. Es geht also bei einer Übertragung um die Neuinszenierung von Erinnerung unter veränderten äußeren Bedingungen, um einen Vorgang, der unbewusst abläuft und sich ständig wiederholt.«[105]

An und für sich ist die Übertragung ein ganz natürliches Phänomen und es ist für das psychische Überleben des Menschen notwendig. Vertraute Verhaltensweisen und Erfahrungen aus der Vergangenheit helfen Personen, sich angesichts nicht zuordenbarer Wahrnehmungen und unbekannten Anforderungen zurechtzufinden. Im Sinne einer Komplexitätsreduktion dienen sie deshalb auch als Schutz vor Reizüberflutung. »Die Übertragung ungelöster Konflikte und Traumata, von der in der Regel die Rede ist, wenn man von Übertragung spricht, hat allerdings die umgekehrte Wirkung, sie kann die Wahrnehmung der Gegenwart in negativer Weise verzerren und das aktuelle Erleben und die damit verbundenen Beziehungen in der Gegenwart beeinträchtigen oder sogar zerstören.«[106] Mit Blick auf die Performanz eines sozialen Systems ist es daher bedeutsam, dass die beteiligten Personen regelmäßig ihr eigenes Erleben von Arbeitssituationen persönlich reflektieren, ggf. unter Begleitung eines Coaches. Daneben sollten sie ihr Erleben auch mit anderen Mitgliedern im Rahmen von Besprechungen oder Feedbackrunden thematisieren. Neben Sachthemen sollten dort immer auch sozio- und psychodynamische Auffälligkeiten angesprochen und reguliert werden.

Bei jeder Veränderung in bestehenden sozialen Systemen, auch bereits, wenn einzelne Personen ein- oder austreten, aktualisieren sich die sozio- und psychodynamischen Ebenen unbewusst. Die Aushandlungsprozesse sind quasi wieder eröffnet. So wird u. a. die Machtstruktur neu justiert, bewältigt geglaubte Übertragungen aus frü-

104 Vgl. z. B. Antons et al. (2013), S. 40 ff.; vgl. Sandner, 2013, S. 5 ff.

105 Holderegger (2014), http://www.psychotherapie-wissenschaft.info/index.php/psy-wis/article/view/1040/1084; abgerufen am 14.03.2018.

106 Ebda.

hen Sozialbeziehungen sind wieder erlebbar. Daher ist es bedeutsam, dass einzelne Personen u. a. die Risikobereitschaft aufbringen, ihr Erleben den anderen mitzuteilen. Damit (wieder) gegenseitiges Vertrauen in die Zusammenarbeit und in die zwischenmenschlichen Beziehungen einziehen kann, ist es im weiteren Verlauf erforderlich, dass sich jedes Mitglied eines sozialen Systems den anderen gegenüber zumindest in Teilen öffnet und exponiert. Denn nur in dem Umfang, in welchem sich eine Person mitteilt, wird sie Teil des Systems sein können und dann auch positive Reaktionen (Strokes) erhalten. Umgekehrt ist Schweigen bzw. Verschlossenheit ebenfalls eine Aussage, die unter allen Mitgliedern zum Gesprächsthema werden kann, indem sie dies konfrontieren.

3.3.3 Kernkonflikt

Neben den beiden bisher behandelten latenten Wirkebenen, den Ebenen der Sozio- und Psychodynamik, existiert noch eine dritte Ebene, die des Kernkonfliktes in sozialen Systemen (siehe Abbildung 3.7). Dieser resultiert letztlich aus den Aushandlungsprozessen der ersten drei Ebenen. In jedem sozialen System sind spezifische Kernkonflikte virulent, die prägend für die Entwicklungsprozesse des jeweiligen Systems sind. Aus ihnen erwachsen typische und regelmäßig wiederkehrende Handlungsmuster[107]. Letztere stellen eine Art Bewältigungs- oder Vermeidungsstrategie bezüglich des jeweiligen Konfliktes dar. Diese sind für die sozialen Systeme charakteristisch, sie stiften aber auch Identität und werden daher in immer neuen Varianten von den Mitgliedern in Szene gesetzt. »Es braucht eine gewisse Zeit, bis sich ein Konflikt herausbilden kann, auch wenn im Rückblick zumeist sichtbar wird, dass seine Anfänge schon bei der Gründung des sozialen Systems angelegt waren. Er ist als gemeinsame und besondere Antwort auf die Aufgaben zu verstehen, die jedes soziale System zu lösen hat. Im gruppendynamischen Verständnis geht es darum, einen solchen Kernkonflikt als konstitutiven Teil des sozialen Systems zu begreifen und die in ihm angelegte Spannung so zu gestalten und zu nutzen, dass sie die Menschen nicht blockiert, sondern in Bewegung bringt. Die Entdeckung dieses Konfliktes kann zwar für den Bestand eines sozialen Systems, zumindest anfänglich und vorübergehend, identitäts- und existenzbedrohend sein, doch ist er erst einmal kommunizierbar, kann er auch zu einem zentralen Mittel des Zusammenhalts werden.«[108]

Dies ist insbesondere dann in Veränderungsprozessen spürbar, wenn zu Beginn mit den betroffenen Personen deren Vergangenheit innerhalb des sozialen Systems aufgearbeitet wird. Hierbei wird von diesen sowohl Konfliktfähigkeit als auch Konflikt-

107 Vgl. Antons et al. (2013), S. 39 ff. und 293 ff.
108 König/Schattenhofer (2015), S. 32/33.

festigkeit abverlangt[109]. Konfliktfähig ist eine Person, wenn sie einerseits in der Lage ist, frühzeitig Konfliktphänomene in sich und in ihrer Umgebung wahrzunehmen, wenn sie die damit einhergehenden Konfliktmechanismen kennt und benennen kann. Konfliktfähigkeit meint andererseits, dass es der Person möglich ist, ihre Anliegen und Positionen so darzulegen, dass eine Konfliktsituation geklärt wird und nicht eskaliert. Ein konfliktfähiger Mensch ist damit in der Lage, seine Gefühle und Bedürfnisse wahrzunehmen, diese so zu formulieren und dafür einzustehen, ohne dass aus Meinungsverschiedenheiten emotionale Konflikte oder sogar Machtkämpfe werden. Mit Konfliktfestigkeit ist angesprochen, dass Menschen gemeinsam Mechanismen zur Konfliktregulierung vereinbaren. Weiterhin gehen sie spezifische Konfliktsituationen offensiv an und führen jeweils tragfähige Klärungen herbei. Ohne diese Mechanismen und ohne die Bereitschaft, Konflikte offensiv anzugehen, erfahren letztere eine wachsende Zuspitzung und Eskalation.

Friedrich Glasl stellt diese Eskalation in seinem neunstufigen Modell als einen Abstieg zu immer tieferen, primitiveren und unmenschlicheren Formen der Auseinandersetzung dar. Mit der Abwärtsbewegung will er »zum Ausdruck bringen, dass der Weg der Eskalation mit einer zwingenden Kraft in Regionen führt, die große, ›unmenschliche Energien‹ aufrufen, die sich jedoch auf die Dauer der menschlichen Steuerung und Beherrschung entziehen. Denn einerseits bewegen sich die Konfliktparteien auf einem abschüssigen Gelände, das steiler wird und wenig Halt bietet. Andererseits wecken sie durch ihr Verhalten Energie, die zu einer Verstärkung und Beschleunigung des Geschehens führt. Durch den gleichsam entstandenen ›Geschwindigkeits- und Bewegungsrausch‹ schwindet die Fähigkeit zur Steuerung«[110].

Veränderungen reaktivieren zwangsläufig die Kernkonflikte sozialer Systeme sowie deren Bewältigungs- und Vermeidungsstrategien und die damit zusammenhängenden Handlungsmuster. In Transformationsprozessen muss es daher darum gehen, diese Kernkonflikte als konstitutiven Bestandteil des jeweiligen sozialen Systems zu begreifen. Es ist wichtig, diese offenzulegen und gemeinsam mit den Beteiligten zu besprechen. Im Weiteren ist mit diesen zu vereinbaren, wie zukünftig mit diesen Konfliktlinien untereinander umgegangen werden soll. Auch ist zu erörtern, welcher Nutzen aus der Konfliktbewältigung für die anstehenden Veränderungen erwachsen kann.

Fazit

Wie bereits oben argumentiert, ist nicht alleine die Sachebene bestimmend für die Performanz sozialer Systeme und für die erzielbaren Arbeitsergebnisse. Auch die vielgestaltigen Beziehungsdynamiken zwischen den beteiligten Personen können darauf förderlichen

109 Vgl. z. B. Glasl (2017), S. 313 ff.
110 Ebda., S. 233.

Einfluss nehmen, sie können erstere aber auch verzögern, beeinträchtigen oder sogar verhindern. Diese dysfunktionalen Auswirkungen zwischenmenschlicher Transaktionen sind gerade in Veränderungsprozessen zu beobachten. Insbesondere jene, die im Verborgenen, also in der Latenz, wirken. Denn durch angedachte bzw. eingeleitete Veränderungen werden auch Verhaltensmuster aktiviert, die sachlogisch keinen Sinn ergeben. Dennoch sind diese funktional, da sie der Schonhaltung und dem Selbstschutz personaler und sozialer Handlungssysteme dienen. Vor der eigentlichen Veränderung sollten deren Treiber und Gestalter daher zunächst analysieren und diagnostizieren, welche förderlichen, aber auch welche hinderlichen Transaktionsmuster vermutlich zu Tage treten werden. Sie sind als Hypothesen zu benennen und als solche zu verstehen. Im Weiteren ist zu entscheiden, wie mit den zu erwartenden Verhaltensformen umgegangen werden kann und soll. U. a. ist festzulegen, ob und wie die psychosozialen Kompetenzen der betroffenen Menschen weiterentwickelt werden.

Um mögliche Verhaltensmuster ermitteln zu können, sind theoriegeleitete und evidenzbasierte Annahmen notwendig. Auf deren Basis können offene und verdeckte Transaktionen hinreichend berechtigt und qualifiziert interpretiert werden. Generell ist hierbei ein Analyse- und Diagnosekonzept hilfreich, welches sowohl die soziodynamische und die psychodynamische Ebene eines sozialen Systems berücksichtigt als auch dessen Ebene des Kernkonfliktes. Insoweit ist es bedeutsam, dass bei der Entwicklung von Veränderungsarchitekturen interne und externe Kompetenzträger einbezogen werden, die durch eine profunde Kenntnis der Organizational Behavior(OB)-Diskussion ausgewiesen sind.

In Kapitel 3.3 haben wir einige gruppendynamischen Denkmodelle dargelegt, die dabei unterstützen, etwaige Verhaltensmuster zu identifizieren und zu benennen. Diese finden in der Theorie und Praxis der Organisationsentwicklung häufig Verwendung, sie stellen jedoch nur einen kleinen Ausschnitt aus der OB-Diskussion dar.

3.4 Veränderungsnotwendigkeit und Veränderungskompetenz

3.4.1 Anlässe für Veränderungen

Jede Geschäftsstrategie beruht u. a. auf marktstrategischen und auch auf technologischen Aspekten. Technologische Entwicklungen und die Veränderungsdynamik der Märkte erfordern daher ein regelmäßiges Überdenken der Geschäftsstrategie, wenn nicht gar deren Anpassung. Basis für diese Überlegungen sind einerseits eine permanente Beobachtung und Bewertung u. a. von Technologietrends und von Produkt- oder Prozessinnovationen. Andererseits bedarf es einer stetigen und fundierten Analyse des Markt- und Wettbewerbsumfeldes. Zu untersuchen sind neben den gesamtwirtschaftlichen Rahmenbedingungen u. a., inwieweit sich die Konsumentenpräferenzen ändern, ob Substitutionsprodukte aufkommen oder auch, ob potenziell neue Wettbewerber in den Markt drängen und inwiefern sich Veränderungen in der Wertschöpfungstiefe abzeichnen. Trends sind zu identifizieren und zu quantifizieren. Prinzipielle Folgewirkungen sind mit Blick auf die eigene Marktposition abzuschätzen und mit den eigenen Kompetenzen, Ressourcen und Fähigkeiten abzugleichen.

Beispielsweise können disruptive Änderungen, sowohl bei marktstrategischen als auch bei technologischen Parametern, grundlegende Auswirkungen auf das Geschäftsmodell, dessen maßgeblichen Wertschöpfungsprozesse und auch auf die unternehmensseitigen Kernkompetenzen haben. Nicht auszuschließen ist aber auch, dass lediglich graduelle Anpassungen bei Strategien, Strukturen, Kompetenzen und Prozessen erforderlich sind. Welche strategischen und operativen Maßnahmen ergriffen werden sollten, um eine nachhaltige Markt- und Wettbewerbsposition auch für die nähere und weitere Zukunft gewährleisten zu können, ist daher nur bezogen auf den konkreten Einzelfall zu diskutieren. Hierbei sind eine Vielzahl von Szenarien in Betracht zu ziehen, die einen strategischen Handlungsrahmen begründen. In Folge können aus diesem u. a. die Anforderungen der Veränderungssituation abgeleitet werden.

Veränderungen haben für die Führungskräfte und Mitarbeiter einer Organisation zur Folge, dass sie sich weiterentwickeln, also lernen müssen. Lernen kann dabei heißen, kleinere Anpassungen in Arbeitsroutinen vorzunehmen. Es kann aber auch bedeuten, dass die von der Veränderung Betroffenen sowohl ihre Denk- und Verstehensmodelle als auch ihre grundlegenden Verhaltensmuster ergänzen, oder sogar graduell oder umfassend neu ausrichten müssen. Je nach Veränderungssituation zeichnen sich somit für die betroffenen Führungskräfte und Mitarbeiter unterschiedliche fachliche, methodische und psychosoziale Lernprozesse ab, die je nach Person zudem unterschiedlich intensiv empfunden werden.

Der wahrgenommene Intensitätsgrad der Lernerfordernisse hängt dabei u. a. von der Veränderungssituation ab. Letztere lässt sich einerseits anhand der Dringlichkeit des Veränderungsbedarfes und andererseits anhand der vorhandenen bzw. empfundenen Veränderungskompetenz, also der Lern- und Veränderungsbereitschaft/-fähigkeit der Organisation als Ganzes und ihrer Mitarbeiter im Speziellen, beschreiben. Orientiert an diesen beiden Dimensionen sind in Abbildung 3.9 fünf typische Veränderungssituationen unterschieden. Des Weiteren sind deren organisationaler und personaler Handlungsrahmen skizziert.

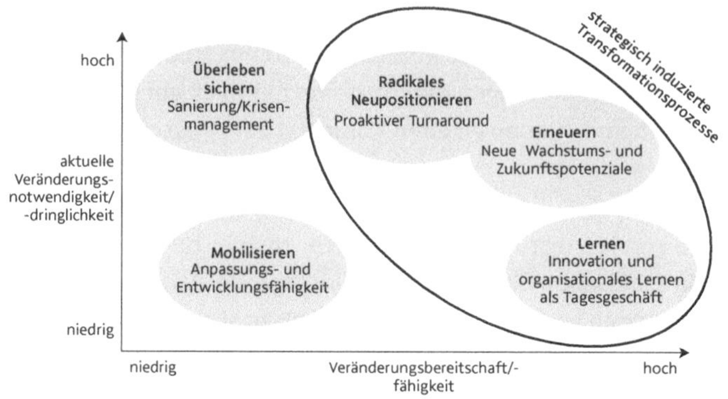

	typische Auslöser	Ziele	Steuerung	Herausforderung
Mobilisieren	Managementwechsel, »Vorsorgen« für mögliche Marktentwicklungen, langfristige Zielverfolgung	Veränderungsfähigkeit, Kunden- und Ergebnisorientierung entwickeln	Mitarbeiter einbinden, Querdenken, bereichsübergreifende Zusammenarbeit und Innovationen fördern	Zielorientierung bewahren, Kommunikation der Veränderungsnotwendigkeit
Überleben sichern	abrupter Markteinbruch, Verlust großer Kunden, disruptive Wettbewerber	Liquidität sichern, Priorisierung auf wichtige Themen, schnelle tiefgreifende Anpassung	Top-down-Prinzip; enge Vorgaben an Mitarbeiter, enge Kontrolle der Umsetzung, Ruhe/Zuversicht vermitteln	ausreichend Zeit für fundierte Diagnose, Survivorsyndrom
radikales Neupositionieren	Marktbedingungen ändern sich bereits nachhaltig, Widersprüche in der Organisation über die eigene Leistungsfähigkeit	schnelles Handeln, um sich strategisch neu zu positionieren, Balance zw. schnellen und nachhaltigen Erfolgen	enge Führung und zeitnahe Sensibilisierung der Mitarbeiter, Top-down- und Bottom-up-Konzepte	Auflösen von Widersprüchen, Wechsel zw. Zuversicht und Panik
Erneuern	konstruktiv-kritische Bewertung des Geschäftsmodells, Analyse von Megatrends	strategische Fitness für die Zukunft erhöhen, mentale und aktionale Vorsorge	Potenziale der Mitarbeiter mobilisieren und nutzen, Mitarbeiter gestalten die Veränderung mit	Einsicht in die Notwendigkeit der Prävention, unkritische/geschönte Analysen und Diagnosen
Lernen	regel-/routinemäßige Überprüfung/Anpassung der Strategie, kontinuierliche Verbesserungsprojekte	kontinuierliche Ausschöpfung von vorhandenen Innovationspotenzialen	Strategie- und Innovationsteams/-projekte, Mitarbeiter bereiten die Entscheidungen des Managements vor	Blick über den Tellerrand, Verhindern von Selbstgefälligkeit und Selbstüberschätzung

Abb. 3.9: Change-Landkarte: Veränderungssituationen und ihre Herausforderungen nach Heitger/Doujak (2014); Bartscher/Nissen (2017), S. 322 ff., in Anlehnung an Heitger/Doujak (2014), S. 28 ff.

Die Veränderungssituation **Mobilisieren** ist typisch für die mono-/oligopolartige Marktposition einer Organisation. Das Marktgeschehen wird von einigen wenigen Anbietern dominiert. Diese haben für sie vorteilhafte Marktbearbeitungsstrategien etabliert. Ihre organisationalen Strukturen und Leistungserstellungsprozesse sind darauf abgestimmt. Diese sind u. a. robust, d. h. wiederholbar und fehlerfrei, und damit relativ stabil. Letzteres schlägt sich auch in der Kultur und somit in den Verhaltensmustern der Mitarbeiter nieder. Deren Vorstellungswelt fußt auf bewährten, »one-best-way«-Lösungsansätzen, die kaum mehr hinterfragt werden. Für sie ist es bedeutsam, einmal entwickelte und implementierte Verfahrensabläufe einzuhalten. Kunden- und Ergebnisorientierung geraten hier eher ins Hintertreffen. Die marktbezogene Dominanz mündet in eine allgemeine Selbstzufriedenheit. Insoweit ist es nicht verwunderlich, dass jegliche Veränderungsinitiative hinterfragt und deren Notwendigkeit angezweifelt wird. Im Lernen und Weiterentwickeln wird kein Wert an sich gesehen. Sind die Gründe für eine Veränderung nach sachlicher Abwägung rechtfertigbar, sind die Anpassungen pragmatisch, möglichst ohne großen Aufwand für die Betroffenen zu realisieren, so die allgemeine Erwartungshaltung. In solchen Veränderungssituationen werden von den Betroffenen grundlegende Marktänderungen und technologisch-disruptive Entwicklungen unterschätzt. Dies gilt auch hinsichtlich des benötigten Vorlaufs für den Aufbau von fachlichen, methodischen und psychosozialen Kompetenzen bei ihnen selbst sowie in der Belegschaft als Ganzes.

Will die Organisationsleitung den Weg aus der Mono-/Oligopol-Situation direkt in eine existenzgefährdende Krise vermeiden, muss sie also frühzeitig mit abgewogenen, aber konsequenten Veränderungsmaßnahmen starten. Hierzu zählen die regelmäßige Information über sich abzeichnende technologische und marktbezogene Änderungen ebenso wie interne und externe Erfahrungsaustauschveranstaltungen, in denen die Folgen dieser Entwicklungen diskutiert und konkretisiert werden. Hilfreich ist auch das Fördern von Leuchtturmprojekten der bereichsübergreifenden Zusammenarbeit oder von Job Rotation im Rahmen von Karriereplänen. Typisch sind das Einführen von Zielvereinbarungen, ggf. mit leistungsorientierter Entlohnung für Leistungs- und Potenzialträger, sowie das Implementieren von Mitarbeitergesprächen und das Einführen eines betrieblichen Vorschlagswesens. Prinzipiell wird versucht, die Mitarbeiter auf freiwilliger Basis für die Veränderungen zu gewinnen. Wer dazu bereit ist, dessen Verhalten wird über Belohnungssysteme verstärkt. Wer sich bedeckt hält, sich verweigert, wird allerdings nicht sanktioniert. Dies zeigt sich etwa darin, dass Pflichtschulungen immer wieder aufgeschoben werden können.

Für diese Veränderungssituation sind Stand-Alone-Maßnahmen charakteristisch. Insbesondere die Leistungsträger und die Multiplikatoren sollen hinsichtlich ihrer Veränderungsbereitschaft/-kompetenz gefördert werden. Es besteht die Hoffnung, dass deren Verhalten dann auf die übrigen Mitarbeiter »abstrahlt«. Verändert wird nach dem Motto: »Steter Tropfen höhlt den Stein.« Umfangreich geplante und aufwendig implementierte Veränderungsarchitekturen sind eher selten. Denn sie würden vermutlich scheitern. Zum einen, da zu befürchten ist, dass die notwendige (Projekt-) Managementkompetenz quantitativ und qualitativ allenfalls im Zusammenspiel mit externen Beratern vorgehalten werden kann. Zum anderen, da aufwendige und allumfassende Veränderungskonzepte letztlich die Mitarbeiter überfordern würden – ggf. intellektuell, aber sicher emotional.

Beispiel: Auch die Bundesbank muss ständig neue Herausforderungen beantworten

»(...) Aufgrund der Währungsunion hatte die Bundesbank eine neue Rolle in Europa bekommen. (...) Die Bundesbank machte aus der Not eine Tugend. Sie richtete sich grundlegend auf das Eurosystem aus und verbesserte außerdem ihre Wirtschaftlichkeit. (...) Vor diesem Hintergrund ist die zielorientierte Steuerung für die Bundesbank ein unentbehrliches Werkzeug. (... Diese) dient dazu, die Bank ergebnisorientiert zu führen. Effektivität und Effizienz der Ressourcenverwendung stehen hier im Fokus. Das ist nicht nur für die Bundesbank wichtig, sondern wahrscheinlich für alle Behörden. Schließlich trägt die zielorientierte Steuerung zum Ziel einer soliden Haushaltsführung bei. (...) Beim strategischen Planen ist die Bank von Mal zu Mal klüger geworden. Unser dritter Strategiezyklus, die Erarbeitung unserer aktuellen ›Strategie 2016‹, war von der Erkenntnis geprägt, dass eine Strategie nur dann eine Chance auf Umsetzung hat, wenn sie in der ganzen Institution verankert ist. Die Strategie wurde daher in einem transparenten, offenen Prozess erarbeitet, an dem die Leitungsebenen der Zentrale und unserer neun Hauptverwaltungen beteiligt waren. Im Rahmen einer Führungskonferenz setzte sich der Vorstand zusammen mit den Leitungen der Fachbereiche der Zentrale und den HV-Präsidentinnen und Präsidenten mit den strategischen Optionen der Bank auseinander. (... Begleitend) haben wir über verschiedene bankinterne Medien nicht nur über die Schritte der Erarbeitung der Strategie informiert. Für die jeweils geltende Strategie sind außerdem die strategischen Ziele und ihre Entwicklungsziele im Intranet der Bank abrufbar. Reden bei Personalversammlungen und Gespräche mit Personalvertretern gehören zum bekannten Instrumentenkasten der Kommunikation in die Organisation hinein. Bei der Bundesbank machen wir darüber hinaus sehr gute Erfahrungen mit neuen Formaten, bei denen wir offen viele Beschäftigte einladen und die gleichzeitig Dialog-orientiert sind. So gibt es seit 2012 Veranstaltungen mit dem schönen Titel ›Weidmann direkt‹. Zweimal pro Jahr werden unsere Mitarbeiterinnen und Mitarbeiter in jeweils eine Hauptverwaltung eingeladen, wo ich über aktuelle Themen informiere und vor allem zum Dialog bereitstehe. (...) Bei ›Zu Mittag mit ...‹ wird es deutlich individueller: Jeweils ein Mitglied des Vorstands geht dabei mit 15 Beschäftigten gemeinsam mittagessen. Ein solches Essen steht seit 2012 für jedes Vorstandsmitglied einmal pro Jahr auf dem Programm. Und schließlich gibt es seit knapp einem Jahr anlassbezogen einen Chat. Unabhängig von ihrem Standort können Mitarbeiterinnen und Mitarbeiter an den Vorstandskollegen, der für den Chat zur Verfügung steht, Fragen richten. Gut 400 Beschäftigte verfolgen in der Regel einen solchen Chat, der mit sehr überschaubarem Aufwand zu realisieren ist. Diese unterschiedlichen Kommunikationsvehikel geben dem Vorstand Gelegenheit, seine strategische Ausrichtung deutlich zu machen und für sie zu werben. (...)
Dr. Jens Weidmann, Präsident der Deutschen Bundesbank, Berlin 29.09.2014[111]

111 Weidmann (2014), https://www.bundesbank.de/Redaktion/DE/Reden/2014/2014_09_29_weidmann.html; abgerufen am 23.03.2018.

Die Veränderungssituation **Überleben sichern** ist typisch für eine krisenhafte Unternehmensentwicklung, wie etwa Turn-Around-Management, Restrukturierung, Sanierung. Bei erfolglosem Krisenmanagement droht Insolvenz und Liquidation. Für das Personalmanagement sind hier zunächst Themen prioritär wie etwa das Überarbeiten der Vergütungsstruktur, Änderungskündigungen, das Erstellen von Sozialplänen, Kurzarbeit, Melde- und Bescheinigungswesen, Massenentlassung, (Teil-)Betriebsstilllegungen, Betriebsübergang oder Differenzlohnabrechnung. Im Vordergrund steht, über Einsparmaßnahmen das Weiterbestehen der Organisation zu sichern. Die emotionale, psychodynamische Aufarbeitung einer Krise über ein begleitendes Veränderungsmanagement unterbleibt zumeist auf Grund der damit verbundenen Kosten. Die Mitarbeiter und Führungskräfte bleiben diesbezüglich auf sich gestellt. Und das, obwohl immer wieder darauf hingewiesen wird, dass deren Unterstützung maßgeblich ist für eine erfolgreiche Krisenbekämpfung. Letztere »... erfolgt am Beginn dominant liquiditätsbezogen, selbst wenn dadurch Zukunftschancen vernichtet werden. Dies erfordert eine sehr direkte Führung vor Ort, die gleichermaßen Angst und Hoffnung verbreitet. Diese Phase kann aber nicht lange andauern, es muss, wenn man aus dem Ärgsten herausgekommen ist, offensiv an die Umgestaltung der Geschäftsbasis herangegangen werden«[112]. Und das ist ohne ein Gewinnen und Einbinden der verbliebenen Belegschaft und ggf. neu rekrutierter Mitarbeiter mittels einer geeigneten Veränderungsarchitektur eher wenig erfolgversprechend.

Die Veränderungssituation **Radikales Neupositionieren** verweist darauf, dass sich die Marktbedingungen nachhaltig ändern. Bisherige oder neue Marktbegleiter drängen mit weit wettbewerbsfähigeren Produkten oder Dienstleistungen, neuen technologischen Lösungen oder disruptiven Geschäftsmodellen auf den Markt. Kunden und Geschäftspartner wenden sich ab. Erlöse und Gewinne brechen ein. Die Unternehmensentwicklung ist charakterisiert durch die sog. Strategische Drift[113]: Es werden kleinere Anpassungen vorgenommen, die jedoch den geänderten Rahmenbedingungen letztlich kaum Rechnung tragen. Erst langsam setzt sich in der Organisation das Bewusstsein durch, dass grundlegende strategische, strukturelle, kulturelle und technologische Änderungen notwendig sind, wenn das Unternehmen weiterbestehen möchte. Kodak und Nokia sind diesbezüglich Beispiele für den Niedergang eines ehemaligen Marktführers. Der transformative Wandel in den letzten Jahren bei Microsoft zeugt hingegen von einer gelungenen strategischen Neupositionierung[114].

Die Veränderungssituation **Erneuern** ist typisch für Unternehmen, die in globalen, wettbewerbsintensiven sowie technisch volatilen Märkten beheimatet sind. Beständig wird das aktuelle Geschäftsmodell hinterfragt: Inwieweit und wie lange ist letz-

112 Risak (2003), S. 136.
113 Johnson et al. (2016), S. 239 ff.
114 Microsoft Corporation (2017), https://www.sec.gov/Archives/edgar/data/789019/000156459017014900/msft-10k_20170630.htm; abgerufen am 19.01.2019.

teres noch tragfähig angesichts gegebener Marktentwicklungen und Megatrends? Muss es weiterentwickelt oder grundlegend neu ausgerichtet werden? Ziel der Überlegungen ist es, die marktbeherrschende Stellung des Unternehmens zu sichern, ggf. zu erweitern. Erreicht werden kann dies etwa dadurch, indem neue Standards bzw. Marktusancen begründet werden. Amazon, Alphabet, aber auch die deutsche Automobilindustrie oder Lufthansa sind hier typische Vertreter.

Die Veränderungssituation **Lernen** bzw. »Lernende Organisation« unterstellt eine beständige Lernfähigkeit und Lernbereitschaft von Menschen und Organisationen. Auf Basis von »Trial-and-Error-Prozessen«[115] können diese sich an sich ändernde Umweltbedingungen anpassen. Viele Managementkonzepte/-modelle fußen auf diesem Zusammenhang, so etwa die Ansätze des Total Quality Management (TQM), Kontinuierliche Verbesserung (KVP), Prozessmanagement, Ansätze zum Innovationsmanagement und zu Mass Customization. Dies gilt entsprechend für die grundlegenden Überlegungen zum Thema Change-Management, beginnend mit den 1980er Jahren des letzten Jahrhunderts[116].

Beispiel: Mass Customization (kundenindividuelle Massenfertigung)

»Mass Customization bezeichnet die kundenindividuelle Erstellung von Leistungen mit den Mitteln der Massenproduktion, bei der Kosten- und Differenzierungsvorteile verschmelzen. Heißt: In Massen hergestellte Produkte lassen sich nach den Wünschen des potenziellen Käufers individualisieren, ohne dass sich die Herstellungskosten signifikant verteuern. Die Anpassung des Produkts findet dabei in zwei wesentlichen Bereichen statt: beim ästhetischen Design und bei der technischen Funktionalität. Im Falle eines Laufschuhs besteht eine ästhetische Individualisierung beispielsweise in einer bestimmten, vom Kunden gewünschten Farbkombination oder Musterung. Bietet der Hersteller dem Kunden hingegen die Möglichkeit, den Härtegrad der Sohle anzupassen oder den Schuh mit einer Smartphone-App zu vernetzen, um Läufe zu tracken, handelt es sich um eine Individualisierung der technischen Funktionalität. Prof. Dr. Piller, Professor für Technologie- und Innovationsmanagement an der Rheinisch-Westfälischen Technischen Hochschule (RWTH), ist einer der renommiertesten Experten auf dem Gebiet der Mass Customization. Für ihn gibt es drei wesentliche Treiber des Wirtschaftstrends. Erstens: technischer Fortschritt und Digitalisierung. ›Neue Techniken wie der 3D-Druck ermöglichen eine immer kostengünstigere Herstellung individualisierter Produkte‹, so Piller. Dank der Internetrevolution sind diese Güter für jeden per Mausklick zugänglich. Zweitens: Junge Konsumenten sind individualisierte Angebote aus anderen Bereichen gewohnt. Piller führt aus: ›Denken Sie nur an Facebook. Das Portal ist prinzipiell auch eine riesige Mass-Customization-Seite, sie ist komplett automatisiert und für jeden Nutzer garantiert unterschiedlich. Oder nehmen Sie Video-on-Demand-Portale wie Netflix, in denen Konsumenten sich ihr eigenes Fernsehprogramm zusammenstellen und automatisiert Vorschläge erhalten, die auf ihren persönlichen Interessen basieren.‹ Drittens: gesättigte Märkte. Durch individualisierte Produkte haben Unternehmen in hart umkämpften Märkten die Möglich-

115 Agyris/Schön (1996), S. 13 ff.; vgl. z. B. Bartscher/Nissen 2017, S. 163 ff.

116 Vgl. etwa Doppler/Lauterburg (2014), Königswieser/Exner (2008), Kotter (2011).

keit, sich vom Wettbewerb abzuheben: ›Es gibt viele tolle Startups, die in eigentlich gesättigten Märkten über Mass Customization ihre Nische gefunden haben‹, so Piller.
Dabei sind es nicht nur die Produkte an sich, die für den Erfolg von Mass Customization verantwortlich sind. Denn zum ›Product Value‹, also dem Produktnutzen, addiert sich der ›Experience Value‹ – ein Erlebnisfaktor, der dadurch entsteht, dass der Kunde in den Entstehungsprozess eingebunden wird. Statt einfach zu konsumieren, übernimmt er die Rolle eines Co-Designers, der sich im Idealfall begeistert aktiv einbringt. Für Unternehmen hat dies den Vorteil, dass die Kundenbindung so deutlich höher ist. Der Kunde ist emotional deutlich involvierter, da er sich selbst in die Entstehung seines Produkts einbringt, was den gefühlten Wert des Produkts für ihn steigen lässt. Und er ist bereit, für diesen Mehrwert auch mehr auszugeben, wie Professor Piller hervorhebt: ›Eine bekannte Studie, die schon mehrfach repliziert wurde, zeigt relativ stabil, dass Kunden bereit sind, für individualisierte Produkte einen Aufpreis von 30 bis 50 Prozent zu bezahlen.‹«[117]
Quelle: conneXXt 3/2017

Verändern bedeutet: Anders handeln und damit anders entscheiden

Menschen handeln in und für Organisationen, indem sie Entscheidungen in deren Namen treffen. Voraussetzung hierfür ist, dass Ziele und Verhaltensvorgaben, also Regeln, festgelegt sind. Diese bestimmen, was ein Mitglied einer Organisation, in welchem Umfang und wann für die Organisation entscheiden kann und darf. Regeln bestimmen also den Handlungsrahmen der Mitglieder. Dabei können die Regeln explizit vereinbart sein, etwa über Aufgaben- oder Stellenbeschreibungen. Sie können aber auch stillschweigend angenommen werden. Über diese Regeln ist es möglich, Wissen in Organisationen zu binden, denn sie sind letztlich das Ergebnis verdichteter Erfahrung. Das Wissen vieler Organisationsmitglieder ist in diese Regeln eingeflossen. Letztere bilden sich in einem langen Entwicklungsprozess heraus, in dem sich die Mitglieder u. a. regelmäßig über ihre Lernerfahrungen bei der praktischen Anwendung von Regeln austauschen. Letztere resultieren also aus Lernprozessen. Veränderungen erfordern damit neue Lernprozesse, die dann in geänderten oder neuen Regeln münden. Veränderungen basieren damit auf Regelbrüchen und dem Erneuern von Regeln. Wie entstehen nun aber Regeln und wie entwickeln sie sich weiter?

Mitarbeiter nehmen in der täglichen Arbeit Informationen aus der Umwelt auf. Sie bewerten diese und entscheiden auf Basis von Zielen und Verhaltensvorgaben, ob und in welchem Umfang eine Aktion für die Organisation erforderlich ist. Die kognitive Entscheidung für eine Handlung wird dann von der jeweiligen Person in einen konkreten Handlungsablauf überführt. Hierbei zeigt sich, dass gedacht noch nicht getan ist. Zwischen dem, was eine Person regelgeleitet beabsichtigt zu tun, und dem was sie dann konkret tut, besteht häufig eine Differenz.

117 O. V., conneXXt (2017), https://web.still.de/33173.0.0.html; abgerufen am 25.03.2018; Bartscher/Nissen (2018), S. 28.

Lernen findet nun dadurch statt, indem die Mitarbeiter ihre Handlungen und die darüber erzielten Ergebnisse mit den von ihnen intendierten Handlungen und Ergebnissen vergleichen. Stellen sie hierbei eine Abweichung fest, die sie auf Fehler in ihrem persönlichen Handlungsablauf zurückführen, korrigieren sie letzteren. »Organizational learning involves the detection and correction of error. When the error detected and corrected permits the organization to carry on its present policies or achieve its present objectives, then that error-detection-and-correction process is single-loop learning.›[118] Ihre Lernerfahrung setzen die Mitarbeiter entweder stillschweigend um oder aber sie reflektieren diese zusätzlich gemeinsam mit anderen Organisationsmitgliedern. Ergebnis dieser Gespräche kann aber auch sein, dass z. B. Teile des Geschäftsmodells oder Prozessabläufe und ggf. auch die sie stützenden Technologien, Tools und Managementkonzepte weiterentwickelt werden müssen. Argyris/Schön sprechen diesbezüglich von »double-loop learning«. Dies ist der Fall, »... when error is detected and corrected in ways that involve the modification of organization's underlying norms, policies and objectives›[119]. Es sind jedoch nicht nur die formalen Normen und Regeln zu modifizieren, es ist auch erforderlich, dass diese Änderungen in die Handlungsabläufe der Menschen einfließen. Double-loop learning ist damit erst abgeschlossen, »... when the underlying governing values or master programs are changed which, in turn, leads to changes in action«[120].

Fazit

Lernen in Organisationen findet somit statt, wenn deren Mitglieder Fehler in ihren handlungsleitenden Regeln bzw. Theorien entdecken und diese korrigieren. Weiterhin ist bedeutsam, dass die Ergebnisse der individuellen Lernprozesse in den organisationalen Wissensbestand eingearbeitet werden. Auf diese Weise ändern sich die handlungsleitenden Theorien der gesamten Organisation. Organisationales Lernen führt damit zu Veränderungen im Wissensbestand, der von allen Organisationsmitgliedern geteilt wird. Im Interesse der Organisation ist es nun, diese Lern- bzw. Veränderungsprozesse zu optimieren. Es gilt zu reflektieren und zu erkennen, unter welchen Bedingungen und Voraussetzungen diese Prozesse schlank und zielführend verlaufen. Es bedarf der Fähigkeit, Lernen zu lernen. Argyris/Schön bezeichnen diese Fähigkeit als deutero-learning, »... the organization needs to learn how to carry out single- and double-loop learning«[121].

Leitungskräfte müssen damit erkennen, welche Faktoren in ihren Organisationen Lern-/Entwicklungsprozesse unterstützen, welche letztere hemmen. Die Ergebnisse dieser Analyse bilden dann die Grundlage für die Überarbeitung von bisherigen Lernstrategien und für die Entwicklung von neuen. Diese strategischen Leitplanken geben den Organisationsmitgliedern Orientierung für zukünftige Single- und Double-loop-Lernprozesse und beschleunigen diese.

118 Argyris/Schön 1978, S. 2 f.
119 Ebda., S. 3 f.
120 Argyris/Schön 1996, S. 79 f.
121 Argyris/Schön 1978, S. 26.

Die bisherige Argumentationsführung verdeutlich zweierlei: Zum einen werden organisationale Lernprozesse und die damit verbundenen Veränderungsprozesse von allen Organisationsmitgliedern mitgestaltet und mitgetragen. Diese Prozesse sind also nicht primär auf die oberen Führungsebenen begrenzt, wie gelegentlich immer noch argumentiert wird[122]. Zum anderen ist organisationales Lernen nicht gleichzusetzen mit der Summe des Lernens einzelner Organisationsmitglieder. Vielmehr müssen die individuell angeeigneten Lernerfahrungen aktiv auf der Ebene der Gesamtorganisation zugänglich gemacht werden. Erstere gilt es zu vernetzen und über vielgestaltige Reflexionsprozesse zu kollektivieren. Nur so kann von organisationalen Lernprozessen gesprochen werden. Um letztere zu ermöglichen und zu unterstützen, sollte das Management u. a. die nachfolgenden Handlungsfelder aktiv bearbeiten:

- Auf-/Ausbau der technischen Informations- und Kommunikationsinfrastruktur sowie von technischen Kommunikationsforen, wie etwa Internet und Intranet, unternehmensinterne Wikis, SharePoint, WhatsApp, Yammer[123].
- Digitalisierung etwa von Prozessbeschreibungen, Konstruktionszeichnungen, Mindmaps, Übersichten, Qualitätshandbüchern usw.; diese sind eine Art Abbild der organisationalen Normen, Glaubensätze und Handlungstheorien. Um diese ändern bzw. weiterentwickeln zu können, bedarf es zudem Freigabeprozeduren innerhalb der Organisation, ggf. in Abstimmung mit externen Partnern und Institutionen bzw. Autoritäten.
- Einrichten und Ausbauen von Face-to-Face-Kommunikationsplattformen sowie deren regelmäßiges Nutzen; Beispiele sind etwa Foren zum Erfahrungsaustausch, Innovation-Labs, Qualitätszirkel, Steuerungsteams, Daily Scrum Meetings.[124]
- Anpassen der Kommunikationskultur inklusive der Anreizsysteme sowie des Arbeitsumfeldes an die Anforderungen einer Lernenden Organisation[125]. Dies gilt auch für den strukturellen Aufbau der Organisation. So fördern tendenziell flache Hierarchieebenen, ein hoher Dezentralisierungsgrad sowie die Existenz von Projekt- und Arbeitsgruppen das Lernverhalten und die Innovationsbereitschaft der Mitarbeiter[126].

In einer Lernenden Organisation nehmen die Führungskräfte damit zum einen die Rolle des Ermöglichers und Gestalters lernförderlicher Rahmenbedingungen ein. Zum anderen werden sie zu Lotsen durch die verfügbaren Lernstrukturen. Sie geben ihren Mitarbeitern dahingehend Orientierung, ggf. auch Anleitung, damit diese möglichst eigenverantwortlich und selbstorganisiert handeln können. Weiterhin werden sie zu Supervisoren der Lernprozesse ihrer Mitarbeiter. Sie reflektieren mit diesen deren Handlungen, die dabei erzielten Ergebnisse und sie erörtern mit den Mitarbeitern bei Bedarf Anpassungsoptionen. Schließlich werden sie zu Wissens- und Kompetenzmanagern in ihrem Verantwor-

122 Vgl. z. B. Garratt (2000), S. 16 ff.
123 Vgl. z. B. https://en.wikipedia.org/wiki/Collaboration_tool.
124 Vgl. z. B. https://de.wikipedia.org/wiki/Kategorie:Methode_der_Kommunikation; abgerufen 24.03.2018
125 Vgl. z. B. https://www.wissensfabrik.ch/offlineoasen/; abgerufen 24.03.2018.
126 Vgl. z. B. Boch/Echter/Haidvogl (1997), S. 86 ff., Mirow (2010), S. 66 ff.

tungsbereich. U. a. stellen sie sicher, dass die Lernerfahrungen der Mitarbeiter etwa in die Weiterentwicklung von Produkten oder Prozessen einfließen, oder in sozialen Medien dokumentiert und dann auch kommuniziert werden. Auch ermuntern sie die Mitarbeiter dazu, ihre Kompetenzen »state of the art« zu halten und zielgerichtet auszubauen. Das bevorzugte Führungsverhalten ist als Collaborative Leadership zu bezeichnen, das u. a. die Kooperation, Verständigung und Abstimmung mit den Mitarbeitern beinhaltet, einschließlich deren kontinuierliches Einbeziehen in Entscheidungsprozesse[127].

Mit Blick auf die Anforderungen für das Managen von Veränderungsprozessen sind diese unter den Gegebenheiten des Lernens bzw. der Lernenden Organisation höher einzustufen als unter denen des Mobilisierens. Bei letzteren liegt der Schwerpunkt eher auf der fachlichen und methodischen Weiterbildung. Äußeres Kennzeichen sind mehr oder weniger aufwendig gestaltete Qualifikationsprogramme. Zudem ist das punktuelle Professionalisieren oder erstmalige Implementieren von Managementprozessen charakteristisch. Unterschätzt wird, dass begleitende Veränderungsmaßnahmen und das Fördern der psychosozialen Kompetenzen der betroffenen Mitarbeiter bei der Umsetzung der Konzepte förderlich und notwendig wären. Wenn Unterstützung angeboten wird, dann eher toolbasiert im Rahmen von Entwicklungsprogrammen für Führungskräfte. Für die Mitarbeiter verbleiben meist nur das Learning by doing, die Hilfestellung der Führungskraft, oder individuelle Einzelmaßnahmen.

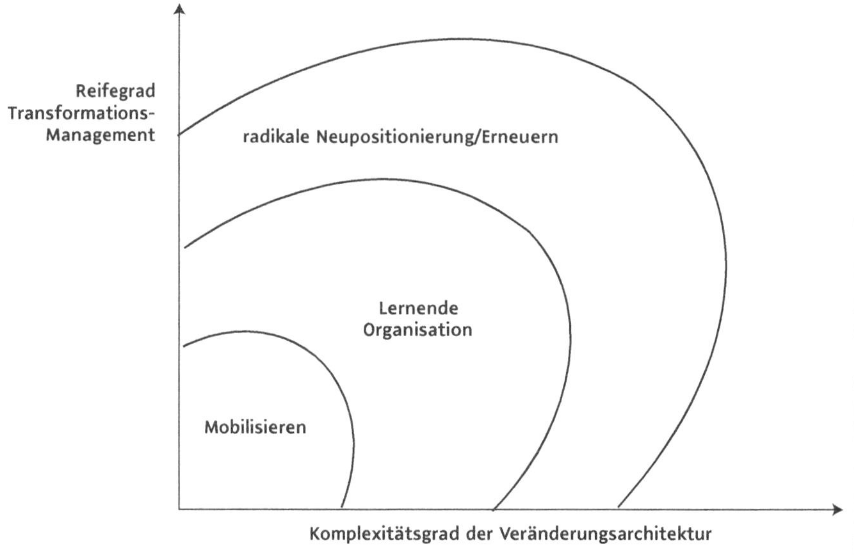

Abb. 3.10: Veränderungssituationen und Anforderungsdimensionen

127 Vgl. Glatzel/Lieckweg (2016), S. 36 ff.

Abgleitet aus den Grundüberlegungen gilt für Lernende Organisationen der Satz: »Betroffene zu Beteiligten machen!« Veränderungen werden unter Einbindung von Mitarbeitern und Führungskräften konzipiert und umgesetzt. Treibender Faktor ist hierbei eine leistungsfähige Prozess- und Projektmanagementorganisation. Aufgrund von strategischen Erwägungen, aus Kostengründen oder angesichts fachlicher, marktbezogener und/oder technologischer Änderungen werden hier Innovationsprozesse angestoßen und dann standardisiert durchlaufen. Diese sind meist in eine definierte Meilenstein-Struktur eingebunden, mit mehrstufigen Berichts- und Freigabeprozeduren, an deren Ende der Roll-out steht. Hier werden die Ergebnisse aus dem Veränderungsprojekt in die »Normal«-Organisation überführt.

Die Veränderungsarchitektur ist im Fall der Lernenden Organisation in der Projektphase weitgehend mit der jeweiligen Projektorganisation und den für diese typischen Tools und Prozessschritten identisch. Die eingebundenen Personen weisen ein überdurchschnittliches fachliches und methodisches Know-how auf. Meist haben sie bereits zurückliegend ein umfassendes Erfahrungswissen als Mitarbeitende in und Verantwortliche von (Teil-)Projekten aufbauen können. Insoweit verfügen letztere über grundlegende psychosoziale Kompetenzen, die sie im Einzelfall zum Beispiel über eine Berater- oder Coachingausbildung vertieft haben.

Für den Roll-Out der Projektergebnisse sind ebenfalls erste Grundstrukturen durch das Projektmanagement gesetzt. So ist meist bereits vorgedacht, welche Formate für die Kommunikation genutzt werden können und welche Unterstützungsleistung die betroffenen Führungskräfte und Mitarbeiter (Anwender) erhalten sollen. Nicht selten sind auch bereits »Blaupausen« verschiedenartiger Schulungskonzepte und Schulungsformen hinterlegt.

Bei der konkreten Umsetzung dieser Anleitungen in die Praxis ist bei manchen Projektverantwortlichen nun häufiger ein Phänomen zu beobachten. Letztere unterschätzen zum Teil das vehemente Unverständnis und den aktiven und passiven Widerstand auf Seiten der »Anwender«, die die Projektergebnisse in ihren Arbeitsalltag integrieren sollen. Für die Projektverantwortlichen sind über die Projektarbeit alle kritischen Fragen und möglichen Knackpunkte geklärt. Das entwickelte Konzept, die angedachten Lösungen müssen aus deren Sicht »doch nur noch« umgesetzt werden. Zu schnell und eher technokratisch wird daher »in die Umsetzung gegangen«, ohne die betroffenen Mitarbeiter ausreichend »abzuholen«. Insoweit ist das Feld der Lernenden Organisationen differenziert zu betrachten. So gibt es jene, die einen eher technokratisch zielorientierten Umsetzungsstil pflegen. Zu finden sind aber auch jene Organisationen, die neben den Projekterfordernissen auch den sozio-dynamischen Prozessen ausreichend Raum geben.

Die Veränderungssituation **Radikale Neupositionierung/Erneuern** ist am Beispiel der Digitalisierung bereits mit Kapitel 2 erörtert worden. Unter diesen Rahmenbedingungen wird das Managen von Veränderungsprozessen nochmals vielschichtiger. Benötigt wird sowohl die Kompetenz zum Krisenmanagement als auch die Kompetenz des Entwickelns lernförderlicher Strukturen. Des Weiteren ist eine klare Vorstellung notwendig, wie beides – Krise und neues Wachstum – gleichzeitig in ein und derselben Organisation realisiert werden kann. Hierzu wird vorliegend ausführlich in Kapitel 4 Stellung genommen.

Fazit

Je nach Veränderungssituation ergeben sich unterschiedliche Anforderungen mit Blick auf das Gestalten und Steuern von Veränderungen (siehe Abbildung 3.10). Gerade bei strategisch veranlassten Transformationsprozessen ist es erforderlich, dass Führungskräfte und Mitarbeiter frühzeitig in diese eingebunden werden und diese auch aktiv mitgestalten. So sollten ausgewählte Führungskräfte und Mitarbeiter bereits in den konzeptionellen Phasen einer Transformation eine aktive Rolle einnehmen. Dies gilt weiterhin für das Führen und Steuern einzelner Projekte und für das Projektmanagement-Office. Schließlich sollte überwiegend von ihnen das Implementieren bzw. Umsetzen der konkreten Projektergebnisse im Rahmen des Roll-Out getragen werden.

3.4.2 Organisationale und personale Veränderungskompetenzen für die digitale Arbeitswelt

Veränderungsprozesse werden abhängig von der jeweiligen Veränderungssituation zunehmend anspruchsvoller (siehe Abbildung 3.10). Die Fähigkeit, Veränderungen erfolgreich gestalten und umsetzen zu können, ist zu einem Wettbewerbsvorteil geworden. Dieser formt inzwischen maßgeblich die Performanz einer Organisation, aber auch die ihrer Mitarbeiter[128]. Veränderungskompetenz und -bereitschaft auf beiden Seiten bilden hierzu die Basis. Welche grundlegenden Anforderungen und Aufgabenpakte von Organisationen im Rahmen von Veränderungsprozessen zu bearbeiten sind, zeigt beispielsweise das 4-Phasen-Modell des BDU-Fachverbandes »Change Management« (siehe Abbildung 3.11).

Hier sind u. a. Erfolgsfaktoren, professionelle Standards sowie Kernanforderungen an Veränderungsprojekte zusammengefasst. Aufbauend auf einer generischen, klar definierten Phasenstruktur können Transformationen in zentrale Teilprozesse unterteilt und die in diesen jeweils zu leistenden Aufgaben benannt werden. Indem allen Beteiligten das prinzipielle Vorgehen offengelegt wird, kann sich bei diesen diesbezüglich ein vertieftes Verständnis entwickeln. Letzteres wird sich wiederum positiv auf deren Akzeptanz gegenüber dem Transformationsprojekt als Ganzes auswirken. Die Pha-

128 Vgl. z. B. Eilers et al. (2017), https://www.hays.de/documents/10192/118775/Hays-Studie-HR-Report-2017.pdf/3df94932-63ca-4706-830b-583c107c098e; abgerufen am 27.03.2018.

senfolge verdeutlich zudem die professionelle Grundhaltung sowie die Handlungsfolge in der Organisationsentwicklung: keine Maßnahme ohne vorherige Analyse, Diagnose und Ableitung/Planung einer Vorgehensarchitektur. Bedeutsam sind u. a. eine tiefgehende Analyse der Ausgangssituation, die Klärung des Veränderungsanliegens, dessen Begründung sowie der daraus ableitbare »eigentliche« Veränderungsauftrag.

Phase	Analyse Veränderungsvorhaben	Analyse Organisation	Entwicklung Vorgehensarchitektur	Umsetzung Veränderungen
	Iteratives Vorgehen			
Aufgabe	▪ Ausgangssituation eruieren (Weshalb dieses Vorhaben?) ▪ Ziel formulieren (Was soll nachher anders sein?) ▪ Angedachtes Vorgehen beschreiben	▪ Reifegrad der Organisation und bisherigen Verlauf von Veränderungsprojekten untersuchen ▪ Stakeholder-Analyse durchführen ▪ Veränderungsenergie dimensionieren	▪ Was / Wer / Wann / Zeitrahmen / Budget / Methoden / Werkzeuge planen und konzipieren	▪ Maßnahmen implementieren (Business-Anpassung, Ressourcen, Aufbaustruktur, Prozesse, Management-& Bewertungssysteme, Haltung und Verhalten der Beteiligten)
Führung	▪ Rahmen definieren ▪ Impulse setzen	▪ Gemeinsames Bild entwickeln	▪ Die Planungen aktiv mitgestalten	▪ Umsetzung forcieren ▪ Nachhaltigkeit sicherstellen
Beteiligung	▪ Entscheider aktivieren	▪ Multiplikatoren und Change Agents gewinnen	▪ Beteiligungsformen und die Gestaltung der Entscheidungsprozesse planen	▪ Mitarbeiter aktivieren
Qualifikation	▪ Führungskräfte zum Thema Change Management »enablen« (=handlungsfähig machen)	▪ Multiplikatoren zu Change-Management-Fragestellungen weiterentwickeln	▪ Reflexionsprozesse so planen, dass sie das Problemlöseniveau der Organisation erhöhen	▪ Führungskräfte und Mitarbeiter entwickeln (neue Haltung und neues Verhalten)
Monitoring	▪ Beobachtungs- und Mess-Kriterien entwickeln	▪ Nullmessung durchführen ▪ Weitere Messpunkte fixieren (Quick Check)	▪ Reviews planen (Frequenz abhängig von der Agilität des Vorgehens)	▪ Lessons Learned erarbeiten und dauerhaft nutzbar machen
Kommunikation	▪ Sinn erarbeiten (Change Story) und vermitteln ▪ Dialoge gestalten	▪ Über das Vorhaben informieren ▪ Dialoge gestalten	▪ Weitere Kommunikationsmaßnahmen planen ▪ Für Transparenz sorgen	▪ Dialoge gestalten ▪ Quick Wins intern und extern vermarkten ▪ Für Transparenz sorgen – auch bei Plan-Anpassungen

Abb. 3.11: Das 4-Phasen-Modell des BDU-Fachverbandes »Change Management«; o. V., BDU (2017), S. 6; https://www.bdu.de/media/253694/fin_rz_leitfaden_changemanagement_einzel.pdf; abgerufen am 27.03.2018; vgl. auch z. B. Nagel (2014), S. 23 ff.

Als zentraler Erfolgsfaktor erweist sich zudem die Ermittlung der Veränderungsbereitschaft und der Veränderungsfähigkeit der Organisation und ihrer Mitarbeiter. Mittels sogenannter Change-Reifegrad-Modelle wird u.a. der Organisationsrahmen für Veränderungen und das Verhalten von Führungskräften und Mitarbeitern angesichts bestehender oder ausstehender Veränderungen abgebildet. Denn es geht »... neben dem Managen der inhaltlichen Veränderungen vor allem um die gekonnte Steuerung der personalen Seite der Veränderung«[129]. Untersucht werden hierbei u. a. die Kommunikation, Führung, Kulturaspekte, Steuerung und Beteiligung in Veränderungsprozessen, aber auch die Wahrnehmungs- und Reaktionsgeschwindigkeit angesichts sich abzeichnender unternehmensinterner sowie externer Änderungen und die damit einhergehende Bereitschaft zu Lernen (Qualifizierung). Eine Übersicht über relevante Indikatoren bietet etwa der »Sustained Change Readiness«-Ansatz der IBM Deutschland GmbH.

Strategie	Personal	Organisation	Technologie & Prozesse
Dynamische Fähigkeiten	Unternehmenskultur	Lernende Organisation	Kollaborationstechnologie
Strategische Planung	Fähigkeiten	Ressourcenverteilung	Business Analytics
Strategische Ausführung	Führung	Netzwerk	Intelligente Systeme
Verbindung zw. strateg. Planung und Ausführung	Beschäftigungsfähigkeit	Länderübergreifende Organisation	Systemstandardisierung
Strategische Vision	Mitarbeiterengagement	Internes Change Management	Geschäftsprozesse
Anpassungsfähigkeit	Unternehmenswerte	Koordination	Informationstechnologie
Aufnahmefähigkeit	Diversity	M&A	Innovationstechnologie
Innovationsfähigkeit	Vergütungssystem	Governance	...
...	Talent Management	...	...

SPOT Integrator · 1st Level · 2nd Level

Abb. 3.12: Übersicht der Indikatoren des »Sustained Change Readiness«-Ansatzes der IBM Deutschland GmbH (2013); Dahm/Joseph (2017), https://www.projektmagazin.de/artikel/so-analysieren-sie-die-veraenderungsbereitschaft-ihres-unternehmens-teil-1_1120385; abgerufen am 27.03.2018

Beispiel: »Sustained Change Readiness›(SCR)-Ansatz

»Um den (Reife-)Grad der Veränderungsbereitschaft zu messen und Bereitschaftslücken zu erkennen, entwickelten Change-Berater der Inhouse Consulting von IBM Deutschland 2013 den ›Sustained Change Readiness‹-Ansatz, kurz SCR. Mit dem Ansatz bzw. Tool ist es möglich, zunächst den Ist-Zustand der Veränderungsbereitschaft zu erfassen, Bereitschafts-

129 O. V., Change-Fitness-Studie 2016/17, http://www.mutaree.com/content/change-fitness-studie-20162017; abgerufen am 04.04.2018.

lücken aufzudecken und im nachgelagerten Workshop dann konkrete Handlungsempfehlungen abzuleiten. Bei dem Tool handelt es sich um ein Reifegradmodell, dessen Skala an die Likert-Skala angelehnt ist. … Die vier Dimensionen des SCR-Ansatzes sind: Strategie, Personal, Organisation und Technologie & Prozesse (SPOT) [siehe Abbildung 3.12]. Die Dimensionen dienen als Grobgliederung für die Indikatoren, die im weiteren Verlauf analysiert werden. … **Die vier SPOT-Dimensionen sind die wesentlichen Determinanten der Veränderungsbereitschaft und -fähigkeit.** … Innerhalb jeder der vier Dimensionen des SPOT-Diamanten gibt es neun SCR-Indikatoren. Diese bilden die Grundlage für eine weitere Analyse der Veränderungsfähigkeiten. Vier der Indikatoren werden jeweils einer ›Muss‹-Ebene (erste Ebene/1st Level) und vier einer ›Kann‹-Ebene (zweite Ebene/2nd Level) zugeordnet, das heißt, vier von neun Indikatoren sind obligatorische Elemente, die sich auf jedes Unternehmen universell anwenden lassen. … Die vier fest definierten Indikatoren aus der Muss-Ebene (erste Ebene/1st Level) ermöglichen ein Benchmarking, das heißt, einen Vergleich der Ergebnisse mit denen anderer Unternehmen. … Die anderen vier Elemente dagegen können zur Analyse hinzugezogen werden, um ein genaueres Bild der Transformationsbereitschaft zu zeichnen, sind aber nicht in jedem Fall auf jedes Unternehmen anwendbar.
SPOT-Integratoren verbinden die Dimensionen miteinander. Jede Dimension enthält zu den zwei Ebenen (›Kann‹- und ›Muss‹-Ebene) einen zentralen Indikator: den SPOT-Integrator. Er stellt die Verbindung zu den jeweils anderen drei Dimensionen her. Dabei handelt es sich um einen Indikator, der eine stärkere Ausstrahlung hat als die anderen Indikatoren in seiner Dimension. Jeder der vier SPOT-Integratoren hat die Fähigkeit, die Veränderungsbereitschaft der gesamten Organisation durch seine Wirkkraft maßgeblich zu beeinflussen.«[130]
Quelle: ProjektMagazin, 14.06.2017

Reflexion: Grundlage der organisationalen Veränderungskompetenz

Die Veränderungskompetenz einer Organisation lässt sich schließlich auch daran ablesen, inwieweit Reflexions- und Evaluationsarenen konzipiert sowie eingeführt sind, und daran, ob diese dann auch regulär und kontinuierlich genutzt werden.

Definition: Reflexion

»Reflexion ist ein wichtiger Bestandteil des Veränderungsmanagements und des Lernens. Reflexion bezeichnet die Fähigkeit von Menschen, über (die eigenen) Situationen nachzudenken und Probleme als Chance für Ansatzpunkte von Veränderung erkennen und nutzen zu können.«[131]

Reflexion ist sowohl ein vorausschauendes als auch rückschauendes Nachdenken, ein prüfendes, gesamthaftes Betrachten aus der Distanz, meist auch auf einer Metaebene. Mittels Reflexion wird das Nach- und Verbessern von Handlung und Maßnahmen ermöglicht. Reflexion befördert somit kompetentes Handeln[132]. Den Treibern von

130 Dahm/Joseph (2017) https://www.projektmagazin.de/artikel/so-analysieren-sie-die-veraenderungsbereitschaft-ihres-unternehmens-teil-1_1120385; abgerufen am 27.03.2018.
131 O. V., (o.J.), http://change-partner.de/glossary/reflexion/; abgerufen am 04.04.2018.
132 Vgl. Jungmeister (2016), S. 6 ff.

Veränderungen vermittelt Reflexion ein Gefühl von Sicherheit und Souveränität in ihrem Tun. Dieses Gefühl wird auch positiv auf die von einer Veränderung Betroffenen abstrahlen und kann deren Vertrauen in den Transformationsprozess befördern.

Das Innehalten und Nachdenken über konkrete Herausforderungen in und über Erfahrungen aus Change-Situationen sollte dabei in einer unterstützenden Gruppe oder mit einem Sparringspartner erfolgen. Hier haben sich Veranstaltungsformen wie Kollegiale Beratung, Supervision und Coaching in der Praxis bewährt. Zentrale Leitfragen können in diesem Zusammenhang sein: Was ist das Ziel, der Nutzen des Veränderungsprojektes? Was ist bereits erreicht und wie? Welches Verhalten ist prägend? Wie hat sich letzteres auf den Verlauf des Projektes ausgewirkt? Wie hat es die anderen Akteure beeinflusst, z. B. Mitarbeiter, BR, Führungskräfte, andere Stakeholder? Was möchten sie ggf. ändern? Welche Faktoren, Rahmenbedingungen sind hierbei zu beachten? Welches Verhalten, welches Handeln ist angemessen? Wer muss unbedingt eingebunden werden? Wer sollte oder kann um Unterstützung gebeten werden? Auf diese Weise kommen multiple Perspektiven und ggf. bislang nicht berücksichtigte Aspekte, Auffassungen und »Stimmen« zur Geltung[133].

Reflexion ermöglicht damit ein Korrigieren von Verzerrungen in Annahmen und Hypothesen sowie in den daraus abgeleiteten Handlungsansätzen, konkreten Maßnahmen und Verhaltensweisen. Insoweit ist Perspektivenvielfalt in Veränderungsprozessen zumeist eine produktive Ressource, um zielführende und nutzenstiftende Veränderungsarchitekturen zu entwickeln. Ebenso unterstützt Perspektivenvielfalt den Vertrauensaufbau/-erhalt zu den Betroffenen mittels geeigneter Beteiligungsverfahren, in denen u. a. konzeptionelle Entwürfe reflektiert werden. Bewährte Praxis sind hier außerordentliche Dialogverfahren und reguläre betriebliche Kommunikationsprozesse zur Analyse und Gestaltung von Transformationsarchitekturen und einzelnen Interventionen. Unterschieden werden können hier:

- Gespräche mit Einzelpersonen (Individualebene),
- Teamtreffen auf kollektiver Ebene,
- abteilungs- und hierarchieübergreifende Treffen auf der Betriebsebene.

Dialogverfahren und betriebliche Kommunikationsprozesse »... eignen sich dazu, die ungeplanten Folgen erkennen und bearbeiten zu können, die Veränderungsprozesse auf interne Vertrauensbeziehungen, den betrieblichen Zusammenhalt, die Arbeitsqualität sowie die betriebliche Kooperation und Koordination haben können. Dies schließt die Diskussion, Entwicklung und Vereinbarung von Gestaltungsvor-

133 Vgl. Alvesson M. et al. (2008), S. 492 ff.

schlägen und die (wiederholte) Reflexion ihrer Umsetzung und alltäglichen Anwendung ein«[134].

Die bislang angesprochenen Reflexionsarenen können den bereits weiter oben benannten »single- und double-loop-learning«-Strukturen zugeordnet werden. Der Forderung von Argyris/Schön nach »deutero-learning«-Strukturen kann schließlich über leistungsfähige Projektmanagementstrukturen genüge getan werden (siehe Abbildung 4.25). Unter dem Aspekt des Aufbaus von Reflexionsoptionen sollten etwa nachhaltige Informations- und Dokumentationsprozesse genutzt werden, ebenso leistungsfähige Collaboration Tools[135]. Auch das Einrichten eines Projektmanagement-Offices, eines Projektkernteams und einer Steuerungsgruppe ist diesbezüglich förderlich. Diese strukturellen Lösungen eröffnen die Möglichkeit, dass sich die Verantwortlichen regelmäßig über Erfahrungen und Entwicklungen im Veränderungsprojekt austauschen, u. a. mit Blick auf Lernpotenziale für die eigene Organisation[136].

Regelmäßig durchgeführte Evaluationen liefern in diesem Zusammenhang eine inhaltliche Grundlage für die eben skizzierten Reflexionsarenen. Erstere sind damit ebenfalls als zentrales Element der Lernkultur und Lernstruktur einer Organisation anzusehen und damit als ein weiteres Indiz für deren Veränderungskompetenz.

Definition: Evaluation

»Evaluationen bezeichnen auf spezifizierte Maßnahmen bezogene, ziel- und zweckorientierte, wertende Stellungnahmen, die auf einer systematischen Basis gewonnen werden.«[137]

Evaluationen werden mit Hilfe wissenschaftlicher Methoden durchgeführt. Hierbei finden sich in der Praxis qualitative und auch quantitative, maßgeschneiderte oder auch standardisierte Verfahren[138]. Soll eine zusammenfassende und abschließende Bewertung einer Maßnahme oder eines Prozesses erzielt werden, wird von summativer Evaluation gesprochen. Wird hingegen angestrebt, die Qualität einer Maßnahme oder eines Transformationsprozesses laufend zu verbessern, ist eine formative Evaluation gegeben. Methodische Grenzen resultieren aus dem Wunsch, direkt verwertbares Handlungswissen zur Verfügung stellen zu wollen und damit Entscheidungsgrundlagen anzubieten. In Folge dessen stehen Evaluationen auch im Spannungsfeld unterschiedlicher Interessen und machtpolitischer Einflüsse. In der Praxis sind daher

134 Becke/Behrens/Bleses (2012), S. 6.

135 Vgl. etwa https://www.capterra.com/sem-compare/collaboration-software?headline=Collaboration%20Software&gclid=EAIaIQobChMIvZSS6-2q2gIVbjPTCh1iIwxxEAAYASAAEgLpuvD_BwE&gclsrc=aw.ds; abgerufen am 08.04.2018.

136 Vgl. z. B. Löffler (2014), https://www.projektmagazin.de/artikel/change-projekte-mit-retrospektiven-steuern-teil-2_1091070; abgerufen am 06.04.2018; vgl. auch Bartscher/Nissen (2017), S. 343 ff.

137 Balzer (2005), S. 8.

138 Vgl. z. B. Stockmann/Meyer (2014), S. 111 ff.

nicht immer alle Standards einer wissenschaftlich fundierten Vorgehensweise umzusetzen. Umso bedeutsamer sind ein kritisches Abwägen der Möglichkeiten und Beschränkungen der eingesetzten Verfahren sowie deren sorgfältiger Einsatz. Wie Reflexionsschleifen und Evaluationsergebnisse zielführend ineinanderfließen können, zeigt etwa ein Bericht über eine Post Merger Integration bei der Palfinger AG[139].

Personale Veränderungskompetenzen

In der menschlichen Entwicklungsgeschichte sind die Veränderungskompetenz und Anpassungsleistung, ob körperlich, intellektuell sowie emotional, seit jeher eine der maßgeblichen Erfolgsfaktoren. Dies legt auch bspw. Charles Darwin nahe, wenn er formuliert: »It is not the strongest of the species that survive, nor the most intelligent. It is the one most adaptable to change.« Gerade im Zusammenhang mit der digitalen Transformation wird von den Mitarbeitern und Führungskräften erwartet, dass sie die Notwendigkeit der anstehenden Veränderungen erkennen und verstehen. Sie sollen darüber hinaus diese mitgestalten und offen sein für neue Lernerfahrungen. »Insbesondere Führungskräfte stehen durch ihre Doppelrolle im Rahmen von Veränderungsprozessen immer vor einer besonderen Herausforderung, die zuweilen unterschätzt wird. Von ihnen wird erwartet, aktiv Veränderungen auszulösen, die Umsetzung der Veränderungsvorhaben voranzutreiben, sie gegenüber den Mitarbeitern zu verargumentieren und diese für den Change-Prozess zu gewinnen. Gleichzeitig sind sie aber häufig selber von der Veränderung betroffen, etwa wenn Unternehmensbereiche oder Abteilungen zusammengelegt werden.«[140]

In der eignungsdiagnostischen sowie in der managementorientierten Literatur wird der Begriff der Veränderungskompetenz sehr uneinheitlich verwendet[141]. Zur inhaltlichen Bestimmung werden z. B. einzelne Fähigkeitsanteile aufgelistet, wie etwa das Wissen und Anwenden bestimmter Tools, explizite Wissensbestandteile sowie Erfahrungen mit Veränderungsprozessen und eine breite Grundqualifikation (das »Können«). Auch wird auf die Veränderungsbereitschaft verwiesen, also auf motivationale Komponenten (das »Wollen«). Zudem werden Persönlichkeitsfaktoren betont, wie Offenheit, Neugierde, Beharrlichkeit und Frustrationstoleranz. Daneben finden sich Klassifikationsschemata wie in Abbildung 3.13 dargelegt.

Allerdings besteht in der Literatur weitgehende Einigkeit, dass sich kontextuelle Faktoren innerhalb einer Organisation positiv auf die Veränderungskompetenz ihrer Mitglieder auswirken (das »Dürfen«). Erreicht wird dies durch das explizite Fördern und Entwickeln der Veränderungsbereitschaft. Letztere kann angeregt werden etwa durch frühzeitige Information und Transparenz, mittels Partizipationsmöglichkeiten

139 Vgl. Stolla/Schotkowsky (2008), S. 46 ff.
140 Seifert (2012), S. 4 f.
141 Vgl. z. B. Dlugosch/Terörde (2009), S. 32 ff., Szebel (2015), S. 15 ff.

und Qualifikationsangeboten sowie über vertrauensbildende Maßnahmen seitens der Unternehmensleitung[142].

Abb. 3.13: Facetten der Veränderungskompetenz nach Seifert (2012); Seifert (2012), S. 9

Definition: Veränderungskompetenz

Unter dem Konstrukt Veränderungskompetenz werden Aspekte zusammengefasst wie: »...

- Innovationsfähigkeit (im Sinne von Kreativität, Ideenreichtum, Innovationsmanagement, strategischer Agilität),
- Kognitive Fähigkeiten (wie allgemeine Intelligenz, Problemlösefähigkeiten, Abstraktionsvermögen, bereichsübergreifendes Denken, Beobachtungsfähigkeit, Flexibilität, Anpassungsvermögen),
- Emotionale Stabilität (vor allem Stressresistenz, Durchsetzungsvermögen, Beharrlichkeit/Ausdauer),
- Soziale Kompetenz (im Sinne von Überzeugungskraft, Gewissenhaftigkeit in Kommunikation und Verhalten, Begeisterungsfähigkeit, Kritikfähigkeit),
- Führungskompetenzen (vor allem Sinnstiftung, Orientierung geben, Verbindlichkeit, Delegationsfähigkeit, Motivationskraft),
- Innerer Antrieb (wie Tatkraft und Dynamik; Agilität; Leistungsmotivation),

142 Vgl. z. B. Jacob et al. (1998), S. 132 ff.

- Unternehmerisches Denken und Handeln (bezogen auf Markt- und Kundenorientierung; häufig Voraussetzung dafür, Veränderungen erkennen und anstoßen zu können)«.[143]

Die Digitalisierung wird wie bereits auch in Kapitel 2 ausgeführt nun in einzelnen Unternehmen, aber auch ganzen Branchen zu tiefgreifenden Strukturumbrüchen, zur Neuausrichtung von Prozessen und zu geänderten Kompetenzanforderungen an den verbleibenden Arbeitsplätzen führen. So zeigen etwa Berechnungen der Bundesagentur für Arbeit (2016) und der Boston Consulting Group (2017), dass in Deutschland bis 2025 durch Automatisierung in etwa 7,7 Millionen Beschäftigte substituiert werden könnten[144]. Diese Berechnungen überführen damit u. a. die Erkenntnisse der sog. Oxford-Studie von Frey/Osborne (2013) auf die Bundesrepublik[145]. Für einige Berufsgruppen steigt das Risiko zunehmend an, dass deren bisherige Arbeitsleistung zukünftig von intelligenten digitalen Maschinen (Algorithmen, Roboter, KI) erbracht werden (siehe Kapitel 2). In anderen Arbeitsgebieten wird die wechselseitige Ergänzung bzw. Verschränkung von Mensch und Computer die Regel sein[146]. In ihrem Buch »Only humans need apply« bezeichnen etwa Davenport/Kirby (2016) letztere Entwicklung als »Augmentation«[147]. Computer werden nicht als Ersatz, sondern als Erweiterung/Verstärkung des menschlichen Potenzials angesehen. Menschen sollen die digitalen Maschinen nutzen, um sich mehr als in der Vergangenheit auf ihre Stärken zu konzentrieren. Damit aber die Betroffenen in geänderten oder anderen Tätigkeitsfeldern eine Weiterbeschäftigung finden, müssen diese u. a. ihre Kompetenzen anpassen an die Anforderungsprofile der digitalisierten Arbeitswelt. Diesbezüglich gibt das »Seven Elements Model of Digital Literacies« von Jisc, ein englischer Qualifizierungs- und Forschungsverbund, einen ersten, beispielhaften Überblick (siehe Abbildung 3.14).

Im Übergang zur digitalen Welt sind insoweit vor allem die Dimensionen »Können« und »Wollen« der personalen Veränderungskompetenz von besonderer Relevanz. In Anlehnung an Davenport/Kirby (2016) können die betroffenen Arbeitnehmer hierbei zwischen fünf Kompetenz-Entwicklungsstrategien wählen (siehe Abbildung 3.15):

1. contra-digitale Nischenstrategie (step narrow),
2. offensive Anwender-/First-Mover-Strategie (step in),
3. technisch-digitale Expertenstrategie (build the steps),
4. digitale/r Treiberstrategie/Transformationsmanager (step up),
5. alternativ-digitale Differenzierungsstrategie (step aside).

143 Seifert (2012), S. 14; vgl. auch https://blog.itb-consulting.de/tag/veranderungskompetenz/; abgerufen am 08.04.2018; vgl. Szebel (2015), S. 22 ff.

144 Vgl. Arntz et al. (2016), Rentmeister, H. et al. (2017).

145 Vgl. Frey/Osborn (2013); https://www.oxfordmartin.ox.ac.uk/downloads/academic/future-of-employment.pdf; abgerufen am 10.04.2018; Bonin et al. (2015); ftp://ftp.zew.de/pub/zew-docs/gutachten/Kurzexpertise_BMAS_ZEW2015.pdf; abgerufen am 10.04.2018.

146 Vgl. z. B. Hay-Report (2017), S. 13; https://www.hays.de/documents/10192/118775/Hays-Studie-HR-Report-2017.pdf/3df94932-63ca-4706-830b-583c107c098e; abgerufen am 10.04.2018.

147 Vgl. Davenport/Kirby (2016), S. 31 ff.

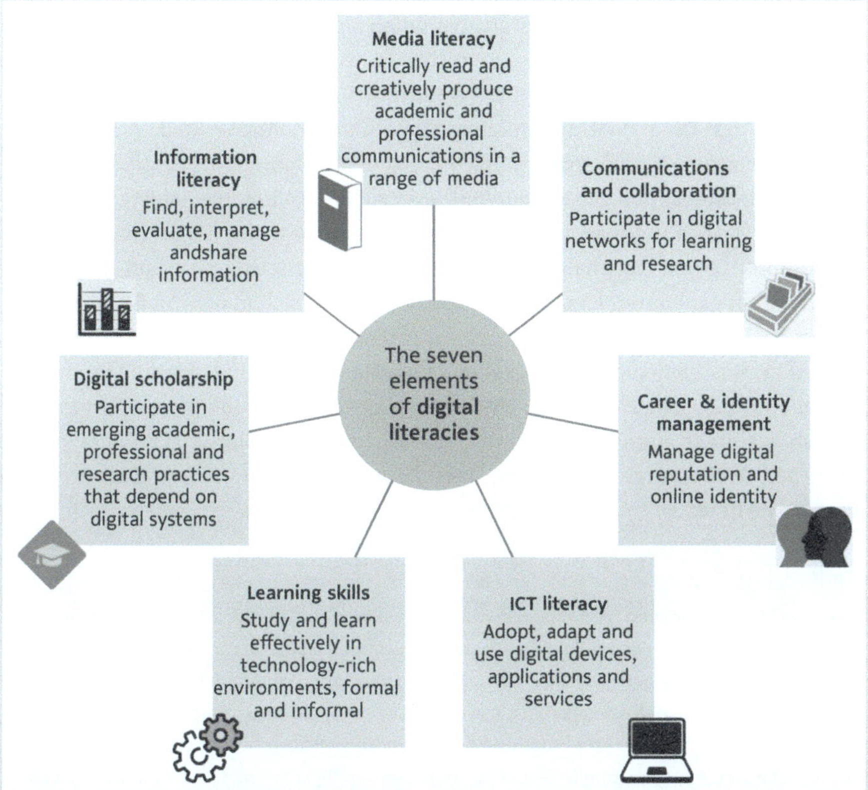

Abb. 3.14: Seven Elements Model of Digital Literacies nach © Jisc (2016); o. V., Jisc (2016), https://www.jisc.ac.uk/guides/developing-digital-literacies; abgerufen am 10.08.2018

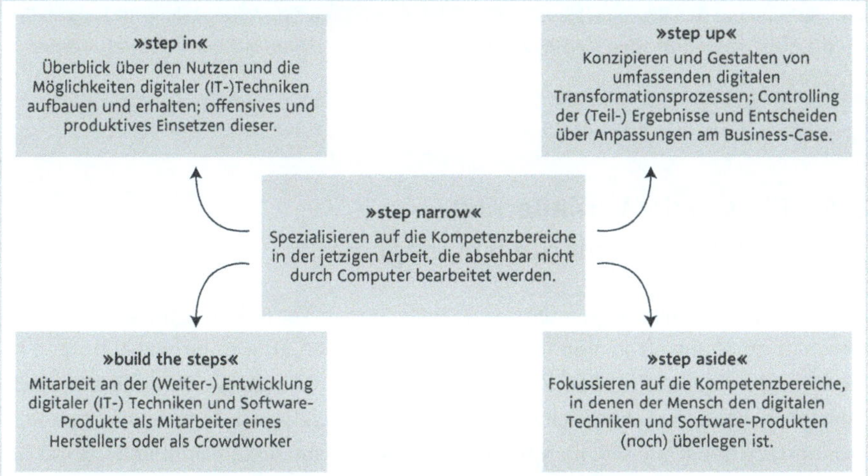

Abb. 3.15: Augmentationsstrategien für die digitale Arbeitswelt in Anlehnung an Davenport/Kirby (2016); Bartscher/Nissen (2016), S. 89 nach Davenport/Kirby (2016), S. 59 ff.; vgl. auch Davenport/Kirby (2015), S. 5 ff.; vgl. auch Bäcker et al. (2018), S. 22 ff.; vgl. Maier (2018), https://www.scil-blog.ch/blog/2018/02/20/augmentation-und-smarte-personalentwicklung/; abgerufen am 10.08.2018

Die beiden Autoren haben ihre fünf strategischen Stoßrichtungen für eine Vielzahl von Professionen bzw. Berufsgruppen überprüft. Es zeichnet sich ab, dass unter diesen insbesondere den sog. Wissensarbeitern alle fünf Augmentationsstrategien offen stehen. Allerdings: Ohne die Unterstützung durch den Arbeitgeber und entsprechende Qualifikationsstrukturen wird es für die Arbeitnehmer schwer, die für sie jeweils passende Handlungsoption zu realisieren. Diesbezüglich sollten die Arbeitgeber erkennen, dass letztlich nur die Kombination aus Mensch, digitaler (IT-)Technik und Softwareprodukt einen nachhaltig-strategischen Wettbewerbsvorteil und beständige Innovationen generieren kann. »Diese Erkenntnis wird sich in dem Maße ausbreiten, in dem auch klar wird, dass ständige Innovation für unternehmerischen Erfolg wichtiger ist als Kosteneffizienz. Arbeitgeber haben Maschinen und Menschen tendenziell als Substitute gesehen: Wenn die einen teurer sind als die anderen, tauscht man sie einfach aus. Doch das ist nur in einem statischen Umfeld plausibel, in dem wir mit Sicherheit davon ausgehen können, dass die Aufgaben von morgen dieselben sein werden wie heute.«[148]

Fazit

Die organisationalen und personalen Veränderungskompetenzen für die digitale Arbeitswelt sind sehr vielschichtig. Sowohl an die Mitarbeiter als auch an die Organisationen werden vielfältige Anforderungen gestellt. Digitale Transformationen sind damit im wahrsten Wortsinn umfassend. Sie betreffen fachliche, methodische und psychosoziale Qualifikationsfelder, einzeln und in ihrer Kombination. Digitale Veränderungsprozesse stellen dabei hohe Ansprüche an die professionelle Grundhaltung aller Beteiligten – an die Gestalter wie an die Betroffenen. Eine Leitlinie sollte diesbezüglich für alle sein: keine Maßnahme ohne vorherige Analyse, Diagnose, Ableitung und Planung. Ein weiterer Orientierungspunkt sollte im co-kreativen Miteinander bestehen: Gestalter zusammen mit den Betroffenen, der Mensch im Verbund mit den digitalen Maschinen. Projekte, in denen eine reibungslose und wechselseitige Übergabe unter den Menschen und zwischen Mensch und Maschine gelingt, werden nachhaltig und erfolgreich sein.

3.5 Phasen der Veränderung und des Veränderungsmanagements

Wie an anderer Stelle angedeutet, sind Menschen in Veränderungsprozessen damit beschäftigt, eine Vielzahl von Fragen für sich zu klären, u. a. zu ihrer zukünftigen Arbeits- und Aufgabensituation. Auch möchten sie die Gründe der Veränderung nachvollziehen können. Schließlich sehen sie sich mit vielschichtigen Emotionen konfrontiert, zu denen sie sich ins Verhältnis setzen müssen. Im Zusammenhang mit der

148 Davenport/Kirby (2015), S. 10.

digitalen Transformation dürften die diesbezüglichen Unsicherheiten und Irritationen stark ausgeprägt sein. Denn grundlegende Veränderungen stehen in deutlichem Widerspruch zu den Beharrungstendenzen der Menschen. Insoweit ist zu erwarten, dass sie jene Emotionen, die typisch für Veränderungsprozesse sind, hier besonders intensiv erfahren. Einige werden sich diesen sogar schutzlos ausgeliefert erleben. Welches sind nun die typischen Anforderungs- und Themenkomplexe in Veränderungsprozessen, die die betroffenen Menschen vor allem emotional aus dem Gleichgewicht bringen können?

In der Change-Management-Literatur finden sich vielfältige Phasenmodelle, die etwa motivations-psychologische Aspekte, Sichtweisen aus der Trauerforschung und aus der Arbeitszufriedenheitsdiskussion, aber auch Aspekte wie Macht und Promotoren in Veränderungsprozessen thematisieren[149]. Alle Modelle geben dabei natürlich nur ein vereinfachtes Bild der Wirkzusammenhänge wider. Sie dienen damit einerseits der Komplexitätsreduktion, indem sie spezifische Teilaspekte besonders betonen. Andererseits verschaffen sie hierüber einen idealtypischen Informationsgewinn für die praktische Gestaltungsarbeit. Sie geben also einen Handlungsrahmen und zeigen zugleich auf, was typischerweise in den einzelnen Phasen beobachtet und getan werden kann.

3.5.1 Das 3-Phasen-Modell nach Lewin

Kurt Lewins 3-Phasen-Modell (1943) ist zum einen geprägt vom Gedanken der kulturellen Umerziehung »NAZI-Deutschlands« und zum anderen von den Erkenntnissen aus der gruppendynamischen Feldtheorie. Hiernach dominieren in sozialen Systemen zwei grundsätzliche Kraftfelder, die sich im Normalfall die Waage halten. Das eine will den Erhalt des Status quo befördern (»restraining forces«), das andere will Veränderungen provozieren (»driving forces«). In Veränderungsprozessen soll dieses Gleichgewicht zugunsten der »antreibenden Kräfte« beeinflusst werden. In einer ersten Phase (Unfreezing) ist u. a. mittels Analysen, Informationen und Diskussionen ein Klima bzw. ein Bewusstsein für Veränderung zu befördern. In der Phase »Changing« wird der Status quo verlassen und Neues ausprobiert. Es werden neue Lösungsmuster entwickelt, neue Verhaltensweisen entstehen. Sie werden trainiert und dann auch überwacht. Mit der dritten Phase des »Refreezing« betont Lewin die Eingewöhnung in die neue Situation. Ein Rückfall in alte Muster soll verhindert werden. Ziel soll sein: ein neues Gleichgewicht in neuen Strukturen und mit einer höheren Performanz (siehe Abbildung 3.16).

149 Vgl. Gairing (2017), S. 45 ff.; vgl. Spichalsky (2016), S. 9 ff.; vgl. auch Zelesniack/Grolman (o. J.), https://organisationsberatung.net/change-management-modelle-im-vergleich/; abgerufen am 12.04.2018.

Orientiert an den Annahmen von Lewin gelingt Veränderung u. a. dann, wenn die bewahrenden Kräfte im Vorfeld bestimmt werden. Wenn deren Widerstand ernst genommen wird und wenn deren Interessen im Veränderungsprozess nicht ausgeblendet bleiben. Es ist aber auch notwendig, die Treiber der Veränderung zu stärken und zu unterstützen. Die Phase des »Refreezing« drückt schließlich den grundsätzlichen Wunsch bzw. die Hoffnung von Betroffenen aus, nach einer Veränderung wieder in ein ruhigeres, gesicherteres Fahrwasser zurückkehren zu können, gerne auch zu altbewährten Gewohnheiten. Spätestens in der digitalen Arbeitswelt ist allerdings das Einleben und Eingewöhnen in eine neue, stabile und langanhaltende Gleichgewichtssituation nicht mehr realistisch. Heutzutage sind Veränderungen nicht mehr statische Episoden zwischen zwei Gleichgewichtszuständen, sondern vielmehr dynamische, sich fortsetzende Prozesse.

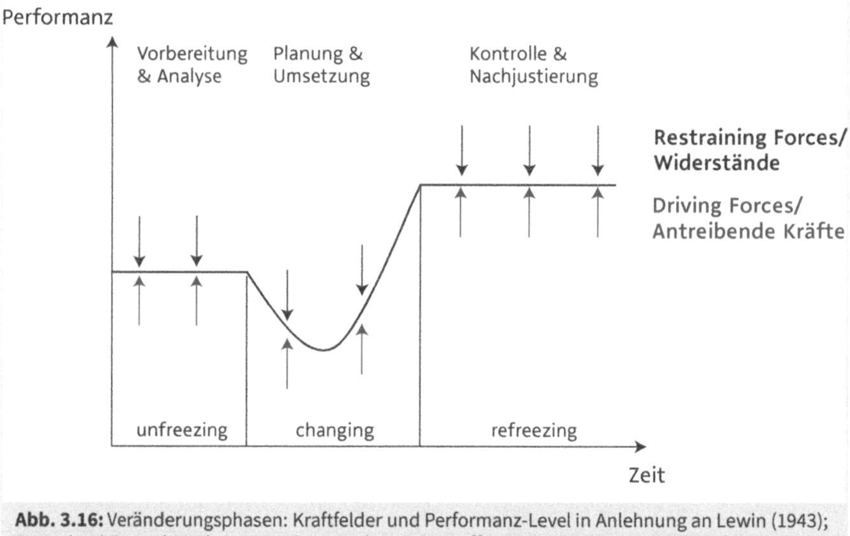

Abb. 3.16: Veränderungsphasen: Kraftfelder und Performanz-Level in Anlehnung an Lewin (1943); Bartscher/Nissen (2016), S. 12 nach Lewin (1943, S. 223 ff.; vgl. auch Bornemann (2014), http://www.lead-conduct.de/2014/05/25/change-management-kurt-lewin/; abgerufen am 12.04.2018

Veränderungsvorhaben rufen bei den Beteiligten nicht selten gemischte Gefühle hervor. Des Weiteren beschreiben sie die Zeit der Veränderung als emotionale Berg- und Talfahrt. Sie berichten u. a., dass es für sie zunächst nicht leicht gewesen sei, sich mit der neuen Situation abzufinden, diese zu akzeptieren. Sie hätten diese schlichtweg abgelehnt, ignoriert oder sogar geleugnet. Hier zeigen sich Parallelen zu den Ergebnissen der soziologischen Trauerforschung von Elisabeth Kübler-Ross (1969). Die Autorin hat Menschen in Lebenskrisen (schwere Krankheit und Tod), deren Verhaltensweisen und durchlebten Emotionen beobachtet. Ihre Schlussfolgerung war, dass Menschen meist unbewusst Strategien entwickeln, um die als äußerst schwierig empfundene Situation für sich zu meistern. Zu beobachten sind u. a. Rückzug, »Nicht-Wahrhaben-Wollen«, Zorn, kindliches Hoffen auf Besserung oder auf Heilung, Depression und

Leid. All diese Bewältigungsmuster münden dann am Ende in eine rationale sowie emotionale Akzeptanz der Gegebenheiten. Insoweit hat Kübler-Ross ein Phasenmodell hin zur Akzeptanz entwickelt. Nun führt nicht jede Veränderung zwangsläufig in eine fundamentale Lebenskrise. Dennoch gilt der Ansatz als eines der Grundmodelle, um Emotionen in Veränderungsprozessen beschreiben und interpretieren zu können.

3.5.2 Phasen und Emotionen in Veränderungsprozessen

Wie erleben Menschen Veränderungsprozesse nun ganz konkret? Auf diesbezügliche Erfahrungen angesprochen, schildern diese, dass sie schon so etwas wie eine Vorahnung gehabt hätten. Zudem habe es mehr oder weniger spezifische Vorzeichen für eine Änderung gegeben und sie hätten Gerüchte über anstehende Neuerungen gehört. Sie seien in Sorge darum gewesen, dass »etwas« passieren könne, und hätten sich darüber Gedanken gemacht, welche Veränderungen denn möglichweise eintreten mögen und wie sich diese auf sie auswirken würden. Sie hätten diese Überlegungen dann aber wieder zurückgestellt bzw. verdrängt, da ja noch nichts Konkretes passiert sei und keine stichhaltigen Informationen vorgelegen hätten.

In Organisationen ist in dieser Phase zu beobachten, dass sich die Mitarbeiter über ihre Vorahnungen und über aufkommende Gerüchte untereinander austauschen. Auch sind sie bestrebt, offizielle und belastbare Informationen von Repräsentanten der Organisation zu erhalten, z. B. von Führungskräften oder vom Betriebsrat. Sie sind also auf der Suche nach einer ersten Orientierung (siehe hierzu auch Kapitel 3.1). Diese geht allerdings zu Lasten der Nettoarbeitsleistung, sodass bereits zu diesem Zeitpunkt die Produktivität der Organisation erste Einbußen erfährt.

Diese und weitere Leistungseinbußen im Verlauf von Veränderungsprozessen sind dabei als Investitionen in eine höhere zukünftige Systemleistung (Performanz) der Organisation zu interpretieren (siehe Abbildung 3.17). Der Abfall der Performanz in der Phase der Vorahnung spiegelt den von den Mitarbeitern wahrgenommenen Eindruck wider, dass zentrale Entscheidungsträger in der Organisation wohl über grundlegende Veränderungen nachdenken. Gerüchte und Einschränkungen in der Performanz seitens der Mitarbeiter begleiten also die Schritte der Analyse, der Diagnose, bis hin zur Ableitung des vorläufigen Transformationskonzeptes durch die Treiber und Gestalter von Veränderungen.

Nach den grundlegenden Interventionsstoßrichtungen der Transformation ist die Umsetzungsplanung, inkl. der Projektstruktur, zu konkretisieren und es sind Begleit- und Unterstützungsmaßnahmen zu konzipieren (siehe Kapitel 4). Weiterhin ist festzulegen, wann und in welcher Reihenfolge die Führungskräfte, der Betriebsrat, bedeutsame Mitarbeitergruppen und Stakeholder über den Veränderungsprozess informiert werden und wann die Belegschaft als Ganzes in den Veränderungsprozess eingebunden werden soll. All diese vorbereitenden Maßnahmen können nicht unbemerkt von den Mitarbeitern einer Organisation durchgeführt werden. Es ist eine natürliche Reaktion, dass diese versuchen zu erfahren, welche Entwicklungen bzw. Anpassungsbedarfe sich für ihre Organisation und damit für ihr Berufs- und Privatleben ggf. abzeichnen.

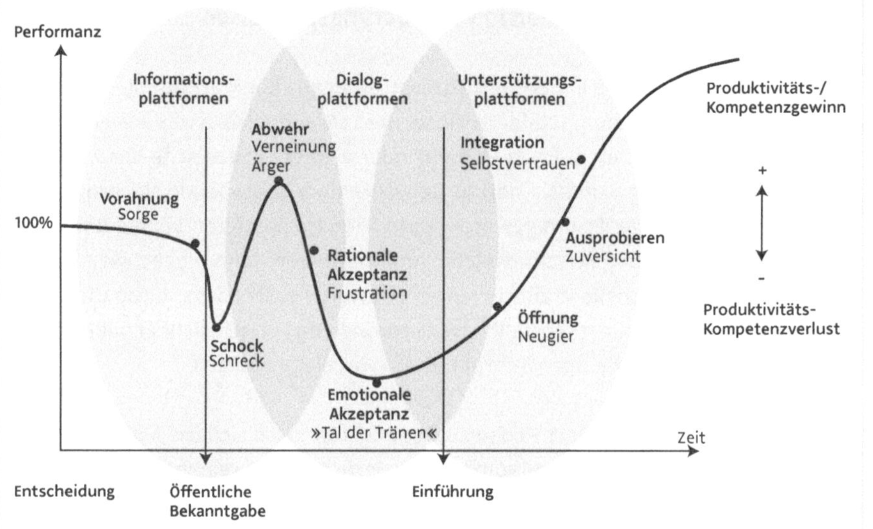

Abb. 3.17: Phasen und Emotionen in Veränderungsprozessen und begleitende Interventionsplattformen; Bartscher/Nissen (2017), S. 327 in Anlehnung an Spencer/Adams (2002); vgl. auch Prochaska/Norcross (2007).

Die getroffenen Anpassungsentscheidungen werden in der Regel durch hochrangige Repräsentanten der Organisation veröffentlicht. Es ist bedeutsam, dass im Rahmen der Erstveröffentlichung die Stoßrichtungen des Veränderungsprozesses möglichst kurz, klar, präzise und schnörkellos dargestellt werden. Für die Mitarbeiter wird so aus Gerüchten und vorläufigen Annahmen Realität. Sie sind bemüht zu verstehen, was gesagt wird. Sie dekodieren das Gesagte vor dem Hintergrund ihrer persönlichen Interpretationsmuster. Daneben versuchen sie auch zu erfassen, was nicht gesagt wird, was aber zu erwarten gewesen wäre. Sie bewerten das (Nicht-)Gesagte und treffen hierbei Annahmen über etwaige Auswirkungen, welche sich für sie persönlich aus den veränderten Rahmenbedingungen ergeben können.

Je ausgeprägter sie hierbei das Ausmaß ihrer persönlichen Betroffenheit einschätzen, umso ausgeprägter ist in dieser Phase auch der von den Mitarbeiten empfundene **Schock**. Die Konfrontation mit den erwarteten und unerwarteten Veränderungsstoßrichtungen erschreckt sie. Sie sind in Sorge, inwieweit ihre bisherigen Kompetenzen und Handlungsmuster unter den neuen Bedingungen noch gefragt sind und inwieweit sie zukünftig benötigte Kompetenzen und Handlungsmuster erlernen können. Die Mitarbeiter unterschätzen hierbei ihre eigene Leistungsfähigkeit und werten ihre eigene wahrgenommene Kompetenz überdurchschnittlich ab. In dieser Phase schildern sich Menschen als teilweise gelähmt. Sie sind mit sich selbst beschäftigt, sind unkonzentriert, machen Fehler bei dem, was sie tun. Sie entziehen sich den Leistungserstellungsprozessen in der Organisation. Sie tun dies z. B. über eine vordergründige Arbeitsunfähigkeit oder über »Dienst nach Vorschrift«. Die Produktivität der Organisation fällt damit weiter ab.

Die Lähmung schlägt nach einiger Zeit um in eine Art Hyperaktivität. In der Phase der **Abwehr**, des Widerstandes, sind die Mitarbeiter bestrebt, die Umsetzung des Anpassungsprozesses zu verhindern. Sie wollen die Veränderungsakteure dazu bewegen, ihre Entscheidung zu überdenken und zurückzunehmen. Die Mitarbeiter aktivieren Werte, Einstellungen und Verhaltensweisen, die sie selbst und die Entscheider dahingehend überzeugen sollen, dass grundlegende Änderungen an den organisationalen Abläufen nicht vorgenommen werden müssen. Das Leistungsvermögen der Organisation bzw. deren Position am Markt könne auch mit dem aktuellen Handlungsrepertoire aufrechterhalten werden. Zum Beweis wird letzteres mustergültig vorgelebt. So ist es zu erklären, warum in dieser Phase häufig die Produktivität der Organisation zunächst für eine gewisse Zeit ansteigt. Die Mitarbeiter überschätzen hierbei schnell ihre eigene Leistungsfähigkeit und werten ihre eigene wahrgenommene Kompetenz überdurchschnittlich auf.

Umso größer ist dann die Verärgerung und umso ausgeprägter das Abwehrverhalten der Mitarbeiter, wenn sich die Veränderungsakteure von diesen mustergültigen Verhaltensweisen nicht beindruckt zeigen und an ihren Grundsatzentscheidungen festhalten. Spontane Arbeitsniederlegungen, Streiks, Ungehorsam oder sogar kriminelle Handlungen, wie z. B. Sabotage oder Bossnapping[150], sollen die Entscheider einschüchtern und den Abbruch des Change-Projektes bewirken. Die Mitarbeiter befinden sich in einer Art Spirale der Selbstüberschätzung (Selbstbild). Das soziale Umfeld hingegen bemerkt bei diesen eine zunehmende Orientierungslosigkeit, ja, »Bockigkeit« und ein unreflektiertes Beharren auf liebgewordenen Gewohnheiten (Fremdbild). Zu diesem Zeitpunkt ist die Diskrepanz zwischen Selbstbild und Fremdbild am stärksten ausgeprägt, da sich die Mitarbeiter meist nicht mit der Veränderungsthematik befassen wollen bzw. sich dieser intellektuell entziehen.

150 Vgl. z. B. Tödtmann (2016), http://blog.wiwo.de/management/2016/07/21/die-angst-des-top-managers-vorm-bossnapping-gastbeitrag-von-sicherheitsprofi-schaaf-von-corporate-trust/; abgerufen am 14.04.2018.

Diesen Zustand der Verweigerung behalten die von einer Veränderung Betroffenen üblicherweise jedoch nicht allzu lange bei. Als Treiber und Gestalter von Veränderungsprozessen darf darauf vertraut werden, dass nach einer gewissen Zeit zuerst einzelne und dann immer mehr Mitarbeiter damit beginnen, die Argumente der dargelegten Veränderungsnotwendigkeit zu analysieren. Dies gilt ebenso für die Aussagen zu den Veränderungsstoßrichtungen. In der Phase der **rationalen Akzeptanz** sind die Mitarbeiter bestrebt, die angebotenen Informationen zu verstehen, und nähern sich so den Sichtweisen der Entscheider an. Sie versuchen nachzuvollziehen, wie es zu der Anpassungsentscheidung gekommen ist und ob diese wohlüberlegt und abgewogen ist. Typischerweise wird auch gefragt, ob die veränderten Rahmenbedingungen nicht schon viel früher hätten erkannt werden müssen und ob insoweit frühere, weniger tiefgreifende Änderungen möglich gewesen wären.

Die Mitarbeiter sind darüber frustriert, dass es allem Anschein nach keine Alternative zu der umrissenen Transformation gibt. In einer Art von Übersprunghandlung wird zu diesem Zeitpunkt nach schnellen Handlungsoptionen gesucht, die sich meist jedoch als allenfalls kurzfristig wirksam erweisen und eher Symptome behandeln. Die eigene Handlungskompetenz wird zunehmend kritisch bewertet. Nicht zuletzt deshalb, da die Menschen immer mehr die Komplexität der Veränderungssituation erfassen. Auch wird die Vielschichtigkeit der neuen Verfahrens- und Verhaltensweisen erahnt, die jeder Mitarbeiter zu bewältigen hat, wenn er weiterhin der Organisation zugehören möchte. Die persönliche Unsicherheit und die Angst vor der Zukunft nehmen zu, die Mitarbeiter fühlen ihre Leistungsfähigkeit und die eigene wahrgenommene Kompetenz durch den Veränderungsprozess entwertet.

Die Alternativlosigkeit und Unübersichtlichkeit der Veränderungssituation und das schwindende Vertrauen in die eigene Handlungsfähigkeit erhöht die Niedergeschlagenheit der Mitarbeiter. Der Wille, eigene Verfahrens- und Verhaltensweisen zu verändern, ist in dieser Phase jedoch noch nicht ausreichend ausgeprägt. Für den Außenstehenden ist eine Diskrepanz erkennbar zwischen dem kognitiven Erkennen einerseits und den sich daraus notwendigerweise ergebenden Handlungen andererseits. Mental spielen die Mitarbeiter die Veränderung und ihre Folgen aber schon einmal durch. Aktional umgesetzt, also verhaltenswirksam, sind diese Erkenntnisse allerdings noch längst nicht. Unterbewusst hegen die Mitarbeiter sogar die Hoffnung, dass sich die Rahmenbedingungen wie durch Zauberhand verbessern und somit die Anpassungsprozesse obsolet werden.

Emotional sind die Mitarbeiter noch verhaftet in der bislang bekannten Welt, in den bisher gültigen Rahmenbedingungen, in den gewohnten Abläufen und in den bewährten Routinen. Es schmerzt sie, sich von diesen vertrauten Gewohnheiten, die ihnen »lieb geworden« sind, zu verabschieden. Menschen beschreiben diese Phase in Veränderungsprozessen als eine tief empfundene Trauerperiode, in der sie lernen müssen, loszulassen. Für sie ist es in diesem Zusammenhang wichtig, dass sie nochmals einen versöhnlichen, wertschätzenden Blick auf das werfen können, was gut war an dem, was zu Ende geht, was zumindest so wie bisher nicht mehr sein wird. In der Phase der **emotionalen Akzeptanz** wird darüber hinaus die Gesamtsituation als krisenhaft erlebt. Diese birgt sowohl Chancen als auch Risiken. Beide werden gleichermaßen von den Menschen als belastend erlebt. Kurz vor dem eigentlichen Start des Transformationsprozesses, der Umsetzung bzw. Einführung der erwarteten Verhaltensänderungen erleben sie sich selbst in einer Art »Jammertal«, auch als »Tal der Tränen« bezeichnet. Sie betrauern und beklagen sich und ihr Schicksal.

Die eigene wahrgenommene Kompetenz befindet sich auf dem Tiefpunkt. Die Mitarbeiter erleben sich selbst als stark verunsichert, sie vertrauen sich und den Ergebnissen ihrer Arbeit nur noch begrenzt und machen daher mehr Fehler als sonst üblich. Ihr Leistungsverhalten ist zudem stark eingeschränkt, es fehlt häufig die Bereitschaft, sich überdurchschnittlich zu engagieren. Die Aussagen »... wofür engagieren, es macht doch sowieso keinen Sinn ...« oder »... es ist alles so sinnlos ...« sind so oder so ähnlich immer wieder zu hören. Die Veränderungsakteure müssen dabei erleben, dass die Produktivität der Organisation beständig absinkt. Etwa weil bislang robuste Arbeitsabläufe fehleranfälliger werden oder weil Zeitvorgaben von den Mitarbeitern nicht mehr eingehalten werden. An diesem Veränderungspunkt ist von neutralen, außerhalb der Organisation stehenden Beobachtern eine große Nähe zwischen dem Selbst- und dem Fremdbild feststellbar. Die von der Veränderung betroffenen Akteure in der Organisation schätzen also die Veränderungssituation, die damit verbundenen Herausforderungen und die bestehenden Handlungsoptionen realistisch ein.

Im Gegensatz zum Zustand der Verweigerung entwickeln die Menschen im »Tal der Tränen« nun erstmals die Bereitschaft, eigene Einstellungen und insbesondere Handlungsweisen in Frage zu stellen. Unter den veränderten Rahmenbedingungen fassen sie den Mut, von ihnen bislang kaum genutzte Potenziale zu erschließen bzw. lange nicht gelebte Verhaltensmuster zu reaktivieren. Etwa fragen Mitarbeiter aktiv Qualifizierungsangebote nach. Oder sie bauen Kontakte zu Mitarbeitern aus anderen Organisationen auf oder reaktivieren jene, um mit diesen in Erfahrungsaustausch zu treten. In der Phase der **Öffnung** sind die Lernbereitschaft der Mitarbeiter und die durch die Organisation angebotenen Lernmöglichkeiten entscheidend, um eine Trendwende im Hinblick auf die abgesackte Performanz der Organisation herbeizuführen (siehe Abbildung 3.17). Dabei ist es hilfreich, wenn die zentralen Entscheider der Organisation die von der Veränderung betroffenen Mitarbeiter ermutigen. Wenn sie diese auffordern und unterstützen, innovativ zu sein, querzudenken und ausgetretene Pfade zu verlassen. Bei den Mitarbeitern ist dann mit der Zeit festzustellen, dass viele die neuen Lernmöglichkeiten und Lernräume als Chance begreifen. Sie sind bereit, diese mit zunehmender Neugier und Enthusiasmus zu nutzen. Sie entwickeln neue, teilweise innovative Verfahrens- und Verhaltensweisen und probieren diese aus. Handlungsmuster, die sich bei der Problemhandhabung bewähren und die auch von den Leitungskräften positiv beurteilt bzw. konnotiert werden, werden von den Mitarbeitern weiter eingeübt.

Das kontinuierliche Ausprobieren und Einüben und das regelmäßige und bestärkende Feedback seitens der Führungskräfte lässt die von den Mitarbeitern wahrgenommene eigene Kompetenz zur Veränderungsbewältigung ansteigen. Im weiteren Verlauf sammeln sie Informationen und handlungsorientiertes Wissen darüber, in welchen Situationen die neuen Verhaltens- und Verfahrensweisen erfolgversprechend sind. Ihre Analyse- und Beurteilungsfähigkeit sowie ihr Handlungsrepertoire und ihre Handlungsflexibilität erweitern sich zusätzlich. Die von den Mitarbeitern wahrgenommene eigene Kompetenz wächst über das Niveau vor dem Start der Veränderung hinaus. Diese Entwicklung schlägt sich dann auch in einem zunehmend positiven Verlauf und Anstieg der organisationalen Produktivität nieder.

In der Phase des **Ausprobierens** erleben Menschen ihren Kompetenzzuwachs in mehrerlei Hinsicht. Zum einen durchdringen, verstehen und hinterfragen sie die neue Situation in ihrer Komplexität. Hierdurch erweitert sich insbesondere ihre fachlich-inhaltliche und intellektuelle Kompetenzdimension. Zum anderen entwickeln und erlernen sie u. a. neue Abläufe und operative Problemlösungen. Sie finden sich in geänderten Arbeitssituationen und Zuständigkeiten zurecht. Sie klären ihre Rolle und ihr professionelles Selbstverständnis in der Organisation. Nicht zuletzt justieren sie das Verhältnis zwischen Arbeits- und Privatleben neu. Durch diese und weitere neue Verfahrens- und Verhaltensweisen werden auch die methodischen und psychosozialen Kompetenzen der Mitarbeiter befördert. Durch die Bewältigung der Anforderungen des Veränderungsprozesses fühlen sie sich zudem im Umgang mit eigenen und fremden Emotionen und damit hinsichtlich ihrer Konflikt- und Kooperationsfähigkeit gestärkt.

Ist das Erlernen neuer Verhaltens- und Verfahrensweisen zu Beginn der Phasen »Öffnung« und »Ausprobieren« manchmal noch unbeholfen, unsicher und fehlerbehaftet, sind in der Phase der **Integration** die ganzen Unzulänglichkeiten und »Kinderkrankheiten« überwunden. Mitarbeiter berichten hier u. a. von einer neuen professionellen Haltung, einem erweiterten Handlungsrepertoire. Sie empfinden ein gewachsenes Selbstvertrauen und sie schätzen ihren (Arbeits-)Marktwert realistisch ein. In dieser Phase sind die neuen Verhaltens- und Verfahrensweisen in den Tagesablauf der Mitarbeiter vollständig integriert und lösen bei ihnen keine Verunsicherung mehr aus. Häufig ist von ihnen die Aussage zu hören, dass sie sich zu Beginn der Transformation Sorgen gemacht hätten, die sie heute zum Teil selbst nicht mehr nachvollziehen könnten. Sicher habe die Veränderung für sie Aufwand bewirkt und viele emotionale Belastungen zur Folge gehabt, aber letztlich seien sie gestärkt aus dem Anpassungsprozess hervorgegangen.

Die Veränderungskurve in Abbildung 3.17 – angelehnt an Spencer/Adams (2002) – betont die persönlichen Wachstumsprozesse von Menschen, die sich bereitwillig Veränderungen stellen und die sich bemühen, diese zu bewältigen. Das Modell fördert damit das Verständnis für die Entwicklung der Performanz von Individuen, Teams und Organisationen, die sich in signifikanten Veränderungsprozessen und damit in emotionaler Unsicherheit befinden. Eine zentrale Erkenntnis ist zudem: Nur wenn das Stadium der rationalen und emotionalen Akzeptanz erreicht wird, kann die Performanz nach der Veränderung höher sein als zu ihrem Beginn.

3.5.3 Das Change-House-Modell nach Janssen

Woran ist nun zu erkennen, inwieweit Menschen veränderungsbereit sind? Diese Frage lässt sich u. a. am Modell des Change House (nach Janssen 1996)[151] erörtern.

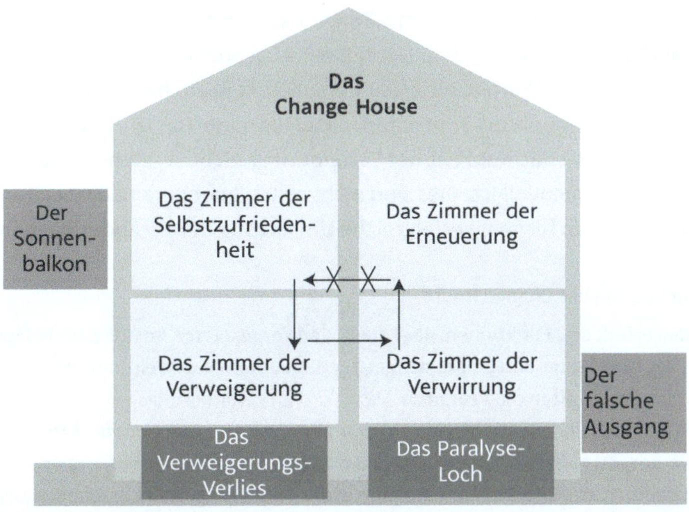

Abb. 3.18: Das Change-House-Modell als Führungsradar; Eckrich (2017), S. 372 in Anlehnung an Janssen (1996) und Paul Kirkbride (2000)

Das Change House beinhaltet in seiner ursprünglichen Variante vier Räume mit für sie charakteristischen Merkmalen. Diese repräsentieren das emotionale Erleben von Menschen in Veränderungsprozessen[152]. Hierbei befinden sich letztere in der Regel in einem der vier Zimmer. Diese zeichnen sich jeweils durch nachfolgende Einstellungen und Verhaltensweisen aus:

151 Janssen (1996), vgl. auch Eckrich (2017), S. 371 ff.
152 Vgl. z. B. Roth (2000), S. 14 ff., vgl. auch Robrecht (2010), S. 21 ff.

- Zimmer der Selbstzufriedenheit (Komfortzone): keine Bereitschaft zur Veränderung – »Wir sind sehr erfolgreich! Warum sollen wir uns verändern?«
- Zimmer der Verweigerung: wenig Bereitschaft zur Veränderung – »Wir sind doch besser als die Wettbewerber! Wir müssen uns doch nicht verändern!«
- Zimmer der Verwirrung: notwendige Veränderungen werden erkannt – »Was machen wir eigentlich falsch? Was sollten wir verändern?«
- Zimmer der Erneuerung: Veränderungsbereitschaft führt zu Handeln – »Lasst es uns versuchen! Wir müssen uns verändern!«

Paul Kirkbride (2000) und seine Kollegen des Change House in Reading, GB, erweitern das Denkmodell, indem sie drei Räumen extreme Ausprägungen zuordnen[153]. Auf den »Sonnenbalkon« ziehen sich die Mitarbeiter zurück, die jegliche Veränderungsnotwendigkeit leugnen. Im »Verweigerungsverlies« sitzen jene Personen, die sich in Veränderungen auf aktive oder passive Widerstandsformen begrenzen. Das »Paralyse-Loch« verweist darauf, dass einzelne Menschen zwar die Veränderungsnotwendigkeit erkennen, dass diese aber ob der von ihnen als übermächtig erlebten Veränderung nahezu handlungsunfähig werden. Der falsche Ausgang ist ein Fingerzeig dafür, dass sich einige der zuletzt charakterisierten Personen in Krankheiten oder Süchte flüchten. Des Weiteren erinnert die Türe daran, dass Menschen das Unternehmen verlassen könnten, wenn diese das Konzept der Veränderung nicht verstehen oder Zweifel daran haben, dass es sinnvoll ist. Dies sind nicht selten aber gerade die Leistungsträger, die ein Unternehmen für seine erfolgreiche Umsetzung der Veränderung benötigt.

Praxis: Funktionen des Change House

»Das Modell erfüllt drei Funktionen, über die es den Vorgesetzten Anstöße zur Reflexion der Situation der Mitarbeiter und Empfehlungen für das Führungshandeln vermittelt. Es ermöglicht den Führungskräften die **Prognose:** »Was wird im Veränderungsprozess passieren?«; »Was wird auf mich und die Mitarbeiter zukommen?« Über die **Diagnosefunktion** macht sich der Vorgesetzte ein Bild von der jeweiligen Lage: »Welcher Mitarbeiter befindet sich in welchem Raum?«; »Welche Teams sind schon in der Verwirrung, welche befinden sich noch in der Selbstzufriedenheit?« Schließlich machen die Führungskräfte von der **Funktion der Entscheidungsunterstützung** Gebrauch: »Welches Führungsinstrument hilft, wenn ich auf Selbstzufriedenheit, auf Verweigerung oder auf Verwirrung treffe?« Bei konsequenter Orientierung an dem Modell erhält der Führende den Schlüssel zur Erfüllung seiner Führungsaufgaben im Veränderungsprozess. Er versteht, wie er seine Mitarbeiter vor, während und auch nach der Veränderung bestmöglich unterstützt und begleitet.«[154]

Eine Erkenntnis der psychologischen Untersuchungen von Janssen (1996) ist, dass die Räume des Change House nur gegen den Uhrzeigersinn durchlaufen werden können.

153 Vgl. Eckrich (2017), S. 373 ff.
154 Eckrich (2017), S. 373; vgl. auch o. V., BSP GmbH (2017), https://kommunikation-mittelstand.digital/content/uploads/2017/06/Leitfaden-House-of-Change.pdf; abgerufen am 14.04.2018.

Menschen müssen also erst ihre Selbstzufriedenheit überwinden und kommen dann über die Zimmer der Verweigerung und Verwirrung zur Erneuerung. Dies bedeutet u. a., dass Menschen zu Beginn von Veränderungen, gerade wenn erstere sich noch in ihrer Komfortzone befinden oder sich verweigern, mittels Fakten, irritierenden Fragen und Analogien »verwirrt« werden müssen. Auf diese Art und Weise wird es wahrscheinlicher, dass die Veränderungsbereitschaft der Menschen in dem benötigten Ausmaß ansteigt.

Insoweit sollten Führungskräfte, Manager und Moderatoren eines Veränderungsprozesses zunächst erkennen, welche Bereitschaft zur Veränderung bei den Betroffenen gegeben ist. Ebenso sollten sie verstehen, welche Motive deren Verhaltensweisen zugrunde liegen. Die diesbezügliche Hypothesenbildung unterstützt das Denkmodell »Change House«. Verantwortliche sind so eher in der Lage, ausgehend von der situativ-emotionalen Verfasstheit der Mitarbeiter zielführende Anforderungen und Erwartungen an diese zu formulieren. Überforderungen können vermieden und situativ angemessene Interventionen entwickelt werden.

Bislang haben wir insbesondere die psychosozialen Herausforderungen in Transformationsprozessen skizziert. Lassen sich diese aber auch managen[155]? Bevor wir mit Bezug auf diese Frage in Kapitel 4 zentrale inhaltliche Gestaltungsfelder erörtern, wenden wir uns nachfolgend noch der prozessualen Perspektive zu. Wir stellen Phasenmodelle vor, die in der Praxis zur Konzeptarbeit und in der anschließenden Phase der Implementierung genutzt werden können. Die Ansätze sind dabei jeweils durch eine spezifisch generische Prozessstruktur gekennzeichnet. Letztere repräsentiert eine Art idealtypische »Blaupause« der zeitlichen Abfolge von Interventionen bzw. Maßnahmenbündeln.

3.5.4 Interventionsplattformen

Der Veränderungskurve von Spencer/Adams (2002) in Abbildung 3.17 ist zu entnehmen, dass Menschen ein ausgeprägtes Bedürfnis nach Orientierung haben. Wie bereits benannt, möchten sie verständlich, also an ihren Informationsbedürfnissen ausgerichtet, erfahren, was sich verändern wird und warum. Sie möchten des Weiteren die Veränderungsschritte nachvollziehen und mitgestalten können. Schließlich erwarten sie Unterstützungsmaßnahmen, damit sie die geforderten Kompetenzen aus-/aufbauen können. Menschen suchen also nach für sie geeigneten Lernformen. Aufgrund dieser menschlichen Bedürfnislagen leiten sich für die Gestaltung von Transformationsprozessen u. a. die nachfolgenden Empfehlungen ab:

155 Vgl. z. B. Thom (2012), https://www.researchgate.net/publication/269708957_Management_des_Wandels_Grundelemente_fur_ein_differenziertes_und_integriertes_Change_Management; abgerufen am 18.04.2018

1. Die Informations- und Kommunikationsbedürfnisse der Menschen prägen den Startpunkt und die ersten Interventionsmaßnamen jeder Veränderung.
2. Zu Beginn einer Veränderung sind vielfältige **Informationsplattformen**, also Informationsarten, -formen und Medienformate erforderlich, um die betroffenen Mitarbeiter möglichst typengerecht ansprechen zu können. Die Gestalter eines Veränderungsprozesses sollten daher selbst über eine ausgeprägte Informations- und Medienkompetenz verfügen, oder aber Zugang zu entsprechend qualifizierten Personen haben. Im Verlauf des Veränderungsprozesses nimmt die Bedeutung der Informationsplattformen ab. In Abbildung 3.17 ist nahegelegt, diese in ihrer ursprünglichen Form bis zur »emotionalen Akzeptanz« seitens der Mitarbeiter aufrechtzuerhalten. Im weiteren Projektverlauf ändert sich dann ihr Charakter. Sie werden zu Dokumentations- und Wissensaustauschplattformen.
3. Werden die Informationsformate von den Mitarbeitern wahrgenommen und angenommen, entsteht auf deren Seite mit der Zeit das Bedürfnis, von der Einweg-Kommunikation in den Dialog zu wechseln. Menschen möchten Fragen stellen können, sie möchten ihren konstruktiven Anmerkungen, ihren Bedenken, aber auch ihren Emotionen Ausdruck verleihen können. Überlappend zu den Informationsplattformen sollten daher den Betroffenen bereits in den frühen Phasen der Veränderung digitale und/oder soziale **Dialogplattformen** angeboten werden. Inwieweit, wann und welche dieser Angebote die Mitarbeiter nutzen, sollte diesen dabei weitgehend freigestellt werden. Zudem empfiehlt es sich, dass dialogische Veranstaltungen weit in die eigentliche Umsetzungsphase hineinreichen. Zu denken ist hierbei an individuelle Vier-Augen-, Gruppen- sowie Großgruppen-Formate. Die Personen, die in solchen Dialogmaßnahmen verantwortlich tätig werden, sollten über ein projekt- und prozessorientiertes Grundverständnis verfügen und eine supervisorische bzw. coachingorientierte Grundhaltung aufweisen. Zu denken ist u.a. an Change Agents (Multiplikatoren, Meinungsmacher), ausgewählte Führungskräfte, interne und externe Berater.
4. Die **Unterstützungsplattformen** sollten mit einem gewissen zeitlichen Vorlauf vor den eigentlichen Implementierungsaktivitäten gestartet werden, etwa in Form eines Pilotprojektes für ausgewählte Mitarbeiter. Neben Qualifikations- und Erfahrungsaustauschmaßnahmen ist hier auch an unterschiedlichste Beratungsangebote sowie unterstützend administrative Prozesse zu denken, wie etwa das Erstellen von Zwischenzeugnissen. Ziel all dieser Maßnahmen sollte die »Hilfe zur Selbsthilfe« sein und nicht die Entmündigung der betroffenen Mitarbeiter.

Das Rubikon-Modell nach Heckhausen und Gollwitzer

Um nun verstehen, erkennen und beurteilen zu können, wann sich das Bedürfnis der Menschen nach Information und Dialog abschwächt und ab wann im Gegenzug das Bedürfnis nach aktivem Handeln (Volition) ansteigt, bietet sich das sog. Rubikon-

Modell an. Das Rubikon-Modell ist eines der bekanntesten und empirisch belegten psychologischen Handlungsmodelle. Es geht auf die Forschungsarbeiten von Heinz Heckhausen (1989) und Peter Gollwitzer (1990) zurück. Dem Ansatz folgend, ist der Handlungsprozess einer Person in vier Phasen unterteilt: Abwägen, Planen, Handeln und Bewerten (siehe Abbildung 3.19)

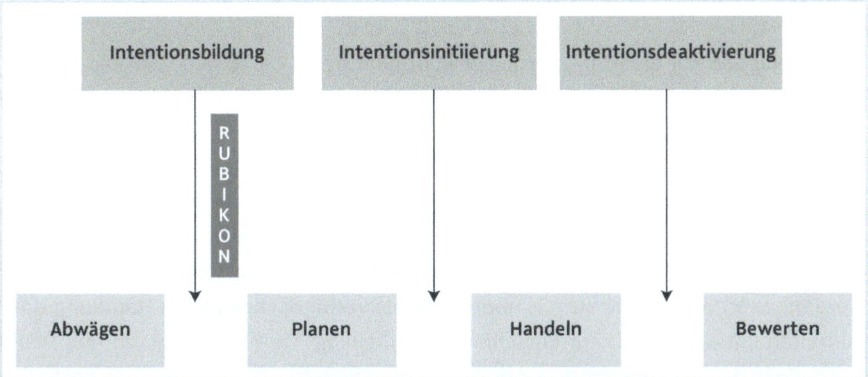

Abb. 3.19: Das Rubikon-Modell; vgl. Heckhausen/Heckhausen (2010), S. 311

Der Modellmechanismus setzt ein, wenn eine Person vor verschiedenen Handlungsaktivitäten steht und sich für eine dieser Handlungen entscheiden muss. Die erste Phase, das Abwägen, dient dabei im Wesentlichen der Intentions- oder Zielbildung. Das heißt, eine Person oder Gruppe wählt durch systematisches Abwägen der Realisierbarkeit unter mehreren möglichen Handlungsalternativen diejenige aus, die sie für sich als die beste erachtet und umsetzen möchte. Es gilt, je größer der erwartete Nutzen für eine Handlungsalternative ist, desto eher wird diese auch gewählt[156]. Ist die Entscheidung schließlich getroffen, ist quasi der Rubikon überschritten. Die Willensbildung ist abgeschlossen und der Handlungsprozess kann beginnen.

Anschließend geht es in die Planungsphase. Hier geht es primär um die Beantwortung der Frage, wie das angestrebte Ziel erreicht werden soll. Heckhausen/Gollwitzer sprechen hier von Intentionsinitiierung. Dabei werden sämtliche gesammelte Informationen auf das ausgewählte Ziel fokussiert und dann konkrete inhaltliche Pläne und Meilensteine zur Umsetzung fixiert.

Wenn die zweite Phase abgeschlossen ist und eine Person oder Gruppe zu handeln beginnt, tritt sie in die dritte Phase ein, die Handlungsphase. Hier werden jegliche Anstrengungen unternommen, das eigene Handeln nachhaltig auf das Erreichen des Zieles auszurichten.

156 Vgl. Spichalsky (2016), S. 14 ff.

Sobald die Handlungen beendet sind, kommt es zur Intentionsdeaktivierung. Es schließt sich die Bewertungsphase an, um den Grad der Zielerreichung zu eruieren. In diesem letzten Schritt wird nicht nur bewertet, ob und wie erfolgreich das Ziel oder das Ergebnis erreicht worden ist. Darüber hinaus wird auch untersucht, welches Vorgehen ursächlich für den Erfolg gewesen ist bzw. welche Unzulänglichkeiten und Fehlerquellen ursächlich für einen möglichen Misserfolg gewesen sind.

Ausgehend von der Veränderungskurve in Abbildung 3.17 wird nun verständlich, warum Menschen in der ersten Zeit eines Veränderungsprojektes häufig eher passiv agieren, zumindest nicht aktiv im Sinne des Veränderungsvorhabens. Sie wägen ab. Sie versuchen für sich zu klären, welche ihrer persönlichen Interessen durch das Projekt tangiert sind. Welche Chancen, aber auch welche Risiken für sie selbst entstehen, wenn sie sich aktiv in die Veränderung einbringen, oder sie sich dieser entziehen oder entgegenstemmen. Jede betroffene Person muss sich selbst zunächst darüber klar werden, welche Wünsche sie »... überhaupt als verbindliches Ziel in Handlung oder Verhalten umsetzen will. Zur Entscheidungshilfe wägt sie Wünschbarkeit und Realisierbarkeit der verschiedenen Optionen gegeneinander ab. Sie überlegt bezüglich Wünschbarkeit des Anliegens, welche positiven oder negativen, kurz- oder langfristigen Konsequenzen der Entscheid haben könnte und mit welcher Wahrscheinlichkeit das Ergebnis die erwünschten Folgen bringt (Ergebnis-Folge-Erwartungen). Um die Realisierbarkeit des Wunsches zu analysieren, entstehen neben der Frage nach der notwendigen Zeit und den verfügbaren Mitteln auch Überlegungen bezüglich der Möglichkeiten eigenen Handelns. Hier geht es um die Frage, ob das eigene Handeln zum erwünschen Ergebnis führt (Handlungs-Ergebnis-Erwartung). Und schließlich wird in Bezug auf den situativen Kontext abgeschätzt, ob der erwünschte Zustand bzw. das angestrebte Ergebnis sich von alleine einstellen könnte (Situations-Ergebnis-Erwartung)«[157].

Gerade auf diese Prozesse des Abwägens kann über geeignete Informations- und Dialogmaßnahmen Einfluss genommen werden. Etwa sollten der Vorteil, der Nutzen des Projektes dargelegt und ein attraktives, wünschenswertes Bild von der projektbezogenen Zukunft gezeichnet werden. Auch sollte beschrieben werden, wie die Mitarbeiter unterstützt werden, um in dieser Zukunft ankommen zu können. Schließlich ist zu skizzieren, was passiert, wenn nichts unternommen wird. Darüber hinaus sollten die Mitarbeiter unterstützt werden, ihre eigenen Ziele zu formulieren, die sie über das Projekt realisiert sehen wollen, wie etwa Arbeitsplatzsicherheit, persönliche Entwicklung und Karriereerwägungen. Die Überführung der Abwägungen, der Wünsche und Befürchtungen in konkrete Ziele bezeichnen Heckhausen/Gollwitzer als »Überschreiten des Rubikons«. Es entsteht ein Gefühl der Entschlossenheit und Handlungs-

157 Hermann-Koller (2007), S. 9 f.

gewissheit[158]. Übertragen auf die Veränderungskurve in Abbildung 3.17 fällt mit der emotionalen Akzeptanz, also im »Tal der Tränen«, die Entscheidung, ob die Person die Veränderung mitgeht oder ob sie sich ihr widersetzt und inwieweit sie sich im letzteren Fall aktiv oder passiv aus der Organisation zurückzieht.

Nach der Entscheidung beginnt die Person zu planen, auf welche Art und Weise sie ihr Ziel erreichen möchte, für das sie sich entschieden hat. In dieser »planenden Bewusstseinslage« verengt sich der Blick der Person auf Informationen, die für das Realisieren des Zieles nützlich sind. Kritische Informationen, die ggf. den getroffenen Entschluss gefährden, werden unterdrückt oder ausgeblendet. Insoweit ist es hilfreich, wenn in der nun beginnenden Phase des Ausprobierens den betroffenen Personen dezidiert gezeigt wird, welche Kompetenzen sie entwickeln sollten, was sie konkret erlernen müssen und welche (neuen) Verhaltensweisen sie entwickeln sollten. So ist es u. a. auch förderlich, wenn sie mit Menschen sprechen können, die ähnliche Veränderungen bereits bewältigt haben, und wenn ihnen möglichst konkrete »Blaupausen«, Checklisten und Tools angeboten werden. In Erfahrungsaustauschrunden, in Workshops, in Trainingsmaßnahmen u. ä. können die zukünftigen Anforderungen im Job simuliert werden. Die Personen entwickeln so ihre individuellen Aktionspläne und bereiten sich dabei auf etwaige Realisierungsschwierigkeiten vor. Frustrationstoleranz wird entwickelt, die Option des Scheiterns wird ausgeblendet.

Fühlt sich die Person gut vorbereitet, startet die aktionale Handlungsphase (siehe Abbildung 3.19). Der Mensch beginnt, die geplanten, zielrelevanten Handlungen umzusetzen, »... durch beharrliches Verfolgen des Ziels und durch Anstrengungssteigerung bei Auftreten von Schwierigkeiten ...«[159]. Insoweit ist es bedeutsam, dass erste Erfolge zeitnah gefeiert werden. Die handelnden Personen können damit in ihren Anstrengungen gewürdigt, positiv honoriert und bestärkt werden. Fehler sollten hingegen nicht sanktioniert werden, sondern als Lernerfahrung auf dem Weg der Verbesserung und hin zu zielförderlichen Verhaltensweisen umgedeutet werden. Heckhausen/Gollwitzer verweisen diesbezüglich in ihrem Rubikon-Modell darauf, dass Menschen die Ergebnisse ihrer Handlungen mit der intendierten Zielsetzung vergleichen. Sie bewerten, ob und wie gut die gesetzten Ziele erreicht sind. Bei etwaigen Abweichungen wird untersucht, woran es gelegen haben könnte. Wenn also die handelnden Personen mit dem intendierten Ergebnis nicht zufrieden sind, haben »... sie die Möglichkeit, entweder das Ziel durch das Senken ihres Anspruchsniveaus an das erzielte Handlungsergebnis anzupassen oder – bei unveränderter Zielsetzung – neue Handlungen vorzubereiten und zu initiieren. Bei Misserfolg wird also entschieden, ob das Ziel weiterverfolgt, möglicherweise mit anderen Mitteln, oder ob es aufgegeben werden

158 Vgl. Achtziger/Gollwitzer (2010), S. 279 f.
159 Ebda., S. 280.

soll«[160]. Gerade im Übergang zwischen den Phasen »Ausprobieren« und »Integration« (siehe Abbildung 3.17) bedienen daher Feedbackschleifen, wie etwa Status-quo-Analysen, Supervision, Coaching, Meilenstein veranstaltungen oder auch ein Projektcontrolling, das Bedürfnis der Menschen nach Bewertung des Erreichten.

Fazit

Das Modell der Veränderungskurve in Anlehnung an Kübler-Ross und Spencer/Adam kann als grundlegendes Erklärungsmodell für Change-Prozesse herangezogen werden. Ergänzt um das Change-House- und das Rubikon-Modell lassen sich hierauf aufbauend gehaltvolle Empfehlungen für das Gestalten und Steuern, also für das Managen von Veränderungsprozessen ableiten. Neben den emotionalen Dimensionen werden somit auch die eher rational begründeten Prozesse des Abwägens und Entscheidens für Ziele, des Vorbereitens und Initiierens von Handlungen und deren rückblickende Bewertung integriert. Weiterhin lassen sich die Anforderungen an das Führungsverhalten der Verantwortlichen und Leitenden eines Veränderungsvorhabens spezifizieren. Zudem kann ein grundlegender Leitgedanke für das Change-Management formuliert werden: Die von einer Veränderung betroffenen Menschen wollen in einem Transformationsprojekt auch ihre Interessen vertreten sehen. Sie benötigen klare Ziele und eine erste Idee, wie sie die Veränderung erfolgreich bewältigen können. In diesem Zusammenhang erwarten sich die Betroffenen von den Leitungskräften eine innere Haltung, welche diesen Bedürfnissen Rechnung trägt. Zudem erhoffen sie sich von diesen eineindeutige, klare und verständliche Aussagen und dass diese willens und fähig sind, angemessen zu führen.

3.5.5 Die 8 Stufen der Veränderung nach Kotter

Kehren wir zum Abschluss dieses Kapitels nochmals kurz an dessen Anfang zurück. Lewin, aber auch Janssen verweisen darauf, dass Menschen dazu neigen, sich Veränderungen zu entziehen. Gerne wird an Gewohntem, etwa an Prozessen und an Verhaltensmustern, festgehalten. Menschen müssen also erst einmal dazu bewegt werden, ihre Routinen und stabilen Verhaltensmuster zu unterbrechen[161]. »Der Übergang benötigt zunächst kreative Störungen, denn stabile Zustände sind selbsterhaltend. Und das gilt besonders für menschliche Lernprozesse. Nichttriviales Lernen, das Aufbrechen liebgewordener Muster fällt dem Gehirn nicht leicht. Erfolgreich zu sein, birgt daher immer bereits die Gefahr des zukünftigen Misserfolgs. Ohne Instabilität entsteht keine Änderungsbereitschaft und damit auch keine Chance zur Neuordnung.«[162] Kotter (1996) legt letztlich seinem 8-Stufen-Modell der Veränderung (siehe Abb. 3.20) das Modell von Lewin zugrunde. Ausgangspunkt seiner Argumentation sind daneben vielfältig empirisch belegte, fundamentale Fehler in Change-Prozessen. Seine Ver-

160 Hermann-Koller (2007), S. 13 f.

161 Vgl. z. B.: http://www.musterbrecher.de/; abgerufen am 27.04.2018.

162 Kruse (2004), https://www.projektmagazin.de/artikel/unternehmen-im-wandel-das-management-von-unsicherheit_6760; abgerufen am 17.04.2018.

änderungsagenda soll daher mit dazu beitragen, letztere zu umschiffen oder in ihrer Wirkung zumindest stark abzumildern.

So empfiehlt Kotter, mit Blick auf das Veränderungsvorhaben bei den Menschen bzw. in der Organisation ein Bewusstsein für dessen Dringlichkeit (»sense of urgency«) zu befördern. Emotional unterlegte und empirisch abgesicherte Irritationen sind hierbei hilfreich. Um die notwendige Aufmerksamkeit für das Veränderungsthema in der Organisation zu bewirken, sind zudem Koalitionen notwendig. Ein Netzwerk aus Multiplikatoren ist erforderlich, die überzeugend, kompetent und machtvoll für die Veränderung eintreten. Gemeinsam mit diesen, ggf. unterstützt durch externe Kompetenzträger, sind dann eine richtungsweisende Vision und daraus abgeleitet operationalisierbare Strategien zu entwickeln. Erst wenn diese »vorbereitenden Arbeiten« abgeschlossen sind, werden die Mitarbeiter umfangreich informiert, bzw. werden mit diesen Vision und Strategien diskutiert. Erst jetzt startet also die Veränderungskurve der Mitarbeiter, inklusive der Unterstützungsplattformen. Kotters Stufen 1-4 decken tendenziell die Phase der Intentionsbildung im Modell von Heckhausen/Gollwitzer ab. Auch die Stufen 5 (Mitarbeiterbefähigung) und 6 (Schnelle Erfolge feiern) lassen sich im Rubikon-Modell (Intentionsinitiierung) abbilden. Schließlich können die Stufen 7 (Erfolge konsolidieren) und 8 (Verankern des neuen Verhaltens) mit der Phase der Bewertung im Rubikon-Modell zur Deckung gebracht werden.

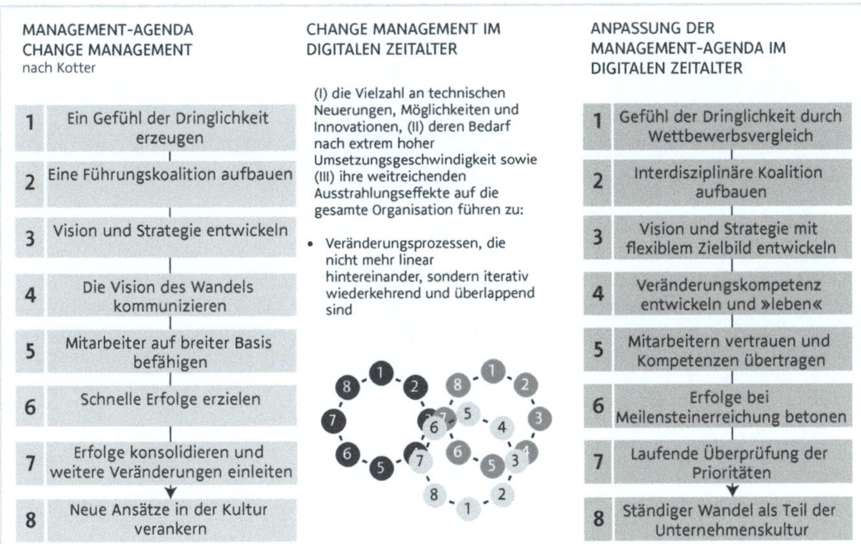

Abb. 3.20: Die acht Leitlinien für die Gestaltung von Change-Prozessen nach Kotter übertragen auf die Anforderungen des digitalen Zeitalters; Schuderer/Heiden/Schroeder (2017), https://bankinghub.de/innovation-digital/change-management; abgerufen am 28.04.2018

Kotter beschreibt letztlich grundlegend notwendige Interventionsstoßrichtungen, um Transformationsprozesse erfolgreich managen zu können. Das Rubikon-Modell und die Veränderungskurve liefern u. a. eine theoriegegründete Argumentation für seine Handlungsleitlinien. Um nun den Anforderungen an das Change-Management im digitalen Zeitalter zu entsprechen, schärfen Schuderer/Heiden/Schroeder (2017) den Veränderungsfahrplan bzw. die Managementagenda von Kotter. Denn einerseits befinden sich die Organisationen heute mehr denn je im permanenten Wandel. Change-Prozesse überlagern sich, einzelne werden unterbrochen, modifiziert oder neu begonnen. Die überarbeiteten Leitlinien für digitale Transformationsprozesse enthält Abbildung 3.20.

4 Zentrale Kompetenz- und Gestaltungsfelder

In Zeiten massiver Veränderungen kommt der Planung der Personalkapazitäten eine außerordentlich wichtige Rolle zu. Das Personalmanagement muss in der Lage sein, möglichst genaue Vorhersagen bezüglich der Quantität, der Qualität und einer möglichen, organisatorischen Einbindung für das in der Zukunft benötigte Personal zu treffen. Auch muss das vorhandene Personal mit seinen gegebenen Qualifikationen immer wieder auf Neue auf den Prüfstand gestellt werden. Wird festgestellt, dass das vorhandene Personal quantitativ nicht ausreicht, ist ein auf die Unternehmensstrategie abgestimmter Rekrutierungsprozess zu initiieren. Verbunden mit einem adäquaten Onboarding-Vorgehen und gut durchdachten Bindungsstrategien steht einer langfristigen Beziehung nichts im Wege.

Die digitale Arbeitswelt mitzugestalten beinhaltet dann aber auch, die Kompetenzen der Mitarbeiter zu kennen, zu nutzen, auf ihre Tauglichkeit sowie Einsetzbarkeit hin zu überprüfen und gegebenenfalls zu erweitern. Oder aber festzustellen, dass die vorhandenen Kompetenzen nicht mehr benötigt werden, nicht im erforderlichen Maße entwickelt werden können und so eine Personalanpassungsmaßnahme, wie etwa eine Freisetzung, erforderlich wird. Hierin liegt folglich auch eine entscheidende Option, die Veränderungsarchitektur zukunftsgerichtet zu gestalten und Impulse des Wandels aufzugreifen. Projektmanagement und Prozessgestaltung sind davon direkt betroffen, gewährleisten sie doch schlussendlich die Arbeitsfähigkeit der Organisation. Hierin liegen die zentralen Kompetenz- und Gestaltungsfelder des Personalmanagements.

4.1 Personalkapazitätsmanagement

In der klassischen Planung der Personalkapazitäten wird diese als Teilplanung neben anderen relevanten Planungen wie Finanz-. Beschaffungs-. Absatz- oder auch Umsatzplanung innerhalb einer Gesamtunternehmensplanung verstanden.

Definition: Personalkapazitätsmanagement

Das Personalkapazitätsmanagement zielt darauf ab, die Personalbedarfe in einem Unternehmen zu ermitteln und dann entsprechend zu besetzen. Über eine vorausschauende Personalplanung lassen sich frühzeitig variierende Beschäftigungssituationen erfassen und in einem Planungsprozess berücksichtigen[163].

163 Vgl. Bartscher/Nissen (2017), S. 420.

Unternehmen müssen sich heute mit einem schnelllebigen Beschaffungsumfeld auseinandersetzen und auf dieses mit einem vorausschauenden, anpassungsfähigen Kapazitätsmanagement reagieren. Schnelligkeit und Flexibilität sind dabei entscheidende Erfolgskriterien. Wird hierbei die aktuelle sowie auch die vorweggenommene, zukünftige Personalsituation betrachtet, lassen sich Aussagen über die personellen Maßnahmen und der mit ihnen verbundenen Auswirkungen ableiten. Diese dienen dann dazu, Unternehmen bei anstehenden Personalentscheidungen zu unterstützen und die erforderliche Personalausstattung in quantitativer als auch in qualitativer Hinsicht zur Verfügung zu stellen.

Das Personalkapazitätsmanagement ist somit eine wesentliche Voraussetzung für eine zukunftsorientierte, stabilisierende Personal- und Unternehmenspolitik. Folgen saisonaler, konjunktureller oder auch insbesondere struktureller Schwankungen lassen sich mit ihrer Hilfe erfassen und machen ein vorausschauendes Gegensteuern möglich.

Das Personalkapazitätsmanagement nimmt aus unterschiedlichen Gründen eine besondere Rolle unter den betrieblichen Teilplanungen ein. Die Personalkosten, insbesondere in Dienstleistungsunternehmen, stellen den größten Kostenblock bezogen auf die Gesamtkosten eines Unternehmens dar. Es ist also aus Sicht des Unternehmens geboten, eine möglichst genaue Personaldimensionierung anzustreben, die auf Personalüberhänge verzichtet. Ebenso gilt es, eine Personalunterdeckung zu vermeiden.[164]

4.1.1 Strategic Workforce Planning

Für viele Unternehmensentscheider ist ein Nutzen des Personalkapazitätsmanagements nicht auf Anhieb ersichtlich und die angebotenen Verfahren werden als eher kompliziert erlebt und eingeschätzt. Voraussetzung eines Personalkapazitätsmanagements ist zunächst einmal ein relevantes Reporting mit aussagekräftigen Kennzahlen sowie weitere, notwendige Informationen, die im Unternehmen vorliegen und systematisch erfasst und aufbereitet werden. Als notwendige Informationen werden neben Unternehmensplänen, Organigrammen, strategischen Entwicklungen Stellenprofile, Kennzahlen zu Personalbestand oder avisierte Änderungen usw. angesehen. Das macht Personalkapazitätsmanagement dann erst zu einem strategischen Planungsinstrument.

Definition: Total Workforce Management

Total Workforce Management (TWM) ist eine ganzheitliche Form strategischer Personalplanung. Mittels systematischer Erfassung und Verwertung quantitativer und qualitativer Elemente können Unternehmen mit Hilfe der TWM-Methodiken und -Tools ihre internen und

164 Ebda., S. 424 ff.

externen Ressourcen als strategisches Asset begreifen und die Zukunft des Unternehmens sichern.[165]

Die strategische Personalplanung, Total Workforce Management oder auch Strategic Workforce Planning, ist damit ein Führungsinstrument, welches sicherstellt, dass die Unternehmensstrategie durch ein zielgerichtetes Personalmanagement umgesetzt wird. Ziel ist hierbei nicht, genaue Zahlen zum Personalbestand zu generieren oder kurzfristige Personalanpassungen vorzunehmen. Vielmehr baut Strategic Workforce Planning auf einem Diskurs der Unternehmensleitung mit dem Personalbereich über die künftige Unternehmensstrategie und deren Auswirkungen auf die Personalplanung auf. Für ein erfolgreiches Strategic Workforce Planning ist daher eine regelmäßige Angleichung der übergreifenden Strategie- und Unternehmensführungsprozesse notwendig[166].

Daraus werden anschließend die Personalplanung, die Prognose zum Personalbedarf und Personalangebot sowie eine Personalstrategie zur Umsetzung der Unternehmensstrategie abgeleitet. Strategic Workforce Planning hilft Unternehmen, kritische Positionen im Hause und Fähigkeiten der Mitarbeiter zu identifizieren und genau zu bestimmen. Daraus ergeben sich Handlungsoptionen, um den Anforderungen auch zukünftig begegnen zu können.

Die Möglichkeiten von Strategic Workforce Planning werden heute allerdings erst von wenigen Unternehmen vollständig ausgeschöpft. Der Einsatz von Szenariotechniken, die mögliche Entwicklungen antizipieren, ist noch nicht weit verbreitet. Viele Unternehmen stützen ihre Planungen daher auf einfache Gap-Analysen und die lineare Extrapolation vorhandener Personaldaten. Um weitere Planungsschritte vorzunehmen, wird das gesamte Personalkapazitätsmanagement, zu dem Strategic Workforce Planning gehört, weiter untergliedert. Das Personalkapazitätsmanagement setzt sich folglich aus mehreren Teilplanungen zusammen[167]. Diese können dann sowohl quantitativ als auch qualitativ durchgeführt werden.

- Die quantitative Betrachtung berücksichtigt ausschließlich die Höhe der Mitarbeiterzahl. Hierbei wird die Frage nach der Anzahl der benötigten Mitarbeiter gestellt und beantwortet.
- Die qualitative Betrachtung hingegen konzentriert sich auf die Qualifikationen, Fähigkeiten und Kompetenzen der Mitarbeiter. Hierbei steht die Frage nach der erforderlichen Qualifikation im Vordergrund.

165 https://www.detecon.com/sites/default/files/Detecon_TWM_Interview.pdf, abgerufen am 18.06.2018.
166 Vgl. Bartscher/Nissen (2017), S. 424 ff.; vgl. auch PricewaterhouseCoopers AG (2012), https://www.pwc.de/de/consulting/business-consulting/assets/pwc-studie-unternehmenserfolg_nachhaltig_sichern.pdf; abgerufen am 19.01.2019.
167 Vgl. Berthel/Becker (2013); S. 342 ff.

Zu den Teilbereichen im Personalkapazitätsmanagement werden, wie in nachfolgender Darstellung[168] veranschaulicht, gezählt:

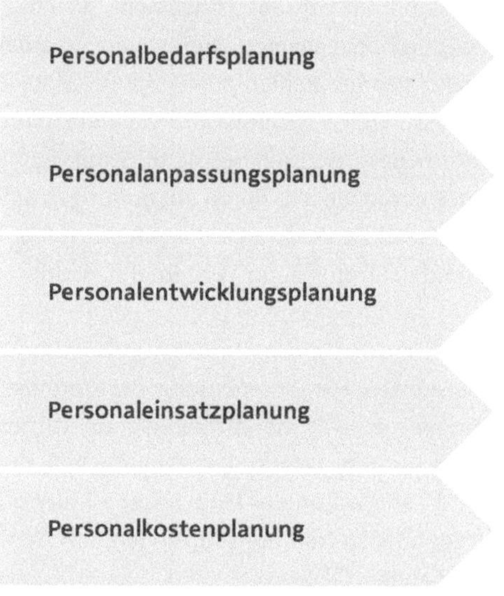

Abb. 4.1: Teilbereiche des Personalkapazitätsmanagements

1. **Personalbedarfsplanung**
   Als Personalbedarfsplanung werden alle Maßnahmen zur Ermittlung von Anzahl und benötigter Qualifikation von Mitarbeitern bezeichnet, die in Organisationseinheiten zu einem bestimmten künftigen Zeitpunkt benötigt werden.
   Die quantitativ oder qualitativ durchgeführte Personalbedarfsplanung ermittelt folglich, wie viele Mitarbeiter mit welcher Qualifikation zu welchem Zeitpunkt dem Unternehmen zur Verfügung stehen und wie viele Mitarbeiter tatsächlich benötigt werden. Aus dem Vergleich beider Größen wird ersichtlich, ob Personal im Planungszeitraum auf- oder abgebaut werden muss oder ob die Anzahl übereinstimmt und daher keine personellen Maßnahmen erforderlich sind.
2. **Personalanpassungsplanung**
   Ergibt sich aus der Personalbedarfsplanung die Notwendigkeit zu einer Personalbestandsvariation, stößt diese eigene Planungen an. Im Rahmen dieser Planungen wird festgelegt, wie und wann der Personalbestand auf das erforderliche Niveau angehoben oder abgesenkt werden kann. Es kommt dann gegebenenfalls zu Personalaufbaumaßnahmen oder aber zu einem erforderlichen Personalabbau.

168 Vgl. Bartscher/Nissen (2017), S. 422.

3. **Personalentwicklungsplanung**
   Ergibt sich durch die Personalbedarfsplanung kein quantitativer, wohl aber ein qualitativer Anpassungsbedarf, besteht für das Unternehmen die Möglichkeit, diesen durch Personalentwicklungsmaßnahmen zu decken. Qualifikationsdefizite können über Weiterbildungen ausgeglichen werden. Die Personalentwicklungsplanung legt fest, welche Kenntnisse und Fähigkeiten den Mitarbeitern in welcher Form vermittelt werden sollen, damit diese die zukünftigen fachlichen, methodischen und sozialen Anforderungen ihres Aufgabenbereiches erfüllen können.
4. **Personaleinsatzplanung**
   Die Personaleinsatzplanung ordnet das verfügbare Personal den vorhandenen Stellen zu. Unter Berücksichtigung des Arbeitsvolumens ist die Mitarbeiterkapazität optimal zu planen. Das Ziel der Personaleinsatzplanung ist es, dass zu jeder Zeit die richtige Anzahl an entsprechend qualifizierten Mitarbeitern für die Stellen vorhanden ist.
   Dies erfordert eine
   - qualitative Personaleinsatzplanung,
   - quantitative Personaleinsatzplanung sowie
   - zeitliche Personaleinsatzplanung.

   Alle diese drei Formen der Planung müssen im Rahmen der Personaleinsatzplanung betrachtet werden.
5. **Personalkostenplanung**
   Personalkosten stellen einen großen Teil der Gesamtkosten eines Unternehmens dar und werden durch die Personalkostenplanung ermittelt. Die Personalkostenplanung dient der Kalkulation sowie des Controllings innerbetrieblicher Kosten.
   Auf Basis bereits vorhandener Zahlen und Daten werden zukünftige Personalkosten für das noch nicht abgerechnete Planungsjahr hochgerechnet, dies z. B. durch Tarifsteigerungen oder Varianzen im Personalbedarf.
   Die Personalkostenplanung unterscheidet zwischen den Personalbasiskosten und den Personalzusatzkosten. Die Personalbasiskosten sind alle Kosten, die in direktem Zusammenhang mit der Leistungserstellung stehen. Hierzu zählen z. B. Grundlöhne, Leistungs- und Prämienlöhne. Die Personalzusatzkosten sind alle Kosten, die über die Personalbasiskosten hinausgehen. Dabei gibt es gesetzliche Personalzusatzkosten wie der Arbeitgeberanteil zur Kranken- oder Rentenversicherung, tarifliche Personalzusatzkosten wie Urlaubs- oder Weihnachtsgeld und die freiwilligen Personalzusatzkosten wie Arbeitskleidung, Dienstfahrzeuge oder Weiterbildungsmaßnahmen.

Besondere Bedeutung der Personalbedarfsplanung

Die quantitative und qualitative Personalbedarfsplanung[169] ist die Grundlage für bedarfsorientierte Personalanpassungsplanung, ebenso für eine benötigte Personalentwicklungs- sowie eine Personaleinsatzplanung. Basis für die Personalkostenplanung ist der Personalbestand. Aufgrund der besonderen Bedeutung der Personalbedarfsplanung fokussieren sich die folgenden Ausführungen auf diese und zeigen den Kontext zu den jeweiligen Teilplanungen auf.

Grundmodell der Personalbedarfsplanung

Die Personalbedarfsplanung oder auch Kapazitätsplanung ist von hoher, strategischer Relevanz und verfolgt das Ziel, auf Grundlage der Planungsparameter einen Abgleich zwischen Unternehmenszielen und Personalplänen zu schaffen. Der aktuelle Personalbestand wird dabei mit dem prognostizierten Bedarf abgeglichen und im Falle einer Abweichung als Entscheidungsgrundlage für Personalmaßnahmen herangezogen.

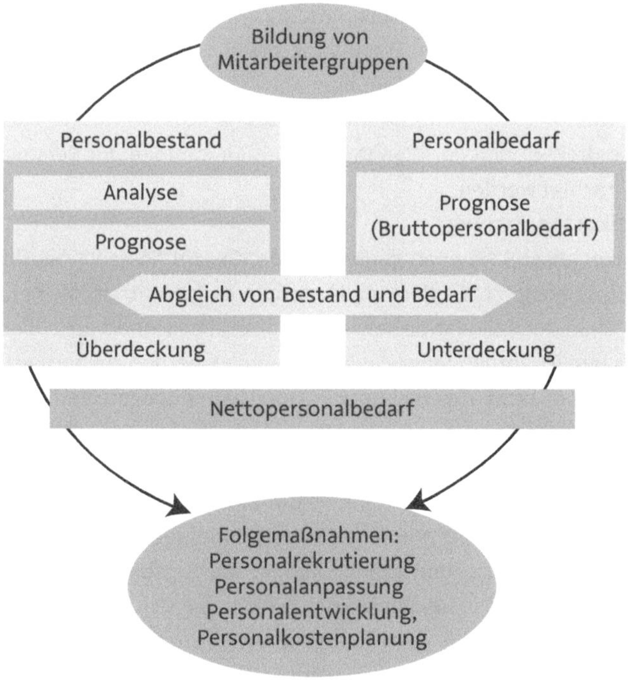

Abb. 4.2: Grundmodell der Personalbedarfsplanung, Bartscher/Nissen (2017), S.425.

169 Die Ausführungen zur Personalbedarfsplanung finden sich ebenfalls im Gabler Wirtschaftslexikon unter dem Stichwort »Personalbedarfsermittlung«, https://wirtschaftslexikon.gabler.de/definition/personalbedarfsermittlung-46363; Verfasser Bartscher.

Für die Aufgabenbewältigung in den Unternehmen werden unterschiedlichste Mitarbeiter mit verschiedenen Qualifikationen benötigt. Die quantitative Betrachtung der Personalzahlen ist regelmäßig durch laufende Kontrollen, insbesondere der Planungsprämissen, zu ergänzen. Sie ist weiterhin um eine qualitative Betrachtung zu erweitern.

Die qualitative Betrachtung orientiert sich an den verschiedenen Mitarbeitergruppen. Hierbei erfährt die tatsächliche Qualifikation der einzelnen Betrachtungsgruppen besondere Aufmerksamkeit. Neben Unterscheidungskriterien wie Berufsbezeichnungen werden auch Ausbildungsgrade bewertet.

Es ergibt sich das in Abbildung 4.2 dargestellte Grundmodell der Personalbedarfsplanung[170].

Bildung von Mitarbeitergruppen

Ein Unternehmen sollte die Qualifikationen seiner Mitarbeiter kennen, um so einen Überblick über die vorhandenen Qualifikationsressourcen zu haben. Die frühzeitige Identifikation von vorhandenen Potenzialen der Mitarbeiter erlaubt eine bessere, ressourcenorientierte Steuerung des Personalbestandes und damit verbunden des optimalen Personaleinsatzes. Dabei ist zu beachten, dass nicht alle benötigten Qualifikationsgruppen gleichermaßen unternehmenserfolgskritisch sind oder auf dem Arbeitsmarkt problemlos rekrutiert werden können. Hilfreich ist die Bildung von Mitarbeitergruppen, um der Betrachtung eine qualitative Komponente zu verleihen. Die Anzahl der Mitarbeitergruppen orientiert sich an der Unternehmensgröße und den Bedarfen des jeweiligen Unternehmens.

Erfahrungsgemäß sollten die Gruppen

- intern möglichst homogen,
- extern möglichst heterogen und
- planungsrelevant sein.

Unter interner Homogenität kann verstanden werden, dass die Gruppenmitglieder sich hinsichtlich ihrer Aufgaben und Qualifikationen stark ähneln. Facharbeiter aus der Produktionsabteilung, die in eine Gruppe zusammengeführt werden, erfüllen beispielsweise diese Forderung. Eine weitere Gruppe könnte in der der kaufmännischen Auszubildenden liegen.

Externe Heterogenität liegt vor, wenn durch die Beschreibung einer Gruppe sich diese gut von anderen Gruppen unterscheiden lässt. Beispielsweise unterscheiden sich

170 Bartscher/Nissen (2017), S. 425.

Facharbeiter aus der Produktion von der Gruppe von Lageristen. Für eine spätere Selektion und daraus abzuleitender Maßnahmen ist eine solche Einteilung in Mitarbeitergruppen hilfreich.

Planungsrelevant ist eine Gruppe, wenn sie für das Unternehmen eine besondere wirtschaftliche Bedeutung hat. Dies könnte dann der Fall sein, wenn die Gruppe besonders hohe Personalkosten durch eine spezielle Qualifikation aufweist. Oder aber durch den Grad der Ausbildungsspezialisierung zu einer auf dem Arbeitsmarkt schwer zu rekrutierenden Mitarbeitergruppe gehört.

Die weiteren in der Abbildung 4.2 dargestellten Handlungsschritte sollen an dieser Stelle keine nähere Erläuterung erfahren, da es sich hierbei um rein rechnerische Größen handelt. Für das Change-Management werden sie zwar herangezogen, aber die wirklichen Handlungsoptionen ergeben sich aus den Ergebnissen. Die Folgemaßnahmen aus den ggf. vorhandenen rechnerischen Abweichungen führen dann zu unternehmerischen Entscheidungen, wie z. B. Personalrekrutierung, Personalanpassung, Personalentwicklung oder aber auch zu einer Personalkostendiskussion. An diesem Punkt obliegen dem Personalmanagement dann wieder Gestaltungsmöglichkeiten, im Rahmen des Change-Managements Weichen für die weitere Entwicklung des Unternehmens zu stellen.

4.1.2 Nachfolgeplanung

Nachfolgeplanung wird zunehmend als ein strategisch bedeutender Wettbewerbsfaktor verstanden. Denn in vielen Unternehmen wird in den nächsten Jahren das Thema der Nachfolgeplanung in immer größerem Umfang von strategischer Bedeutung werden. Die Anzahl der geplanten Abgänge aufgrund von Ruhestand wird neben Unternehmenslenkern (Übernahme von Unternehmen durch Nachfolger) auch in zunehmendem Maße Mitarbeiter in Schlüsselpositionen in den Unternehmen betreffen. Damit diese identifiziert und entsprechend frühzeitig nachbesetzt werden können, kann eine Alters- und Personalstrukturanalyse genutzt werden. Die identifizierten Schlüsselpositionen gilt es vorausschauend nach zu besetzen. Hier liegt eine Schnittstelle zwischen der Personalplanung, der Rekrutierung und der Personalentwicklung vor. So werden die unterschiedlichen Perspektiven als Nachfolgemanagement für die Übernahme von Unternehmen durch Nachfolger, die interne Nachfolge durch Nachbesetzung von Nachwuchskräften im Kontext der Personalentwicklung und dem integrativen Nachfolgemanagement beschrieben[171].

171 Vgl. Stock-Homburg (2013), S. 123.

Eine strukturierte Nachfolgeplanung ist folglich ein wichtiges Instrument der Mitarbeiterbindung, um qualifizierte Mitarbeiter im Unternehmen zu halten und diesen eine Entwicklungsperspektive im Unternehmen aufzuzeigen.

Unter Berücksichtigung des schnellen Wandels im Unternehmensumfeld kann es für ein Unternehmen von entscheidender Wichtigkeit sein, die Gruppe der Intrapreneure im Unternehmen zu identifizieren und unternehmensrelevant einzusetzen. Als Intrapreneure werden Mitarbeiter bezeichnet, die Unternehmereigenschaften mitbringen und in der Lage sind, einen Innovationszyklus im Unternehmen zu durchlaufen »... und im Kontext der ›People Strategy‹ auch die Entwicklung und den Erfolg der Organisation damit positiv zu beeinflussen«[172].

Diese Mitarbeitergruppe für Nachfolgebesetzungen im Fokus zu haben, könnte unter den Bedingungen eines gut strukturierten Veränderungsmanagements von entscheidendem Vorteil sein. Und das nicht nur, wenn Change Agents an bestimmten Stellen im Unternehmen gebraucht werden, sondern wenn es um das Transportieren der Idee des Wandels und der Veränderung geht. Bei der geeigneten Auswahl der Nachfolger kann somit ein Geist der Veränderung über die nachwachsende Führungsgeneration befördert und positive Impulse der Unternehmenskultur gefestigt werden.

Bisher wurden für ein solides Nachfolgemanagement drei bis fünf Jahre vor einem anstehenden Wechsel als optimal betrachtet. Allerdings spricht gegen diesen langen Planungszeitraum die sich rasch wandelnden Unternehmensumwelten und -anforderungen. Heute muss ein Unternehmen schnell personell auf Marktveränderungen reagieren können. Demnach empfiehlt es sich, einen Pool von potenziellen Nachfolgern vorzuhalten. In der Praxis sind bisher eher ein bis zwei Jahre üblich, wenn eine Nachfolgeplanung überhaupt gemacht wird[173].

Im Rahmen von Basel II führt dann auch eine fehlende Nachfolgeplanung zu einem schlechteren Ratingergebnis eines Unternehmens, wenn das Unternehmen z. B. im Rahmen von Kreditbeantragungen weiteres Kapital benötigt. Für Banken ist es von größter Wichtigkeit, Kontinuität in der Unternehmensführung zu erkennen. Hierzu gehört neben der Qualifizierung des Managements eben auch eine erkennbare strategisch orientierte langfristige und nachvollziehbare Personalplanung.

Aufstiegs- und Karriereplanung ist auch für die Mitarbeitergewinnung von Bedeutung. Wird auf ein Nachfolgemanagement verzichtet, kann es zu plötzlich auftretenden

172 Vgl. Krause, V. et al. (2018), S. 61.

173 https://www.faz-personaljournal.de/wp-content/uploads/sites/8/2015/01/HR_TalentManagement_Februar_2015_13-16.pdf; abgerufen am 26.02.2019-16.pdf, abgerufen am 26.02.2019.

Vakanzen und damit zu erheblichen Kosten kommen. Mangelhafte Übergaben von Aufgaben und Positionen an potenzielle Nachfolger können zu deren Überforderung führen.

Der Prozess der Nachfolgeplanung also als besondere Herausforderung?
Eine gelungene Nachfolgeplanung gliedert sich in drei aufeinander aufbauende Phasen.

- In der Vorbereitungsphase wird mit Hilfe einer Alters- und Personalstrukturanalyse der Nachfolgebedarf ermittelt. Für die nachzubesetzende Stelle wird ein Anforderungsprofil erstellt.
- In einer zweiten Phase erfolgt der Auswahlprozess eines geeigneten Nachfolgers. Ergebnis dieses Prozesses kann auch sein, dass potenzielle Kandidaten für die Nachbesetzung noch Entwicklungsbedarf haben. Eine Fort- und Weiterbildung als flankierende Maßnahme würde dann wiederum die Schnittstelle zur Personalentwicklung darstellen.
- Die dritte Phase beschreibt den Eintritt des Nachfolgenden und den Austritt oder Stellenwechsel des Übergebenden. In dieser Phase liegt der größte Gestaltungsspielraum einer systematischen Wissensübergabe. Um Wissen im Unternehmen zu halten, bieten sich verschiedene Modelle an. Neben der Arbeit in altersgemischten Teams sind auch Tandemlösungen denkbar. Beide Modelle setzen auf die Interaktion eines älteren und eines jüngeren Kollegen, die im täglichen Miteinander lernen und Wissen transferieren. Auch Mentorenprogramme begleiten diese Form von Weitergabe des Erfahrungswissens. Ebenso fördern Wissensstafetten den aktiven Austausch zwischen den Akteuren. Ist eine Verschriftlichung von Wissen für ein Unternehmen wichtig, dann ist der Aufbau von Wikis oder FAQ-Datenbanken eine Alternative[174].

Es gibt auch andere, umfangreichere Möglichkeiten, das im Unternehmen vorhandene Wissen auszubauen und langfristig zu erhalten. Eine dieser Möglichkeiten findet sich im Aufbau einer Wissensbilanz. Hierbei wird das gesamte Unternehmen auf seine Ressourcen hin untersucht. Dabei soll das intellektuelle Kapital systematisch erfasst, bewertet und weiterentwickelt werden. Das Bundesministerium für Wirtschaft und Technologie (BWMi) stellt mit der Wissensbilanz-Toolbox Anwenderinnen und Anwendern kleiner und mittelständischer Unternehmen eine IT-Lösung zum Download zur Verfügung, die die softwaregestützte Erstellung einer Wissensbilanz ermöglicht. Eine Anleitung zum Aufbau einer Wissensbilanz findet sich auf der Internetseite des Bundesministeriums[175]. Der Arbeitskreis Wissensbilanz fördert die wissenschaftliche Wei-

174 Bundesministerium für Wirtschaft und Technologie, Broschüre »Fachkräfte sichern Wissens- und Erfahrungstransfer« (2012).

175 http://www.akwissensbilanz.org/Infoservice/Infomaterial/Wissensbilanz-Leitfaden_2.0_Stand_2013.pdf, abgerufen am 17.06.2018.

terentwicklung und die praktische Anwendung einer Wissensbilanz als strategisches Managementinstrument.

Die Deutsche Gesellschaft für Qualität (DGQ) und die Gesellschaft für Wissensmanagement (GfWM) haben die neue DIN EN ISO 9001:2015 genutzt und einen Handlungsleitfaden daraus entwickelt, der die Möglichkeiten der Anforderungen mit dem Umgang von Wissen und Kompetenzen aufzeigt[176]. Im Rahmen ihrer Kooperation haben die GfWM und die DGQ zu den Themen »Wissen und Kompetenzen in der Norm DIN EN ISO 9001:2015« bereits im Herbst 2015 eine Primärdatenerhebung durchgeführt. Ziel war es, den derzeitigen Kenntnisstand zur aktuellen Revision der Norm ISO 9001 und die bisherigen Praktiken im Wissens- und Kompetenzmanagement der Unternehmen zu ermitteln. Ferner ging es in der branchenübergreifenden Befragung darum, bestehende Handlungsbedarfe, aber auch notwendige Umsetzungsherausforderungen der befragten Unternehmen offenzulegen. Die Studie zeigt im Ergebnis, dass mit der Revision der Norm ISO 9001 neue, veränderte Anforderungen an die Unternehmen herangetragen werden, die sie heute nur zu einem geringen Teil erfüllen. Denn 92 % der befragten Unternehmen sehen hier einen Handlungsbedarf. Ausgehend von diesem erkannten Bedarf entstand der Handlungsleitfaden, der in der Broschüre »Praktische Orientierung für Qualitätsmanagementverantwortliche« im Januar 2016 publiziert wurde[177].

Praxis: Wissensmanagement in Unternehmen

»Wie sieht es mit dem Wissens- und Kompetenzmanagement in Ihrem Unternehmen aus?« Die Fragen hierzu wurden im Rahmen einer Umfrage im Februar 2017 gestellt und haben folgende Ergebnisse geliefert. Sehen wir uns konkret die Frage nach dem Wissen ausscheidender Mitarbeiter an.

Wissensmanagement im Unternehmen

Wird in Ihrem Bereich des Unternehmens/Organisation aktiv dafür geworben, das Wissen ausscheidender Mitarbeiterinnen/Mitarbeiter zu übertragen und im Unternehmen zu halten?	
Answer Options	**Response Percent**
Ja	9,4 %
Teilweise	39,1 %
Nein	46,9 %
Weiß nicht	4,7 %

176 http://www.gfwm.de/wp-content/uploads/2016/02/20160412_Pressemitteilung_ISO9001_GfWM_DGQ.pdf, abgerufen am 17.06.2018.

177 http://www.gfwm.de/wp-content/uploads/2016/05/Studie_Wissen_Kompetenz_9001_GfWM_DGQ.pdf, abgerufen am 17.06.2018.

»Nur knapp 10 % der befragten Unternehmen gaben an, dass sie das Wissen ausscheidender Mitarbeiter übertragen. Obwohl also bereits 2015 rund 92 % der befragten Unternehmen Handlungsbedarf bei dem Wissenstransfer gesehen haben, ist bis 2017 recht wenig davon umgesetzt worden. Hier besteht also noch ein großer Nachholbedarf, damit erworbenes Wissen nicht endgültig verloren geht.«[178]
Quelle: Hays zusammen mit Gesellschaft für Wissensmanagement e. V. (gfwm), Sept. 2017

Fazit

Sind alle Planungsschritte berechnet und durchgeführt, kann aus diesen das weitere Vorgehen abgeleitet werden. Anpassungen können vorgenommen werden, wenn ein umfänglicher Blick auf die aktuelle Ist-Situation vorliegt und dieser mit den zu erwartenden Änderungen abgeglichen wird. Ein besonderes Augenmerk liegt bei allen Planungsansätzen auf der zukunftsorientierten Nachfolgeplanung. Diese besitzt besonders für Schlüsselfunktionen eine außerordentliche Relevanz.

4.2 Personalanpassung

Veränderungsprozesse sind Bestandteil der Organisationsentwicklung! Stellen Sie als Personalverantwortlicher fest, dass die vorhandenen Kompetenzen Ihrer Mitarbeiter im Rahmen des Veränderungsprozesses nicht mehr benötigt werden, aber auch nicht im erforderlichen Maße entwickelt werden können und so eine Personalanpassungsmaßnahme, wie z. B. eine Freisetzung[179], erforderlich wird, liegt hierin eine nicht zu unterschätzende Herausforderung. Eine Herausforderung für alle am Trennungsprozess beteiligten Akteure. Gelingendes Trennungsmanagement setzt eine faire, transparente Trennungskultur voraus. Wir werden uns daher mit dem Thema Trennungsmanagement und Trennungskultur intensiver auseinandersetzen und Optionen aufzeigen, wie ein Trennungsprozess gelingen kann.

Trennungsmanagement meint nicht nur »Kündigungen«, sondern jede Art der Änderung des bisherigen, vertrauten Arbeitsplatzes. Personalanpassungen in Form von

178 Hays (2017), http://www.gfwm.de/fachlich/studien/wissensarbeit-2017/; abgerufen am 17.06.2018.
179 Einige Passagen sind dem Artikel zu Personalfreisetzung im Gabler Wirtschaftslexikon, https://wirtschaftslexikon.gabler.de/definition/personalfreisetzung-43403, entnommen; Verfasser Bartscher.

Versetzungen innerhalb des Unternehmens, Angebote zur Reduktion der Arbeitszeit, Altersteilzeit, Vorruhestand, Änderungskündigung sind nur einige Beispiele für erforderliche personelle Veränderungen im Rahmen eines Change-Prozesses. Änderungen und Anpassungen organisatorischer Art sind fester Bestandteil eines kontinuierlich stattfindenden Organisationsentwicklungsprozesses in Unternehmen. Dabei bedeuten Personalanpassungsmaßnahmen immer eine tiefgreifende Veränderung für die betroffenen Mitarbeiter, aber auch für das Unternehmen in Gänze. Durch personelle Anpassungen entsteht in einem Unternehmen immer eine Dynamik, die es zu lenken gilt. Denn auch in Maßnahmen zur Personalanpassung können Chancen für Mitarbeiter wie auch Unternehmen liegen. Es gilt, diese Chancen zu erkennen und nutzbringend für alle Betroffenen einzusetzen.

Personalanpassungsmaßnahmen, insbesondere in Veränderungssituationen, sind immer dann einzuleiten, wenn der Personalbestand den Personalbedarf aktuell übersteigt oder in Zukunft übersteigen wird. Es liegt dann ein Personalüberhang vor, synonym bezeichnet man diesen Umstand auch als negativen Nettopersonalbedarf.

Die Personalanpassung umfasst dabei alle Maßnahmen, mit denen der Personalüberhang in qualitativer, quantitativer, örtlicher und zeitlicher Hinsicht abgebaut wird.

Personalanpassung bezeichnet auf das Unternehmen bezogen die Verminderung des personellen Produktivitätspotenzials eines Unternehmens. Daneben wird der Begriff auch für personelle Einzelmaßnahmen verwendet, deren Ziel die Beendigung von Arbeitsverhältnissen ist.

Definition: Maßnahmen zur Personalanpassung

Maßnahmen zur Personalanpassung können verbunden mit oder ohne Personalabbau umgesetzt werden. Dabei zielen Maßnahmen ohne Personalabbau darauf ab, das zur Verfügung stehende Arbeitskräftepotenzial des Unternehmens zu vermindern, ohne Entlassungen auszusprechen. Maßnahmen mit Personalabbau beenden dagegen die Zusammenarbeit mit einem oder mehreren Mitarbeitern.

Während eines Veränderungsprozesses liegt eine der anspruchsvollsten Managementaufgaben in der Beendigung von Arbeitsverhältnissen. Denn Management bedeutet auch in diesem Fall Gestaltung. Dem Management obliegt es also, die anstehenden personellen Veränderungsmaßnahmen proaktiv zu gestalten. Dabei gilt es insbesondere auf nachfolgend aufgelistete Effekte zu achten:

- Der Verlust des Arbeitsplatzes wird von Psychologen auch zu den Critical Life Events (kritischen Lebensereignisse) gezählt. »... Kritische Lebensereignisse werfen Menschen aus ihrem Alltag, das Leben steht gleichsam auf dem Kopf.«[180] Das Beschäftigungsverhältnis sichert für Mitarbeiter als finanzielle Erwerbsquelle den Lebensstandard. Eine Beendigung des Arbeitsverhältnisses bedeutet für betroffene Mitarbeiter existenzielle Ängste und die Sorgen vor sozialem Abstieg.

- Mitarbeiter gehen davon aus, dass eine hohe Leistungsbereitschaft den eigenen Arbeitsplatz sichert. Kommt es dennoch im Unternehmen zu Kündigungen, wird die bisherige Leistungsbereitschaft nicht nur von Betroffenen, sondern auch von verbleibenden Mitarbeitern in Frage gestellt. Nach Kündigungswellen sind Leistungseinbrüche der verbleibenden Mitarbeiter eines Unternehmens keine Seltenheit.
- Personalanpassungen im größeren Umfang werden nicht nur intern, sondern auch extern in der Öffentlichkeit durch die Medien wahrgenommen. Das Image des Unternehmens kann durch Kündigungswellen nachhaltig Schaden nehmen und zu einem Attraktivitätsverlust als Arbeitgeber führen.
- Mit jedem Mitarbeiter, den ein Unternehmen verliert, geht auch ein Kompetenzträger verloren. Insbesondere langjährige, gut ausgebildete Mitarbeiter tragen mit ihrem Weggang zu einem Verlust von Erfahrungswissen bei.
- Personalabbaumaßnahmen sind mit erheblichem finanziellem Aufwand verbunden. Neben Abfindungszahlungen und einem Sozialplan sind auch Trainings- und Beratungskosten sowie Arbeitsgerichtskosten zu berücksichtigen. Dies sind die direkten Kosten, daneben existieren noch die verdeckten Kosten, wie z. B. Vertretungskosten, Fehlerquoten, Fluktuation, Loyalitäts- und Vertrauensverluste, Imageverluste bei Kunden.
- Folgt nach Reorganisationsmaßnahmen mit Personalfreisetzungen eine Belebung, z. B. der Auftragssituation, kann es zu Einstellungsbedarfen kommen. Die zuvor freigesetzten Mitarbeiter müssen dann am Markt teuer wieder rekrutiert werden[181].

Trennungsprozesse sind ein hoch emotionales und sensibles Thema für alle am Prozess beteiligten Personen. Schon wegen ihrer materiellen und existenziellen Bedeutung für die Betroffenen sind Personalanpassungen mit massiven Emotionen verbunden. Daher ist das Personalmanagement gut beraten, den Trennungsprozess akribisch vorzubereiten und strukturiert durchzuführen. Dies nicht nur vor dem Hintergrund, dass eine ausgesprochene Kündigung dem Mitarbeiter gegenüber klar und unmissverständlich formuliert wird. Auch gilt es zu beachten, dass ein Unternehmen im Rahmen eines Trennungsprozesses möglichst wenig Imageschaden nimmt und nicht nur dem gekündigten Mitarbeiter Lösungswege aufgezeigt werden, sondern auch Erklärungsansätze für die verbleibenden Mitarbeiter bereitstehen.

---

180 https://www.uni-trier.de/fileadmin/fb1/prof/PSY/PAE/Team/Aymanns/FilippAymanns2010_Excerpt.pdf, abgerufen am 24.06.2018.

181 Vgl. Bartscher/Nissen (2017) S. 485.

4.2.1 Trennungsmanagement

Eine besonders schwierige Herausforderung für Personalverantwortliche liegt in der Umsetzung des Trennungsmanagements. Dem ständigen Wandel unterliegende dynamische Märkte schaffen für Unternehmen immer wieder Situationen, sich aufgrund unterschiedlicher Personalbedarfe von Mitarbeitern trennen zu müssen. Auf die veränderten Anforderungen zu reagieren, kommt somit immer wieder und immer häufiger vor. Trennungsmanagement ist damit Teil des Unternehmensalltages.

Definition: Trennungsmanagement

»Unter dem Begriff Trennungsmanagement können alle betrieblichen Maßnahmen zur Handhabung von Personalbestandsreduktionen zusammengefasst werden.«[182]

Die Auswirkungen für alle an diesem Prozess beteiligten Akteure allerdings werden immer noch unterschätzt. Einem langjährigen Mitarbeiter zu kündigen oder im Unternehmen wertgeschätzte Kollegen entlassen zu müssen, ist eine besonders fordernde Aufgabe. Ohne eine professionelle Vorbereitung können Stress, Unsicherheit, Konflikte im Unternehmen oder sogar traumatische Situationen die Folge sein. Hier gilt es für Unternehmen wie Führungskräfte gleichermaßen, eine Form der Kultur zu entwickeln, die ein adäquates Umgehen mit dieser besonderen Situation schafft.

Darunter ist zu verstehen, dass die im Rahmen einer Personalfreisetzung notwendigerweise zu führenden Kommunikationsvorgänge in einer Art ablaufen, die als ehrlich, menschlich, von Respekt geprägt und als empathisch gekennzeichnet werden können. Der Begriff Trennungskultur wird durch Andrzejewski/Refisch[183] definiert als:

Definition: Trennungskultur

»Trennungskultur ist die Summe aller Regeln und Maßnahmen, die zu Fairness und Professionalität bei Trennungen und Veränderungen in Unternehmen führen.«[184]

Das Thema Trennungsmanagement betrachtet viele unterschiedliche Aspekte in einem ausgesprochen dynamischen und komplexen System. Jede Trennung ist eine hoch emotionale Herausforderung für alle Beteiligten. Um diesen Prozess angemessen zu gestalten, bedarf es einer reflektierten Herangehensweise und Vorbereitung.

182 Vgl. Marr/Steiner (2003), S. 98 f.
183 Vgl. Andrzejewski/Refisch (2015), S. 45 ff.
184 Ebda.

Umgang mit dem Trennungsmanagement und wann ist Trennungsmanagement gelungen?

Entlassungen, die auf einem Sozialplan mit Interessenausgleich beruhen, sind klar formuliert und in ihrem Ergebnis final. Hierbei gibt es für den gekündigten Mitarbeiter wenig Verhandlungsspielraum. Anders gestaltet sich die Trennung von einem Mitarbeiter aus anderen Gründen. Ohne die Bereitschaft des Mitarbeiters, einem Trennungsprozess zuzustimmen, ist eine einseitige Beendigung des Arbeitsverhältnisses schwierig. Ziel eines Trennungsgespräches ist also, eine einvernehmliche Lösung zu finden. Ein gelungenes Trennungsmanagement beachtet hierbei die Würde des Menschen und hat ein Interesse daran, dass alle am Trennungsprozess Beteiligten stabil und mit möglich geringen Verletzungen und Schäden aus dem Prozess hervorgehen. Ein Trennungsmanagement kann dann als gelungen betrachtet werden, wenn alle Akteure mit dem Ergebnis zufrieden sind und mit den Konsequenzen leben können. Dies beinhaltet auch die Beachtung der verbleibenden Mitarbeiter. Denn jeder ausscheidende Mitarbeiter hinterlässt nicht nur eine organisationsbedingte Lücke, sondern vielmehr noch eine soziale Lücke im Beziehungsgeflecht des Unternehmens[185].

Was muss getan werden, damit Trennungsmanagement gelingen kann?

Trennungsmanagement ist eine klare Führungsaufgabe und obliegt damit der Führungskraft. Das Trennungsgespräch ist von der Führungskraft zu gestalten, zu führen und damit nicht delegierbar. Um ein zielführendes Gespräch führen zu können, bedarf es einer optimalen inhaltlichen Vorbereitung. Jedes Gespräch ist anders und dennoch gilt für alle Gespräche, dass der Trennungswunsch klar und unmissverständlich formuliert wird. Trennungsgespräche sind Teil des unternehmerischen Alltages und damit Teil der Organisationsentwicklung des Unternehmens. Im Unternehmen sollte also ein einheitlicher Sprachgebrauch geführt werden. Das Trennungsgespräch sollte in respektvoller und wertschätzender Art gestaltet werden. Keinesfalls sollte der Mitarbeiter im Gesprächsverlauf gedemütigt oder unter Druck gesetzt werden. Ebenfalls ist die Androhung von Repressalien nicht opportun. Das Trennungsgespräch kann vielmehr als eine Art Motivationsgespräch betrachtet werden, da der zu kündigende Mitarbeiter über die Führungskraft zu einem Einvernehmen motiviert werden soll[186].

Wo liegen nun die größten Herausforderungen des Trennungsmanagements für die Führungskraft?

Nicht alle Führungskräfte sind auf Trennungsgespräche vorbereitet und in dem Umgang mit einer derartigen Belastungssituation geübt. Führungskräfte in Trennungssituationen berichten immer wieder über das Auftreten von Stresssymptomen, wie Schlafstörungen, Kopfschmerzen und Bluthochdruck. So hat Kastner diese psychischen

185 Vgl. Bartscher/Nissen (2017), S. 499.
186 Ebda.

Reaktionen durch die Dynaxität als Mischung aus Dynamik und Komplexität als Ursache für die Belastungen heutiger Führungskräfte ausgemacht[187]. Bereits im Jahre 1998 berichtete ein amerikanischer Herzspezialist aus Boston von Patienten, die einen Herzinfarkt überlebt haben. Auf Nachfrage zu Ursachen des Infarktes nannten diese hohen Zeitdruck und die Notwendigkeit, eine Kündigung auszusprechen[188]. Dies zeigt sehr eindringlich die Belastungssituation des Trennungsprozesses auch für Führungskräfte.

Im Trennungsgespräch gilt daher für diese Führungskräfte, sich bewusst auf die anstehende Stresssituation vorzubereiten. Dies beinhaltet auch, eine reflektierte Haltung zur eigenen Rolle im Trennungskontext zu finden. Die Führungskraft sollte im Auftreten authentisch bleiben und die anstehenden Reaktionen des Gesprächspartners, auch wenn dies ggf. sehr emotional ist, aushalten können. Eine gute Vorbereitung, z. B. durch Workshops oder durch den Erfahrungsaustausch mit anderen Führungskräften, kann die notwendige Sicherheit geben. Empathie und Einfühlungsvermögen in die Situation des Gegenübers erleichtert den Zugang zum Gesprächspartner[189].

Wie können Personaler die Führungskraft im Rahmen des Trennungsmanagements unterstützend begleiten?

Gerade in der Umsetzungsphase eines Trennungsprozesses steht die Personalabteilung vor vielfältigen Herausforderungen. In erster Linie fungiert sie

- als strategischer Berater für die Unternehmensleitung,
- als Unterstützer für die Führungskräfte,
- als Ansprechpartner für die Mitarbeiter und Personalvertretung und
- als Arbeitgebervertreter vor Gericht,

also als Experte in den unterschiedlichen Bereichen des Personalmanagements. Dennoch bleibt das Trennungsgespräch nicht delegierbarer Auftrag der Führungskraft. Die Personalabteilung hat ihre Aufgabe vorrangig in der Beratung und Unterstützung der Führungskraft. Zunächst einmal muss die Führungskraft befähigt werden, Trennungsprozesse reflektiert und strukturiert durchführen zu können. Dies ist Aufgabe der Personalentwicklung, denn das Trennungsmanagement ist auch Organisationsentwicklung. Durch Vorbereitungsveranstaltungen und Workshops können Gesprächssituationen simuliert und eingeübt werden. Dies gibt der Führungskraft Sicherheit für die anstehenden Gespräche. Empfehlenswert ist, das Trennungsgespräch als Personaler gemeinsam mit der Führungskraft zu führen. So kann im Gesprächsverlauf auch die arbeitsrechtliche Komponente darstellt werden und der Personaler mit seiner Expertise beratend unterstützen[190].

187 Vgl. Kastner (2014), S. 53 ff.
188 Vgl. Andrzejewski/Refisch (2015), S. 117 ff.
189 Vgl. Bartscher/Nissen (2017), S. 500.
190 Ebda.

In der Regel werden weitere, nachfolgende Gesprächstermine angesetzt, um im Ergebnis letztendlich eine für alle Beteiligten tragfähige Lösung zu finden.

Praxis: Notfallmanagement für Konfliktsituationen

Die Personalabteilung ist sicher gut beraten, wenn sie einen Notfallplan entwickelt, der unerwartete Konfliktsituationen mit dem von der Kündigung betroffenen Mitarbeiter antizipiert. Entlassungen können bei den Betroffenen zu extremen Situationen führen. Im Zusammenhang mit Personalabbau wird auch über eine erhöhte Suizidgefahr und Mortalität berichtet. Im Akutfall können Notfalllisten mit Ansprechpartnern wie Arbeitnehmervertretern, bestimmten Kollegen der Personalabteilung, medizinischer und sozialer Dienst, Suchtberatern, Therapeuten, Telefonseelsorge, Ärztlicher Notdienst o. ä. durchaus hilfreich sein.

Auch die Arbeitnehmervertreter gilt es, in den Trennungsprozess einzubeziehen. Es ist dabei Aufgabe des Personalmanagements, gemeinsam lösungsorientiert zu agieren und zu einem tragfähigen Ergebnis zu gelangen. In der Praxis zeigt sich immer wieder, dass eine konstruktive Zusammenarbeit mit der Personalvertretung deutlich schneller zu positiven Ergebnissen führen kann. Die von der Trennung betroffenen Mitarbeiter wenden sich oftmals bereits im Vorwege der eigentlichen Trennungsgespräche an ihre Personalvertretung, um sich dort eingehend beraten zu lassen. In diesen Fällen ist es für das Personalmanagement von außerordentlicher Wichtigkeit, transparent zu agieren und der Personalvertretung gegenüber offen zu kommunizieren. So werden im Vorfeld der Trennungsgespräche keine unhaltbaren Zusagen getroffen oder unrealistische Erwartungshaltungen geweckt.

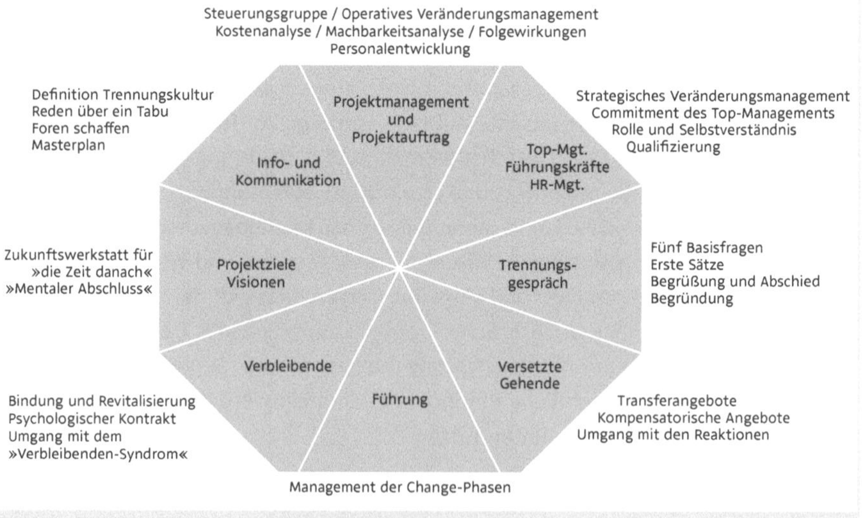

Abb. 4.3: Trennungskultur und Mitarbeiterbindung

Abbildung 4.3 verdeutlicht noch einmal die verschiedenen Elemente einer Trennungskultur auf einen Blick.[191]

Gekündigt – und was nun?

Es gibt eine Vielzahl von begleitenden Angeboten, die den gekündigten Mitarbeitern den Austritt aus dem Unternehmen erleichtern bzw. bei der Suche nach einem neuen Aufgabengebiet unterstützen können. Diese Angebote sind kostenpflichtig und werden, wenn sie Bestandteil der Trennungsverhandlungen sind, vom Arbeitgeber getragen. Im Folgenden stellen wir einige der gängigen Möglichkeiten komprimiert dar. In der Praxis haben sich bei größeren Entlassungszahlen Rahmenverträge bewährt, über die dann ein erweitertes Betreuungsspektrum angeboten werden kann.

Outplacement

Im Trennungsprozess kann die professionelle Outplacement- bzw, Newplacementberatung Bestandteil der Trennungsvereinbarung sein.[192] In der Regel trägt der Arbeitgeber die Kosten für eine externe Begleitung des gekündigten Mitarbeiters. Sie reicht bis zum Abschluss eines neuen Arbeitsvertrages oder einer Existenzgründung. Damit stellt das Outplacement bzw. Newplacement ein Instrument zur operativen Unterstützung im Rahmen der Personalfreisetzung dar.

Definition: Outplacement

Die Begriffe Outplacement bzw. Newplacement bezeichnen eine von Unternehmen finanzierte Dienstleistung für ausscheidende Mitarbeiter, die als professionelle Hilfe zur beruflichen Neuorientierung und Neupositionierung angeboten wird.

Die Herausforderungen einer Neupositionierung am Arbeitsmarkt werden mit Hilfe eines externen Beratungsunternehmens begleitet. Zunächst einmal wird eine Aufarbeitung des Arbeitsplatzverlustes angestrebt. Häufig stellt gerade der nicht aufgearbeitete Verlust des Arbeitsplatzes eine massive psychische Belastungssituation für den Gekündigten dar. Selbstzweifel und negative Haltungen gilt es seitens des Beratungsunternehmens aufzufangen und wieder in optimistischere Bahnen zu lenken. Ist diese psychosoziale Seite gestärkt, werden, neben einer umfassenden Potenzialanalyse des Mitarbeiters und dem Erstellen des individuellen Qualifikationsprofiles, persönliche Ziele definiert und Stärken und Schwächen analysiert. Gemeinsam entwickelte Strategien zur Bewerbungsinitiative sollen den Mitarbeiter befähigen, möglichst zügig wieder in eine neue Beschäftigung zu kommen.

191 Vgl. Andrzejewski/Refisch (2015), S. 145.

192 Die Ausführungen zum Outplacement stammen im Wesentlichen aus dem Artikel https://wirtschaftslexikon.gabler.de/definition/outplacement-42382; Verfasser Nissen.

Praxis: BDU-Studie Outplacement – Kandidatenbefragung

»An der BDU-Befragung haben von Juli-September 2017 insgesamt 117 Frauen (35 %) und Männer (65 %) teilgenommen, die in den letzten zwei Jahren eine Einzel-Outplacementberatung in Anspruch genommen hatten. 60 % der befragten Kandidaten waren über 50 Jahre alt, 31 % in der Altersspanne 40 bis 50 Jahre und 9 % unter 40 Jahren. Knapp die Hälfte hatten Fachkräfte- und Spezialisten-Positionen mit einem maximalen Jahresverdienst von 80.000 Euro inne. 26 % beziehungsweise 28 % der Kandidaten kamen aus dem Mittel- und Top-Management. Die aktuelle Befragung des Bundesverbandes Deutscher Unternehmensberater (BDU) bringt es auf den Punkt: Bei beruflichen Trennungsprozessen im Rahmen einer Einzel-Outplacementberatung schätzen Kandidaten an den externen Trennungsspezialisten besonders deren Motivationskraft. Gleichzeitig fühlen sie sich optimal unterstützt, wenn es gelingt, im Laufe der oftmals als Belastung empfundenen beruflichen Neuorientierung ein starkes Vertrauensverhältnis aufzubauen. Als deutlich weniger wichtig bewerten die 117 befragten Outplacementberatungs-Kandidaten hingegen aktive Vermittlungsanstrengungen durch den Outplacementberater sowie den Einsatz von Online-Tools und Webinaren.«[193]
Quelle: Bundesverband Deutscher Unternehmensberater e. V., 24.01.2018

In der Newplacementberatung werden Bewerbungssituationen simuliert und trainiert. Dies gibt insbesondere jenen Mitarbeitern Sicherheit im Umgang mit den anstehenden Einstellungsverfahren und Gesprächen, deren aktive Bewerbungsphasen schon länger zurückliegen. Die Begleitung durch ein professionelles Newplacement befähigt den Mitarbeiter seine Neupositionierung auf dem Arbeitsmarkt aktiv anzugehen.

Einzel-Newplacement ist die intensive und dabei individuelle Beratung zur beruflichen Neuorientierung. Sie verbindet Elemente des Coachings und der Karriereberatung. Dabei werden die Teilnehmer unterstützt, einen neuen beruflichen Weg zu gestalten. Diese Form der intensiven Einzelbetreuung, ggf. ergänzt um die Möglichkeit der Suche nach einem geeigneten Arbeitsplatz, wird aufgrund der hohen Kosten in der Regel nur Fach- und Führungskräften sowie dem Management angeboten und zeitlich limitiert. Am Beispiel der Karent Outplacement-Beratung sollen die Kosten für diese Dienstleistung dargestellt werden.

Praxis: Outplacement Kosten und Honorare

»Erstes Informationsgespräch

In einem ersten persönlichen und individuellen Gespräch von ca. 45 Minuten informiert Sie ein Berater über die Chancen und Möglichkeiten der Outplacementberatung und des Jobsearches. Für dieses erste Kennenlerngespräch berechnen wir kein Honorar.

193 https://www.bdu.de/media/351857/befragung_-opb_kandidatensicht.pdf, abgerufen am 25.06.2018.

Individuelle Einzelberatung
Anstelle des Informationsgespräches können Sie auch direkt mit der Beratung beginnen. Für eine individuelle Einzelberatung berechnen wir 265,- Euro (inkl. MwSt.). Sollten Sie sich im Anschluss für die Fortführung der Beratung in einem Outplacementprogramm entscheiden, werden die Kosten verrechnet.
Outplacementberatung
Die folgenden Honorare gelten für einzelne Klienten, unabhängig davon, ob die Beauftragung durch ein Unternehmen oder privat erfolgt. Gerne erstellen wir Ihnen auch individuelle Angebote im Rahmen Ihrer Budgetvorgaben.

	Kompakt-Programm	**4 Monate mit Jobsearch**	**6 Monate mit Jobsearch**	**Unlimitiert mit Garantie**
Professional Programm	2.500,-	7.800,-	10.400,-	18.000,-
Executive Programm	2.500,-	9.800,-	12.500,-	22.000,-
Senior Executive Prog.	3.000,-	12.600,-	16.800,-	29.700,-
Top Leaders Beratung				individuell

jeweils in Euro zzgl. MwSt. Die Kosten mindern in voller Höhe Ihr zu versteuerndes Einkommen.«
Quelle: Unternehmenspräsentation Karent, 2018[194]

Ein **Gruppen-Newplacement** kann dann sinnvoll sein, wenn durch Organisationsveränderungen ganze Abteilungen geschlossen werden, in größerem Maße Arbeitsplätze entfallen oder bestimmte Mitarbeitergruppen freigesetzt werden.

ePlacement
Eine besondere Form des Outplacements stellt die ePlacement-Variante dar. Eine omnipräsente Bereitstellung von leistungsstarken Datennetzen und eine zunehmend IT-versierte Mitarbeiterschaft eröffnen neue Wege der Beratungen.

Die klassische Outplacement-Beratung stellt einen nicht unerheblichen Kosten- und Zeitfaktor dar. Das virtuelle ePlacement kann diesen Prozess kostengünstiger, zeitsparender und dennoch individuell gestalten. Zu Beginn wird auch bei dieser Variante eine Bestandsaufnahme der Ist-Situation des Betroffenen vorgenommen. Doch statt Präsenzzeiten vor Ort organisieren zu müssen, führen Online Tasks und telefonische Beratungstermine durch den Begleitungsprozess. Für einige Teilnehmer liegt der Charme dieser Form der Betreuung in der Anonymität.

Outplacement oder Newplacement bieten aus Sicht des Unternehmens folgende Vor- und Nachteile:

194 https://www.karent.de/outplacement/honoraruebersicht/; abgerufen am 25.06.2018.

Vorteile:

- Beugt Imageverlust innerhalb und außerhalb des Unternehmens vor
- Vermeidet Rechtsstreitigkeiten
- Spart Abfindungen, da die Outplacement-Dienstleistung als Teil des Entgegenkommens vom Arbeitgeber übernommen wird
- Signalisiert Wertschätzung des entlassenen Mitarbeiters
- Erhält Leistungsfähigkeit der verbliebenen Mitarbeiter, da der Arbeitgeber erkennbar seine Fürsorgepflicht ehrlich erfüllt
- Reduziert emotionale Belastung der Beteiligten
- Erfüllt den »psychologischen Vertrag«, wonach man sich auch in schwierigen Zeiten »aufeinander verlassen kann«

Nachteile:

- Hohe Kosten
- Verlängerung des Trennungsprozesses
- Schafft mit erstmaligem Einsatz »Präzedenzfall« für nachfolgende Verhandlungen
- Outplacement ist reaktiv und verhindert nicht die eigentliche Personalfreisetzung

Wen betrifft das Trennungsmanagement noch?

Das Trennungsmanagement betrifft viel mehr Menschen, als auf den ersten Blick vermutet. Gerade im Veränderungsprozess bedeutet das an dieser Stelle, ein ganz besonderes Augenmerk auf die weiteren Betroffenen der Personalanpassung zu haben. Denn nicht nur der gekündigte Mitarbeiter ist von dieser Trennung betroffen, sondern eine Vielzahl anderer Menschen im Unternehmen oder aber auch Organisationsumfeld. Natürlich nicht in der gleichen Ausprägung wie der Gekündigte, der seinen Arbeitsplatz verliert. Nichtsdestotrotz sind plötzlich viele Menschen betroffen!

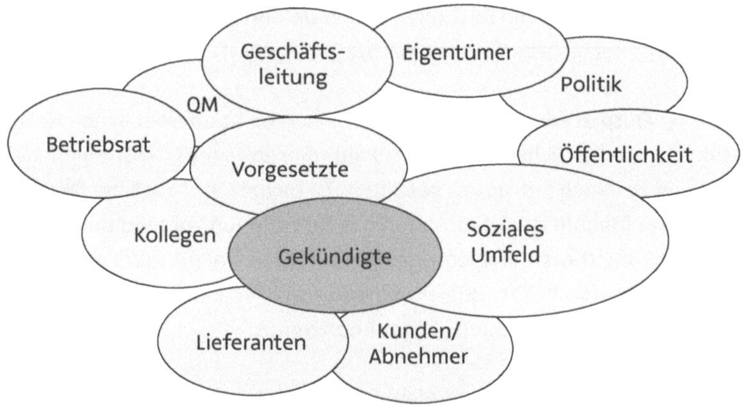

Abb. 4.4: Betroffene der Personalanpassung; Quelle: https://www.umsetzungsberatung.de/turnaround/personalabbau.php, abgerufen am 25.06.2018

Führungskräfte, die Abbaugespräche führen müssen, sind in besonderem Maße gefordert. Sie müssen sich mit der Situation des Gekündigten auseinandersetzen und als Überbringer der schlechten Nachricht fungieren. Sie müssen aber auch mit den verbliebenen Mitarbeitern in den Diskurs gehen. Dabei wird das Verhalten der gekündigten, aber auch das der verbleibenden Mitarbeiter in hohem Maße emotional geprägt sein. Der Führungskraft wird neben Unverständnis und Uneinsichtigkeit auch Wut, Enttäuschung und Frustration entgegenschlagen. Die verbliebenen Kollegen durchleben oftmals eine starke Unsicherheit. Diese nicht nur bezogen auf die eigene Arbeitsplatzunsicherheit, sondern auch gegenüber dem gekündigten Kollegen. Bei einem größeren Abbauvorhaben spielen plötzlich Konkurrenzgedanken bezogen auf mögliche Sozialpunkte eine entscheidende Rolle. Auch das Verhältnis und Verhalten dem gekündigten Kollegen gegenüber kann starke Verunsicherung bei den verbliebenen Kollegen auslösen. Betriebsräte empfinden sich häufig in einer Dilemmasituation. Einerseits wollen sie möglichst viel für den Einzelnen herausholen, anderseits aber nicht durch Einzelinteressen das Gesamtgefüge im Unternehmen schwächen. Aber auch die Außensicht auf das Unternehmen kann sich ändern. So könnten Lieferanten oder Kunden gewohnte Ansprechpartner verlieren. Die Qualität könnte durch Demotivation der verbliebenen Mitarbeiter verursacht sinken oder aber durch den Abgang von Know-how-Trägern. Mediale negative Aufmerksamkeit könnte das Image des Unternehmens nachhaltig beschädigen und ggf. Managementfehlentscheidungen als Schlagzeile in die Zeitungen bringen. Finden die Abbaumaßnahmen in bevölkerungsschwächeren Regionen statt, könnten auch ökonomische Folgen entstehen. Mit Wegfall der Arbeitsstelle vermindert sich das Einkommen, der Konsum sinkt, der Einzelhandel und die Gastronomie spüren es, die Region leidet[195].

Eine Personalanpassungsmaßnahme sollte folglich gut strukturiert und dezidiert vorbereitet werden. Zur Unterstützung des Kündigungsgesprächs finden Sie nachfolgend eine Checkliste mit den wichtigsten Punkten.

195 http://www.umsetzungsberatung.de/turnaround/personalabbau.php, abgerufen am 25.06.2018.

Praxis: Checkliste Kündigungsgespräch

Phase: Vorbereitung

Kündigungsgespräche gehören zu den unangenehmen Pflichten einer Führungskraft. Die folgende Checkliste[196] kann helfen, das Gespräch in seinen wesentlichen Teilen **vorab** durchzudenken:

- Diskretion nach außen
- Vergegenwärtigung des eigenen Standpunktes als Vorgesetzter in Bezug auf die Trennung vom Mitarbeiter
- Möglichst klare und sachliche Darstellung der Trennungsgründe
- Vergegenwärtigung der Auswirkung auf den betroffenen Mitarbeiter
- Versuch der Findung eines möglichst einvernehmlichen Weges der Trennung
- Eruieren von Hilfsangeboten für entlassene Mitarbeiter, sofern dies möglich ist
- Wählen des Gesprächstermines so, dass der Mitarbeiter die Möglichkeit hat, nach dem Gespräch Unterstützung einzuholen

Phase Durchführung

Das Gespräch mit dem Mitarbeiter sollte folgende Aspekte beinhalten:

- Sorgen Sie für eine ruhige und sachliche Gesprächsatmosphäre
- Informieren Sie den Mitarbeiter klar und unmissverständlich, dass er nicht mehr weiterbeschäftigt werden kann, sofern dies zuvor noch nicht deutlich wurde (am besten innerhalb der ersten 2 Minuten des Gespräches)
- Erläutern Sie die Situation aus der Sicht des Unternehmens
- Geben Sie dem Mitarbeiter die Möglichkeit zu einer Stellungnahme
- Überreichen Sie das Kündigungsschreiben
- Wirken Sie durch langsames, leises Sprechen einer möglichen Eskalation der Gesprächssituation entgegen, aber seien Sie auch auf emotionale Situationen vorbereitet
- Achten Sie bewusst darauf, keine herabwürdigenden Dinge zu sagen, auch wenn Ihr Gegenüber sich im Ton vergreifen sollte. Gehen Sie in einem solchen Fall zur Metaebene des Gesprächs
- Abstimmung über das weitere Vorgehen (letzter Arbeitstag, Übergabe an Kollegen, Arbeitszeugnis, ggf. Schlüsselübergabe, Hausausweis, Arbeitsmaterialien u. ä.)
- Weiteren Gesprächstermin in den kommenden Tagen anbieten

Phase Nachbereitung

Kündigungsgespräche bedürfen einer Nachbereitung. Damit werden eine möglichst reibungslose Zeit bis zum Ausscheiden des Mitarbeiters sowie die Vermeidung von sozialer Unruhe im Betrieb, z. B. durch Gerüchte, angestrebt.

Die folgende Checkliste gibt Anhaltspunkte, was nach einer Kündigung weiterhin zu beachten ist:

- Protokollierung des Gespräches und Festschreiben der Vereinbarungen
- Einbinden der Personalabteilung
- Die Kündigung aktiv an die weitere Belegschaft kommunizieren – dies beugt Gerüchten vor

196 Teile der Checkliste sind entnommen aus: I.O. BUSINESS® Kompetenzfeld Personalinstrumente aus der Serie »Personalgespräche«; https://docplayer.org/6637297-I-o-business-trennungsgespraeche.html; abgerufen am 26.02.2019.

- Bei Bedarf Stellung zur Notwendigkeit nehmen, ohne Datenschutz zu verletzen (z. B. nicht über Krankheiten des gekündigten Mitarbeiters sprechen)
- Erstellung des qualifizierten Arbeitszeugnisses einleiten
- Eventuell Übergabe an einen Newplacement-Berater

4.2.2 Gesetzliche Transferleistungen im Rahmen der Arbeitsförderung

Die Vorschriften und Verfahren zur Förderung von Transfermaßnahmen durch die Agenturen für Arbeit unterliegen regelmäßiger Anpassungen. So beschreibt aktuell das Bundesministerium für Arbeit und Soziales »Transferleistungen« über folgende Definition:

Definition: Transferleistungen

»Transferleistungen dienen der Flankierung von Personalanpassungsmaßnahmen infolge von Betriebsänderungen. Durch die Transferleistungen sollen die Vermittlungsaussichten der Arbeitnehmer, die von Arbeitsplatzabbau betroffen sind, verbessert werden.«[197]

Ob und in welcher Form der Einsatz von Transferleistungen Bestandteil der Verhandlungen im Interessenausgleich ist, entscheiden die Verhandlungspartner. Transferleistungen können Anreize für Arbeitgeber sein, den Wiederbeschäftigungsprozess der von Arbeitslosigkeit bedrohten Mitarbeiter zu befördern. Hierfür stehen zwei verschiedene Unterstützungsleistungen, Transfermaßnahmen und Transferkurzarbeitergeld, zur Disposition.[198]

Transfermaßnahmen (§ 110 SGB III)

Transfermaßnahmen dienen dazu, betroffene Mitarbeiter für den Transfer in eine Anschlussbeschäftigung vorzubereiten. Hierzu zählen insbesondere Maßnahmen wie Outplacement-Beratung, Bewerbungstrainings, Kurzqualifikationen, Existenzgründungsberatung und -begleitung oder Maßnahmen zur Eignungsfeststellung. Es wird ein Zuschuss von 50 % der erforderlichen und angemessenen Maßnahmenkosten, jedoch höchstens 2.500 Euro je Förderfall gewährt.

Von diesen Maßnahmen profitieren Mitarbeiter, die auf Grund von Betriebsänderungen oder im Anschluss an die Beendigung eines Berufsausbildungsverhältnisses von Arbeitslosigkeit bedroht sind. Die Teilnahme wird gefördert, wenn

- sich die Betriebsparteien im Vorfeld der Entscheidung über die Einführung von Transfermaßnahmen durch die Agentur für Arbeit beraten lassen haben,

197 http://www.bmas.de/DE/Themen/Arbeitsmarkt/Arbeitsfoerderung/transferleistungen.html abgerufen am 25.06.2018.

198 http://www.bmas.de/DE/Themen/Arbeitsmarkt/Arbeitsfoerderung/transferleistungen.html, abgerufen am 25.06.2018.

- die Maßnahme von einem Dritten durchgeführt wird und sich der betroffene Arbeitgeber angemessen an der Finanzierung beteiligt,
- die vorgesehene Maßnahme der Eingliederung der Arbeitnehmerinnen und Arbeitnehmer in den Arbeitsmarkt dienen soll und
- die Durchführung der Maßnahme gesichert ist.

Die Agenturen für Arbeit beraten die Unternehmen über Fördermöglichkeiten von Transfermaßnahmen im Vorfeld der Entscheidung über die Einführung von Transfermaßnahmen, insbesondere im Rahmen von Sozialplanverhandlungen. Der Antrag auf Förderung der Teilnahme an Transfermaßnahmen ist durch den Arbeitgeber oder die Betriebsvertretung bei der zuständigen Agentur für Arbeit zu stellen. Dies muss bereits vor Beginn der Maßnahme erfolgen. Zuständig ist die Agentur für Arbeit, in deren Bezirk der Betrieb des Arbeitgebers liegt.

Transferkurzarbeitergeld (§ 111 SGB III)
Ziel des Transferkurzarbeitergeldes ist es, ohne zwischenzeitliche Arbeitslosigkeit von der bestehenden Beschäftigung bei dem ehemaligen Arbeitgeber in eine neue Beschäftigung bei einem anderen Arbeitgeber zu gelangen.

Transferkurzarbeitergeld kann grundsätzlich sowohl betriebsintern als auch extern in einer sogenannten betriebsorganisatorisch eigenständigen Einheit gewährt werden. Regelmäßig wird aus arbeitsrechtlichen Erwägungen die externe Lösung vorgezogen. Die betroffenen Mitarbeiter werden dabei im Rahmen eines dreiseitigen Vertrages vom bisherigen Unternehmen in eine Transfergesellschaft überführt.

Während des Bezugs von Transferkurzarbeitergeld hat die Transfergesellschaft oder der Arbeitgeber den Mitarbeitern Vermittlungsvorschläge zu unterbreiten und ggf. Maßnahmen zur Verbesserung der Eingliederungsaussichten anzubieten (z. B. über Qualifizierungsmaßnahmen). Die Höhe des Transferkurzarbeitergeldes entspricht der Höhe des Kurzarbeitergeldes. Die Bezugsdauer beträgt längstens 12 Monate. Transferkurzarbeitergeld wird in der Regel durch die Transfergesellschaft oder den Betrieb ausgezahlt und auf Antrag des Arbeitgebers oder der Betriebsvertretung von der zuständigen Agentur für Arbeit erstattet. Zuständig ist die Agentur für Arbeit, in deren Bezirk die für den Arbeitgeber zuständige Lohnabrechnungsstelle liegt.

Der Anspruch ist ausgeschlossen, wenn Mitarbeiter nur vorübergehend in einer betriebsorganisatorisch eigenständigen Einheit zusammengefasst werden, um anschließend einen anderen Arbeitsplatz in dem gleichen oder einem anderen Betrieb des Unternehmens oder, bei Konzernzugehörigkeit, in einem Betrieb eines anderen Konzernunternehmens des Konzerns zu besetzen. Ferner sind Mitarbeiter des öffentlichen Dienstes von der Förderung ausgeschlossen mit Ausnahme der Beschäftigten von Unternehmen, die in selbstständiger Rechtsform erwerbswirtschaftlich betrieben werden.

Anspruch auf Transferkurzarbeitergeld haben nur Arbeitnehmerinnen und Arbeitnehmer, die

- von Arbeitslosigkeit bedroht sind,
- nach Beginn des Arbeitsausfalles eine bestehende versicherungspflichtige Beschäftigung fortsetzen oder eine neue versicherungspflichtige Beschäftigung im Anschluss an die Beendigung ihrer Berufsausbildung aufnehmen,
- nicht vom Kurzarbeitergeldbezug ausgeschlossen sind und
- sich vor der Überleitung in eine betriebsorganisatorisch eigenständige Einheit bei der Agentur für Arbeit arbeitsuchend gemeldet und an einer Maßnahme zur Feststellung der Eingliederungsaussichten teilgenommen haben.

Betriebliche Voraussetzungen

Die betrieblichen Voraussetzungen sind erfüllt, wenn

- in einem Betrieb die Betriebsänderung Personalanpassungsmaßnahmen nach sich zieht,
- die vom Arbeitsausfall betroffenen Arbeitnehmerinnen und Arbeitnehmer in einer betriebsorganisatorisch eigenständigen Einheit (meist in einer so genannten Transfergesellschaft) zusammengefasst und aus dem Produktionsprozess ausgegliedert werden,
- die Organisation und Mittelausstattung der betriebsorganisatorisch eigenständigen Einheit den angestrebten Integrationserfolg erwarten lassen und
- ein System zur Sicherung der Qualität angewendet wird.

Wird die betriebsorganisatorisch eigenständige Einheit (Transfergesellschaft) extern von einem Dritten durchgeführt, tritt an die Stelle des Qualitätssicherungssystems als betriebliche Voraussetzung die Trägerzulassung nach § 178 Drittes Buch Sozialgesetzbuch. Arbeitgeber, die eine Transfergesellschaft betriebsintern in eigener Regie durchführen, benötigen diese Zulassung nicht.[199] Denn eine Transfergesellschaft muss weder eingetragen noch genehmigt werden. Erforderlich ist lediglich die Anmeldung bei der Agentur für Arbeit auf dem vorgeschriebenen Formular.

Welche Voraussetzungen bestehen für eine Transfergesellschaft?

Vereinfacht lässt sich sagen, dass jede Restrukturierung, die einen Sozialplan oder eine Massenentlassungsanzeige erfordert, i. d. R. auch die Voraussetzungen für eine Transfergesellschaft erfüllt. So müssen mindestens sechs Arbeitnehmer oder 5 % der

199 http://www.bmas.de/DE/Themen/Arbeitsmarkt/Arbeitsfoerderung/transferleistungen.html; abgerufen am 25.06.2018.

Belegschaft von einer Restrukturierung betroffen sein, damit eine Transfergesellschaft eingerichtet werden kann, selbst wenn dann nur ein einzelner Mitarbeiter in die Transfergesellschaft übertritt.

Was ist eine Transfergesellschaft?
Eine Transfergesellschaft bietet Mitarbeitern, die ihren Arbeitsplatz verlieren, einen befristeten Arbeitsvertrag an. Die Mitarbeiter scheiden bei ihrem alten Arbeitgeber aus und werden, rechtlich gesehen, Mitarbeiter des Trägers. Die Mitarbeiter arbeiten jedoch nicht, sondern befinden sich in Kurzarbeit. Der Träger zahlt ihnen daher das Kurzarbeitergeld aus und stockt dieses i. d. R. auf 80-90 % des letzten Nettogehaltes auf. Außerdem bietet er den Mitarbeitern die Möglichkeit der beruflichen Weiterbildung an und vermittelt ihnen neue Arbeitsplätze. Die Mitarbeiter scheiden aus der Transfergesellschaft aus, sobald sie entweder einen neuen Arbeitsplatz gefunden haben oder der befristete Arbeitsvertrag mit der Transfergesellschaft ausläuft[200].

Fazit

Wie geht es danach weiter? Nach der Veränderung ist vor der Veränderung! Zu einer guten Nachbereitung gehört die Reflexion. Was ist gut gelaufen, was war problematisch, wo können wir besser werden? Diese und ähnliche Fragestellungen gilt es zu beantworten und zu reflektieren. Denn wie eingangs erwähnt, sind Veränderungsprozesse fester Bestandteil der Organisationsentwicklung eines Unternehmens und gehören damit zum Managementalltag. Es bleibt festzuhalten, dass ein wertschätzendes, transparentes und faires Trennungsmanagement für alle am Prozess beteiligten Akteure anzustreben ist.

4.3 Veränderungsarchitektur

Zu den zentralen Kompetenz- und Gestaltungsfeldern gehört das Entwerfen einer Veränderungsarchitektur, die sich als planvolle Gestaltung eines Veränderungsvorhabens darstellt. Orientiert an der Strategie des Unternehmens zeigt die Veränderungsarchitektur neben einer tragfähigen Prozesslandschaft eine zukunftsweisende Neuorientierung auf. »... die Welt hat sich radikal verändert. Unternehmerisches Wirtschaften und betriebliches Management vollziehen sich heute unter ganz anderen Voraussetzungen als noch vor wenigen Jahren. Es gibt drei neue Rahmenbedingungen, und diese entscheiden weitgehend über Erfolg und Misserfolg: Verknappung der Ressource Zeit, Verknappung der Ressource Geld, dramatische Steigerung der Komplexität.«[201]

200 Vgl. https://www.arbeitsrecht.org/arbeitnehmer/arbeitsplatz/so-laeuft-der-uebergang-in-die-transfergesellschaft/; abgerufen am 25.06.2018.
201 Vgl. Doppler/Lauterburg (2014) S. 17.

Alle drei Rahmenbedingungen ziehen die Notwendigkeit von Veränderungen nach sich. Die architektonische und damit auch die methodische Ausgestaltung ist das Herzstück jedes Veränderungsvorhabens. Die Kunst besteht allerdings nicht darin, entsprechende Konzepte zu entwickeln. Vielmehr liegt die Herausforderung darin, diese in die Unternehmensrealität zu überführen und in den Unternehmensalltag nachhaltig zu implementieren, sozusagen mit Leben zu füllen. Funktionsfähige Architekturen befähigen alle Akteure des Veränderungsvorhabens, sich einzubringen und über klare Zielvorgaben und Ausrichtungen den Auftrag des Vorhabens erfolgsorientiert umzusetzen. Im Zuge der zunehmenden Digitalisierung erfährt die dritte Rahmenbedingung, die dramatisch steigende Komplexität, eine besondere Aufmerksamkeit. Geschwindigkeit und Komplexität nehmen in den Unternehmen immer mehr zu und so werden ganzheitliches Denken und Handeln im Veränderungsvorhaben immer erfolgskritischer.

4.3.1 Kennzeichen digitaler Geschäftsmodelle

Wie in Kapitel 2 bereits dargelegt, beschreibt der Begriff Digitalisierung nicht allein die Umwandlung analoger bzw. physischer Informationen in digitale Formate. Er beinhaltet u. a. auch die kontinuierliche Weiterentwicklung von Produkten und Geschäftsprozessen mittels digitaler Technologien. Auf diese Weise lassen sich einerseits neue Kosteneinsparpotenziale erschließen. Andererseits können den Kunden erweiterte Nutzenversprechen und auch zusätzliche Dienstleistungsangebote eröffnet werden[202]. Darüber hinaus verweist der Begriff auf einen Paradigmenwechsel in der Wertschöpfung. Etwa kann die »... Fertigung komplett digitalisiert und zu einem ›Internet der Dinge‹ (IoT) vernetzt werden, welches über die Cloud gesteuert wird. Und das ist nicht die einzige Veränderung: Es entstehen neue Datenströme, mit denen Unternehmen über Cloud Analytics ganz neue Erkenntnisse über ihre Tätigkeit gewinnen und ebenso über die Art und Weise, wie Kunden ihr Angebot nutzen. (Diese Entwicklung zwingt die Unternehmen,) ... Silos zwischen den Abteilungen aufzubrechen, über die traditionellen Tätigkeitsbereiche hinaus zu denken, um neue Geschäftsmodelle zu entwickeln«[203]. Aufgrund der exponentiellen Entwicklung ihrer Performanz – und hier verweisen wir nachdrücklich auf unsere Darstellung in Kapitel 2 – eröffnen die digitalen Technologien die Möglichkeit, sämtliche Schlüsselfaktoren eines Business Cases neu zu definieren. Welche Gestaltungsfelder und deren Verknüpfungen untereinander damit prinzipiell angesprochen sind, lässt sich beispielsweise am »Business

202 Vgl. etwa Buchholz et al. (2017), https://www.digitale-technologien.de/DT/Redaktion/DE/Downloads/Publikation/2017-04-27_AUT%20Studie%20Wertsch%C3 %B6pfungsketten.pdf?__blob=publicationFile&v=4; abgerufen am 17.05.2018.

203 Vogels (2017), https://www.wiwo.de/technologie/digitale-welt/groesser-hoeher-weiter-wie-die-digitalisierung-wertschoepfung-neu-definiert/19709416.html; abgerufen am 17.05.2018.

Model Canvas«[204] ablesen (siehe Abbildung 4.5). Treiber für diese Anpassungsoptionen sind insbesondere das Internet der Dinge (IoT), Big Data, Robotik, 3-D-Druck, soziale Netzwerke, das mobile Internet und Cloud Computing[205].

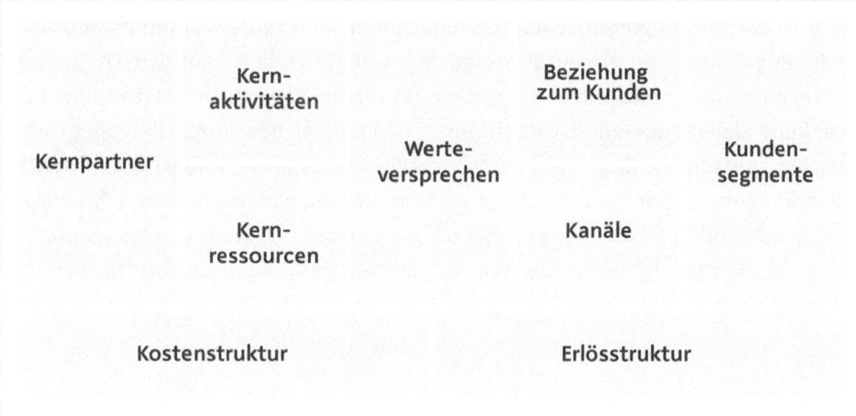

Abb. 4.5: Die neun Schlüsselfaktoren des Business Model Canvas nach Osterwalder/Pigneur (2010)

Insoweit bilden die Begriffe Disruption und Diskontinuitäten mit dem Begriff Digitalisierung einen inhaltlichen Dreiklang. Disruption beinhaltet den Startschuss für einen Neubeginn. Um etwas Neues entstehen lassen zu können, muss zuerst Bewährtes verlassen werden. Disruptiv bedeutet nicht zwangsläufig, dass alle guten Errungenschaften der Vergangenheit beseitigt werden müssen. Vielmehr geht es darum, Bewährtes auf den Prüfstand zu stellen und zu hinterfragen, inwieweit dieses angesichts sich abzeichnender zukünftiger Entwicklungen noch bedeutsam bzw. erhaltenswert ist. Auch die Notwendigkeit für eine technische Weiterentwicklung kann Ergebnis dieses Prüfprozesses sein.

Aus Unternehmenssicht bedingen Diskontinuitäten weiterhin massive Einschnitte in die Unternehmensstrategie und -politik, aber auch in die Verhaltensmuster der Arbeitnehmer. Gesetzmäßigkeiten der Vergangenheit gelten nicht mehr zwangsläufig für die Zukunft. Auch bislang gültige Erfahrungswerte verlieren an Bedeutung. Die Dynamik der Märkte im digitalen Zeitalter zeigt sich u. a. deutlich an den Halbwertszeiten von neuartigen Produkt- bzw. Dienstleistungskonzepten. Die Diskussion um das bargeldlose Bezahlen ist hier nur ein Beispiel unter vielen. Diskontinuitäten treten damit sowohl in der Unternehmensumwelt als auch in Unternehmen selbst auf.

204 Vgl. Osterwalder/Pigneur (2010), S. 31 ff.; vgl. auch o. V., BMWI (2018), http://www.existenzgruender.de/DE/Gruendung-vorbereiten/Businessplan/Business-Model-Canvas/inhalt.html; abgerufen am 17.05.2018.

205 Vgl. etwa Booß et al. (2015), S. 8 ff., https://myconvento.com/public/_files/userfiles/3850/image/studie_digitalisierung_dhbw_mannheim_oktober_2015.pdf; abgerufen am 17.05.2018.

Praxis: Digitale Transformation im Unternehmen

»Die digitale Transformation der Gesellschaft verändert die Erwartungen an Unternehmen. Sie resultiert aus dem alltäglichen Umgang mit Nutzen stiftender digitaler Technologie. Sie wird beschleunigt durch die Verbreitung digitaler Plattformen mit individueller Wertschöpfung – dem Smartphone und ähnlichen mobilen Geräten. Digitale Transformation und Unternehmen werden durch diese Geräte bestimmt. (...)
In diesem Zusammenhang müssen Geschäftsmodelle und Produkte erstens eine gewisse Anpassungsfähigkeit (Responsivität) entwickeln und zweitens die Komplexität der Wertschöpfung verringern.
Anpassungsfähigkeit bedeutet, dass sich das Geschäftsmodell und die damit verknüpfte Wertschöpfung schneller an neue Bedürfnisse anpasst als bisher. Dazu gehört, dass die physische Komplexität reduziert und überall, wo es möglich ist, virtualisiert wird (z. B. Auslagerung der Produktion an Dienstleister, Teildigitalisierung von Produkten, Konzentration auf Marktzugang und Vertrieb).
Verringerung der Komplexität bedeutet, dass Wertschöpfungen kleiner und überschaubarer werden. Anstatt den großen Wurf zu fokussieren, wird in kleine abgeschlossene Wertschöpfungen investiert. Diese sind schneller umsetzbar und können dadurch zu geringeren Investitionskosten am Markt validiert werden. Wir haben dieser Art der Wertschöpfung den Namen ›Mikro-Wertschöpfung‹ gegeben. Ziel ist der Aufbau einer digitalen Plattform. In diese können beliebig viele Mikro-Wertschöpfungen integriert werden. Eine ausreichende Menge sorgt dafür, dass der Nutzer sich auf die Applikationen mit dem größten Nutzen konzentriert. Die Plattform beginnt, sich evolutionär auf die Bedürfnisse des Kunden einzustellen. Dieser Prozess gelingt übrigens mit Partnern noch besser.«[206]
Quelle: manymizemagazin (2015)

Für digital geprägte Geschäftsmodelle sind in diesem Zusammenhang sieben Gestaltungsmuster kennzeichnend[207]:

- Exponentielle Entwicklung: Abgeleitet aus dem »Moore'schen Gesetz« verdoppeln sich alle 18 bis 24 Monate die Performanz digitaler Technologien und die darauf basierenden Prozesse der Informationsverarbeitung und -auswertung; digitale Geschäftsmodelle nutzen diese Skaleneffekte u. a. für die quantitative und qualitative Ausweitung ihrer Dienstleistungsangebote, wie etwa das Beispiel Amazon Prime zeigt.
- Kombinatorik und Auflösung von Branchengrenzen: Die kombinatorische Verwendbarkeit verschiedener Technologiebausteine generiert alternative Angebote und Nutzenversprechen, mittels derer u. a. neue Kundengruppen angesprochen werden können; traditionelle Grenzen zwischen Branchen lösen sich mehr und mehr auf.
- Monopolbildung durch Netzwerkeffekte: »Two-sided Markets« erfordern Vermittlerplattformen, die Anbieter und Nachfrager vernetzen; gemäß dem »Meta-

206 Hebenstreit (2015), https://www.manymize.com/digitale-transformation-und-unternehmen-4-ebenen#Zusammenfassung_und_Fazit; abgerufen am 22.05.2018.
207 Vgl. z. B. Matzler et al. (2016), S. 28 ff.; vgl. auch Fleisch/Weinberger/Wortmann (2017), S. 1 ff.

calf'schen Gesetz« wächst die Attraktivität einer Plattform dabei im Quadrat der Teilnehmerzahl; Branchenführer nutzen diesen Skaleneffekt, um eine monopolartige Marktstellung zu erreichen (siehe etwa WhatsApp).

- Tendenz zur »Gratis-Ökonomie«: Beispielsweise ist bei »Freemium«-Angeboten die Grundversion eines Services kostenfrei verfügbar; Upgrades können dann gegen eine Gebühr, meist in Form eines Abonnements, erworben werden.
- Minimieren von Transaktionskosten: Projekte, unterstützende Tätigkeiten werden über das Internet mit definierten Anreizsystemen ausgelobt, z. B. in Form eines Fixpreises, oder als Wettbewerbsprämie (»Crowdsourcing«); die Unternehmen konzentrieren sich vornehmlich auf die Steuerung der Ausschreibungen und definierte Kernkompetenzfelder.
- Zugang zu Ressourcen wird wichtiger als deren Besitz: In Abkehr zum sog. »Resourcebased View« innerhalb der strategischen Managementlehre, demzufolge Unternehmen in strategisch wichtige Ressourcen wie Maschinen, Patente, fähiges Personal und Handelswege investieren sollen, ist es in der Smart Economy zunächst bedeutsam, als Mittler den Konsumenten Zugang zu diesen Ressourcen zu eröffnen, ohne letztere selbst zu besitzen; Airbnb, Uber oder Local Motors sind Beispiele für dieses Gestaltungmuster. Allerdings lässt sich u. a. bei den eben benannten Firmen beobachten, dass diese beginnen, ihre Grundstrategie durch Investitionen in Anlagevermögen (assets) abzusichern[208].
- Personalisierung und Regionalisierung: Die Produktionskonzepte der Industrie 4.0 ermöglichen individuell und regional gestaltete Produkte zum Preis von Massenware; möglich wird dies durch intelligente, digital vernetzte Systeme und Produktionsprozesse, die den gesamten Lebenszyklus eines Produktes von der Idee und der Fertigung bis hin zu Nutzung und Recycling begleiten und bestimmen.

Der Einsatz digitaler Technologien in Unternehmen erfolgt häufig schrittweise. So ist bereits seit längerem die Umwandlung analoger bzw. physischer Informationen in digitale Formate allgegenwärtig, wie etwa die Diskussionen um die elektronische Personalakte oder der Aufbau von Datenerfassungs- und Scan-Zentren zeigen. Die digitale Veränderung der Gesellschaft befördert zudem seit Jahren die kundenseitige Erwartung nach digitalen Produkten und Dienstleistungen. Beispiele hierfür sind etwa der Staubsaugerroboter, Bezahl-Apps[209] oder das Tracking für Pakete[210]. Das Entwickeln und Implementieren derartiger Angebote hilft Unternehmen, sich am Markt zu differenzieren. Zu Beginn stehen dabei nicht selten Insellösungen im Vordergrund. Aber bereits mit diesen beginnt sich der Unternehmensalltag zu verändern. Denn

208 Vgl. etwa Rest (2018), http://www.manager-magazin.de/magazin/artikel/digitale-plattformen-die-naechste-runde-wird-auf-der-strasse-ausgetragen-a-1211063.html; abgerufen am 18.06.2018.

209 Vgl. https://www.wiwo.de/technologie/digitale-welt/mobile-payment-die-populaersten-deutschen-bezahl-apps/20982376.html; abgerufen am 22.05.2018.

210 Vgl. https://www.paketda.de/paketverfolgung.php; abgerufen am 22.05.2018.

einer immer kürzer werdenden Phase der Differenzierung folgt meist sehr schnell am Markt die Kommodisierung der Zusatzfeatures, wie etwa das Beispiel der Beschleunigungssensoren bei Smartphones[211] und das sog. e-Recruiting zeigen. Wettbewerber kopieren schlicht die Produkte und Dienstleistungen. Es entsteht die Notwendigkeit, letztere immer preiswerter anzubieten und mit Zusatznutzen zu versehen.

Auch werden weiterführende innovative digitale Produkte und Dienstleistungen von den Kunden erwartet. Diese Entwicklung mündet nahezu zwangsläufig in der Digitalisierung von Prozessen und Entscheidungen. Denn nur so können die notwendigen Kosteneinsparpotenziale erzielt und die Fähigkeit zur Differenzierung gegenüber den Mitbewerbern aufrechterhalten werden. Big Data-Konzepte und Industrie-4.0-Lösungen sind Kernelemente dieser Veränderungsphase[212]. Auf diese Weise können sich die Unternehmen weiterhin vorteilhafte Erträge sichern. Allerdings zeichnet sich bereits heute ab, dass eine nachhaltige Wertschöpfung und damit Zukunftsfähigkeit nicht mehr alleinig über physische Produkte mit rudimentären digitalen Zusatzangeboten gesichert werden kann. Erforderlich sind grundständige Verbindungen aus physischer und digitaler Welt, also digital geprägte Geschäftsmodelle, wie sie etwa Google oder Apple mit Blick auf den Automobilmarkt anstreben[213].

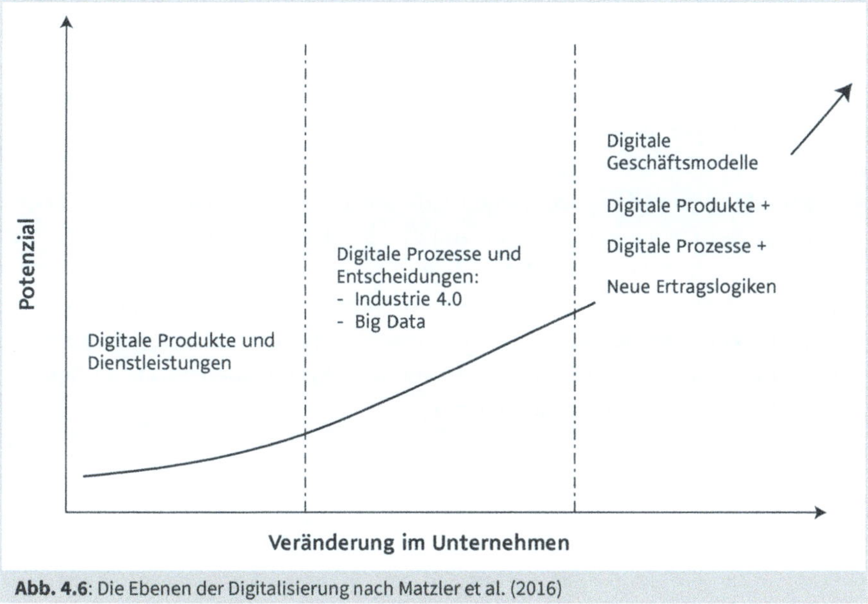

Abb. 4.6: Die Ebenen der Digitalisierung nach Matzler et al. (2016)

211 https://www.elektronikpraxis.vogel.de/funktion-und-anwendungen-von-beschleunigungssensoren-und-gyroskopen-a-458045/; abgerufen am 22.05.2018.

212 Vgl. z. B. Buchholz, B. et al. (2017), S. 23 ff.

213 Vgl. https://www.focus.de/auto/experten/patentanmeldungen-tech-konzerne-besetzen-die-zukunftsfelder-der-autoindustrie_id_7561270.html; abgerufen am 22.05.2018.

Die Grafik in Abbildung 4.6 verdeutlicht, dass auf dem Weg hin zu digitalen Geschäftsmodellen das Ausmaß und die Vielzahl sowie der Anforderungs- und Komplexitätsgrad der damit einhergehenden Veränderungen kontinuierlich und exponentiell anwachsen. Der Arbeitsalltag der Mitarbeiter wird u. a. produktiver und vielgestaltiger. Ihre Arbeitsleistung wird mehr denn je darauf ausgerichtet sein, kundenorientierten und wirtschaftlichen Mehrwert zu generieren. Grundlage hierfür sind die digitalen Basiskompetenzen, die sich in einer individuellen Digital Literacy niederschlagen, sowie ein neues Selbstverständnis, welches in Corporate Culture 4.0[214] abgebildet wird. Aus personaler Sicht betrachtet, hängt damit das Gelingen digitaler Transformationsprojekte davon ab, inwieweit die Mitarbeiter einerseits lern- und entwicklungsfähig sind, um ihre digitalen Kompetenzen an die Erfordernisse der digitalen Arbeitswelt anzupassen. Andererseits geht mit der Digitalisierung eine Werte- und Einstellungsverschiebung einher. So werden bislang bewährte Geschäftspraktiken, Regeln der Führung und Zusammenarbeit, Arbeits- und Verhaltensweisen sowie Verstehens- und Entscheidungskonzepte, aber auch Überzeugungen und professionelle Haltungen zumindest hinterfragt und fallweise ersetzt. Die betroffenen Menschen müssen für sich entscheiden, inwieweit sie diese Änderungen mitgehen wollen. Die Unternehmen müssen im Gegenzug festlegen, wen sie auf dieser Entwicklungsreise mitnehmen möchten, wem sie es zutrauen, in der digitalen Unternehmenszukunft anzukommen. Wir haben in den Kapiteln 4.1 und 4.2 die unterschiedlichen Ansätze und Gestaltungsmöglichkeiten bereits dargestellt und können nun diese gewonnenen Erkenntnisse auf die Neuausrichtung des Unternehmens anwenden.

Vielfältige Studien und Konzepte legen in diesem Zusammenhang eine schrittweise Neupositionierung nahe. Ausgehend von den Bedürfnissen zuvor definierter Kundengruppen sind neue Geschäftsmodelle abzuleiten. Letztere sollten dabei auf einem erweiterten Verständnis von Innovation basieren, d. h., neben der Technologieentwicklung werden auch organisatorische Innovationen und eine geeignete Veränderungsarchitektur bedacht[215]. Abbildung 4.7 zeigt einen iterativen Gesamtprozess für eine solche Neupositionierung.

214 Vgl. z. B. https://www.jisc.ac.uk/guides/developing-digital-literacies#; abgerufen am 22.05.2018; vgl. Bartscher (2018), S. 23 ff.

215 Vgl. etwa die Studie im Rahmen der Begleitforschung zum Technologieprogramm AUTONOMIK für Industrie 4.0 des Bundesministeriums für Wirtschaft und Energie und die dort angegebene Literatur: Buchholz et al. (2017), https://www.digitale-technologien.de/DT/Redaktion/DE/Downloads/Publikation/2017-04-27_AUT%20Studie%20Wertsch%C3%B6pfungsketten.pdf?__blob=publicationFile&v=4; abgerufen am 17.05.2018; vgl. auch Vahs/Brehm (2015), S. 95 ff.

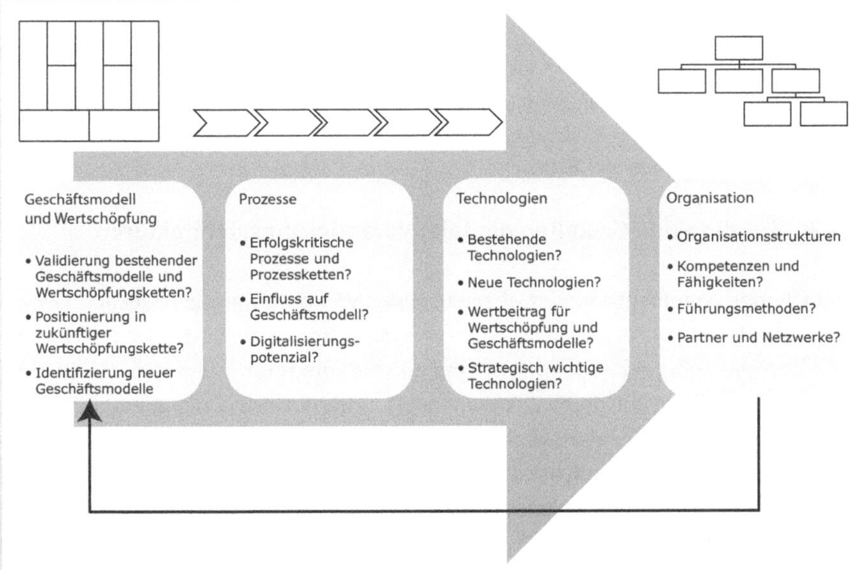

Abb. 4.7: Schrittweise Anpassung von Wertschöpfungsprozessen und Geschäftsmodellen nach Buchholz et al. (2017)

Fazit

Ein klar formuliertes Zielbild, inklusive einer nachvollziehbaren Ertragslogik, ist Voraussetzung dafür, um die Chancen der Digitalisierung im und für das jeweilige Unternehmen ergreifen zu können. Neben dem Entwickeln und Einsetzen neuer digitaler Technologien sind auch Investitionen in die Förderung der Kompetenzen der Mitarbeiter zu bedenken. Dies gilt ebenso mit Blick auf organisatorische und prozessuale Innovationen innerhalb des Arbeitssystems. Diesbezügliche Erfolgsfaktoren sind vor allem die Öffnung hin zu neuen Partnerstrukturen und Kooperationen sowie das Einbinden der Kunden in die einzelnen Prozessschritte der Wertschöpfung mittels digitaler Technologien. Die Transformation hin zu digitalen Geschäftsmodellen basiert damit auf dem Ineinandergreifen von Zielbild und Ertragslogik, digitaler Technik und Arbeitssystem sowie Mensch (siehe Abbildung 4.8).

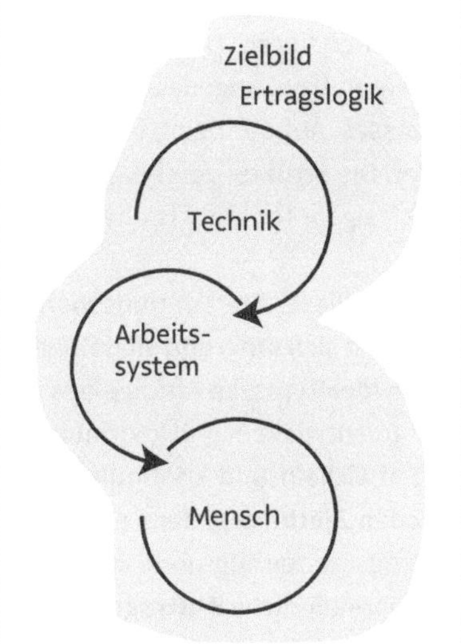

Abb. 4.8: Digitale Organisationsentwicklung: Ineinandergreifen von Zielbild und Ertragslogik, digitaler Technik und Arbeitssystem sowie Mensch

Wenn in diesem Zusammenhang über konkrete Veränderungsarchitekturen nachgedacht wird, ist auch zu entscheiden bzw. zu klären, welche und wie viele Mitarbeiter in der neuen digitalen Arbeits-/Unternehmenswelt ankommen können und letztlich dann auch sollen. Um diesbezüglich Entscheidungen fundiert treffen zu können, ist ein leistungsfähiges HR-Kompetenz- und HR-Kapazitätsmanagement erforderlich, mit adäquaten HR-Big-Data und HR-Analytics-Konzepten und Tools.

4.3.2 Ableiten und Gestalten digitaler Veränderungsarchitekturen

Die bisherige Argumentation ist eher ausgerichtet an den grundsätzlichen Gestaltungsanforderungen, an denen sich Interventionen im Rahmen digitaler Transformationsprozesse orientieren sollten. Wie sind nun die konkreten Interventionselemente, deren Ausgestaltung und deren Zusammenspiel untereinander (Alignment) für den jeweils konkreten Transformationsprozess abzuleiten, festzulegen und dann zu gestalten? An dieser Stelle sei zunächst daran erinnert, dass Menschen Orientierung suchen und benötigen. Wie und in welcher Form diese Orientierung gesucht wird, haben wir bereits in Kapitel 3.1 erläutert. Zwischen Beunruhigung und Beruhigung wollen sie Sicherheit und Klarheit finden, gerade in komplexen Veränderungssituationen. Orientierung dient dabei den Menschen zur Selbststrukturierung (siehe Abbildung 3.1). Fünf Dimensionen der Orientierung werden diesbezüglich häufig unterschieden: die sachliche, zeitliche, räumliche, soziale und symbolische. All diese Perspektiven sind bei der Ausgestaltung aller Maßnahmen auf allen Ebenen der Intervention zu bedenken und zu konkretisieren. Die Architekturebene gibt dabei einen Überblick über sämtliche geplanten bzw. angedachten Maßnahmen/-bündel im Rahmen eines Veränderungsprozesses. Auf der Design-Ebene ist die grobe Struktur einer Einzelmaßnahme abgebildet. Die Struktur zeigt dabei den Ablauf bzw. die Aneinanderreihung von einzelnen Werkzeugen/Tools auf (siehe Abbildung 4.9)[216].

Um nun diese Interventionsebenen möglichst zielführend ausgestalten zu können, empfiehlt sich aufgrund vielfältiger Erfahrungen aus der Beratungspraxis die nachfolgende idealtypische Abfolge aus drei Konzeptionierungsphasen, die ineinandergreifend zu entwickeln und kontinuierlich weiterzuentwickeln sind[217]:

1. Entwickeln und kontinuierliches Weiterentwickeln eines klaren und verständlichen **Zielbildes**, dem ein in sich stimmiges, robustes und marktorientiertes Ertragsmodell zugrunde liegt;
2. kontinuierliche **Auftragsklärung** und kontinuierliches Fortschreiben des **Projektsteckbriefes**;
3. Entwickeln und kontinuierliches Weiterentwickeln von **dynamischen Prozessschleifen**.

216 Vgl. Bartscher/Lütjen (2014), S. 212.

217 Vgl. z. B. Königswieser/Exner (2013), S. 45 ff.; Claßen (2013), S. 111 ff.; Nagel (2014), S. 12 ff.; Nagel/Wimmer (2014), S. 23 ff.; Petry (2016), S. 127 ff.

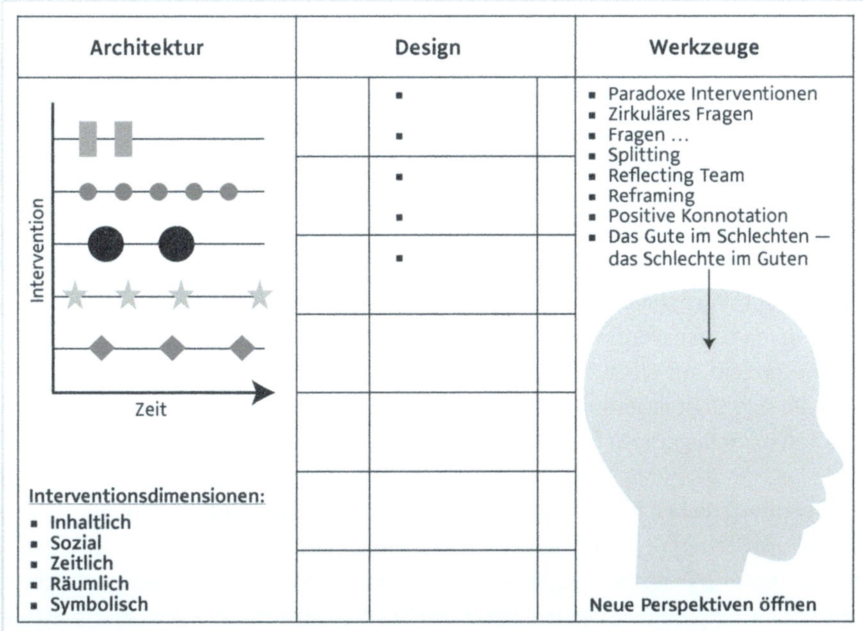

Abb. 4.9: Ebenen und Dimensionen der Intervention nach Bartscher/Lütjen (2014), S. 212

4.3.2.1 Zielbild

Kognitionspsychologische Ansätze verweisen darauf, dass Menschen modellhafte Vorstellungen entwickeln, um sich und anderen realweltliche Gegebenheiten und Abläufe zu veranschaulichen. Insbesondere strukturelle sowie dynamische Aspekte komplexer Sachverhalte werden vereinfacht abgebildet, um diese verstehen und gedanklich simulieren zu können. Diese sog. mentalen Modelle stellen kognitiv-emotionale Repräsentationen der Welt dar und bestimmen maßgeblich das (Entscheidungs-) Verhalten der Menschen. Hier weisen wir noch einmal auf unsere Darstellung in Kapitel 3.2 hin. Werden in diesem Zusammenhang von Menschen Handlungen verlangt, die ihren mentalen Modellen und damit u. a. ihren Einstellungen und Werten zuwider laufen, steigt die Wahrscheinlichkeit, dass sie diese Handlungen nicht ausführen. Verstehen Menschen nicht, warum sie etwas anders tun sollen und ist das Andere zudem emotional negativ belegt, werden sie schwerlich ihre Verneinung des Andersartigen überwinden. Hierzu können Sie auch nochmals Kapitel 3.5 zur näheren Erläuterung heranziehen.

Digitale Transformationsprozesse sind für den Laien nun häufig in ihren Ausprägungen und Auswirkungen schwerlich zu durchdringen und aufgrund der allgemeinen

Diskussionslage meist negativ besetzt[218]. Insoweit ist es naheliegend, dass Arbeitnehmer dem Thema Digitalisierung skeptisch gegenüberstehen und naturgemäß mit Widerstand reagieren. Die Mitarbeiter, die für die digitale Zukunft eines Unternehmens begeistert werden sollen, müssen damit einerseits bei ihrer diesbezüglichen mentalen Modellentwicklung unterstützt bzw. angeleitet werden. Die dabei zur Verfügung gestellten und aufbereiteten Informationen müssen zudem die unterschiedlichen Informationsbedürfnisarten der Menschen berücksichtigen (siehe Abbildung 3.3). Andererseits müssen die mit der Digitalisierung einhergehenden Änderungen kompatibel mit dem allgemeinen Konzept der Lebensführung der betroffenen Menschen sein. Droht deren Lebenskonzept zu stark eingeschränkt zu werden, verliert das Transformationsprojekt aus Sicht der Betroffenen an Attraktivität[219]. Menschen wollen insoweit die sog. Digitalisierung und die damit einhergehenden Änderungen verstehen und sich dafür begeistern können.

Die Verantwortlichen für ein digitales Veränderungsprojekt sind damit in der Pflicht, den Mitarbeitern, mit denen sie die digitale Zukunft gestalten wollen, ihre grundlegenden Beweggründe darzulegen, ebenso die in diesem Zusammenhang erarbeiteten konzeptionellen Überlegungen. Dabei sind die Vorzüge, aber auch die Einschränkungen zu benennen, die mit einem Veränderungsprojekt einhergehen. Die Mitarbeiter wollen u. a. erkennen können, warum das Projekt sinnvoll ist und welche innere (Ertrags-)Logik diesem zugrunde liegt. Zudem müssen sie in Summe erkennen können, welche Vorteile für sie aus einer Teilhabe an dem Projekt erwachsen und welche Nachteile für sie hierüber vermieden werden können. Erst dann wird es ihnen überhaupt möglich sein, sich emotional für das Change-Projekt zu erwärmen.

Insoweit überrascht es nicht, dass digitale Veränderungsprojekte zu scheitern drohen, wenn deren Initiatoren den Mitarbeitern keine diesbezüglichen Ziel- bzw. Zukunftsbilder anbieten. Notwendig sind vielmehr Aussagen und Visualisierungen über eine erstrebenswerte Zukunft, die sowohl die Köpfe (Ratio), aber auch die Herzen (Emotion) der Mitarbeiter erreichen. Dabei ist es bedeutsam, dass das Zielbild an der Wertschöpfung und den Kernkompetenzen des Unternehmens anknüpft und nicht alleine auf digitale Technologien begrenzt bleibt. Etwa verdeutlicht das Business Model Canvas mit seinen neun Schlüsselfaktoren, welche vielfältigen inhaltlichen Dimensionen ein geeignetes Zielbild aufweisen und bedienen können muss (siehe Abbildung 4.10).

218 Vgl. z. B.: o. V., BertelsmannStiftung (2016), https://www.bertelsmann-stiftung.de/es/unsere-projekte/wirtschaftliche-dynamik-und-beschaeftigung/projektnachrichten/studie-digitalisierung-und-beschaeftigung/; abgerufen am 24.05.2018.

219 Vgl. Bartscher/Nissen (2018), S. 178 ff.

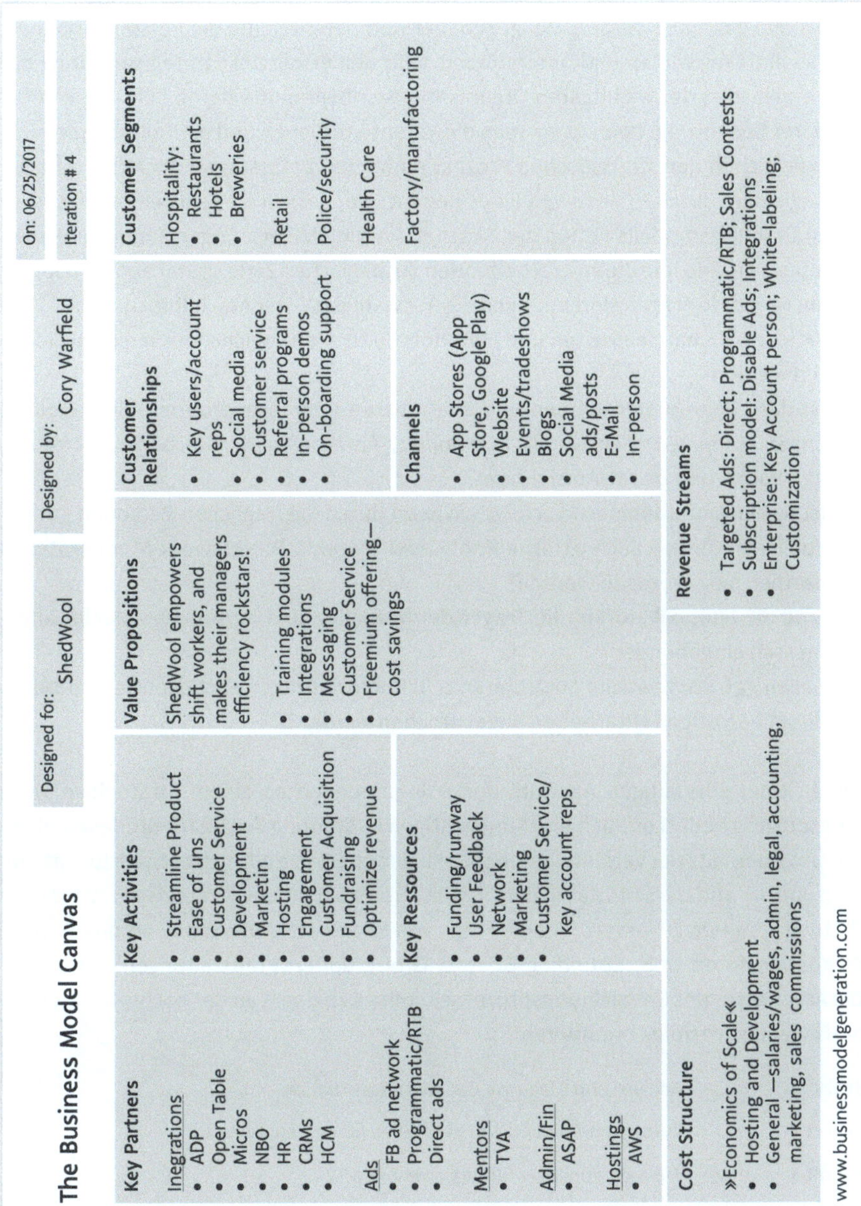

Abb. 4.10: Beispiel eines Business Model Canvas, Quelle: https://www.fiverr.com/corywarfield/help-create-your-business-model-canvas; abgerufen am 25.05.2018.

Liegt noch kein ausgearbeitetes Geschäftsmodell, kein strategisches Konzept schriftlich fixiert vor, ist von der Leitung eines Transformationsprojektes im ersten Schritt darauf zu drängen, dass ein solches erarbeitet und verschriftlicht wird. Die Durchführung und Steuerung des Prozesses der Erstellung sollte im Idealfall durch eine interne Strategieabteilung, im Zusammenspiel mit einer externen Strategieberatung, strukturiert und gestaltet werden. Bei gegebener Kompetenz sollte die Personalabteilung hierbei aktiv mitwirken und unterstützen. »Für den Erfolg der Strategiearbeit ist das Zusammenspiel der wichtigsten Organisationseinheiten und deren Führung von besonderer Bedeutung. Denn wenn man die Verantwortlichen und die Teilsysteme nicht ausdrücklich in den strategischen Prozess einbindet, belässt man die Akzeptanz der Strategie dem Zufall.«[220] Insoweit ist es bedeutsam, dass in die Erarbeitung des (digitalen) Geschäftsmodells neben der Geschäftsleitung all jene Organisationseinheiten eingebunden sind, die die zu erarbeitenden strategischen Ziele später auch umsetzen sollen. Folgende Fragen sind mit Blick die Auswahl der Personen hilfreich:

1. Welche Geschäftseinheiten und Funktional-/Zentralbereiche müssen berücksichtigt werden?
2. Ist das Gesamtunternehmen und sind dessen Interessengruppen (Stakeholder) angemessen repräsentiert (z.B. Kunden, Anteilseigner, Mitarbeitervertretung, ggf. Politik und Beirat/Aufsichtsrat)?
3. Ist das im Unternehmen »verteilte« Wissen durch die fraglichen Personen gut abgebildet? Können auch externe Know-how-Träger, z.B. Netzwerk-/Kooperationspartner, hinzugezogen werden?
4. Sind die Multiplikatoren, die Träger der formellen und informellen Macht, angemessen eingebunden?
5. Sollen ggf. ausgewählte Mitarbeiter, z.B. Potenzialträger, Fachexperten und/oder direkt betroffene Mitarbeiter, angesprochen werden?

Neben einer sorgfältigen Auswahl der Teilnehmenden an einem Strategieentwicklungsprozess bedarf es auch einer umsichtigen Gestaltung der Bearbeitungsarchitektur. Um einerseits der Vereinnahmung durch das operative Alltagsgeschäft zu entkommen und um andererseits das in der Organisation vorhandene strategische Wissen zur Geltung kommen zu lassen, ist eine Folge von Strategie-Workshops und qualitativen Diskussionsforen (z.B. Sounding-Boards, Großgruppenveranstaltungen) förderlich. Die Architektur des Entwicklungsprozesses sollte sich dabei an der nachfolgenden generischen Schrittfolge orientieren[221]:

Schritt 1	Analyse und Diagnose der Ausgangssituation
Schritt 2	Erarbeiten/Ableiten von generellen Strategieoptionen
Schritt 3	Auswahl günstiger Strategieoptionen
Schritt 4	Entscheiden für eine Strategieoption und Ableiten eines Zukunftsbildes, inkl. der Grundstruktur des Geschäftsmodells

220 Nagel (2014), S. 16.

221 Vgl. z.B. https://www.osb-i.com/de/leistungen/strategie-organisation/; abgerufen am 26.05.2018; vgl. etwa auch Wittkuhn/Bartscher (2011), S. 81 ff.; vgl. Nagel (2014), S. 16 ff.

Schritt 5	Konkretisieren des Geschäftsmodells, inkl. Zielstruktur und Ableiten des erforderlichen Organisationsumbaus (Führungs- und Steuerungsstrukturen, Aufbau-/Ablauforganisation, Kompetenz- und Ressourcenentwicklung)
Schritt 6	Implementierung planen, Evaluationskonzept entwickeln sowie strategisches und operatives Controlling verankern.

Die eben skizzierte generische Schrittfolge ist Grundlage für eine Vielzahl von Prozessarchitekturen zur Entwicklung bzw. Ableitung einer Strategie. Stellvertretend sei an dieser Stelle auf die sog. Strategieschleife nach Nagel (2017) verwiesen.

Praxistipp: Strategieschleife nach Nagel (2017)

»Die ›Strategieschleife‹ ist eine konkrete Wegbeschreibung für einen rekursiven Überprüfungsprozess. Sie ist ein ›Roter Faden‹ für die einzelnen Arbeitsschritte und ihre logische Abfolge. Diese vorgeschlagene Architektur von in sich schlüssigen Schritten hat neben einer inhaltlichen Logik auch den Zweck, die unvermeidliche Komplexität der Strategiearbeit besser zu verstehen und dadurch leichter bearbeitbar zu machen. Viele in der Praxis gleichzeitig vorkommende Prozesse und Fragestellungen werden durch diese Darstellungsform entzerrt. Führungskräfte empfinden sie meist als entlastend, weil sie eine Energie- und Aufmerksamkeitsfokussierung für einzelne Fragestellungen zulässt, ohne den komplexen Such- und Entscheidungsprozess zu stark zu vereinfachen.
In der konkreten Praxis finden die Arbeitsschritte allerdings selten linear und exakt in dieser zeitlichen Abfolge statt. Wie in einer Pendelbewegung werden manchmal logisch später folgende Schritte vorab angedacht. So macht es zum Beispiel häufig große Mühe, unterschiedliche strategische Optionen durchzuspielen, ohne die damit verbundenen persönlichen Karrierechancen und organisatorischen Konsequenzen mit zu bedenken. Andererseits ist es oft auch in einem schon fortgeschrittenen Prozessstadium erforderlich, frühere Überlegungen im Lichte neuer Erkenntnisse und Einsichten noch einmal vertieft zu durchdenken.
Die Schleifenform symbolisiert das Auftauchen aus dem operativen Fluss des Tagesgeschäfts in eine strategische Perspektive, aus der man bestimmte Zusammenhänge anders beobachten und leichter neue Ansätze entwickeln kann als in den Zwängen des Alltages. Die Schleifenform verdeutlicht auch, dass man wieder in den operativen Fluss einschwenken muss. Sie ist der Versuch, die eingeschliffenen Tagesroutinen im Sinne der definierten Strategie zu beeinflussen und strategiekonform umzulenken. Der ›Rote Faden‹ dieser Reflexionsschleife umfasst die nachfolgend beschriebenen Schritte …«[222] (siehe Abbildung 4.11).

222 Nagel (2017), S. 18/19, https://www.osb-i.com/fileadmin/user_upload/Nagel_Stratgeie_als_zukunftsorientierte_Fuehrungsaufgabe_2017.pdf; abgerufen am 27.05.2018.

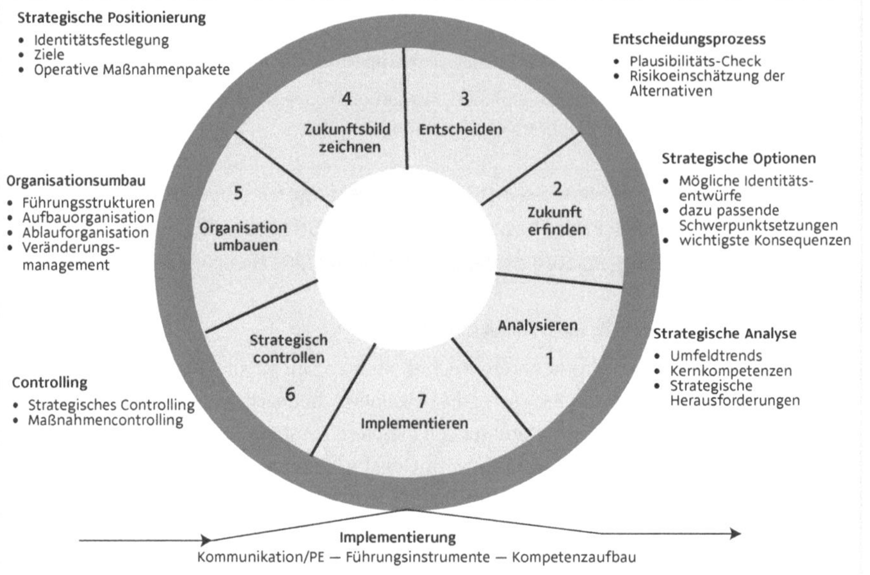

Abb. 4.11: Die Strategieschleife; adaptiert nach Nagel/Wimmer 2014
Quelle: www.osb-i.com (2018)

Neben einer nachvollziehbaren Prozessdokumentation sollten die Ergebnisse der Strategiearbeit in einem ausführlichen und schriftlich formulierten Strategiepapier[223] festgehalten werden. Um darüber hinaus den Mitarbeitern in den ersten Phasen der Implementierung die mentale Modellentwicklung bezüglich der Veränderungsthematik zu erleichtern bzw. um diese dabei zu unterstützen, empfiehlt es sich, die Ergebnisse zudem fokussiert in einem Management-Summary sowie in einem ›One-Pager‹ (siehe z. B. Canvas in Abbildung 4.10) zusammenzufassen und über ein Strategiebild zu visualisieren (siehe Abbildung 4.12)[224].

223 Vgl. z. B. https://www.consideo.de/tl_files/consideo/pdfs/papers/SystemischeStrategieentwicklung.pdf; abgerufen am 27.05.2018.

224 O. V. Lünendonk (2018); Irber (2018) https://www.instagram.com/p/Bh_GvZEHtGO/; abgerufen am 27.05.2018; vgl. auch https://wirber.de/portfolio/strategie-visualisierung-und-prozessbilder/; abgerufen am 27.05.2018

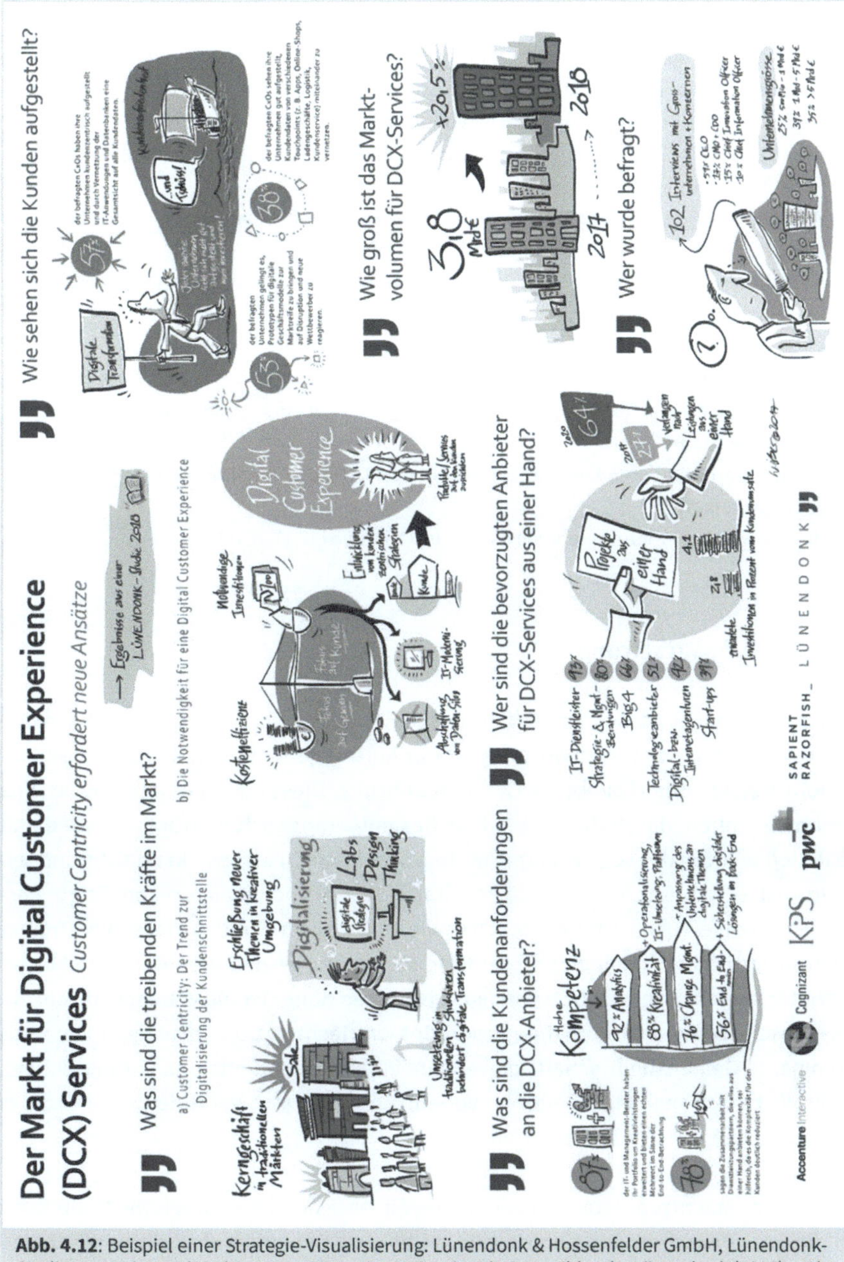

Abb. 4.12: Beispiel einer Strategie-Visualisierung: Lünendonk & Hossenfelder GmbH, Lünendonk-Studie »Integrierte Digital Customer Experience Services in Deutschland«, Lünendonk (2018) und Irber (2018)

Praxistipp: Fragestellungen für ein inspirierendes und motivierendes Vision Statement (Zielbild)

- Vermittelt die Vision ein konkretes Bild der angestrebten Zukunft?
- Sind Sinn und Nutzen der Vision nachvollziehbar?
- Schafft die Vision Vertrauen und bietet sie den Menschen im Unternehmen Orientierung?
- Wird ersichtlich, in welcher Rolle das Unternehmen zukünftig wahrgenommen werden möchte?
- Ist deutlich, welchen konkreten Beitrag das Unternehmen zukünftig leisten möchte (z. B. für seine Kunden, für eine bessere Welt)?
- Lässt sich der konkrete Beitrag einzelner Funktionsbereiche, Abteilungen oder Mitarbeiter ableiten?
- Ist die Vision mit der Realität verbunden (zielt sie z. B. auf ein zukünftig zu erwartendes Marktpotenzial)?
- Ist die Vision inspirierend und hat sie das Potenzial, Mitarbeiter als motivierte Unterstützer zu gewinnen?[225]

Quelle: www.moderne-unternehmenskommunikation.de (27.11.2015)

4.3.2.2 Auftragsklärung

Sind das Zielbild und das zukünftige Geschäftsmodell konzipiert, ist im nächsten Schritt zu klären: Wer verantwortet was? Der Auftraggeber für ein digitales Transformationsprojekt ist und bleibt die Geschäftsführung. Diese kann aus ihrem Kreis eine Person benennen, die stellvertretend die Gesamtverantwortung trägt und die damit die Rolle/Funktion des sog. Machtpromotors übernimmt. Letzterer kann aufgrund seiner formal legitimierten Macht u. a. Prioritäten setzen und verändern, benötigte Ressourcen erschließen bzw. bereitstellen sowie die fachlichen und prozessualen Treiber der Transformation schützen und fördern. Je gefestigter und vernetzter ein Machtpromotor in einer Organisation verankert ist, umso höher ist die Wahrscheinlichkeit, dass dieser etwaig aufkommende Blockaden entflechten bzw. beseitigen kann. Als prominente Gallionsfigur schafft dieser eine erste und bedeutsame Voraussetzung, damit die betroffenen Mitarbeiter im Verlauf eines digitalen Veränderungsprozesses Vertrauen in letzteren aufbauen können.

Aufgabe des Machtpromotors ist zudem, regelmäßig auf die strategische Bedeutung der digitalen Transformation hinzuweisen. Ebenso ist er aufgerufen, authentisch und nachvollziehbar eine berechtigte Zuversicht hinsichtlich der Eckpunkte der Umsetzung und der Erreichbarkeit des Zielbildes zu verbreiten. Für die Mitarbeiter wird es

225 Kakas (2015), https://www.moderne-unternehmenskommunikation.de/veraenderungskommunikation/change-braucht-vision/; abgerufen am 27.05.2018.

hierdurch leichter, zuversichtlich die von ihnen erwartete Kompetenzentwicklung anzugehen. Letzteres wiederum befördert bei diesen ein Gefühl von innerer Sicherheit. Der Glaube an sich selbst wächst. Die Mitarbeiter entwickeln dahingehend Selbstbewusstheit, dass sie die von ihnen abverlangten Aktivitäten anforderungsgemäß bewältigen können.

Das Vertrauen der Mitarbeiter in das Transformationsprojekt und in den eigenen Kompetenzaufbau wird weiterhin positiv befördert, wenn die operative Projektleitung (Einzelperson oder Team) sowohl fachlich, methodisch als auch hinsichtlich der projektrelevanten Praxiserfahrung fundiert ausgewiesen ist. Die von einer Veränderung betroffenen Mitarbeiter erwarten zudem von der Projektleitung Beziehungskompetenz im persönlichen Kontakt[226] und auch mit Blick auf die gruppendynamischen Prozessebenen (siehe Abbildung 3.6). Darüber hinaus setzen die Mitarbeiter auf eine professionelle Gestaltung des gesamten Transformationsprozesses. Letzteres schließt sowohl die kontinuierliche (Weiter-)Entwicklung der Auftragsklärung als auch ein belastbares sowie praxiserprobtes Projektmanagement. Da dieses einen erfolgskritischen Anteil am Gelingen des Gesamtprojektes hat, werden wir uns mit dem Projektmanagement in Abbildung 4.25 gesondert näher befassen.

Die Auftragsklärung dient einerseits der konkreten Abfrage und dem Offenlegen der expliziten und impliziten Erwartungen des Auftraggebers an die Projektleitung, an die Ausgestaltung des Transformationsprozesses, an die Projektmitarbeiter und in letzter Konsequenz auch an die von der Veränderung betroffenen Mitarbeiter. So ist u. a. zu klären, welche Rolle der Auftraggeber und die Projektleitung einnehmen, wie die »Mitwirkungs- und Einbindungspflichten« sowie die Projekt- und Berichtsstruktur gestaltet sein soll. Auch ist die Zusammensetzung des Projektteams und der Grad der Freistellung der Teammitglieder festzulegen. Weiterhin ist zu erörtern, wie die allgemeine Kommunikation an die Führungskräfte und Mitarbeiter erfolgen soll und wie die Personalvertretung und weitere Multiplikatoren informiert und einbezogen werden sollen.

Andererseits wird im Rahmen der Auftragsklärung das Verständnis des Auftraggebers hinsichtlich des Zielbildes konkretisiert und ggf. hinterfragt. Was sind aus dessen Sicht die zentralen Herausforderungen des Veränderungsprojektes, welche grundlegenden Problematiken gilt es zu lösen? Welche projektbezogene Historie ist zu bedenken? Welche Randbedingungen, Besonderheiten, Macht- und Kraftfelder sind zu berücksichtigen? Ebenso sind die Vorstellungen des Auftraggebers hinsichtlich des konkreten Vorgehens im Prozess und der von ihm bereits angedachten »Problemlösungen« Thema. Welche Begrenzungen sind diesbezüglich zu beachten? Hierzu zählen u. a. eine etwaige kritische Zeitvorgabe, der Umfang von Tätigkeiten und einsetzbare

226 Siehe z. B. Leader Member Exchange Modell in Bartscher/Nissen (2017), S. 191 ff.

Ressourcen. Für die Projektleitung ist zudem wichtig zu erfahren, ob und welche Entscheidungen schon getroffen sowie ob und welche Aktivitäten bereits initiiert sind. Alles in allem unterstützt die Auftragsklärung dabei innezuhalten, sodass Auftraggeber und Auftragnehmer sich zusammen ein möglichst klares und deckungsgleiches Bild von der Ausgangssituation erarbeiten können. In diesem Zusammenhang empfiehlt sich ein systematisches Vorgehen. In der nachfolgenden Abbildung 4.13[227] sehen Sie ein bildlich zusammengefasstes Vorgehenskonzept von Hilsenbeck (2017).

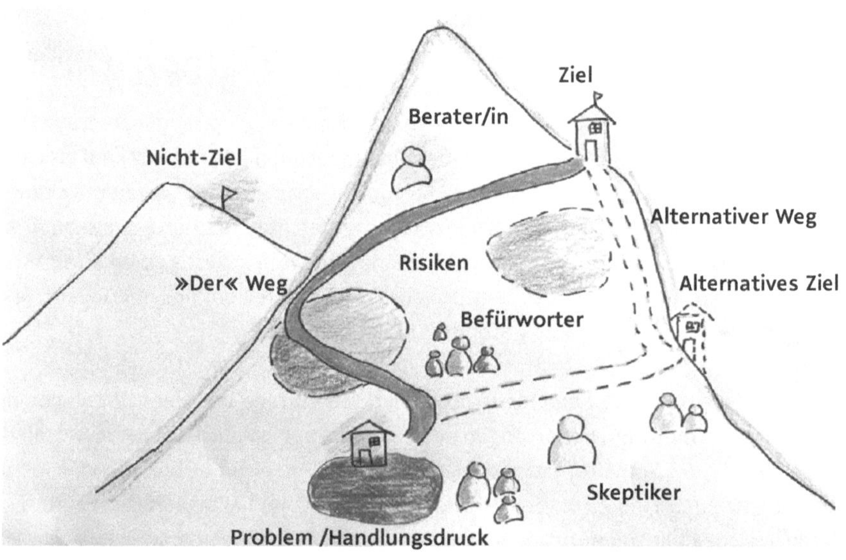

Abb. 4.13: Typische Dimensionen der Auftragsklärung nach Hilsenbeck (2017)

In den Mittelpunkt seiner Analyse stellt er den »Weg«, die Vorstellungen des Auftraggebers über die generelle Interventionsstoßrichtung und hinsichtlich anzudenkender Maßnahmen. In der Regel hat der Auftraggeber schon geraume Zeit über die anstehenden Veränderungen nachgedacht und etwaige Gestaltungswege zueinander ins Verhältnis gesetzt. Insoweit steigt der Auftragsnehmer in einen laufenden Prozess ein. »Es ist, als würden Sie den Fernseher einschalten und zufällig in die 5. Folge einer spannenden Serie geraten. Dabei stellt sich schnell die Frage: Was geschah bisher?«[228]. Hierbei ist es bedeutsam, auch den Problem-/Handlungsdruck des Auftraggebers zu verstehen (Warum kann nicht alles so bleiben, wie es ist?). Ebenso ist dessen Verständnis über das Projektziel bedeutsam. Ist der Weg das Ziel, also das »Sich-auf den-Weg-machen«, oder gilt es, bestimmte Zukunftsszenarien zu realisieren? Welche

227 Hilsenbeck (2017) http://www.thomas-hilsenbeck.de/wp-content/uploads/Dr-Th-Hilsenbeck-Kleines-Handbuch-zur-Auftragskl%C3%A4rung-1_0.pdf; abgerufen am 02.06.2018.
228 Hilsenbeck (2017), S. 4; vgl. auch Rappe-Giesicke (2017), S. 67 ff.

Lösungsskizzen (Wege) hat der Auftraggeber bereits im Kopf? Welche werden von ihm präferiert? Was wären Alternativen hierzu? Wie weit darf von diesen Lösungsmustern abgewichen werden? Sind diese letztlich als vorgegeben anzusehen, oder stellen diese eher eine Diskussionsgrundlage dar?

4.3.2.2.1 Zieldimensionen

Um zum Projektziel, zur »geistigen Vorwegnahme eines zukünftigen Zustandes«, durchdringen zu können, bietet sich u. a. die sog. Wunderfrage von Steve de Shazer (1997) an: »Angenommen, es würde eines Nachts, während Sie schlafen, ein Wunder geschehen, und Ihr Problem wäre gelöst. Wie würden Sie das merken? Was wäre anders? Wie würden Ihre Mitmenschen davon erfahren, ohne dass Sie ein Wort darüber zu diesen sagen?«[229]

Andererseits ist es für den Auftragnehmer wichtig zu wissen, was *nicht* passieren darf (*Nicht*-Ziel). Es ist deutlich zu erfragen, welche Möglichkeiten und Ressourcen nicht zur Verfügung stehen, welche Gestaltungsräume nicht betreten werden sollen/dürfen. Was erachtet der Auftraggeber als zu vermeidendes »Worst-Case-Szenario«? Schließlich ist mit dem Auftraggeber abzuklären, was für ihn die Second-best-Lösung bzw. eine akzeptable Zwischenlösung ist, wenn es sich im Projektverlauf erweisen sollte, dass das angestrebte Projektziel im ersten Anlauf nicht vollumfänglich erreicht werden kann.

Praxistipp: Zielarten in Veränderungsprojekten

»Klar, dass im Projektauftrag konkrete Aussagen zu den Erwartungen an das Projekt und zu seinen konkreten Zielen formuliert werden sollten. In der Praxis sind Zielformulierungen jedoch meist lückenhaft, weil in aller Regel nur sogenannte ›Erreichungsziele‹ formuliert werden. Den wenigsten Menschen ist bewusst, dass es für ein Veränderungsprojekt drei Arten von Zielen gibt:

- **Veränderungsziele**: Was soll an konkreten Veränderungen bewirkt werden? Was soll ›hinten herauskommen‹?
- **Bewahrungsziele**: Welche vorhandenen Stärken, Vorteile, Besonderheiten dürfen nicht in Gefahr gebracht werden?
- **Vermeidungsziele**: Welche unerwünschten Veränderungen sollen nicht eintreten? Welche bestehenden ›Risiken und Nebenwirkungen‹ sind zu vermeiden?

Natürlich geht es bei einem Veränderungsprojekt in erster Linie darum, dass bestimmte Dinge verändert werden sollen. Dennoch haben die Bewahrungs- und die Vermeidungsziele große Bedeutung. So ist es zum Beispiel bei einem Kostensenkungsprogramm ausgesprochen wichtig zu wissen, welche Bewahrungs- und Vermeidungsziele etwa in Bezug auf Qualität und Kundenzufriedenheit gelten. Denn sonst besteht die Gefahr, dass man unbeabsichtigt Veränderungen vornimmt, die vorhandene Stärken zunichtemachen oder unerwünschte Nebenwirkungen haben. (…)

229 Siehe https://www.froschkoenige.ch/media/pdf/Modelle/Wunderfrage_LR.pdf; abgerufen am 04.06.2018.

Die klare Formulierung von Bewahrungs- und Vermeidungszielen hat einen doppelten Nutzen: Zum einen ersparen sie unerfreuliche Nachbesserungen der Projektziele von der Art: ›Aber Sie hätten doch wissen müssen ...‹ Zum anderen tragen sie erheblich dazu bei, bei den Betroffenen Ängste und Befürchtungen zu reduzieren. Denn wenn explizit benannt wird, was vermieden und was erhalten werden soll, dann verschwinden viele unausgesprochene Sorgen, dass wertvolle Stärken des Unternehmens leichtfertig über Bord geworfen oder wesentliche Verschlechterungen in Kauf genommen werden sollen.«[230]
Quelle: www.umsetzungsberatung.de (2015)

4.3.2.2.2 Risiko-Analyse

Jede Veränderung beinhaltet Risiken, u. a. das Risiko des Scheiterns. Letzteres veranlasst Menschen allzu leicht, alles beim Alten zu belassen. Setzen sich Personen umgekehrt nicht offensiv mit den Risiken eines Veränderungsprojektes auseinander, sind sie blind für etwaige Gefahren und nicht gut vorbereitet, wenn diese wirksam werden. Ein Blick auf Ergebnisse der Motivationsforschung[231] lässt diesbezüglich erkennen, dass ein (pro-)aktives Auseinandersetzen mit den Risiken bzw. Hindernissen, das sog. mentale Kontrastieren auf dem Weg hin zu einem angestrebten Zustand in der Zukunft, zweierlei bewirkt. Einerseits werden Gestaltungs- und Handlungsoptionen offengelegt, an die Auftraggeber und Auftragnehmer im Vorfeld nicht gedacht haben. Andererseits werden bei den Menschen Mut, Zuversicht und Begeisterung geweckt, den angestrebten Zukunftszustand auch tatsächlich erreichen zu wollen.

Ausschlaggebend hierfür sind Problemlösemechanismen im sog. »Nicht-Bewussten«. Je klarer wir Menschen uns bestimmte Störfaktoren vor Augen führen, um so aktiver suchen wir im Unterbewusstsein, im mentalen Hintergrund, nach Bewältigungsstrategien bzw. -mustern. Insoweit sind die beiden nachfolgenden Fragestoßrichtungen sinnvoll: (1) Was würde passieren, wenn wir nichts verändern, sondern alles so belassen wie bisher? (2) Wie lässt sich verhindern, dass das Veränderungsprojekt zum Erfolg geführt werden kann? »Unternehmen, die sich Zeit für eine fundierte und systematische Risikoanalyse nehmen, bevor sie weitreichende Veränderungsprozesse initiieren, haben, mittel- und langfristig betrachtet, größere Erfolgschancen mit der Umsetzung. Sie können unter anderem mit Hilfe eines Portfolios diejenigen Risiken identifizieren, die aufgrund ihrer Eintrittswahrscheinlichkeit und -wirkung als Erstes abzuwenden wären«[232].

230 Berner (2015), https://www.umsetzungsberatung.de/projektmanagement/auftragsklaerung.php; abgerufen am 27.06.2018
231 Vgl. etwa Oettingen (2017), S. 82 ff.
232 Jacobsen (2017), http://www.personalmanagement.info/hr-know-how/fachartikel/detail/changemanagement-to-change-or-not-to-change/; abgerufen am 01.07.2018.

Analysetools wie »Kraftfeldanalyse« und »Widerstandsradar« sind hier bewährt. Ebenso die vielfältigen Instrumente zur qualitativen und quantitativen Risikoanalyse für das Risikomanagement in Projekten, wie etwa die Delphi-Methode, die Nominal Group Technique, die SWOT-Analyse oder der sog. »Pre-Mortem«-Ansatz[233]. Im Rahmen der Risikoanalyse sollten ebenfalls typische organisationale Verhaltensmuster ermittelt werden, die ggf. mit Blick auf das Veränderungsprojekt ein zerstörerisches Potenzial entfalten können. Hierunter fallen u. a. die sog. kollektiven Emotionen[234]. Wir haben diese bereits in Kapitel 3.3 dargestellt. Neben der Kulturanalyse[235] steht etwa mit der Antreiber-Risikoanalyse[236] ein diesbezügliches Analysekonzept zur Verfügung. Bedeutsam ist, dass die ermittelten Risiken für alle Beteiligten visualisiert werden, etwa in einer Risikomatrix oder in einem Tornado-Diagramm[237], und dann auch mittels eines Risikoregisters überwacht und gesteuert werden[238]. In der Abbildung 4.13 von Hilsenbeck sind die Risiken als Eisfelder am Berg dargestellt.

4.3.2.2.3 Befürworter und Gegner

An anderer Stelle in Kapitel 3.5 haben wir bereits erörtert, dass im Vorfeld von Veränderungen Unruhe und Verunsicherung bei den Mitarbeitern entstehen. Oftmals werden Veränderungsvorhaben von diesen wenig analytisch beleuchtet und abgewertet. Treiber von und Akteure in Veränderungsprojekten erleben diese Ablehnung und Widerstände oft als »unerwartet« und »unverständlich«. Aus ihrer Sicht sind die Auswirkungen der Veränderung in Gänze positiv zu bewerten, das hätten doch die vielfältigen Diskussionen und Entscheidungsfindungsprozesse innerhalb des Projektteams gezeigt. Und genau hier liegt das Problemfeld. Aus Gründen der Geheimhaltung und um das Veränderungsprojekt gut vorzuplanen, wird von den Projektmitgliedern – insbesondere in der Vorbereitungsphase – Verschwiegenheit abverlangt. Sie dürfen sich nur innerhalb des Projektteams austauschen und keine teamexternen Personen in ihre Überlegungen einbinden. Nicht selten arbeiten sie abgeschottet und unter hohem Zeitdruck an den Veränderungsthemen.

Gewollt oder ungewollt wird auf diese Weise einem gruppendynamischen Effekt Vorschub geleistet. Der Zusammenhalt (Kohäsion) innerhalb der Gruppe steigt an. Dies

233 Vgl. z. B. Wanner (2015), S. 39 ff.
234 Vgl. etwa Bruch/Vogel (2009), S. 173 ff.; vgl. auch Bruch (2017).
235 Vgl. Berner (2017), https://www.umsetzungsberatung.de/unternehmenskultur/kulturanalyse.php; abgerufen am 04.08.2018.
236 Vgl. Faßbender (2018), https://www.projektmagazin.de/artikel/die-antreiber-risikoanalyse-als-fruehwarnsystem-fuers-projekt_1129534; abgerufen am 04.08.2018.
237 Vgl. etwa Lehmann-Benz (2018), http://www.theprojectgroup.com/blog/risikomanagement-in-projekten/; abgerufen am 04.08.2018; vgl. auch https://www.projektmagazin.de/methoden/risikoanalyse; abgerufen am 04.08.2018.
238 Vgl. etwa Nussbaumer (2016), http://www.ayonik.de/projektmanagement/projektmanagementvorlagen/item/5-vorlage-risikoanalyse-risikoregister; abgerufen am 04.08.2018.

kann zu einem anwachsenden Gruppendruck/-zwang führen, der konformes Verhalten bei den einzelnen Gruppenmitgliedern auslöst. Bedeutende Signale aus der Umwelt werden dabei von den Mitgliedern unter Umständen ignoriert. Die eigene kritische Distanz in Bezug auf Probleme und Lösungsansätze wird zu Gunsten dominierender Auffassungen in der Gruppe zurückgestellt. Dies führt tendenziell zu einem unkritischen, angepassten und damit dysfunktionalen Entscheidungsverhalten in Gruppen, das als »Groupthink-Phänomen« bezeichnet wird[239].

Bereits zu Beginn eines Veränderungsvorhabens ist es daher bedeutsam, dass Auftraggeber und Auftragnehmer sich darüber Klarheit verschaffen, welche Personen(-gruppen) ersteres begrüßen und unterstützen werden und welche eher versucht sein dürften, es zu hintertreiben. Welche Motive und Interessen werden die Befürworter und Gegner zu diesem Verhalten veranlassen? Was erhoffen sich die einen, was befürchten die anderen? Wie sieht die jeweilige Gewinn-/Verlustbilanz aus? Welche Vorgehensweise bevorzugt welche Gruppe? Im Sinne einer mentalen Vorsorge bzw. einer vorweggenommenen Einwandbehandlung können so die Anliegen der betroffenen Personen(-gruppen) in die konzeptionellen Überlegungen und in die zukünftigen Entscheidungsprozesse einfließen. Beim Durchdringen der Haltungen und Sichtweisen der Befürworter und Gegner (Bewahrer) ist in diesem Zusammenhang u. a. auch das Kulturtypen-Modell nach Simon (Abbildung 3.6) hilfreich. Einer eindimensionalen Entscheidungsfindung, bei der die Kritiker und Bedenkenanmelder ausgeblendet werden, kann auf diese Weise entgegengearbeitet werden. Hilfreich sind hier auch Tools wie »Advocatus-Diaboli«[240] und »Bailee or Changer – Bewahrer oder Erneuerer«[241], oder »Reflecting-Team«[242] und »Sounding-Board«[243].

4.3.2.2.4 Rolle des Auftragnehmers (interner oder externer Berater)

Das Zusammenwirken von Auftraggeber (AG) und Auftragnehmer (AN) ist als ein Prozess der wechselseitigen, also bidirektionalen, Verhaltensbeeinflussung zu begreifen. Damit wird auf die dynamischen Kräfte in dieser Beziehung fokussiert. Drei Fragen stehen hierbei u. a. im Raum: Wie entwickelt sich die Beziehung zwischen AG und AN? Wie kommt es zur Anerkennung des AN durch den AG und umgekehrt? Welche Auswirkung haben diese Dynamiken auf die Arbeitsleistung des AN?

239 Vgl. z. B. Cherry (2018), https://www.verywellmind.com/what-is-groupthink-2795213; abgerufen am 05.08.2018.
240 Vgl. etwa Gerstbach (2016), https://gerstbach-designthinking.com/podcast/dt39-advocatus-diaboli-des-teufels-anwalt; abgerufen am 02.07.2018.
241 Vgl. etwa Bartscher/Büning (2015), S. 214.
242 Vgl. etwa methodenpool.uniköln (o.J.), http://methodenpool.uni-koeln.de/reflecting/reflecting_kurzbeschreibung.html; abgerufen am 02.07.2018.
243 Vgl. etwa Kartenbender (2017), S. 35.

Rollen können als spezifische Verhaltensmuster bezeichnet werden, die mit einer beruflichen Position verbunden sind und die deren Tätigkeitserfordernisse widerspiegeln. Sie sind u. a. das Ergebnis eines gegenseitigen Aushandlungsprozesses zwischen AG und AN. Ausgangspunkt sind die Rollenerwartungen des AG an den AN. Diese können sich dabei sowohl auf die Fähigkeiten, Fertigkeiten und das Verhalten des AN beziehen, als auch auf dessen persönliche Eigenschaften. Diese Erwartungen teilt der AG dem AN entweder direkt mit, oder der AN erfragt diese aktiv, also er klärt erstere in Gesprächen. Dieser Klärungsprozess unterliegt nun zum einen den generellen Unschärfen in der Kommunikation, denn z. B. ist gedacht noch nicht gesagt und gehört. Zum anderen sind auch die Persönlichkeitsfaktoren der beteiligten Personen, deren Beziehungsnetz in der Organisation und gegebene Belohnungs- und Sanktionsmöglichkeiten bedeutsam. Ob und inwieweit der AN auf die gesendete Rollenerwartung reagiert, hängt des Weiteren davon ab, wie der Auftragnehmer letztere wahrnimmt und interpretiert und wie er dieses innere Abbild schließlich in Handlungen und Tätigkeiten überführen kann und möchte.

Über sein Rollenverhalten nimmt der AN wiederum Einfluss auf den AG, da letzterer ob des gezeigten Verhaltens entweder seine Rollenerwartungen bestätigt findet oder aber sich veranlasst sieht, diese zu überprüfen und ggf. anzupassen. Insoweit kann der AN in die Funktion des Rollensenders wechseln, indem er dem AG zu verstehen gibt, welche Erwartungen er bereit ist zu erfüllen, welche nicht und welche Erwartungen er im Gegenzug an den AG hat. Insoweit kommt es zu einer Art Aushandlungsprozess im gegenseitigen Rollenverständnis und Rollenverhalten.

Auftraggeber und Auftragnehmer beeinflussen sich also aktiv und wechselseitig im Projektverlauf. Sie orientieren sich dabei einerseits an den in der Organisation formal geltenden Erwartungen an einen Positionsinhaber. Andererseits legen sie ihre individuell entwickelten Vorstellungen zu Grunde und lassen damit auch ihre jeweiligen Eigeninteressen einfließen. Der Interaktion, dem Austausch von Tätigkeiten bzw. Ressourcen zwischen AG und AN, liegen damit formale und individuelle Erwartungen zugrunde. Daneben sind für den Intensitätsgrad und die Qualität dieser Austauschbeziehung deren Attraktivität, Verstärkung und Reziprozität maßgeblich. Menschen treten in zwischenmenschlichen Austausch mit anderen, weil sie sich zu einzelnen Personen hingezogen fühlen und annehmen, dass sie lohnende Erfahrungen mit ihnen haben werden. In organisationalen Kontexten wird die Attraktivität u. a. über den Zugang zu und durch den Austausch von Ressourcen und deren Wertigkeit reguliert. Vom Umfang, der Wertigkeit und der Häufigkeit gegenseitig getauschter Ressourcen kann proportional auf die Güte einer Auftragsbeziehung geschlossen werden.

Insoweit liegt die Rollen- und damit die Beziehungs- und Austauschklärung vor allem im Interesse und in der Verantwortung des Auftragnehmers. Dieser muss erfragen, was von ihm erwartet wird. Welche Leistung, welcher Beitrag? Soll dieser kontinuierlich oder nur punktuell erbracht werden? Auch sind die Beiträge des AG festzulegen. Abbildung 4.14[244] gibt diesbezüglich einen Überblick über mögliche Beitragskategorien.

Mögliche Rollen des Auftragnehmers							
stimuliert Reflexion	Prozess-Spezialist	erhellt Sach-verhalte	entdeckt Alternativen	unterstützt Problem-lösung	Trainer/ Ausbilder	Fachmann für …	Anwalt

Auftraggeber (AG)

Auftragnehmer (AN)

Ebenen der AN-Aktivität im Problemlösungsprozess							
Non-direktiv							**Direktiv**
wirft Fragen auf, die zum Nachdenken anregen	Prozessbe-obachtung und Be-gleichung, gibt Gele-genheit für Feedback und Eva-luation	sammelt relevante Daten und regt die Auseinan-dersetzung damit an	sucht nach Alternati-ven, Ressourcen und hilft bei deren Be-wertung	schlägt Alternativen vor, hilft zu einer Entschei-dung zu kommen	trainiert den Klienten und plant dessen Weiterent-wicklung (Lerngele-genheiten)	stellt Wissen zur Verfügung und etabliert eine bestimmte Vorgehens-weise	stellt Regeln und Richtlinien auf, führt Methoden ein und lenkt den Problem-lösungs-prozess

Abb. 4.14: Rollenkategorien des Auftragnehmers (AN) unter dem Gesichtspunkt: direktiv-non-direktiv nach Giesecke (2009)

Der Auftragnehmer muss sich darüber hinaus seines Persönlichkeitstypus und seiner Verhaltensmuster bewusst sein. Wir haben ausführlich in Kapitel 3.3 dargestellt, wie sich Typologie und Persönlichkeit der Menschen erfassen und beschreiben lässt. Auch sollte der Auftragnehmer den Auftraggeber bezogen auf dessen Typologie bzw. Persönlichkeit einschätzen können. Welche Beziehungsdynamiken aus den jeweiligen Ausprägungen für die Zusammenarbeit erwachsen mögen, sollte er ebenso benennen können und dann frühzeitig ansprechen[245]. Etwaige Konfliktpotenziale und den Umgang damit sollte der Auftragnehmer offensiv thematisieren.

Schließlich sollte der Auftragnehmer bereits zu Beginn klären, welche sozialen und ökonomischen Gegenleistungen er realistischerweise vom Auftraggeber im Tausch für seine Tätigkeit erwarten kann und welche er sich ggf. darüber hinaus erhofft[246].

244 Giesecke (2009) http://www.michael-giesecke.de/giesecke/dokumente/268/Skript_Beratung_2009.pdf; abgerufen am 06.08.2018; vgl. auch Schein (1987), S. 66 ff.

245 Vgl. u. a. Bartscher/Nissen (2017), S. 174 ff.

246 Vgl. u. a. Adloff/Mau (2005), S. 95 ff.

Rollen von HR als Auftragnehmer

Ausgehend von der bisherigen Argumentation: Welche verschiedenen Rollenerwartungen können in diesem Zusammenhang an die Personalabteilung (HR) bzw. an einzelne Personaler (HR-Mitarbeiter) im Rahmen von (digitalen) Veränderungsprozessen gerichtet sein[247]?

1. An HR werden im Rahmen des Veränderungsprozesses keine spezifischen Anforderungen kommuniziert bzw. es werden keine gesonderten Beiträge erwartet. HR stellt die Performanz der aktuellen, meist operativen HR-Prozesse sicher.
2. HR wird punktuell zu einzelnen Themenstellungen in unterschiedlichen Phasen eines Veränderungsprozesses hinzugezogen, häufig als Fachexperte, der Sachverhalte erhellt und bei der Problemlösung unterstützt.
3. In der Phase der Unterstützung (siehe Kapitel 3.5) als Fachexperte, der die personaladministrativen Folgewirkungen (z. B. Versetzungen, Änderungskündigungen usw.) zeitnah umsetzt. (Hier ist in der Praxis häufig zu beobachten, dass HR zu spät von den Verantwortlichen eines Veränderungsprozesses angefragt und eingebunden wird. Erstere unterschätzen dabei u. a. schlicht Umfang und Zeiterfordernis der erforderlichen Maßnahmen. Verärgerung und Unverständnis auf allen Seiten sind nicht selten die Folge.) Ebenfalls können einzelne HR-Mitarbeiter als Trainer/Ausbilder angefragt sein, oder als Experten für die Konzeption und Implementierung neuartiger HR-Tools, oder HR-(Teil-)Prozesse.
4. In der Dialogphase (siehe Kapitel 3.5) können einzelne HR-Mitarbeiter als vertrauensstiftende Multiplikatoren (Change Agent), als beratende HR-Spezialisten oder als Prozess-Spezialisten (siehe Abbildung 4.14) und Moderatoren angefragt sein.
5. Als Mitglieder im (Kern-)Projektteam sind einzelne Personaler in die Analyse zur und die Konzeption der Veränderungsarchitektur eingebunden und verantworten einzelne Maßnahmen(-pakete).
6. Je nach Themenstellung sind HR oder einzelne HR-Mitarbeiter für die Gesamtprojektleitung angefragt.

Praxistipp: The role of HR in change

»Four primary roles in change

- **Change leader/owner**, taking full responsibility for the planning and implementation of their own change project. The most obvious of these would be an HR director transforming all or part of the HR function, but it could also be on a smaller scale, for example a restructuring of a team or the introduction of a new intranet-based service.
- **Change educator**, bringing specialist knowledge and expertise to help clients understand more about the structure and process of successfully managing change.

247 Vgl. z. B. Lüscher (2015), S. 46 ff., https://www.zhaw.ch/storage/sml/institute-zentren/zhcm/masterarbeit-barbara-valenta.pdf; abgerufen am 06.08.2018; vgl. auch Schmidt (2018), http://www.mutaree.com/content/change-management-die-verantwortung-von-hr-w%C3 %A4chst; abgerufen am 06.08.2018.

This will often fall to the centre of expertise specialists and may involve running workshops, designing practical tools or making available other resources, such as reading materials or theoretical models.

- **Change advisor**, working with clients directly through the process of designing and implementing change, challenging and guiding them to get it right. This role will often be the remit of the HR business partner, for example in the restructuring of the sales function, or could also be played by the HR director in the case of wholesale organisational change.
- **Change participant**, being part of a change that affects them personally. In this role any HR practitioner can use their knowledge of change to set their expectations of the process, troubleshoot problems and understand and manage their own and others' reactions to events. Achieving mastery involves first understanding the architecture of successful change: having a clear picture of all the elements necessary for a sound process, built on a solid foundation. HR practitioners can add huge value in change situations by guiding the organisation to pay attention to all the important aspects, even when it is unpopular and may seem unnecessary to those eager for swift action. There will also be skills, tools, methodologies and interventions they can use as the change progresses, but their greatest value can be in the quiet insistence that sufficient time is spent on laying the foundations.«[248]

Quelle: Changeboard, 02. August 2016

4.3.2.3 Projektsteckbrief (Kontrakt)

Wie vorliegend erörtert, sind im Rahmen einer Auftragsklärung vielfältige Themenfelder anzusprechen und über Fragen zu klären. Neben Zahlen, Daten und Fakten sind auch weiche, also zwischenmenschliche und latent wirksame Aspekte zu beleuchten. Insoweit ist eine weit angelegte Fragetechnik aus geschlossenen, insbesondere aber auch aus offenen Fragen erforderlich, um die vielgestaltigen und unterschiedlichen Einflussfaktoren aufdecken zu können, die auf das Veränderungsprojekt einwirken (können). Abbildung 4.15[249] gibt einen kompakten Überblick über hilfreiche Fragetechniken.

Wie schon an anderer Stelle erwähnt, ist die Kommunikation zwischen Menschen durch Missverständnisse gekennzeichnet. Das, was ein Sender beabsichtigt zu kommunizieren, ist nicht automatisch das, was der Empfänger hört bzw. versteht. Denn auf Seiten des Senders sind schon gedacht und gesagt nicht ohne Weiteres identisch und diese Differenz vergrößert sich auf der Seite des Empfängers nochmals, denn gehört ist nicht ohne Weiteres das, was verstanden wird[250].

248 Changeboard Team (2016), https://www.changeboard.com/article-details/14013/the-role-of-hr-in-change/; abgerufen am 06.08.2018.

249 Wenzlaff (2017), http://kleinhirn.eu/2017/08/24/die-top-12-fragetechniken/; abgerufen am 09.08.2018.

250 Vgl. etwa Bartscher/Nissen (2017), S. 216ff.

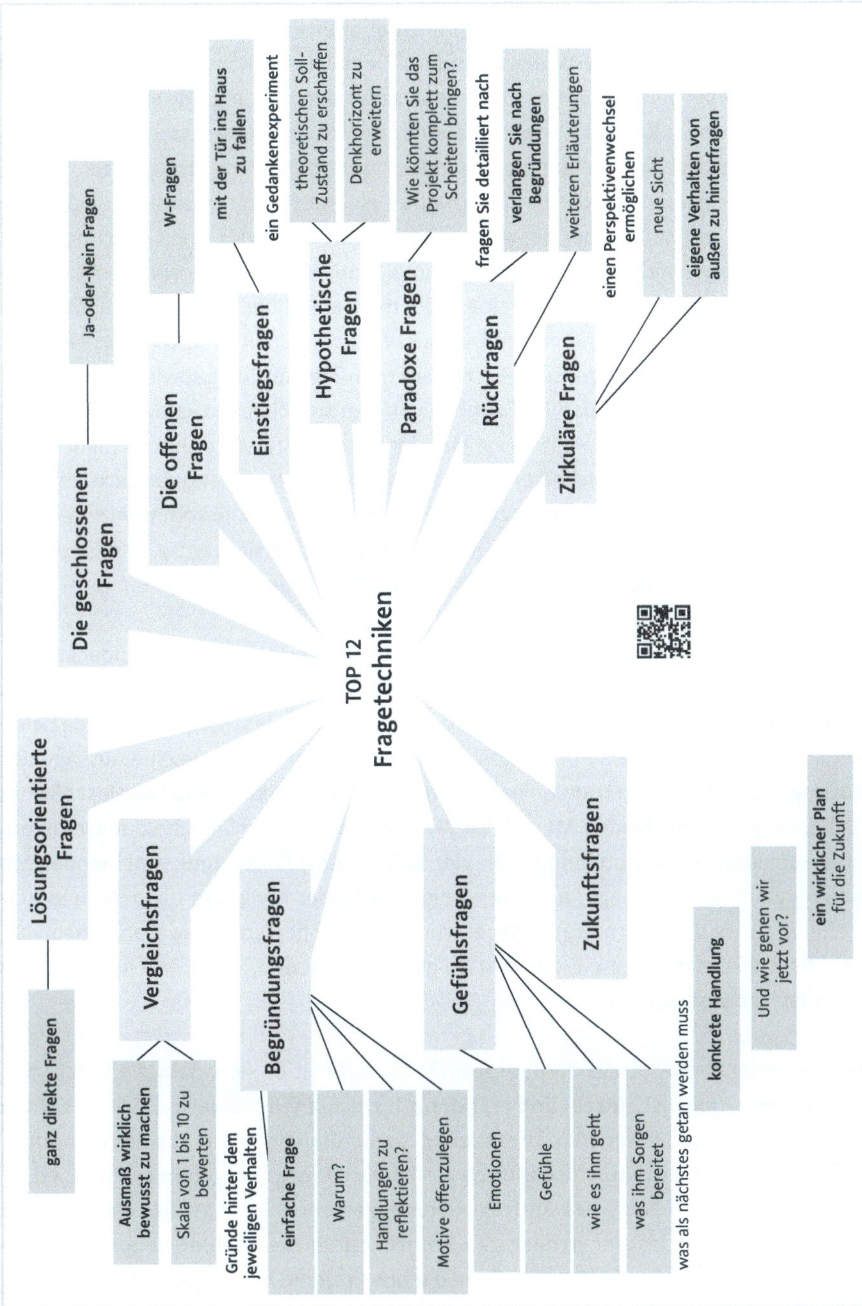

Abb. 4.15: Die TOP 12 Fragetechniken nach Wenzlaff (2017)

Die Unschärfen in der Übermittlung von Informationen können anhand verschiedener Kommunikationsmodelle diskutiert werden. Eines ist das Kommunikationsquadrat von Friedmann Schulz von Thun (1981). Es skizziert den Vorgang, wie sich zwei Personen durch kommunikativen Austausch zueinander in Beziehung setzen. Aufsetzpunkt ist der Sender und die von ihm ausgehenden Nachrichten bzw. Botschaften[251]. Eine Person (Sender) übermittelt eine Botschaft an einen Dritten (Empfänger), indem sie diese kodiert, entweder über das gesprochene Wort und/oder einen geschriebenen Text und/oder nonverbal, etwa über Mimik und Gestik. Der Empfänger dekodiert diese Botschaft(en), indem er diese über eines oder mehrere seiner Sinnesorgane, wie etwa Hören, Sehen, Fühlen, aufnimmt und versucht zu verstehen, d.h. zu interpretieren. Die Art und Weise der gegenseitigen Nachrichtenübermittlung sowie das Kodieren und Dekodieren hängen dabei maßgeblich von den sprachlichen Fähigkeiten der Beteiligten, von ihrer Beziehung zueinander, von ihren kulturellen Unterschieden und von ihren lebensgeschichtlichen Erfahrungen ab. Des Weiteren ist zu berücksichtigen, dass Menschen kommunizieren, auch wenn sie glauben, nicht zu kommunizieren. Das heißt, dass auch nonverbale Botschaften Kommunikation sind, wie z. B. das Ignorieren einer Nachricht oder die Nichtbeantwortung einer Frage.

Insoweit empfiehlt es sich, dass zumindest zwei Personen als potenzielle oder zukünftige Auftragnehmer (AN) den Prozess der Auftragsklärung mit dem Auftraggeber (AG) gestalten. Dieses Vorgehen reduziert auf der AN-Seite das Unschärfen-Risiko, da beide Personen sich z. B. mittels Rückfragen vergewissern können, ob sie eine Aussage des Auftraggebers richtig verstanden haben. Weiterhin abgemildert wird das Unschärfenrisiko, wenn sich die beiden AN in ihren Wahrnehmungs- und Entscheidungsmustern unterscheiden (siehe Abbildung 3.3). Vier (oder mehr) Ohren und voneinander abweichende Wahrnehmungs- und Entscheidungsmuster erweitern das Hör- und Verstehens- sowie das Interpretationsspektrum und erhöhen somit die Wahrscheinlichkeit, dass die Informationen, die vom AG gesendet werden, »richtig« – im Sinne von adäquat – erfasst werden.

Im Nachgang zum Auftragsklärungsgespräch empfiehlt es sich, dass die beteiligten AN letzteres zunächst einzeln und erst danach zusammen auswerten. Die von ihnen gehörten und verstandenen Informationen sowie die von ihnen abgeleiteten Interpretationen sind ausführlich schriftlich zu fixieren. Dieses Vorgehen eröffnet jedem AN-Vertreter die Chance, das Auftragsklärungsgespräch zunächst in Eigenreflexion Revue passieren zu lassen. Im nächsten Schritt können die AN ihre Erlebnisse und Erkenntnisse vergemeinschaften und diese danach in einem Projektprotokoll schriftlich zusammenfassen.

251 Vgl. Schulz von Thun (2016), http://www.schulz-von-thun.de/index.php?article_id=71; abgerufen am 09.08.2018.

Aus letzterem leitet sich der Entwurf für einen Projektsteckbrief ab. Dieser enthält in Kurzform alle relevanten Informationen über das betreffende Veränderungsprojekt. Der Entwurf ist zeitnah mit dem Auftraggeber abzustimmen. Der Projektsteckbrief dient dabei zum einen der Dokumentation und Klärung. AG und AN können überprüfen, ob sie über das Gleiche gesprochen haben. Der Auftraggeber fühlt sich im Best-Case verstanden und kann bestimmte, ihm besonders wichtige Sachverhalte nochmals betonen und ggf. spezifizieren. Der AN kann ebenfalls mögliche Unklarheiten ansprechen und ihm bedeutsame Punkte vertiefend erörtern. Im Nachgang kann sich der AN somit relativ sicher sein, relevante Dimensionen des Auftrages in den Blick genommen und erfasst zu haben. Das beiderseitige Unschärfen-Risiko in der Kommunikation sinkt[252].

Zum anderen dient der Projektsteckbrief quasi als Kontrakt. Er beinhaltet eine Übersicht über bedeutsame Projektfakten. Er stellt indirekt sicher, dass zu Beginn des Projektes dessen Nutzen und Ziele sowie erfolgskritische Faktoren zwischen AG und AN abgestimmt werden. Diesbezüglich befördert er zwischen diesen ein gemeinsames Verständnis. Zudem hilft er sowohl dem AG als auch dem AN sich in späteren Projektphasen noch einmal an das ursprüngliche Vorhaben und an die zu Beginn getroffenen Verabredungen zu erinnern. Daher sollte der verabschiedete Projektsteckbrief auch in einem förmlichen Akt von AG und AN gegengezeichnet werden.

Praxis: Führungswerkzeug Auftragsklärung – wie wird der Anfang von etwas Neuem gut?

»Die Auftragsklärung ist ein Werkzeug, das wir bei XING entwickelt haben. Es ist durch die Arbeit von Stephen Bungay beeinflusst. ... Bevor wir etwas Neues anfangen, möchten wir vorher gemeinsame Klarheit über das Was, das Warum und Teile des Wie schaffen. Denn wir wissen: Wenn etwas Komplexes schiefläuft, lag es meistens am Anfang.

Die Auftragsklärung will die wesentlichen Dinge bei einem Neuanfang auf den Punkt bringen. Dies machen wir schriftlich, denn Schriftlichkeit hilft beim Denken. Das Aufschreiben erhöht die Wahrscheinlichkeit, dass alle Beteiligten das gleiche Verständnis haben. Wir bemühen uns um Prägnanz und Kürze. Eine Auftragsklärung von einer bis drei Seiten hat das richtige Gewicht. Dabei ist das schriftliche Dokument nur das Ende einer gemeinsamen Übung. Viel wichtiger ist der Prozess, mit dem wir zum Dokument der Auftragsklärung kommen. Lief diese Übung gut, so ist die finale Akzeptanz einer Auftragsklärung von allen Beteiligten nur noch eine Formsache.«[253]

Quelle: manager magazin, 18.01.2018

Der Projektsteckbrief schafft damit Transparenz zum Auftakt des Projektes. Er reduziert u. a. für den AN das Risiko, unwissentlich missbraucht, also Opfer einer Hidden Agenda zu werden. Er unterstützt zudem das Bedürfnis aller Beteiligten nach Rollen-

252 Vgl. z. B. Winkler (2004), S. 88 ff.; vgl. auch Gerner et al. (2015).

253 Richter (2018), http://www.manager-magazin.de/unternehmen/karriere/moderne-fuehrung-so-geht-auftragsklaerung-a-1188203.html; abgerufen am 16.08.2018.

klarheit (wer trägt welche Verantwortung) und nach einem gemeinsamen Zielbild »in ihren Köpfen« (wir befinden uns im selben Film).

Um diese funktionalen Effekte einerseits zu befördern und um andererseits den Prozess der Auftragsklärung und der Kontrakterstellung zu professionalisieren, empfiehlt sich ein strukturiertes Vorgehen. Diesbezüglich ist es in der Praxis bewährt, sich an einem sog. Kontextmodell zu orientieren. In Abbildung 4.16 ist ein beispielhaftes Konzept dargestellt (siehe auch Kapitel 5)[254].

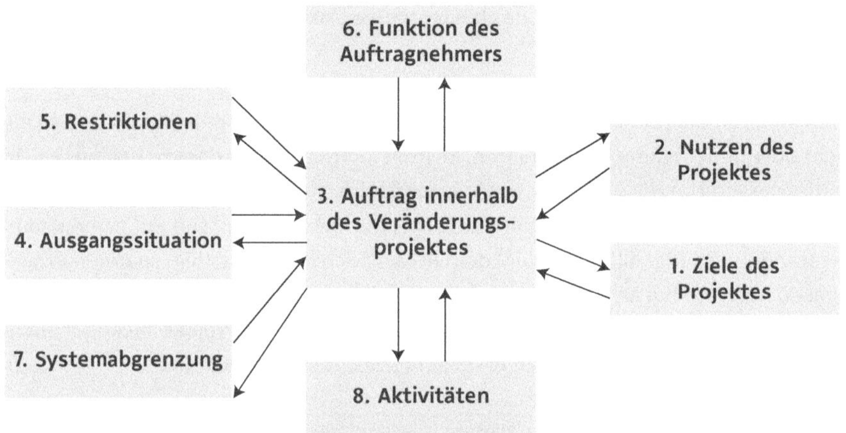

Abb. 4.16: Kontextmodell für Auftragsklärung und Projektsteckbrief/Kontrakt, Bartscher (2018) in Anlehnung an Peteranderl (2016), S. 24, an Arbeitspapiere von Alexander Exner und Roswita Königswieser, Systemische Berater Langzeitgruppe VIII, Beratergruppe Neuwaldegg (2002) und an Stiller (2015), https://pub.uni-bielefeld.de/download/2756706/2913558; abgerufen am 09.08.2018; vgl. auch beispielhaft: https://www.3tun.de/fileadmin/_migrated/content_uploads/ Checkliste_Auftragsklaerung_download_01.pdf.

Praxistipp: Auftragsklärung – Prävention des Projektmanagement-GAU

»›Größter Anzunehmender Unfall‹ heißt im Change Management: Im Laufe des Projekts tritt ein Problem auf, das sich nicht heilen lässt – oder nur so unzureichend, dass das Projekt angeschlagen bleibt und nur mit Mühe und Not über die Zeit gerettet werden kann. Die wichtigste Methode der Prävention ist eine saubere Auftragsklärung. Das stößt zwar an Grenzen, weil es uns Irdischen nicht gegeben ist, in die Zukunft zu sehen, und Projekte ja definitionsgemäß mit dem Vorstoßen auf Neuland zu tun haben, aber das darf kein Grund sein, eine sorgfältige Auftragsklärung wegen mangelnder Erfolgsaussichten zu unterlassen. Im Gegenteil: Es muss der Auslöser sein, sich der Auftragsklärung mit besonderer Sorgfalt zu widmen, vor allem aber auch, sie im Bewusstsein ihrer Unvollkommenheit nicht als einen einmaligen Akt zu Projektbeginn zu betrachten, sondern als einen fortlaufenden Prozess, der die Auf-

254 Vgl. Mayrshofer/Kröger (2011), S. 54 ff.; vgl. auch Göhlich et al. (2010).

tragsdefinition immer wieder an neue Erkenntnisse und die veränderte Sachlage anpasst. ... Der größte Fehler, den man bei der Auftragsklärung begehen kann, ist wahrscheinlich nicht, sie nicht sorgfältig genug zu machen, sondern sie, nachdem man sie gemacht hat, als erledigt und abgeschlossen zu betrachten. Und zwar aus zwei Gründen: Zum einen, weil es, gleich wie sorgfältig wir waren, immer einige wichtige Punkte gibt, an die wir nicht gedacht oder die wir nicht genau genug besprochen haben. Zum anderen, weil Projekte ja gerade angesichts ihrer Neuartigkeit immer auch ein Lernprozess sind.«[255]
Quelle: www.umsetzungsberatung.de, 2015

4.3.2.4 Dynamische Prozessschleifen

Wie oben bereits erläutert, ist in digitalen Transformationsprozessen zunächst der Blick auf den eigentlichen Veränderungsanlass zu richten. Was soll anders werden und warum? Steht lediglich (1) die Umwandlung analoger bzw. physischer Informationen in digitale bzw. virtuelle Formate im Vordergrund, oder sollen (2) innovative Produkte und Dienstleistungen entwickelt und eingeführt werden, oder darüber hinaus (3) Prozesse und Entscheidungsverfahren überarbeitet werden, die dann in ein (4) gänzlich neues Geschäftsmodell münden? Welches Zielbild, welche strategische, strukturelle, technische und kulturelle Stoßrichtung und welche Ertragslogik soll in den Fällen (1)-(4) befördert werden? Angelehnt an den Prinzipal-Agenten-Ansatz[256] ist zu klären, inwieweit der Prinzipal (Eigentümer) des Veränderungsprozesses und dessen Agenten (Unterstützer/Beauftragte) bezüglich dieser Fragen ähnliche Vorstellungen und Interessen haben und vergleichbare Antworten geben. Wo gibt es ggf. Unterschiede in deren mentalen Modellen, in deren Interessenslagen und Wahrnehmungen? Wichtig ist, dass das, was nach der Transformation anders sein soll als jetzt, schriftlich in einem Strategiepapier fixiert wird. Über dieses ist im Kreise der zentralen Entscheider, Treiber und Mitgestalter des Veränderungsprozesses Einigkeit und Zustimmung herbeizuführen.

Daneben ist festzulegen, welches Mitglied aus dem obersten Entscheidungsgremium den Veränderungsprozess hauptsächlich verantwortet, wer also Projektsponsor und damit erster Ansprechpartner für die Agenten ist. Ebenso ist zu bestimmen, wer das Change-Projekt operativ leiten soll. Der Projektsponsor, in seiner Funktion als Auftraggeber, und die Projektleitung, in ihrer Funktion als Auftragnehmer, legen im Weiteren die Eckwerte für eine professionelle Projektorganisation fest. Schon hier weisen wir darauf hin, dass in der Abbildung 4.25 das Projektmanagement näher vorgestellt wird.

255 Berner (2015), https://www.umsetzungsberatung.de/projektmanagement/auftragsklaerung.php; abgerufen am 27.06.2018.
256 Vgl. z. B. Bartscher/Nissen (2017), S. 70 ff.

Daneben wird der Projektauftrag für das Veränderungsvorhaben näher spezifiziert. Orientiert an einem geeigneten Kontextmodell ist u. a. festzuhalten, welches Ziel mit dem Transformationsprojekt verfolgt wird, welcher Nutzen gestiftet werden soll, wie die Ausgangssituation zu bewerten ist, welche Restriktionen bestehen und welche Aktivitäten bereits ergriffen wurden. Ein abgestimmtes Zielbild und eine professionelle und fortwährend aktualisierte Auftragsklärung legen damit das Fundament des Veränderungsprozesses, sie bilden dessen Ausgangspunkt. Beide sind eine unabdingbare Voraussetzung, um im weiteren Projektverlauf effektive und effiziente Veränderungsmaßnahmen ableiten und gestalten zu können. Abbildung 4.17[257] hebt diesen Zusammenhang nochmals hervor und verweist gleichzeitig auf die nächsten Prozessschritte, die bis zu einem ersten Entwurf einer Veränderungsarchitektur durchlaufen werden müssen.

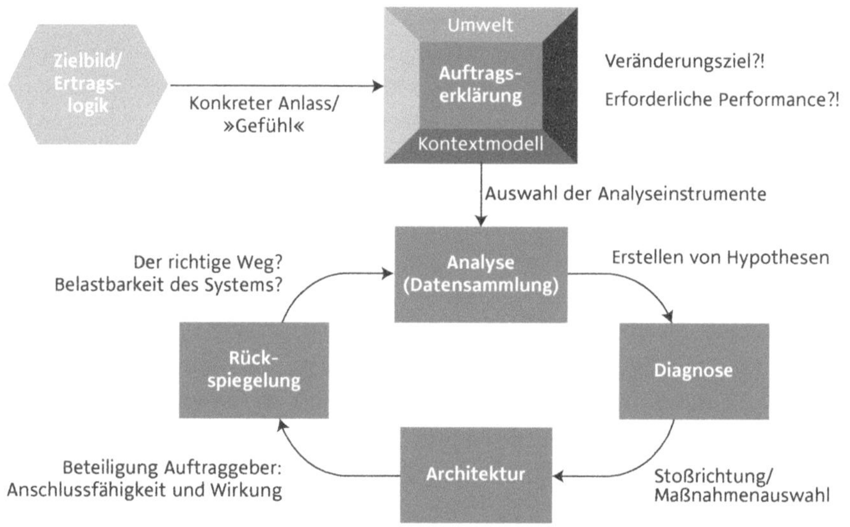

Abb. 4.17: Prozessmodell der Entwicklung einer Veränderungsarchitektur in Anlehnung an Bartscher/Lütjen (2014)

Wie das Prozessmodell der Architekturentwicklung zeigt, leitet sich aus den Eckpunkten der Auftragsklärung eine vertiefte Analyse der Daten-/Ausgangslage ab. Welche belastbaren »harten und weichen« Informationen lassen sich mit Blick auf den Veränderungsanlass und den Veränderungsauftrag ermitteln? Getrennt hiervon erfolgt eine Bewertung der ermittelten quantitativen und qualitativen Daten. Etwa sind Hypothesen dahingehend zu entwickeln, welche mentalen Modelle auf Seiten der betroffenen Mitarbeiter dominieren (dürften). Welche subjektiven Empfindungen für diese verhaltensbestimmend sein werden bzw. sein könnten.

257 Vgl. Bartscher/Lütjen (2014), S. 210.

Die Projektleitung spiegelt im nächsten Schritt die Ergebnisse der Analyse und Diagnose einerseits an den Projektsponsor und andererseits an die für das Veränderungsprojekt zuständigen Entscheidungskreise zurück (z. B. Projektausschuss, Lenkungsgremium; siehe Kapitel 5). Dies ist deshalb bedeutsam, da der Auftragnehmer (AN) im Rahmen der Rückspiegelung erfahren kann, inwieweit der Auftraggeber (AG) und weitere bedeutsame Entscheider seiner Analyse und Diagnose inhaltlich und emotional Folge leisten. AN kann abschätzen, inwieweit der AG und die Entscheider bereit sind, ihm weiterhin ihr Vertrauen mit Blick auf das Projekt und dessen erfolgreichen Verlauf zu schenken und inwieweit sie seinen Agentenstatus bestätigen. Gleichzeitig kann der AN die Gelegenheit nutzen, den Auftrag weiter mit dem AG und den eingebundenen Entscheidern zu klären und ggf. zu spezifizieren. In diesem Zusammenhang erhält der AN nicht selten die Gelegenheit, einen ersten Entwurf einer möglichen Interventionsarchitektur zu skizzieren, auf dessen Basis dann das generelle weitere Vorgehen und die nächsten Schritte erörtert werden. Daher sollte bereits im Rahmen der Vorbereitung auf den Rückspiegelungstermin eine vorläufige Interventionsarchitektur entwickelt werden. Nachfolgend werden die vier Phasen hin zur Entwicklung einer Veränderungsarchitektur näher beleuchtet.

4.3.2.4.1 Analyse

Wie bereits im Rahmen der Auftragsklärung erwähnt, hat der Auftragsgeber (AG), der Prinzipal, häufig bereits eine »Ideallösung« bzw. ein ideales Vorgehen angedacht. Die Auftragnehmer (AN), die Agenten, müssen diese/s aus seiner Sicht eigentlich nur noch umsetzen. Die Agenten sollen also möglichst schnell »ins Machen/Handeln kommen«, dafür sind sie ja schließlich angesprochen bzw. angeheuert worden. Aus dieser Perspektive betrachtet, nährt ein umfangreiches auftragnehmerseitiges Nachfragen beim AG die Befürchtung, ggf. ungeeignete Agenten berufen zu haben. Ähnlich verhält es sich, wenn der AG dem AN einen Expertenstatus zuschreibt. Aus seiner Sicht muss er dem AN gegenüber seine Anforderungen bzw. seine Problemstellung nur klar genug formulieren, damit der Experte (AN) ohne großartige Nachfrage tätig wird – also macht/handelt.

Beiden Fällen liegt letztlich die Annahme zugrunde, dass Änderungen zügiger bewältigt werden, je schneller die Agenten die beauftragten Themen bearbeiten, die »Dinge einfach *erledigen*«. Die Agenten sollen erlernte und bewährte Handlungsroutinen nutzen, um die Anforderungen der Veränderung zu bewältigen, ohne großartig zu analysieren und zu hinterfragen. Die Lösungen liegen ja quasi auf der Hand. Die Agenten sollen dabei die Dinge, die sie tun, »*einfach* erledigen«. Sie sollen ihre Handlungen simpel (*nicht*-komplex) und pragmatisch gestalten, also »quick & dirty«. Sind die Themen abgeschlossen, ist allenfalls noch zu evaluieren bzw. zu reflektieren, was beim nächsten Mal ggf. »*anders* erledigt« werden sollte.

Die Haltung, die durch diese Erwartungen hindurchschimmert, ist nicht untypisch für Veränderungssituationen in Unternehmenskrisen und in sog. »Lernenden Organisationen« (siehe Kapitel 3.4)[258]. Die Haltung ist geprägt durch Erfahrungen aus Einsparprojekten sowie Projekten des Total Quality Managements (TQM), des Prozessmanagements (Business-Process-Reengineering), der Produktentwicklung (PEP), der Kontinuierlichen Verbesserung (KVP) oder aus der Umsetzung von IT-Projekten. Der Deming-Zirkel (plan–do–check-act), Six Sigma oder auch das Wasserfall-Modell des Projektmanagements sind typische Handlungskonzepte, die dieser Haltung entsprechen. Es gibt ein klar definiertes Vorgehensmodell. Ebenso kann auf ein bestehendes Tool-Set (Werkzeugkasten) zurückgegriffen werden. Beides sollen die Agenten »einfach« nutzen[259].

Die fachlichen, »harten« Ziele, die es in derartigen Projekten zu erreichen gilt, liegen zumeist relativ klar formuliert auf der Hand, etwa in Form eines Lastenheftes. Auch werden die anzustoßenden strukturellen, prozessualen, aber auch die verhaltensbezogenen Änderungen und damit die Auswirkungen auf die Arbeitssysteme und die Verhaltensmuster der Mitarbeiter als überschaubar, berechenbar und beherrschbar eingeschätzt. Die Erwartung der AG ist daher: Die Agenten sollen (ohne viel nachzufragen) ihr Handeln entlang der Logik der Vorgehensmodelle und deren Tools ausrichten. Dieser Erwartung verleihen die AG sowohl verbal als auch non-verbal Ausdruck. Sie bauen Handlungsdruck auf, dem sich die Agenten häufig nicht (ohne Weiteres) entziehen (können).

Studien über das Scheitern von diesbezüglichen Change-Prozessen[260] deuten nun darauf hin, dass die Agenten die Auswirkungen der jeweiligen Änderungen auf die Arbeits- und Beziehungssysteme der Arbeitnehmer tendenziell unterschätzen und teilweise sogar bewusst ignorieren. »Veränderungen scheitern häufig daran, dass den weichen Faktoren im Prozess des Wandels zu wenig Aufmerksamkeit geschenkt wird. ... Wandel und Veränderung finden aber letztlich bei den Mitarbeitern statt: Sie sind damit konfrontiert und herausgefordert, Veränderungen im Alltag zu realisieren.«[261] Laut den Studien sei aber nicht nur eine Analyse mit dem Ziel eines aussagekräftigen fachlich, sachlichen Lastenheftes notwendig. Auch eine fundierte Analyse und hypothesengeleitete Bewertung der weichen Faktoren sei angebracht. Deren Ziel müsse sein: Abschätzen, wie genau sich die jeweilige Veränderung auf die Arbeits- und Beziehungssysteme der betroffenen Menschen auswirkt. Beide Themenbereiche seien im Vorfeld zwingend erforderlich zu analysieren und zu bewerten, so eine häufig ge-

258 Vgl. z. B. Bartscher/Nissen (2017), S. 163 ff.
259 Vgl. etwa qz-online (2018), https://www.qz-online.de/qualitaets-management/qm-basics/software-qualitaet/vorgehensmodelle/artikel/vorgehensmodelle-184368.html; abgerufen am 10.08.2018; vgl. auch Bossidy/Ram Charan (2011), S. 45 ff.
260 Siehe etwa die Change-Management-Studien der Capgemini Consulting GmbH Deutschland seit 2005.
261 hrpraxis.ch (2017), http://www.hrpraxis.ch/2017/05/changemanagemen.html; abgerufen am 10.08.2018.

äußerte Erkenntnis im Rückblick auf derartige Projekte[262]. Dadurch hätte meist wohl vermieden werden können, dass ohne Not Beziehungskapital vernichtet wurde.

Letzteres findet auf Seiten der Mitarbeiter seinen Niederschlag etwa im Absinken von Leistungsbereitschaft und Extra-Rollenverhalten, oder im Aufkündigen von Vertrauen, Identifikation und Commitment. Die verkürzte Empfehlung an dieser Stelle lautet daher: kein Change, keine Intervention ohne vorherige Analyse. Ebenso ist eine Diagnose der Auswirkungen der Veränderung auf die Arbeits- und Beziehungssysteme erforderlich. Die Analyse- und die Diagnosephase sind damit untrennbar miteinander verbunden. Dennoch behandeln wir sie methodisch bedingt und der besseren Übersicht wegen voneinander getrennt. Die Diagnose setzt an den Ergebnissen der Analyse an.

Praxistipp: Kein Change, keine Intervention ohne vorherige Analyse und Diagnose!

Die Wahrscheinlichkeit ist hoch, dass Veränderungsprozesse scheitern, wenn sie ohne eine vorherige Analyse und Diagnose der kulturellen, also der verhaltens- und beziehungsprägenden Rahmenbedingungen starten. Erst auf Basis der Erkenntnisse aus diesen beiden Teilprozessen ist zu entscheiden, welche grundlegenden Interventionsstoßrichtungen zur Weiterentwicklung der Arbeits- und Beziehungssysteme eingeschlagen werden können und letztlich auch sollen. Aus diesen Festlegungen leiten sich dann die verhaltensbeeinflussenden Informations-, Dialog- und Unterstützungsmaßnahmen innerhalb der Veränderungsarchitektur ab.

Letztere Empfehlung gilt umso mehr für digitale Transformationsprojekte. Denn hier handelt es sich zumeist um strategische Neupositionierungen, zum Teil sogar um disruptive Konzepte. Wie oben bereits dargestellt, ist das Akronym VUCA kennzeichnend für diese Veränderungen. Wir haben dies in Kapitel 2 ausgeführt. Es gibt zumeist kaum Gewissheiten, sondern vielfältige Auffassungen, unterschiedliche Perspektiven und keine Eindeutigkeiten. Typisch sind widersprüchliche Annahmen zu sich abzeichnenden Entwicklungen. Auch gibt es divergierende Vorstellungen darüber, welche dieser Trends bereits real sind. In Projekten der digitalen Transformation wird nicht selten unbekanntes Terrain betreten, mit zum Teil offenem, unbestimmtem Ausgang. Nicht unüblich sind zudem tiefgehende Eingriffe in die Arbeits- und Beziehungssysteme der Arbeitnehmer, deren Effekte wir in den Kapiteln 4.1 und 4.2 erläutert haben. Insoweit ist auf Seiten der betroffenen Menschen einerseits mit einem starken Ausmaß an Orientierungslosigkeit, an Unverständnis und zum Teil auch mit Ignoranz zu rechnen, wie in Kapitel 3.1 dargelegt. Andererseits werden grundlegende Emotionen der Betroffenen – insbesondere Ängste und Selbstzweifel – sowie Grundkonflikte innerhalb der Organisationen berührt. Darüber haben wir in Kapitel 3.3 berichtet.

262 Vgl. z. B. Bohm et al. (2012), S. 19 ff.

Jeder Prinzipal, aber auch jeder Agent sollte um diese Umstände wissen. Mit Blick auf das jeweilige Veränderungsprojekt sollten sie darüber hinaus deren konkret wirksamen Dimensionen (z. B. Misstrauen) einschätzen können, inklusive deren jeweilige Ausprägung (z. B. hoch, mittel, niedrig). Entsprechend gestaltete Analyse- und Bewertungskonzepte unterstützen hierbei. Aufbauend auf deren Ergebnissen ist u. a. zu entscheiden, welchen Dynamiken und Konfliktfeldern in welchen Gestaltungskonzepten Raum zum Bearbeiten gegeben wird und welchen nicht. Die Ergebnisse geben zudem Hinweise, an welchen Stellen nur mit Feingefühl und Wertschätzung in das Arbeits- und Beziehungssystem der Mitarbeiter eingegriffen werden sollte. Denn für letztere sind derartige Umstellungen gleichbedeutend mit Stress, also mit innerer Disharmonie. Damit werden diese von ihnen per se schon als unangenehm und irritierend erlebt. In Projekten der Digitalen Transformation sind derartige Eingriffe nun zumeist unumgänglich. Insoweit sollten der Prinzipal und die Agenten grundsätzlich daran interessiert sein, dass die Mitarbeiter letztere nicht auch noch als abwertend, ehrverletzend oder gar menschenverachtend erleben. Denn: Stress in Beziehungen kann verziehen werden, er wird aber zumeist nicht gänzlich vergessen. Zumutungen hingegen werden weder verziehen noch vergessen.

Praxistipp: Keine unüberlegte und unreflektierte Beziehungsgestaltung

Veränderungen sind für die betroffenen Menschen gleichbedeutend mit Stress und Selbstzweifeln. Sie fragen sich u. a., inwieweit sie die neuen Anforderungen bewältigen können. Daher sind sie in der Regel bereit, ihre fachlichen sowie psychosozialen Kompetenzen zu erweitern, wenn dies von ihnen erwartet wird. Wofür sie in Phasen der Veränderung wenig Verständnis haben, sind sowohl unüberlegte und unreflektierte, als auch übergriffige und grundlegend destruktive Beziehungsformen seitens des Prinzipals und der Agenten, aber auch ihrer Führungskräfte. Derartige Verhaltensweisen belasten das zukünftige Arbeitsverhältnis nachhaltig. Sie gefährden das Ziel, gemeinsam mit den Mitarbeitern an der Zukunft der jeweiligen Organisation arbeiten zu können, weil sich letztere verweigern.

Einer unüberlegten und unreflektierten Arbeits- und Beziehungssystemgestaltung ist also über eine fundierte Analyse und Diagnose vor Beginn der eigentlichen Veränderungsmaßnahmen entgegenzuwirken. Darüber hinaus ist es gerade bei Projekten der digitalen Transformation häufig bedeutsam, eine zielgerichtete (Weiter-)Entwicklung der Unternehmenskultur und damit der Arbeits- und Beziehungsstrukturen zu bewirken. »Diejenigen Unternehmen, die eine stärker ausgeprägte digitale Kultur haben, sind nachweislich nicht nur finanziell erfolgreicher als andere Unternehmen, sondern sie haben auch die zufriedeneren Mitarbeiter an Bord. ... Damit müssen digitale Strategie und digitale Kultur zwingend zusammen gedacht und umgesetzt werden«[263].

263 Schaefer et al. (2017), S. 5, https://www.capgemini.com/consulting-de/resources/change-management-studie-2017/; abgerufen am 21.08.2018.

Auch die notwendige Anpassung von Dimensionen bzw. Elementen der Unternehmenskultur, wie in Kapitel 3.1 ausgeführt, setzt eine fundierte Analyse- und Diagnosephase voraus.

Praxis: Culture First!

»Unsere Erfahrung bei Veränderungsvorhaben sowie zahlreiche Gespräche mit den Verantwortlichen von Digitalisierungsprojekten lassen uns vermuten, dass Technisierung und Prozess-Redesign die kulturelle Dimension lange Zeit in den Hintergrund gedrängt haben. Auch deshalb, weil kaum ein Unternehmen weiß, wie es den Kulturwandel angehen soll. Es ist ja auch schwierig. Jedes Unternehmen hat eine bestimmte Kultur, man nimmt sie wahr, man wird von ihr geprägt, aber sie ist unsichtbar und ungreifbar, ebenso wie für Fische das Wasser. Serverparks und Cloud-Lösungen, digital durchgestylte Abläufe und coole Webangebote mögen den äußeren Look in frischem Glanz erstrahlen lassen. Wenn im Inneren nach wie vor analog-verkrustetes Grau der vorherrschende Farbton ist, ist nichts wirklich gewonnen. ... Wenn die Digitalisierung die Unternehmen auf eine höhere Stufe der Wertschöpfung bringen soll, ist Technik nur die notwendige Voraussetzung. Als hinreichende Bedingung hinzukommen muss die Anpassung, möglicherweise ein größerer Umbau der Unternehmenskultur, damit die Führung und die Einstellungen, Verhalten und Attitüden der Mitarbeiter in den digitalen Kontext passen.«[264]
Quelle: Capgemini Change Management Studie 2017

In der Analysephase soll ein möglichst umfassendes und ganzheitliches Bild von der Ausgangssituation und dem etwaigen Entwicklungsbedarf erarbeitet werden. Hierzu finden sich in der Literatur sowie in der Organisationsentwicklungspraxis eine Vielzahl von Organisationsmodellen mit den dazugehörigen Analyse- und Vorgehenskonzepten und Analyseinstrumenten[265]. Stellvertretend wird hier auf das Organisationsmodell der systemischen OE nach Häfele (2010) verwiesen. Dessen generische Grundstruktur spiegelt sich in vielen anderen Ansätzen wider. Als grundsätzliche Untersuchungsdimensionen sind hier unterschieden: Existenzgrund, Kultur, Ordnung und technisch-wirtschaftliche Ressourcen (siehe Abbildung 4.18)[266].

Die in der konkreten Analyse betrachteten Dimensionen und Ausprägungen, sowie Art und Umfang der Untersuchung und die eingesetzten Methoden/Tools sind an der konkreten Problemstellung auszurichten. Mit Blick auf die Kulturdimension ist dabei das »regelhafte Erleben und Verhalten der Organisationsmitglieder«[267] zu erfassen und zu beschreiben. Der diesbezügliche Analyseprozess besteht aus zwei Teilschritten: Daten sammeln und Daten auswerten[268]. Das Datensammeln umfasst das Wahrnehmen, Be-

264 Ebda., S. 12.
265 Vgl. z. B. Mayrhofer et al. (2010), S. 22 ff.; Schiersmann/Thiel (2014), S. 29 ff.; Bartscher/Nissen (2017), S. 142 ff.
266 Häfele (2007), S. 50; siehe auch https://www.mcv.at/event/organisationsentwicklung/; abgerufen am 21.08.2018.
267 Nerdinger (2014), S. 133.
268 Vgl. z. B. Werner/Elbe (2013), S. 18 ff.; vgl. Bartscher/Nissen (2017), S. 49 ff.

schreiben und Dokumentieren von thematisch relevanten Informationen – und dies möglichst unverfälscht und wertungsfrei.

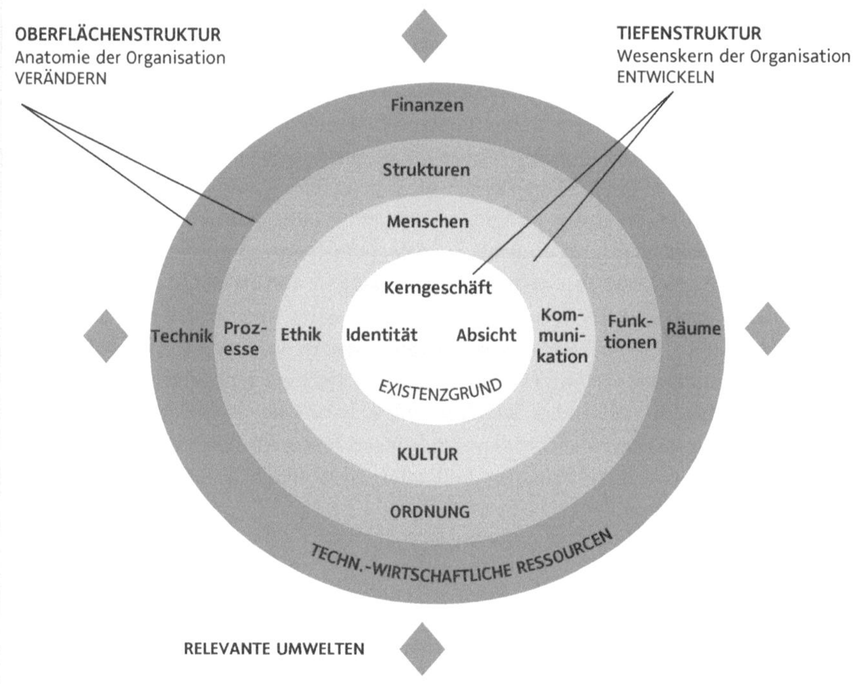

Abb. 4.18: Organisationsmodell der systemischen Organisationsentwicklung (OE) nach Häfele (2010)

Zur Informationsgewinnung werden in der Regel herangezogen:

- Dokumentenanalyse,
- Fragebögen,
- direkte Beobachtung,
- Einzel- und Gruppengespräche.

Auch mit Blick auf diese Methoden gibt es eine Vielzahl unterschiedlicher Gestaltungsformen und Ausprägungen, die in der OE-Praxis eingesetzt werden[269]. Hier sei stellvertretend auf die quantitativen und qualitativen Instrumente der empirischen Sozialforschung hingewiesen, wie etwa fragebogen- und interviewgestützte Befragungsformen oder die qualitative Inhaltsanalyse[270]. Erwähnt seien auch die Analyseinstrumente zur

269 Vgl. z. B. Claßen (2013), S. 243 ff.; vgl. z. B. Werner/Elbe (2013), S. 178 ff.
270 Vgl. z. B. Mayring (2014) und (2016).

Organisationsentwicklung wie Organizational Culture Inventory (OCI)[271], die Repetory Grid Methode[272], oder die Leadership/Impact(L/I)-Analysen[273]. Welche dieser Instrumente genutzt werden, welche anderen und in welcher Kombination hängt wiederum vom Erkenntnisinteresse, also der Problemstellung ab.

Bedeutsam sind weiterhin die verfügbaren Ressourcen, etwa die finanziellen Mittel, die Zeit der Ansprechpartner und die Kompetenzen der Agenten, die die Analyse – und später dann die Diagnose – durchführen. Bei der Planung und Vorbereitung der Analyse sind daher u. a. die nachfolgenden Fragestellungen zu beachten: Welche Informationen werden benötigt? Wie sollen die Informationen erhoben werden? Welcher Methodenmix ist zielführend? Welche Settings der Datenerhebung sind angemessen? Wie umfangreich muss die Datenmenge ein? Wer erhebt die Daten, wer wertet diese aus und wie? Insoweit ist bereits vor der Datenerhebung das Auswertungskonzept zumindest grob zu skizzieren[274].

Praxistipp: Einzel- und Gruppengespräche als Instrumente der Datenerhebung

Über die Auswahl der Gesprächspartner soll ein repräsentatives Abbild jener Einheit entstehen, auf die sich der OE-Prozess bezieht. Je nach Zielsetzung und vorheriger Vereinbarung werden die Gespräche mehr oder weniger strukturiert durchgeführt. Auch können diese mit einem Fragebogen kombiniert werden. Über eine geschickte Gesprächsführung der Interviewer soll u. a. das Prinzip der Selbsterkenntnis seitens der Gesprächspartner unterstützt werden. Auf diese Weise können gerade in Gruppeninterviews Unterschiede und Gemeinsamkeiten offengelegt und kann bei Routinen nach Ausnahmen, typischen Fehlern und pragmatischen Abkürzungen gefragt werden. Die Probanden können aufgefordert werden, ihre Aussagen zu konkretisieren. Sie können befördert werden, sich an möglichen Lösungen zu orientieren, anstatt in Problemen zu denken. In diesem Zusammenhang ist u. a. hilfreich, auch sogenannte zirkuläre Fragen zu stellen, um Interpretationsmuster und Beziehungen transparent werden zu lassen. Die Probanden sollen über diese Fragen zum Nachdenken und Beschreiben gelenkt, sowie zum Reflektieren und Vergleichen, ggf. zum Relativieren und Überdenken angeregt werden. Nachfolgend sind einige dieser Fragekategorien und Beispiele aufgeführt[275].

271 Vgl. z. B. Cooke/Szumal (1993)/(2000), siehe https://www.humansynergistics.com/de/produkte/produkte-f%C3%BCr-organisationen/auswertungen-f%C3%BCr-organisationen/organizational-culture-inventory; abgerufen am 18.08.2018.

272 Vgl. z. B. Hemmecke (2012), http://www.hemmecke.com/material/Hemmecke-Jeannette_Handbuch-Repertory-Grid-Technik_2012.pdf; abgerufen am 18.08.2018

273 Vgl. z. B. Cooke/Lafferty/Rousseau (1987), https://www.humansynergistics.com/change-solutions/change-solutions-for-leaders-and-managers/assessments-for-leaders-and-managers/leadership-impact; abgerufen am 18.08.2018

274 Vgl. z. B. Bartscher/Nissen (2017), S. 49 ff.

275 Vgl. u. a. Simon/Rech-Simon (2018), S. 270 ff.; vgl. Bartscher (2018), S. 142 ff.; vgl. Berner (2017), https://www.umsetzungsberatung.de/kommunikation/interviewtechnik.php; abgerufen am 18.08.2018; vgl. Häfele (2007), S. 195; vgl. Königswieser/Hillebrand (2004), S. 93 ff.

- **Die abwesend Anwesenden**
  Bei diesen Fragen sollen Beziehungsdynamiken sowie unsichtbare und unbewusste Einflüsse aufgedeckt werden.
  - Wie würde die Geschäftsführung die aktuelle Lage beschreiben?
  - Was würde Ihr persönlich größter Widersacher sagen?
  - Wie würden Unbeteiligte die Situation charakterisieren? Nennen Sie drei Adjektive.
- **Rangfolgen**
  Durch Rangfolgen können Hierarchien, Machtgefüge und Unterschiede im Unternehmen verdeutlicht werden.
  - Wen schätzen Sie unter Ihren Vorgesetzten am meisten?
  - Welche Abteilung hat in Ihrem Unternehmen den besten Ruf?
- **Prozentfragen**
  Mit Prozentfragen können Unterschiede verdeutlicht werden, allerdings auf eine wesentlich genauere und differenziertere Art und Weise.
  - Wie nachhaltig wird sich Ihr Aufgabengebiet aufgrund der aktuellen Entwicklung hin zu Industrie 4.0 ändern? Drücken Sie dies bitte auf einer Skala von 0 % bis 100 % aus.
  - Was denken Sie, bei wie viel Prozent liegt die Mitarbeiterzufriedenheit in Ihrer Abteilung?
- **Beziehungsfragen**
  Beziehungsfragen dienen der Identifikation von Beziehungen und Beziehungsdynamiken im Unternehmen.
  - Wie schätzen Sie die Zusammenarbeit innerhalb des oberen Managements ein?
  - Welche Mitarbeiter werden von Ihren Vorgesetzten übermäßig stark gefördert? Wer steht weniger im Fokus?
  - Wo gibt es Koalitionen?
- **Erwartungsfragen**
  Erwartungsfragen helfen, Transparenz und Eindeutigkeit in Beziehungen zu bringen.
  - Wer aus Ihrer Abteilung war Initiator für das Veränderungsvorhaben?
  - Was muss passieren, damit der Veränderungsprozess erfolgreich verläuft? Was, damit er floppt?
  - Woran würden Sie erkennen, dass sich etwas zum Positiven ändert?
  - Was ist der Grund, dass Sie gerade jetzt ein solches Projekt anstoßen?
  - Was hat sich seit dem Auftreten des Problems geändert?
- **Möglichkeitskonstruktionen: lösungs- und problemorientierte Fragen**
  Diese Art von Fragen unterstützt, erste Ideen über mögliche Lösungs- und Handlungsalternativen zu gewinnen.
  - Was müsste passieren, damit sich das Problem auflöst?
  - Was würde sich für Sie ändern, wenn das Problem gelöst ist?
  - Stellen Sie sich vor, eine Fee kommt zu Ihnen und Sie haben drei Wünsche frei. Was würden Sie sich wünschen?
  - Welchen Beitrag können Sie leisten, um das Problem zu lösen?
- **Verschlimmerungsfragen**
  Verschlimmerungsfragen zeigen dysfunktionale Aspekte auf.
  - Was müsste passieren, damit das Problem noch schlimmer wird?
  - Wenn das Problem plötzlich gelöst wäre, was wäre dann schlechter?
  - Was können Sie tun, damit sich auf absehbare Zeit nichts ändert?

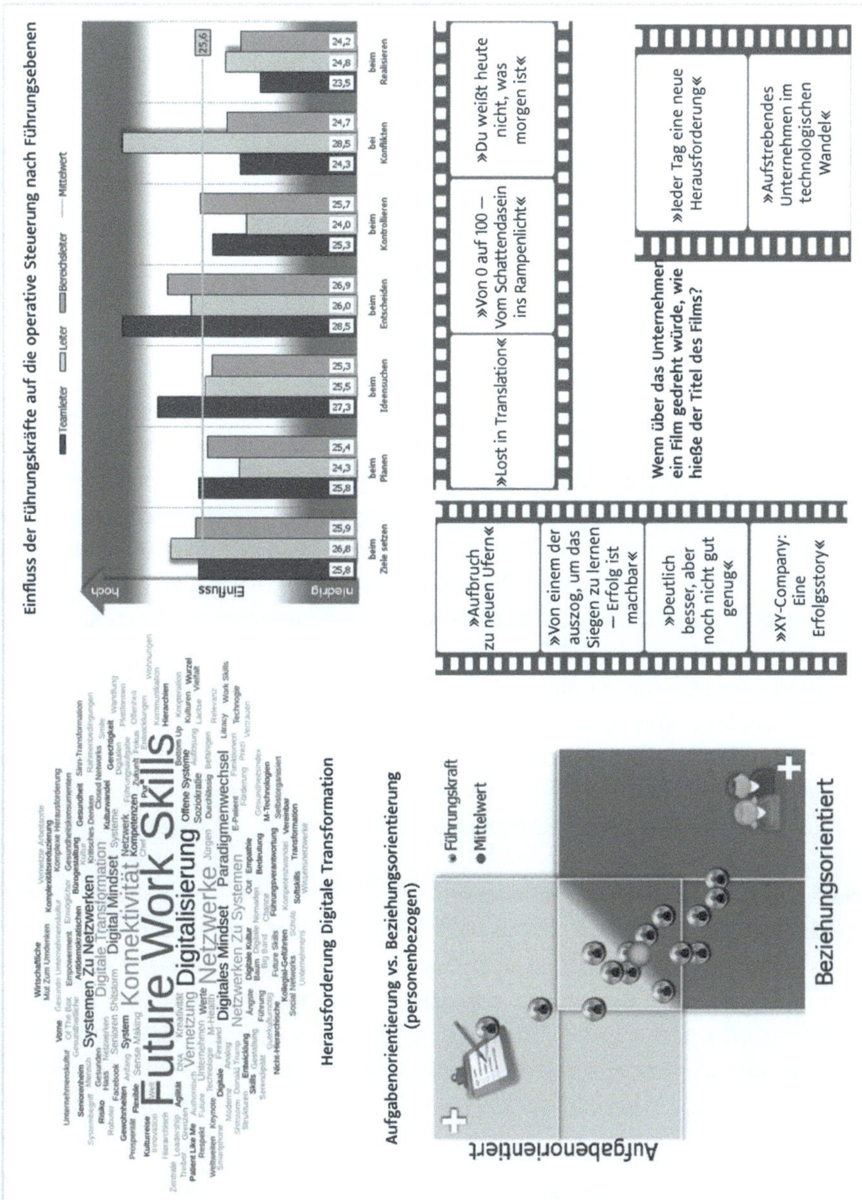

Abb. 4.19: Beispiele aufbereiteter Daten aus Einzel- und Gruppengesprächen

Sind die Daten und Informationen erhoben, geht es im nächsten Schritt darum, diese näher zu untersuchen, zu filtern und zu clustern. Im Vordergrund steht das Erfassen wesentlicher Merkmale, deren Ausprägungen und Zusammenhänge. Aus Einzeldaten sollen zusammenfassende/-hängende Informationen abgeleitet werden. Ziel ist es, die Daten so aufzubereiten und zu veranschaulichen, dass diese dem Auftraggeber (Prinzipal), den übrigen Agenten und bedeutsamen Entscheidern präsentiert werden können[276]; beispielhaft siehe etwa Abbildung 4.19[277]. Weiterhin legt das Auswerten und Visualisieren der Daten die Basis für die anschließende Diagnosephase.

4.3.2.4.2 Diagnose

Die ermittelten und aufbereiteten Daten sind nun dahingehend zu sichten und zu interpretieren, wie sich die jeweilige Veränderung möglicherweise auf die Arbeits- und Beziehungssysteme auswirken wird bzw. kann. Im Fokus der Diagnose stehen dabei zum einen der Beziehungskontext und zum anderen die Muster bzw. Spielregeln im sozialen Miteinander[278]. In diesem Zusammenhang ist die Feststellung von Foerster, v.[279] bedeutsam, dass Organisationen soziale und damit »nicht-triviale« Systeme (Maschinen) sind. So ist etwa nicht unmittelbar und eindeutig zu ermitteln, welche Gründe ursächlich für die situativen Gegebenheiten sind. Dies gilt ebenso für die inhärenten Logiken, die die Beziehungsdynamiken zwischen den Mitgliedern einer Organisation kennzeichnen. »Nicht-triviale … (Systeme) sind nicht determinierbar und historisch abhängig. Änderungen, die in einem System herbeigeführt werden sollen, können nicht analytisch errechnet, determiniert und direkt geregelt werden. Das bedeutet auch, dass die zukünftige Entwicklung des Systems nicht aus vergangenen Entwicklungen ableitbar ist. Die Historie eines Systems beeinflusst seine Entwicklung und führt zu bestimmten Mustern und Prozessen. … Inwieweit eine Entscheidung für eine bestimmte gewünschte weitere Entwicklung dienlich war oder nicht, kann erst im Nachhinein erhoben und bewertet werden. Für bestimmte beabsichtigte Zustände können somit manche Entscheidungen hilfreich gewesen sein, für andere nicht.«[280]

Die Auswirkung ein- und derselben Handlung kann zu unterschiedlichen Zeitpunkten vollkommen unterschiedlich sein. Je nach Systemzustand, also je nach Lage der Beziehung zwischen den Menschen einer Organisation und damit je nach Form, Intensität und Qualität der Beziehung, verändern sich die Auswirkungen eines Impulses. Dabei sind die Beziehungsdimensionen »nicht-trivialer« Systeme beständig in Bewegung. So kann der Systemzustand zu einem Zeitpunkt als harmonisch und zu einem

276 Vgl. einen Überblick über mögliche Analysekonzepte und Darstellungsformen findet sich z. B. auf https://www.additive-net.de/de/software/produkte/originlab/origin/grafik; abgerufen am 18.08.2018; vgl. auch Beilhammer (2018), https://www.industry-press.com/deskriptive-explorative-datenanalyse/; abgerufen am 18.08.2018; vgl. auch Meier (2014), https://blogs.uni-paderborn.de/fips/2014/11/26/qualitative-inhalts-analyse/; abgerufen am 18.08.2018; Langer (2000), https://langer.soziologie.uni-halle.de/pdf/meth1/inhaltan.pdf; abgerufen am 18.08.2018.

277 Vgl. Bartscher (2018), S. 119; siehe auch http://www.dreilaendertagung.net/download/; abgerufen am 18.08.2018.

278 Vgl. z. B. Frey/Bierhoff (2011), S. 131 ff.

279 Vgl. z. B. Foerster, v. (1985), S. 43 ff.

280 https://studlib.de/8592/betrieb_management/nicht-triviale_maschine_kausalitat; abgerufen am 19.08.2018.

anderen Zeitpunkt als angespannt bis konfliktgeladen bewertet werden. Auch ist die Entwicklungsrichtung des Systemzustandes nur eingeschränkt vorhersagbar. Die Systemzustände sind somit komplex und u. a. erst über die Beziehungsnetze zwischen ihren Mitgliedern zu verstehen. Daher überrascht es nicht, dass die Ausprägung der Beziehungsdimensionen sozialer Systeme lediglich über Hypothesen abbildbar ist. Auch die Folgewirkungen von Interventionen im Rahmen eines Veränderungsprozesses können lediglich hypothetisch und damit nur vorläufige skizziert werden.

Definition: Hypothesen

Hypothesen sind zugespitzte und kontroverse Behauptungen, die einer argumentativen Begründung bedürfen. Sie können sich auf Fakten oder Tatsachenbehauptungen beziehen, sind aber eher Interpretationen letzterer. Insoweit sind sie Meinungen, die Zusammenhänge zwischen Informationen bzw. Daten herstellen[281].

Hypothesen stellen Suchstrategien[282] dar, mit deren Hilfe Symptome in den Beziehungen der Menschen mit sich selbst, in Gruppen und Organisationen erfasst und beschrieben werden können. Über Hypothesen wird es möglich, komplizierte und verwobene Beziehungsgeflechte zu entwirren. Letztere können differenziert wahrgenommen, analysiert und erfasst werden. Damit haben Hypothesen für den jeweiligen Betrachter auch eine ordnende Funktion. Denn mittels Hypothesen selektiert die Person Informationen. Je nach Anlass bzw. Erkenntnisinteresse unterscheidet sie letztere z. B. nach den Kriterien bedeutsam, eher zweitrangig, tendenziell zu vernachlässigen oder irrelevant. Insoweit sind Hypothesen personengebunden und subjektiv. Sie können demzufolge auch fehlerhaft sein, sodass sie grundsätzlich als vorläufige Annahmen zu betrachten sind, deren Tragfähigkeit immer wieder zu überprüfen ist[283].

Wie bereits erwähnt, sollten die Agenten eines Veränderungsprozesses zunächst in Einzelarbeit die aufbereiteten Daten und Informationen sowie ihre dokumentierten Eindrücke aus- und bewerten. Ihre Schlussfolgerungen und Interpretationen bündeln sie in ersten Hypothesenentwürfen. Letztere werden dann im nächsten Schritt in Gesprächsrunden mit denen anderer Agenten vergemeinschaftet und erörtert. Hiernach ist zu bestimmen, welche Hypothesen im Rahmen der Rückspiegelung dem Prinzipal und den zentralen Entscheidern offengelegt werden sollen. Zu dokumentieren ist dabei auch, welche Hypothesen verworfen und welche (zunächst) zurückgehalten werden, inklusive der Gründe hierfür.

281 Angelehnt an Rosert (2011), http://www.fb03.uni-frankfurt.de/46036826/thesen_hypothesen_annahmen.pdf; abgerufen am 22.08.2018.

282 Vgl. Barthelmess (2014), S. 133 f.

283 Vgl. z. B. Selvini Palazzoli et al. (1981), S. 127 ff.

Praxistipp: Hypothesenbildung im Team

An dieser Stelle schließt sich wieder der Kreis zu einer Empfehlung, die wir bereits im Rahmen der Auftragsklärung ausgesprochen haben. Als Auftragnehmer sollten Sie möglichst mit mehreren Personen zusammenarbeiten, die unterschiedliche Wahrnehmungsmuster aufweisen. Letztere führen auch beim Formulieren von Hypothesen dazu, dass aus der Vielfalt an wahrgenommenen Eindrücken und Informationen ebenso vielfältige Hypothesen erwachsen. Hilfreiche Fragen zu Beginn der Erarbeitung von Hypothesen sind:

Was sind unsere ersten und bedeutsamen Erkenntnisse aus den Interviewrunden? Welche Erklärungen bieten sich dafür an? Zeichnen sich bereits zum jetzigen Zeitpunkt typische Verhaltens- und Argumentationsmuster ab?

Nicht-triviale Systeme sind weder durch ein Richtig noch durch ein Falsch charakterisiert. Daher ist es nicht bedeutsam, richtige und eineindeutig belegbare Erklärungen zu entwickeln. Vielmehr sollen widersprüchliche Hypothesen, offene Punkte sowie Fragezeichen und erste Gewissheiten unzensiert nebeneinander bestehen können. Für manche Beteiligte ist dies zunächst ungewohnt, da sie etwa aufgrund ihrer Sozialisation ein starkes Bedürfnis nach eindeutigen Lösungen entwickelt haben. »Die besondere Qualität von Hypothesen liegt darin, dass sie keine binären Aussagen treffen, die als wahr oder falsch bewertet werden, sondern dass sie entweder als mehr oder als weniger nützlich eingeschätzt werden ... Diese Festlegung erfordert die ständige Bereitschaft, Hypothesen in Frage zu stellen, zu prüfen und im Bedarfsfall umzuformulieren, zu ergänzen, zu erweitern oder auch wieder aufzuheben[284]«.

Mittels Hypothesen können also Daten und Informationen geordnet werden. Auch unterstützen sie die Suche nach Erklärungsmustern. Sind sie geschickt formuliert und dargelegt, entfalten sie darüber hinaus ihre Anregungsfunktion. Denn der Meinungscharakter von Hypothesen lädt grundsätzlich zur Diskussion über diese ein. Dabei erwartet der Adressat der Hypothesen einerseits, dass sich seine eigenen Hypothesen in denen des Senders widerspiegeln. Er wünscht sich (un-)bewusst Bestätigung für seine eigene Analyse und Diagnose. Erfährt er diese, sieht er sich in seiner Kompetenz bestätigt und überträgt diese auch auf den Sender. Andererseits ermüdet es einen Rezipienten im Verlauf, wenn er nur sich selbst bestätigt sieht. Er erfährt nichts Neues, sodass er die Sinnhaftigkeit des Gedankenaustausches womöglich mit der Zeit in Frage stellt. (Un-)bewusst möchte ein Empfänger über Hypothesen auch von ihm noch nicht Gedachtes erfahren, also lernen. Einige der angebotenen Hypothesen sollten das Gegenüber daher überraschen, irritieren oder zum Widerspruch herausfordern, indem sie quergedachte, teilweise konträre Sichtweisen anbieten.

Ziel ist es nicht, *die eine richtige* Hypothese zu ermitteln. Ziel ist es vielmehr, durch eine argumentative Vielfalt bei allen Sendern und Empfängern von Hypothesen ein erweiter-

284 Krejci (2016), https://www.zoe-online.org/meldungen/die-arbeit-mit-hypothesen/; abgerufen am 19.08.2018; vgl. auch Selvini Palazzoli et al. (1981), S. 128 f.

tes Situations- und Problembewusstsein zu befördern. So wird verhindert, dass der Sender einer Hypothese seine Logik den Empfängern überstülpt. Zudem werden absolute Aussagen und Deutungen relativiert, die sonst vorschnell alternative Ansichten unterbinden würden. Weiterhin ist in der Praxis festzustellen: Umso vielgestaltiger Hypothesen sind, umso eher sehen sich die Protagonisten einer Veränderung dazu ermuntert, auch in der Phase der Architekturentwicklung vielgestaltige Interventionsformen zu bedenken.

Für das Formulieren von Hypothesen sind die nachfolgenden Orientierungspunkte hilfreich. Zunächst: Hypothesen über Phänomene »nicht-trivialer«-Systeme legen Zusammenhangs- und Wirkungsvermutungen offen. Letztere beziehen sich auf größere und mit Blick auf das Erkenntnisinteresse relevante Mitgliedergruppen. Die Aussagen sollten die Handlungen der Akteure in wertschätzender Weise darlegen. Etwa sind »... gute Absichten der Akteure mit unbedachten negativen Folgen zu verknüpfen, oder deren ›Leiden an einem Problem‹ wird mit etwaigen positiven Nebenwirkungen des Problems verbunden. Alles hat seine Funktion in Relation zum Sinn. So ist es hilfreich, zu fragen: Was ist das Schlechte im Guten? Was ist das Gute im Schlechten?«[285] Das dargelegte Phänomen wird also in Bezug auf seinen Kontext beschrieben und in seiner (Dys-)Funktionalität beleuchtet. Die nachfolgenden Fragen können dabei unterstützen, Hypothesen abzuleiten[286]:

- Warum wird die Veränderung gerade jetzt akut?
- Welche Herausforderungen entstehen dadurch?
- Was könnte der eigentliche Kern der Herausforderungen sein?
- Welche Geschichten werden erzählt, welche Schlüsselworte und Schlüsselszenen werden verwendet?
- Welche Phänomene, z. B. Verhaltensmuster, Spielregeln, Normen, Prozesse, Strukturen, be- oder verhindern das Bearbeiten der Herausforderungen? Welche unterstützen im Gegenzug das Bearbeiten der Herausforderungen?
- Welche Ereignisse könnten für das jeweilige Phänomen ursächlich sein?
- Worin könnte der Nutzen des Phänomens für die Organisation und ihre Mitglieder liegen?
- Was würde passieren, wenn das Phänomen einerseits weiter Bestand hätte oder wenn es sich andererseits abschwächen bzw. auflösen würde?

Beispiel: Hypothesen aus einem Praxisprojekt (Ausschnitt) aus Bartscher (2017), S. 134 ff.

- Die Mitarbeiter waren auf kritische Gesprächssituationen mit ablehnender Kundenreaktion nicht vorbereitet. Sie haben letztere unterschätzt. Sie waren bisher »everybody's darling«. Nun müssen sie sich einer harten Marktrealität stellen.

285 Peteranderl (2016), S. 28; vgl. auch Königswieser/Exner (2013), S. 15 ff.; vgl. Simon/Rech-Simon (2018), S. 275 ff.

286 Vgl. auch Barthelmess (2005), S. 133 f.

- Da die Mitarbeiter bisher sichere Arbeitsplätze hatten, war die Möglichkeit von Kündigungen außerhalb ihrer Erfahrungswelt. Umso mehr schockt jetzt der Personalabbau. Z. T. tritt das Überlebenden-Paradox auf: Wir haben überlebt – sind trotzdem »fertig«. Die Mitarbeiter erscheinen emotional und leistungsfähig blockiert.
- Der Personalabbau erstreckt sich bereits über einen längeren Zeitraum hinweg. Die Mitarbeiter empfinden diesen wie langsam schleichendes Gift im Körper.
- Die Mitarbeiter befinden sich im »Tal der Tränen« und zeigen geringes Selbstwertgefühl. Wichtig wäre für sie ein Bewusstsein, Fehler machen zu dürfen. Dem steht aktuell das Bemühen entgegen, keinen Fehler zu machen. Sie haben Angst, die nächsten zu sein, denen ob eines Fehlers gekündigt wird.
- Die Mitarbeiter und Teile der Führungskräfte sind sehr verunsichert. Sie hören inzwischen das Gras wachsen. Auf jede noch so unbedeutende »irritierende« Intervention reagieren sie »verstört« und »tiefgründig«. Das GUTE im SCHLECHTEN: Die Mitarbeiter sind in einer ausgeprägten »Hab-Acht«-Haltung. Daher nehmen sie auch wertschätzende Handlungen und von ihnen positiv bewertete Symboliken wahr. Diese spenden ihnen Zuversicht und stärken ihre Bereitschaft, gemeinsam mit dem Top-Management die Veränderung bewältigen zu wollen. Insbesondere Vorstand A wird hier im Detail beobachtet.
- Große Teile der Belegschaft sind noch ein patriarchales Führungsumfeld gewohnt. Für sie wurde gesorgt und ihnen wurde gesagt, was zu tun ist. Mitdenken, Eigenverantwortung und Eigeninitiative wurde von ihnen nicht abverlangt. Nicht wenige dieser Mitarbeiter kommen mit der nun seit längerem gelebten Philosophie des kooperativen Führens nicht zurecht. Sie fühlen sich überfordert. Vor allem scheuen sie sich, Risiken einzugehen, eigenständig Entscheidungen zu treffen und Verantwortung zu übernehmen. Wird ihnen diesbezüglich von einer Führungskraft ein offenes und entwicklungsförderliches Feedback gegeben, erleben sie letzteres als Angriff. Nicht selten beschreiben sie diese Führungskraft als kalt, distanziert und übergriffig. Sie bezeichnen diese als überheblich, abwertend und abgehoben. Die Lernchancen wollen und können sie in diesen Gesprächen nicht erkennen. Denn die Mitarbeiter müssten dann ja an sich arbeiten. Für sie ist es daher attraktiv, wenn sie die jeweilige Führungskraft bewegen könnten, das »Führen auf Augenhöhe« zu beenden. Wenn nur wieder »Befehl und Gehorsam« dominieren, ist alles wieder im Lot.

Die Gesamtheit der entwickelten Hypothesen sollte die drei Grundfunktionen abdecken. Hinsichtlich der *Ordnungsfunktion* sollten sie u. a. Zusammenhänge, Strukturen, Verhaltensmuster, mentale Modelle und prioritäre Handlungsfelder aufzeigen können. Der *Suchfunktion* entsprechen sie, wenn sie eine Vielzahl alternativer Erklärungsansätze aufweisen. Diese sollten verdeutlichen, warum und wie sich bestimmte Denk-, Fühl- und Verhaltensmuster innerhalb einer Organisation stabil ausbilden konnten. Die Ansätze sollten auch darlegen, wem es nützt und wie, wenn diese Muster erhalten bleiben, wenn sich also nichts maßgeblich ändert. (In Kapitel 3 sind erste Erklärungsansätze aufgeführt.) Darüber hinaus sei an dieser Stelle u. a. verwiesen auf die Ansätze der Organizational-Behavior-Diskussion, der Arbeits- und Organisationspsychologie, aber auch Konzepte der Sozialpsychologie, der Arbeits- und Gesundheitswissenschaften, der Gehirnforschung. Weiterhin können die Theorien der Institutionenökonomik oder die Forschungsergebnisse des sog. Evidenzbasierten Personalmanagements als argumentative Grundlage herangezogen werden[287]. Der *Anregungsfunktion* werden Hypothesen gerecht, wenn sie einerseits bestätigen und andererseits irritieren bzw. provozieren. Besonders entwicklungsförderlich sind sie, wenn sie auf organisationale Ressourcen und Stärken verweisen, die bei der Suche nach Lösungen bzw. nach verhaltensbeeinflussenden Interventionen genutzt werden können. Als stilistische Hilfsmittel eignen sich diesbezüglich u. a. auch bildhafte Umschreibungen, wie etwa Metaphern und Analogien (z. B. »die Wehrhaften«, »das Gallische Dorf«), oder Kurzgeschichten.

Beispiel: Hypothese als Kurzgeschichte (Ausschnitt) aus Bartscher (2017), S. 138 ff.

Ein Konzerthaus erfindet sich neu. Oder: Der normale Wahnsinn.
Ein etabliertes Konzerthaus, das auf eine lange Veranstaltungserfahrung zurückblicken kann, bereitet die neue Spielsaison vor. Der Finanzier hat erhebliches Geld in die Hand genommen, um den Betrieb, wie er sagt, »zukunftsfähig zu halten«. So wurde u. a. in ein futuristisch anmutendes Gebäude investiert, mit einem digital-gesteuerten Konzertsaal. Dieser verspricht den Besuchern ein verbessertes Raum- und Klangerlebnis. Auch den Mitarbeitern bietet sich eine hochwertige Arbeitsumgebung. Auf dem Spielplan stehen neben klassisch bewährten Aufführungen auch neue, moderne Inszenierungen, darunter eine Symphonie, die speziell für das Konzerthaus komponiert wurde.
Wie in anderen erfolgreichen Konzerthäusern auch, ist es jedes Jahr aufs Neue eine Herausforderung, die Komplexität der vielfältig miteinander verwobenen Gewerke zu managen. So sind noch nicht alle für die ersten Aufführungen benötigten Requisiten vorhanden. Die Lichttechnik und die digitalen Tonmischpulte sind aktuell im Probebetrieb. Einige der Solisten mit Einzelengagements werden erst kurz vor der jeweiligen Aufführung erwartet. Die festangestellten Musiker wiederum sind verunsichert, weil die Stelle des Intendanten kurzfristig neu besetzt werden musste. Es ist also viel in Bewegung und im Unklaren. Wie letztlich jede Spielzeit. Auch diesmal sollte darauf vertraut werden können, dass es wieder gelingen wird, den Besuchern unvergessliche kulturelle Erlebnisse zu bereiten. Es wird allerdings vermehrt improvisiert werden müssen, mehr als sonst.

Abbildung 4.20 hebt abschließend bedeutsame Orientierungspunkte hervor, die beim Entwickeln und Verwenden von Hypothesen zu beachten sind, die eine »nicht-triviale« Systemlogik zum Inhalt haben. Durch die Gegenüberstellung zu Hypothesen mit naturwissenschaftlicher Logik sollen die Unterschiede in der Argumentationsführung erkennbar werden; ebenso die unterschiedlichen Weltanschauungen und Haltungen, die beiden Konzepten zu Grunde liegen.

287 Vgl. z. B. Bartscher/Nissen (2017), S. 62 ff.; vgl. auch Schuler/Kanning (2014), S. 13 ff.; vgl. auch Baumgartner & Partner (2014), https://www.baumgartner.de/content/workforce_analytics_evidenzbasiertes_personalmanagement.pdf; abgerufen am 23.08.2018.

Orientierungspunkte für das Bilden von Hypothesen	
naturwissenschaftliche Logik	nicht-triviale Systemlogik
• Personen werden kategorisiert; gesucht wird nach stabilen Gesetzmäßigkeiten und begründeten Zuschreibungen, die implizit zumeist konstante Rahmenbedingungen unterstellen. • Ursachen- und problemorientierte Denkhaltung; diese führt oft zur Suche nach Schuld; fehlerbehaftetes Verhalten steht im Fokus, der Einfluss des Kontextes ist tendenziell nachrangig. • Hypothesenbildung erfolgt analytisch; das Problem wird in seine Elemente zergliedert, die dann einzeln betrachtet werden. • Die Aussagen werden in Erklärungsansätze eingeordnet; die diesbezüglichen Handlungskonzepte werden dann stringent umgesetzt; deren situative Passung, insbesondere mit den sozialen Gegebenheiten, gerät leicht aus dem Blick. • Zukünftige Lösungen ergeben sich, wenn die Vergangenheit aufgearbeitet wird.	• Das Zusammenwirken von Handlungen und Umständen steht im Vordergrund; gesucht wird nach dem Sinn, den beobachtbare Phänomene im jeweiligen System situativ und zeitpunktbezogen haben können; betrachtet wird deren Funktionalität und Dysfunktionalität. • Personen sind eher Symptomträger der jeweiligen Lösung bzw. Situation und tragen per se keine Schuld an diesen. • Hypothesen werden als Interventionen verstanden; sie sollen die Adressaten befähigen, eigenständig zu entscheiden, ob und wie sie ihr Verhalten ändern und damit indirekt die Situation. • Sender und Empfänger der Hypothesen diskutieren gemeinsam variantenreiche und multidisziplinäre Handlungsalternativen. Der Empfänger entscheidet, welche Alternativen er aufgreifen und weiterverfolgen möchte und welche nicht. Leitfrage hierbei ist: **Wo liegt der Unterschied, der den Unterschied macht?** • Das Hauptaugenmerk ist auf die Zukunft und deren Beziehung zur Gegenwart gerichtet.

Abb. 4.20: Orientierungspunkte für das Bilden von Hypothesen, vgl. Bartscher (2017), S. 93, angelehnt an Slupetzky (2002), http://www.systemische-professionalitaet.de/ download/schriften/13-wo-ist-der-unterschied.pdf; abgerufen am 18.02.2017.

Aus Sicht der naturwissenschaftlichen Argumentationslogik ist es bedeutsam, als problematisch bewertete Phänomene so lange in ihre einzelnen Elemente zu zerlegen, bis die letztlich singuläre Ursache gefunden ist. Wird letztere bereinigt, löst sich auch das Problem auf. In der Welt der »nicht-trivialen«-Systemlogik sind Unwuchten (Probleme) in sozialen Systemen das Ergebnis zurückliegender und gegenwärtiger Entscheidungs- und Handlungsprozesse. Diese Verhaltensmuster bzw. Regeln haben damit immer einen tieferen, häufig vielschichtigen und vieldeutigen Sinn. Letzterer ist zunächst zu erforschen. Hierbei ist es hilfreich, die möglichen Sinndimensionen aus unterschiedlichen Blickwinkeln zu ermitteln, also die Untersuchungsperspektive zu weiten. Ist der Sinn nachvollziehbar und belastbar offengelegt, obliegt es den jeweiligen Akteuren zu entscheiden, ob und welche Verhaltensmuster bzw. Regeln sie zukünftig ändern wollen.

Für den Fall des Bewahrens zeigen die Hypothesen die fortbestehenden sozialen Kosten auf. Für den Fall der Anpassung verweisen die Hypothesen auch auf Ressourcen, die hierbei von den Personen genutzt werden können. Auch skizzieren sie etwaige Lösungsoptionen, die sich ggf. anbieten. Insoweit sollen die Akteure mittels einer wertschätzenden und tiefgründig fundierten Reflexion in die Lage versetzt werden, ihre Entwicklungsprozesse selbstverantwortlich zu gestalten und zu steuern. Gemeinsam ist beiden Logiken, dass Hypothesen immer interessengeleitet sind. Ihnen liegen Annahmen zugrunde, die offengelegt werden müssen. Sie sind subjektive Konstrukte, die regelmäßig zu hinterfragen, die also in Zweifel zu ziehen sind. Nur so befördern sie den Erkenntnisfortschritt.

Praxis: Analyse und Diagnose von Kulturen

»Man darf die Analyse einer Kultur nicht mit deren Beschreibung verwechseln. Selbst durch die detaillierteste Beschreibung erfährt man nur, wie es ist, aber nicht, warum es so ist und erst recht nicht, was geschehen müsste, damit sich Mitarbeiter und Führungskräfte anders verhalten. Fragt man ein Dutzend Mitarbeiter, die ziemlich neu im Unternehmen sind, was das Arbeiten in der Firma positiv wie negativ auszeichnet, und legt dann diese subjektiven Aussagen übereinander, dann erhält man eine ziemlich treffende Zustandsbeschreibung. Aber wie es dazu gekommen? Und wie lässt es sich ändern?
Die Kulturanalyse versucht, die innere Logik von Einstellungen und Gewohnheiten zu verstehen, um anschließend diejenigen Aspekte zu isolieren, bei denen tatsächlich ein Veränderungsbedarf besteht. Vorangegangen sein sollte eine Hypothesenbildung: Warum glauben wir, dass wir unsere Kultur überhaupt verändern müssen? Die anschließend über strukturierte Interviews zu beantwortende Frage lautet: Aus welchen logisch nachvollziehbaren Gründen verhalten sich die Mitarbeiter und Führungskräfte so, wie sie sich verhalten? Dahinter steht die Annahme, dass Menschen mehrheitlich einen vernünftigen Grund für ihr Verhalten haben.«[288]
Quelle: Culture First! – Capgemini Consulting (2017)

Mit der Digitalen Transformation gehen tiefgreifende Veränderungsprozesse einher. In Kapitel 2 haben wir daher auch auf die gegenseitige Abhängigkeit von Technik, Arbeitssystem, Mensch und Geschäftsmodell verwiesen, die meist gleichzeitig von den Veränderungen betroffen sind. Insoweit sind bei Projekten der Digitalen Transformation Analyse- und Diagnosekonzepte gefragt, die sowohl die naturwissenschaftliche Logik als auch die »nicht-triviale« Systemlogik nutzen bzw. miteinander verbinden[289]. Die eingesetzten Konzepte sollten zudem auf die Problematik der Unschärfe in den jeweiligen Informationslagen reagieren können, die u. a. über das Akronym VUCA adressiert werden. Alle großen Consultingfirmen haben diesbezügliche »Digital Dia-

288 Schaefer et al. (2017), S. 20.
289 Vgl. z. B. Schaefer et al. (2017), S. 17 ff., https://www.capgemini.com/consulting-de/resources/change-management-studie-2017/; abgerufen am 21.08.2018.

gnostic«-Vorgehensmodelle entwickelt[290]. Daneben finden sich auch kleinere, vor allem auf den Mittelstand spezialisierte Beratungsfirmen, die vergleichbare Konzepte anbieten, wie das nachfolgende Praxisbeispiel zeigt.

Beispiel: Digital Transformation Diagnosis – wo steht Ihr Unternehmen bei der Digitalen Transformation?

»Die Digitale Transformation ist ein allumfassender Veränderungsprozess, bei dem Denkweise, Abläufe, Produkte und Geschäftsmodelle in allen Teilen des Unternehmens verändert werden. Es gibt viele Ansatzpunkte, an denen dieser Transformationsprozess gestartet werden könnte. … Wir untersuchen die möglichen Handlungsfelder der Digitalen Transformation in Ihrem Unternehmen. Auf acht Dimensionen zeichnen wir ein differenziertes Bild, das angibt, in welchen Bereichen die Digitale Transformation wie weit fortgeschritten ist.

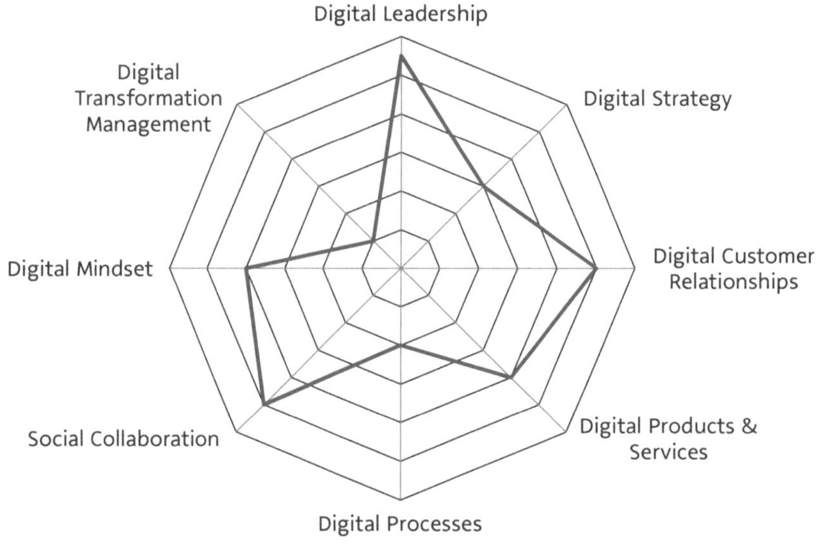

Abb. 4.21: Dimensionen Digitaler Kulturen

Die Analyse und Diagnose erfolgt in 3 Schritten:

1. Standardisierte Online-Befragung mit ausgewählten Mitarbeitern und Führungskräften

290 Vgl. etwa accenture (2018), https://www.accenture.com/us-en/service-digital-diagnostic; abgerufen am 30.08.2018; vgl. auch Capgemini Consulting (2018), https://www.capgemini.com/consulting-de/service/digital-transformation/; abgerufen am 30.08.2018; vgl. auch McKinsey & Company (2018), https://www.mckinsey.com/business-functions/digital-mckinsey/how-we-help-clients; abgerufen am 30.08.2018; vgl. auch pwc (2018), https://www.pwc.de/de/mittelstand/digitalisierung-in-familienunternehmen/unsere-digital-services.html; abgerufen am 30.08.2018; vgl. auch The Boston Consulting Group (2018), https://www.bcg.com/de-de/about/mission/approach.aspx; abgerufen am 30.08.2018; vgl. BAUMGARTNER & CO (2018), https://transformations-werkstatt.de/werkstatt/; abgerufen am 30.08.2018.

2. Vertiefung in Workshops mit Führungskräften und Experten
3. Interpretation der Ergebnisse und Ableiten von Handlungsempfehlungen

Gemeinsam mit Ihnen identifizieren wir die größten Herausforderungen der Digitalen Transformation in Ihrem Unternehmen und erarbeiten eine individuelle Priorisierung der Themen. ...«

Quelle: doubleyuu (2018)[291]

4.3.2.4.3 Architektur

Wenn sich die Empfänger der Analyse- und Diagnoseergebnisse von den Sendern (Agenten) abgeholt und verstanden fühlen, wenn darüber hinaus ihr Interesse geweckt ist und sie den Sendern Vertrauen schenken und Kompetenz zuschreiben, dann ist üblicherweise die Frage nicht mehr fern: »O. k, und was machen wir jetzt, wie wollen wir nun weiter vorgehen?« Auf diese Frage sollten die Agenten vorbereitet sein. Quasi als »Back-up« sind erste mögliche Stoßrichtungen für das Veränderungsprojekt und Eckpunkte zum Projektmanagement zu benennen. Ebenso ist eine erste Skizze der Interventions- und Prozessarchitektur zu entwerfen[292].

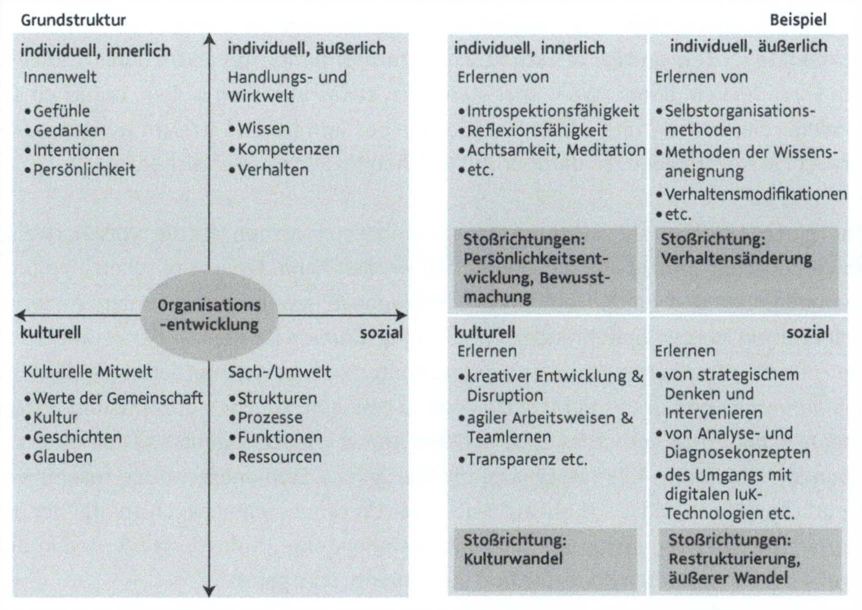

Abb. 4.22: Gestaltungsdimensionen für das Ableiten von OE-Stoßrichtungen, vgl. Bartscher (2017), S. 107, angelehnt an Geilenbrügge (2004), S. 68 und Küppers (2006), S. 47.

291 doubleyuu (2018), https://doubleyuu.com/digital-transformation-diagnosis/; abgerufen am 30.08.2018.

292 Vgl. auch https://www.business-wissen.de/hb/vorgehensweise-und-methoden-des-change-managements/; abgerufen am 04.09.2018.

Das Ableiten von Stoßrichtungen sollte sich an einem ganzheitlichen Denkmodell orientieren. Diesbezüglich bietet sich der Integrale Ansatz von Ken Wilber (2001) an, der vier grundlegende Gestaltungsdimensionen der Organisationsentwicklung (OE) unterscheidet: (1) die Innenwelt und (2) die nach außen gerichtete Handlungs- und Wirkwelt der einzelnen Organisationsmitglieder und mit Blick auf die Organisation (3) die kulturelle Mitwelt und die (4) Sach-/Umwelt[293].

Abbildung 4.22 zeigt die konzeptionelle Grundstruktur und verweist beispielhaft auf individuelle und kollektive Lern- bzw. Entwicklungsarenen. Die von den Agenten gebündelt angebotenen Stoßrichtungen dienen in der – weiter unten behandelten – Phase der Rückspiegelung als Grundlage für die Diskussion der *Ziele* des Veränderungsprozesses. Weiterhin unterstützen die Stoßrichtungen den Prinzipal, die zentralen Entscheider und die Agenten dabei, erste bzw. vorläufige Eckpunkte für das Veränderungsvorhaben zu konkretisieren. Diesbezüglich ist u. a. zu entscheiden, welche Technikfelder, Unternehmensbereiche, Prozesse, Strukturen und Arbeitssysteme im Fokus stehen und ob ggf. das Geschäftsmodell anzupassen ist. Ebenso ist hierbei zu umreißen, welche Erwartungen an die Kompetenzentwicklung der betroffenen Mitarbeitergruppen zu stellen sind. Damit die Teilnehmer an der Rückspiegelung auch die nachfolgenden Projektschritte erörtern können, sind schließlich etwaige Interventionsarenen sowie Eckpunkte zur Zeit- und Prozessstruktur des Transformationsprojektes durch die Agenten vorzudenken. Denn: »Wo immer Menschen etwas bewirken wollen, brauchen sie Modelle, die Veränderung erklären. … Soll ein bestimmtes Ziel erreicht werden, dann braucht man Vorstellungen darüber, mit welchen Mitteln es zu erreichen ist.«[294]

Nun gibt es eine Vielzahl von Konzepten und von Instrumenten, auf die typischerweise in Veränderungsprozessen zurückgegriffen werden kann. Einerseits sollen eine problemadäquate und fundierte Analyse und Diagnose gewährleistet werden. Andererseits soll ein Mix aus zielführenden Entwicklungsräumen für die von der Veränderung betroffenen Mitarbeiter gestaltet werden. Weiterhin ist den Anforderungen der Projektsteuerung und des Projektcontrollings zu genügen. Welche Konzepte und Instrumente in der Praxis verbreitet sind, ist daher immer wieder Gegenstand von Untersuchungen. Abbildung 4.23 fasst einige diesbezügliche Studienergebnisse zusammen. Deutlich wird u. a., dass sowohl auf Seiten der Unternehmen als auch auf der der externen Dienstleister, etwa Beratungsunternehmen, eine Professionalisierung in der Breite der verwendeten Konzepte und Instrumente stattgefunden hat.

293 Vgl. Wilber (2001), S. 109 ff.; vgl. auch www.worldofkenwilber.com; abgerufen am 02.09.2018; vgl. Pabinger-Eisl (2016), S. 2, https://www.mcv.at/wp-content/uploads/2017/12/Inmitten-der-Schwierigkeiten_U.-Pabinger_Eisl.pdf; abgerufen am 30.08.2018; vgl. auch Küppers (2006), S. 43 ff.; vgl. auch Geilenbrügge (2004), S. 61 ff.

294 Simon (2017), S. 78.

eher bekannte und genutzte Change-Konzepte/-Instrumente		weniger bekannte und genutzte Change-Konzepte/-Instrumente
Personalentwicklung Konfliktmanagement Projektbeurteilung Transformationsfahrplan Change Controlling Kollegiale Beratung Organisationsentwicklung Kommunikation Printmedien Interviews Aufstellung Projektmanagement Befragung/Surveys Führungsgrundsätze Veranstaltungen/Events Anreizsysteme/Motivation Rollen-/Auftragsklärung Lernende Organisation Konsequenzen/Sanktionen Kulturentwicklung Kommunikationskonzept Mitarbeiter-Mobilisierung Umfeld-/Statusanalyse Kreativitätstechniken Zukunftskonferenzen	Workshops Coaching Assessment Center / Audits Qualitätszirkel Training / Schulung Visionsentwicklung Unternehmenstheater Team Building-Aktivitäten Train-the-Trainer für Führungskräfte Wissensmanagement Kompetenzmanagement Projektmarketing Kulturanalyse Kräftefeldanalyse	Resistance Radar Change Readiness Assessment Balanced Scorecard Stakeholder Management Open Space Change Story Retention Management World Café Change Impact Analyse Analoge Intervention Information Faire/Roadshow Change Agents Storytelling Lernlandkarten

Abb. 4.23: Konzepte und Instrumente für das Gestalten von Veränderungsprozessen, Quelle: Bartscher (2017), S. 125, in Anlehnung an Meyerding (2016), S. 78 ff.; Strategy Transformation Consulting (2016), http://www.strategy-transformation.com/methoden-tools-ueberblick/; abgerufen am 02.09.2018; Claßen (2012), http://www.people-consulting.de/fileadmin/media/pdf/Newsletter_10.pdf; abgerufen am 02.09.2018; capgemini (2008), http://www.wirtschaftsplan.ch/images/content/03_forum/pdf_publikationen/Change_Management-Studie_2008.pdf; abgerufen 02.09.2018.

Mit Blick auf Digitale Transformationsprojekte ist festzustellen, dass neben einer Vielzahl von Apps, (Collaboration-)Tools und Internetplattformen[295] die befragten Unternehmen zusätzlich die nachfolgenden Aktivitäten und Maßnahmen nutzen[296]:

- verstärkte digitale Weiterbildung der Mitarbeiter,
- verstärktes Recruiting von Digitalexperten,
- Zusammenarbeit mit externen Digitalexperten,
- Einrichten von internen digitalen Einheiten,
- Integration von Methoden der agilen Produktentwicklung und der Nutzerzentrierung (z. B. Scaled Scrum, Kanban, Design Thinking)
- Zusammenarbeit mit Startups.

Mit der Frage »Wie wollen wir nun weiter vorgehen?« ist seitens des Prinzipals und der zentralen Entscheider meist schon der Vorschlag verknüpft, die Analyse- und Diagno-

295 Vgl. z. B. Rayome (2018), https://www.techrepublic.com/article/10-tech-tools-that-will-help-bring-digital-transformation-to-your-smb/; abgerufen am 08.09.2018.

296 Vgl. Bärtle, D. et al. (2018), S. 17 ff., https://service.etventure.de/hubfs/etventure_Studie_2018-Trendreport.pdf?hsCtaTracking=52ea00ef-e9c3-40f2-9e37-5e6fd18cd301%7C75ddf2ef-585d-4792-a44b-95534b2b1a86; abgerufen am 08.09.2018.

seergebnisse weiter zu qualifizieren und auf eine breitere Basis zu stellen. Ausgehend etwa vom Organisationsmodell in Abbildung 4.18 ist daher bereits im Vorfeld von den Agenten festzulegen, welche Themenfelder anhand welcher Analysekonzepte vertieft beleuchtet werden sollten[297]. Des Weiteren ist zu überlegen, welche Stakeholder, Multiplikatoren (Change Agents) sowie interne und externe Experten in diesen Teilprozess ausdrücklich eingebunden werden sollen. Auf diese Weise wird zum einen vorhandenes organisationales Wissen mobilisiert und zum anderen die Akzeptanz des Veränderungsprozesses bereits frühzeitig befördert. Gerade die Multiplikatoren können dann in späteren Informations- und Dialogarenen zunächst den Führungskräften und im weiteren Verlauf den Mitarbeitern »Rede und Antwort« stehen, wenn letztere die Notwendigkeit und Sinnhaftigkeit der jeweiligen Transformation nachvollziehen und verstehen wollen. Eine mögliche Prozessarchitektur zur Analyse, Diagnose sowie Konzeptentwicklung und -verabschiedung in einem Verbund aus Prinzipal, wichtigen Entscheidern, Agenten, Multiplikatoren, Experten und Stakeholdern ist in Abbildung 4.24 wiedergegeben.

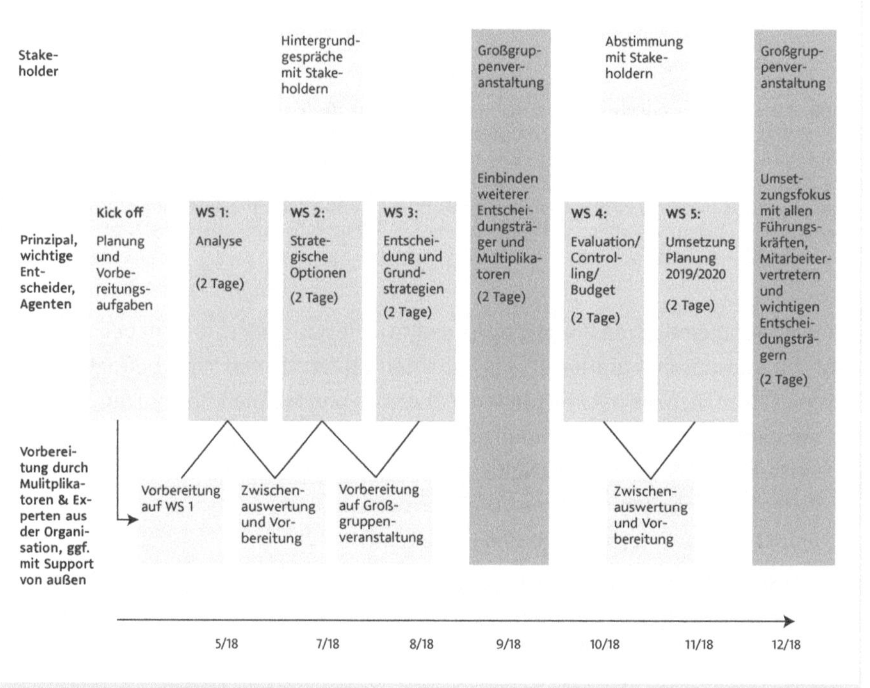

Abb. 4.24: Prozessarchitektur: Entwickeln eines Transformationskonzeptes, Quelle: Bartscher (2017), S. 97, in Anlehnung an Nagel (2014), S. 17.

297 Einen Überblick über in der Praxis bewährte Analysekonzepte finden sich etwa bei Strategy Transformation Consulting (2016), http://www.strategy-transformation.com/methoden-tools-ueberblick/; abgerufen am 02.09.2018.

Startend mit der Analyse der Ist-Situation von Organisation und Umfeld ist auch der Transformationsstatus, also die Bereitschaft und Fähigkeit der Organisation zur Veränderung, im Rahmen eines Change Readiness Assessment zu ermitteln und zu bewerten. Hieran anschließend können die grundlegenden strategischen Gestaltungsoptionen abgeleitet werden. Letztere konkretisieren sich wiederum im Grundkonzept, also der Architektur des Veränderungsprozesses. Im Weiteren ist ein Evaluations-/Controlling-Konzept zu entwickeln und das Budget festzulegen. Im Anschluss wird ein detaillierter Projekt- und Maßnahmenplan erarbeitet, der dann im nächsten Schritt der Gesamtheit der Führungskräfte sowie der Mitarbeitervertretung dargelegt, erörtert und gemeinsam verabschiedet wird.

In diesem Zusammenhang ist es hilfreich, wenn die strategischen Überlegungen hinter dem Transformationsprozess u. a. in erste Skizzen von Ablaufprozessen »übersetzt« werden, ebenso in zukünftig erforderliche Kompetenzcluster und Handlungsmuster seitens der Arbeitnehmer. Das Ableiten von Kompetenzclustern und Handlungsmustern ermöglicht zu erkennen, welches Wissen, welche Fähigkeiten und Fertigkeiten, welche Qualifikationen und welche Tätigkeitsfelder mit einer anstehenden Transformation an Bedeutung gewinnen werden. Indem diese Kompetenzcluster zusätzlich auf Berufsfelder, sog. Job Familien, heruntergebrochen werden, wird für Mitarbeiter nachvollziehbar und verständlich, welche Handlungen und Arbeitsweisen sie auch zukünftig an ihrem Arbeitsplatz beibehalten können, welche nicht mehr gefragt sind und welche sie konkret weiterentwickeln oder sogar neu erlernen müssen. Weiterhin ist es möglich, in nachgelagerten Prozessschritten Lücken zwischen der Soll- und Ist-Performanz von Mitarbeitergruppen zu ermitteln. Diese Lücken sind dann im Verlauf des Veränderungsprozesses etwa über Qualifizierungsmaßnahmen oder über die Neueinstellung von Mitarbeitern zu schließen.

Praxistipp: Kompetenzmanagementprozess

Kompetenzen fügen sich zu Handlungsmustern zusammen. Umgekehrt lassen sich Handlungsmuster in Kompetenzcluster und diese wieder in Fähigkeiten und Fertigkeiten, Wissen, Qualifikationen, Kenntnisse und in Erfahrungswerte zerlegen. Ziel eines Kompetenzmanagementprozesses ist damit u. a., strategisch relevante Handlungsmuster zu konkretisieren und in benötigte Einzelkompetenzen zu zerlegen. »Kompetenzmanagement geht … über das traditionelle Verständnis von Aus- und Weiterbildung hinaus, indem Lernen, Selbstorganisation, Nutzung und Vermarktung von Kompetenzen integriert werden. Kompetenzmanagement ist eine Managementdisziplin mit der Aufgabe, Kompetenzen zu beschreiben, transparent zu machen, sowie den Transfer, die Nutzung und Entwicklung der Kompetenzen orientiert an den persönlichen Zielen des Mitarbeiters sowie den Zielen der Unternehmung sicherzustellen.«[298] Kompetenzmanagement ist damit das Bindeglied zwischen den Kompetenzen der Mitarbeiter auf der einen Seite und den aktuell und zukünftig relevanten bzw. benötigten Kompetenzclustern der Organisation auf der anderen Seite. Kompetenz-

298 North/Reinhard (2005).

management soll Organisationen in die Lage versetzen, die Potenziale, die Fähigkeiten und Fertigkeiten der Mitarbeiter gerade in Veränderungsprozessen effektiv zu nutzen. Kompetenzmanagement liefert Organisationen darüber hinaus Informationen und Entscheidungsgrundlagen für weitere Gestaltungsfelder des Personalmanagements[299].

Projektmanagement

Die obige Frage des Prinzipals und der Entscheider nach dem weiteren Vorgehen ist auch Ausdruck für die Erwartung, dass die Agenten im Rahmen der Rückspiegelung die Eckwerte für das Projektmanagement offenlegen[300]. Gerade das Umreißen der Projektorganisation dient in diesem Zusammenhang nochmals der Rollenklärung zwischen Prinzipal, Entscheidern und Agenten. Ebenso können die erforderlichen bzw. zur Verfügung stehenden Kapazitäten geklärt werden. U. a. sollten die nachfolgenden institutionellen Regelungen besprochen werden: Projektlenkungsgremium, ergänzt ggf. um ein Projektportfoliogremium, Gesamtprojektleitung und Kern-Team, Projektbüro sowie die Anzahl der Teil-Projektteams und der Projektmitarbeiter einschließlich deren Vollzeit-Äquivalent. Weiterhin ist zu bestimmen, welche Projektmanagementmethoden und -werkzeuge zum Planen, Überwachen und Steuern des Transformationsprojektes eingesetzt werden. Abbildung 4.25 gibt einen Überblick über diese und andere Gestaltungselemente, die mit Blick auf ein professionelles Projektmanagement zu bedenken sind.

Best Practices
in Project Management

PM Multiprojektmanagement	PM Prozesse	PM Organisation	PM Projektteam	PM Planung und Überwachung
• Projektportfoliomanagement • Multiprojektkapazitätsmanagement • Multiprojekt-Cockpit	• Projektmanagementprozesse • Projektklassen • Projektzielvereinbarung • Projektstart • Projektdurchführung • Projektabschluss • Projektmanagementhandbuch	• Projektportfoliogremium • Projektlenkungsgremium • Projektmanagement-Office	• Vollzeit-Projektleiter • Systemingenieure • Interdisziplinäre Projektteams • Projektteamräume	• Projektstrukturplanung • Ablaufplanung • Terminmanagement • Kostenmanagement • Risikomanagement • Integrierte Projektsteuerung • Projekt-Cockpits

Abb. 4.25: Best Practices im Projektmanagement, Quelle: CO Improve (2018), https://www.co-improve.com/fachkompetenz/projektmanagement.html; abgerufen am 04.09.2018.

299 Vgl. Bartscher/Nissen (2017), S. 258.

300 Vgl. z. B. Griguscheit (2014), https://www.projektmagazin.de/artikel/veraenderungsprojekte-professionell-durchfuehren-teil-1_1093008 und https://www.projektmagazin.de/artikel/veraenderungsprojekte-professionell-durchfuehren-teil-2_1093011; abgerufen am 07.04.2018; vgl. auch Peterjohann (2017), https://www.peterjohann-consulting.de/change-management-in-projekten/; abgerufen am 27.09.2018.

Praxistipp: Vier Kernaspekte für erfolgreicheres Projektmanagement (PM)

»Neben den heutigen Standards, die die PM-Welt zur Verfügung stellt, benötigt modernes Projektmanagement vor allem die Fähigkeit, unsere Vorgehensmodelle und Methoden kontinuierlich zu hinterfragen, zu verbessern und für unsere Belange entsprechend anzupassen. Oder anders formuliert: Das Beherrschen von Standards ist vor allem dann gut, wenn diese Standards sich regelmäßig neuen Herausforderungen anpassen können. Nur so ist es möglich, in einer stetig komplexer werdenden Welt den immer schneller wechselnden Anforderungen und individuellen Kundenwünschen zu begegnen.

Wir benötigen folglich eine ganzheitliche Betrachtung auf das Projektmanagement. Dabei spielen vier Aspekte eine grundlegende Rolle, denen wir zukünftig wesentlich stärker im Projektmanagement Beachtung schenken sollten:

1. Innovation: Wir müssen in unseren Unternehmen die Innovationskraft stärker fördern und eine angemessene Fehlerkultur etablieren.
2. Menschen: Wir müssen den Dialog mit allen Projektbeteiligten intensivieren (Mitarbeiter, Stakeholder, Führungskräfte, Externe), um deren Ansichten und Perspektiven für die Projektplanung und -durchführung zu nutzen.
3. Dynamik: Wir können viel von den ›Agilen‹ lernen, um die zunehmende Dynamik und schnell wechselnde Rahmenbedingungen in den Griff zu bekommen.
4. Klassisches PM: Bestehende Methoden und Strukturen aus dem klassischen Projektmanagement sind auch weiterhin ein wichtiges Element bei der Durchführung von Projekten.

Zusammengefasst: Wir müssen uns immer in der jeweiligen Situation fragen, ob das anvisierte Vorgehen mit den uns vertrauten Standards auch wirklich für den aktuellen Projektkontext passt. Und diese kritische Reflexion gilt auch für die vier eben genannten Aspekte. Nur wenn wir davon ausgehen können, dass diese uns wirklich in der Arbeit des aktuellen Projekts weiterhelfen, sollten wir diese auch nutzen – deren pauschaler Einsatz führt nicht zwangsläufig zum Erfolg.«

Quelle: ProjektMagazin, 26.11.2014[301]

Im Rahmen der Architekturskizze für den Rückspiegelungsworkshop sind neben den grundlegenden Stoßrichtungen, dem Konzept für eine vertiefte Analyse und Diagnose der Ausgangssituation sowie dem konzeptionellen Rahmen für das Projektmanagement auch erste Vorstellungen zu etwaigen Informations-, Dialog- und Unterstützungsplattformen zu entwickeln (siehe Abbildung 3.17). Zu überlegen ist also, welche Lernformen und Lernarenen den betroffenen Mitarbeitern und Führungskräften angeboten werden, um einerseits die fragliche Transformation verstehen und hinterfragen zu können. Andererseits geht es für die Menschen darum zu erfahren, wie sie ihre persönliche Kompetenz- und Handlungsmusterentwicklung gestalten können und wie sie hierbei durch die Organisation gefördert und damit unterstützt werden. Insoweit enthält die Architektur potenzielle Arenen bzw. Räume zum Erfassen und

301 Ihlow (2014), https://www.projektmagazin.de/artikel/warum-wir-ein-neues-verstaendnis-von-projektmanagement-brauchen_1095511; abgerufen am 07.04.2018.

Vermitteln, zum Erörtern, Bewerten und Reflektieren von Informationen. Weiterhin sind Arenen des Steuerns und Entscheidens vorzusehen. Daneben werden Räume für das Entwickeln von Kompetenzen, von Verhaltensmustern sowie der Persönlichkeit benötigt. Auch sind Räume für das Evaluieren der erzielten Ergebnisse zu planen. Wie bereits oben festgestellt, gibt es vielzählige Architekturelemente, die für diese unterschiedlichen Zwecke herangezogen werden können. Deren Auswahl sollte sich dabei an den in der Diagnosephase erstellten Hypothesen orientieren. Neben den bereits im Rahmen des Projektmanagementkonzeptes festgelegten Gremien, wie Lenkungsausschuss und Projektmanagement-Office mit Kernteam sowie den Sub-Projekten, haben sich in der OE-Praxis auch die nachfolgenden regelmäßig stattfindenden Foren bewährt[302]:

- Dialoggruppe: Ziel der Dialoggruppe ist ein regelmäßiger Austausch zwischen Top-Management, Lenkungsausschuss und Projektleitung. Dieses Gremium dient einerseits dem Informationsaustausch, andererseits ist hier zu erörtern, wie das jeweilige Veränderungsprojekt in die Gesamtentwicklung des Unternehmens einzubinden ist. Somit kann das Risiko der Eigendynamik und widersprüchlicher Entwicklungen von Veränderungsprozessen eingedämmt werden.
- Sounding Board: Sounding Boards dienen als Resonanz- und Beratungsgremien. Hierzu werden Multiplikatoren, Experten, Repräsentanten der Businessunits und der Mitarbeitervertretungsorgane eingeladen. In ihrer Zusammensetzung sollen sie die zentralen Einflussbereiche einer Organisation abbilden, im Sinne eines repräsentativen Mikrokosmos. Die Teilnehmenden sind eingeladen, aus ihrer jeweiligen Perspektive Rückmeldung zu geben zum Ziel/Zweck, zu den geplanten Maßnahmen, aber auch zum konkreten Verlauf eines Veränderungsprozesses. Auch sollen die Teilnehmenden auf etwaige Versäumnisse, notwendige Kurskorrekturen oder zusätzlich erforderliche Initiativen hinweisen.
- Großveranstaltungen: Dialogische Großveranstaltungen bieten die Möglichkeit, viele Menschen gleichzeitig zu erreichen. Bedeutsame Informationen können hier plenar allen Anwesenden »im Originalton« präsentiert werden. In vielfältig gestaltbaren Untergruppen besteht dann für die Teilnehmenden die Möglichkeit, das Gehörte zu vertiefen, zu hinterfragen und zu bewerten. In Pausen bzw. unstrukturierten Verweilzeiten können sich die Teilnehmenden zudem untereinander verständigen. Daneben besteht die Möglichkeit, über geeignete Formen der Inszenierung unter den Teilnehmenden ein emotional verbindendes und motivierendes Wir-Gefühl sowie ein gemeinsames Themenverständnis zu befördern[303].

302 Vgl. etwa Königswieser/Hillebrand (2004), S. 67 ff.; vgl. auch Claßen (2013), S. 261 ff., Königswieser/Exner (2013), S. 45 ff.; Doppler/Lauterburg (2014), S. 247 ff.; Kostka (2017), S. 57 ff.

303 Vgl. etwa https://www.haufe-akademie.de/blog/themen/projekt-prozess-und-change-management/grossgruppenveranstaltung/; abgerufen am 06.09.2018; https://www.umsetzungsberatung.de/methoden/grossgruppen.php; abgerufen am 06.09.2018; vgl. auch Hinnen/Krummenacher (2012), S. 12 ff.

- Multiplikatorenforen: Diese Foren verfolgen zwei Ziele. Zum einen sollen sie eine themen-/methodenspezifische Beratungs- und Prozesskompetenz ausgewählter Mitarbeiter stärken. Zum anderen dienen sie dem Erfahrungsaustausch und der kollegialen Beratung dieser Mitarbeiter untereinander. Hierunter fallen »Train-the-Trainer«-Konzepte, Change Agents, OE-Supervisoren, oder aber auch Methodenexperten, wie Scrum-Master, Six-Sigma-Verbesserungsexperten, Certified Associates in Project Management nach PMI.
- Reflexions- und Evaluationsräume: Ziel dieser Veranstaltungsformen ist es, dass sich die Treiber und Gestalter von Veränderungsprozessen insbesondere im Rahmen der Implementierung Auszeiten suchen, um Erlebtes und Erreichtes gemeinsam, aber auch individuell zu bewerten. Beispiele sind Lessons-Learned-Workshops, Großgruppen-Settings, Kollegiale Beratung sowie Team- und Individual-Coaching.

Häufige Bestandteile von Veränderungsarchitekturen sind zudem Trainings- und Workshop-Reihen, Führungs- und Fachkonferenzen, Gesprächsreihen mit dem Top-Management, digitale Austauschplattformen, Erfahrungsaustauschgruppen, Exkursionen.

Wann eignen sich nun welche Architekturelemente zu welchem Zeitpunkt im Veränderungsprozess?

Wie oben bereits beschrieben, lehnen Menschen u. a. wegen ihrer emotionalen Betroffenheit oder aufgrund ihrer Einstellung gegenüber dem Wandel oder aufgrund der damit verbundenen Anstrengungen nicht selten geplante Veränderungen ab. Sie versuchen diese abzuwenden oder zumindest zu verzögen (Widerstand). Insoweit stehen die Akteure von Transformationsprozessen regelmäßig vor der Frage, wie sie die diesbezügliche Akzeptanz der Mitarbeiter fördern und deren notwendige Kompetenz- und Verhaltensmusterentwicklung anstoßen und begleiten können. Ausgehend von der in Kapitel 3 dargestellten Veränderungskurve ist es zu Beginn eines Veränderungsprozesses bedeutsam, die Mitarbeiter so zu informieren, dass diese die wesentlichen Aspekte des Change-Konzeptes wahrnehmen und verstehen.

Einerseits geht es darum, in der Phase der Vorahnung die Mitarbeiter auf sich abzeichnende Änderungen vorzubereiten. So sollte u. a. bestätigt werden, dass aktuell verschiedene Änderungsszenarien im Kreis der Entscheider analysiert und diskutiert werden. Aufkommende Gerüchte sollten fallweise kommentiert werden, um diese zu begrenzen oder zu kanalisieren. Multiplikatoren innerhalb der Organisation, wie etwa ausgewählte Führungskräfte und Betriebsräte, die Personalabteilung und sonstige Schlüsselabteilungen und Schlüsselpersonen, sollten in Hintergrundgesprächen, oder im Rahmen von Sounding Boards, mit Zwischenständen zu den Anpassungsüberlegungen vertraut gemacht werden. Auch ist es wichtig, geeignete Informationsplattformen für die allgemeine Veröffentlichung der Veränderungsentscheidung zu definieren. Neben Mitarbeiterversammlungen (town hall meetings), Sonder-/Kurzmitteilungen über die unterschiedlichen digitalen Medien innerhalb der Organisation, z. B. Intranet, Info-Ticker, ist zudem eine aktive Pressearbeit vorzubereiten, die auch die sozialen Medien einbezieht.

Andererseits müssen die Veränderungsakteure darauf vorbereitet werden, dass sie während und nach der Veröffentlichung der Eckwerte des Transformationsprojektes auf geschockte und verärgerte Mitarbeiter treffen werden. In Workshops sollten diese daher über typische Reaktionsmuster der Mitarbeiter informiert und für eigene, adäquate Reaktionsmuster sensibilisiert werden. Gerade in den ersten beiden Phasen ist es notwendig, Offenheit und ein ehrliches Verständnis für die Ängste und Sorgen der Mitarbeiter zu zeigen. Die Treiber der Veränderung sollten daher offensiv auf die Mitarbeiter zugehen und die Notwendigkeit der Veränderung darlegen und erläutern. Sie sollten dabei standhaft bleiben, dennoch aktiv zuhören und Anschuldigungen, Wut und Aggressionen von Seiten der Mitarbeiter innerlich gelassen aufnehmen. Die Treiber der Veränderung bieten den Mitarbeitern so eine Projektionsfläche für deren Emotionen und ggf. eine Art emotionales Ventil für Übersprunghandlungen. In diesem Zusammenhang ist es für die Treiber der Veränderung wichtig, dass sie die Anfeindungen nicht persönlich nehmen. Sie sollten allerdings emotionalen Auswüchsen auf Seiten der betroffenen Mitarbeiter auch Grenzen setzen und sich selbst Gesprächspartner suchen, mit denen sie das Erlebte besprechen und bearbeiten können.

Wie bereits dargelegt, sind die Mitarbeiter in den Phasen des Widerstandes der rationalen und emotionalen Einsicht bis hin zum Ausprobieren teilweise sehr verunsichert und orientierungslos und haben somit im Vergleich zum routinegeprägten Alltag ein überdurchschnittliches Informations- und Dialogbedürfnis. Realisieren die Mitarbeiter, dass die Entscheidungsträger trotz deren ablehnenden Verhaltens an dem Veränderungsvorhaben festhalten, nehmen deren Bereitschaft und auch deren Wunsch nach einem dialogischen Austausch zu. Die Mitarbeiter wollen nicht mehr nur informiert werden, sie wollen auch hinterfragen, nachfragen, kommentieren und mitgestalten dürfen. Von Betroffenen wollen sie zu Beteiligten werden. Als Dialogplattformen bieten sich hier u. a. Roadshows der obersten Entscheidungsträger, Workshops, moderierte Mitarbeiterbesprechungen, Arbeits- und Erfahrungsaustauschgruppen an. Mitarbeitern mit Schlüsselfunktionen sollten weiterhin regelmäßig dialogische Sonderveranstaltungen angeboten werden, wie etwa das bereits erwähnte Sounding Board oder auch Expertenkreise und Kamingespräche.

Werden die angebotenen Dialogräume von den Mitarbeitern als zielführend und integrierend erlebt bzw. bewertet, dann steigt die Wahrscheinlichkeit, dass ihre Einsicht in die Veränderungsnotwendigkeit reift und die Bereitschaft zur Mitgestaltung wächst. Neben der rationalen Inhaltsebene ist in Dialogveranstaltungen immer auch die emotionale Beziehungsdimension zu bedienen. Die Mitarbeiter sollen und wollen Vertrauen in den Veränderungsprozess entwickeln können und gleichzeitig sollen und wollen sie Wertschätzung für das in der Vergangenheit Geleistete erfahren. Transparente Projektmanagementstrukturen und regelmäßig kommunizierte Projektzwischenstände dienen hierbei u. a. als vertrauensbildende Maßnahmen. Großgruppenveranstaltungen sind dazu geeignet, dass den Mitarbeitern u. a. durch obere Entscheidungsträger symbolisch und faktisch Dank und Wertschätzung für die Leistungen in der Vergangenheit gezollt wird. Gewohntes oder Liebgewonnenes wird so einerseits nochmals gewürdigt, andererseits wird das mitarbeiterseitige Loslassen von alten Verhaltensmustern befördert.

Die Mitarbeiter sind nach solchen Veranstaltungen meist bereit, ihre Potenziale auf die anstehenden Aufgaben im Veränderungsprozess zu lenken. Dieses Bedürfnis, aktiv zu werden, kann zusätzlich befeuert werden, indem in Dialogveranstaltungen regelmäßig auf angedachte und bereits entwickelte Unterstützungskonzepte/-maßnahmen hingewiesen wird. Auch damit wird den Mitarbeitern Wertschätzung signalisiert und sie werden die skizzierten Unterstützungsplattformen als vertrauensbildende Maßnahmen bewerten.

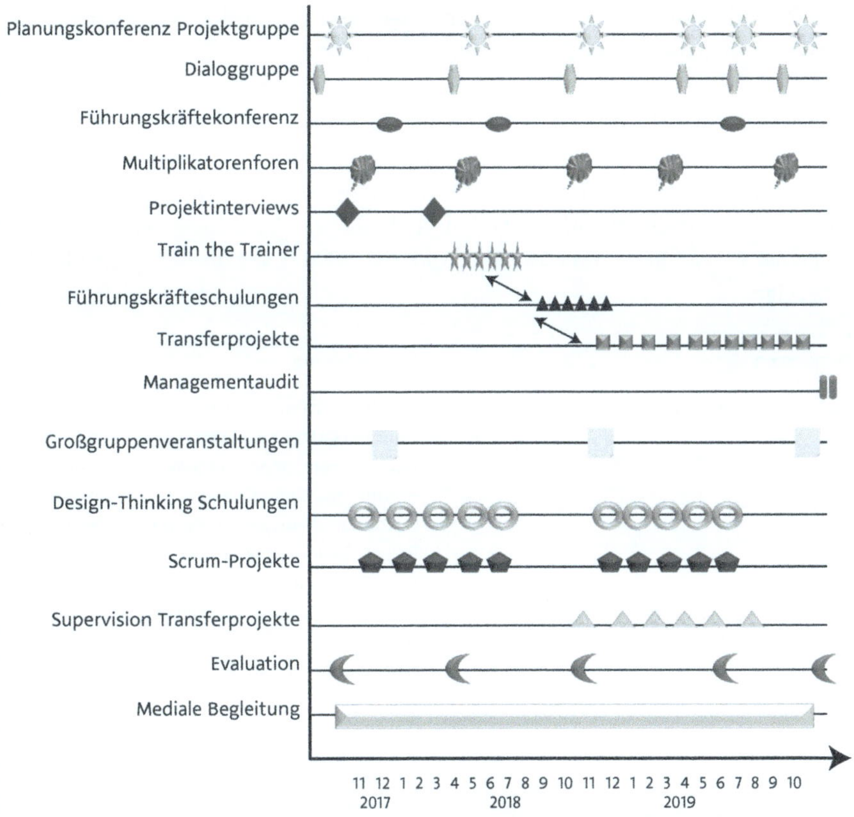

Abb. 4.26: Beispiel eines Erstentwurfes einer Veränderungsarchitektur, Quelle: Bartscher (2017), S. 178; vgl. auch Häfle (2007), S. 240 ff., Claßen (2013), S. 125 ff., Königswieser/Exner (2013), S. 45 ff., Bartscher/Lütjen (2014), 210 ff., Krizanits (2015), S. 48 ff.

Die Personalabteilung kann hier eine offensiv begleitende Rolle einnehmen, indem sie über Schulungen, Workshops und andere Lernarenen den nun anstehenden Kompetenzaufbau der Mitarbeiter unterstützt und fördert. Allen Veränderungsakteuren und Mitarbeitern ist hierbei auch zu vermitteln, dass nicht alles vom Start der Transformation an perfekt und routiniert verlaufen wird. Es werden Fehler gemacht werden, Prozesse werden instabil sein. Die Bereitschaft für eine kollegiale Fehlertoleranzkultur und die Bereitschaft, aus Fehlern lernen zu wollen, ist auf beiden Seiten zu fördern. Insoweit ist der Austausch von Lernerfahrungen der Beteiligten untereinander zu gestalten, ebenso die Supervision (Kontrolle/Reflexion) der neu erworbenen Fähigkeiten/Fertigkeiten und deren Dokumentation (z. B. über mitarbeiterbezogene Kompetenzmatrizen und Tests). In Abbildung 4.26 werden die eben dargelegten Gedanken in einer beispielhaften Veränderungsarchitektur nochmals zusammengeführt.

Spezifische Stoßrichtungen für Digitale Transformationsprojekte

Welche spezifischen Stoßrichtungen und Lernräume zeichnen sich nun für Digitale Transformationsprojekte ab? Welche typischen Veränderungsbedarfe entstehen hier und wie können diese befördert werden?

Wie bereits erwähnt, sind mit Instrumenten der Digital Transformation Diagnosis[304] diejenigen Aspekte zu isolieren, bei denen in der jeweiligen Organisation tatsächlich Gestaltungsbedarf besteht. Diesbezüglich grundlegende Interventionsstoßrichtungen enthält bereits beispielhaft Abbildung 4.21. Ähnliche Gestaltungsfelder benennen Capgemini Consulting in ihrer Studie Culture First! (2017), wie die nachfolgende Übersicht zeigt:

Dimension	Beschreibung
Kundenorientierung	Der Kunde ist ins Zentrum von Denken und Handeln gestellt. Es herrscht ein enger Austausch sowie individuelle Interaktion und Kommunikation mit den Kunden. Lösungen werden gemeinsam entwickelt und kontinuierlich an die Bedürfnisse des Kunden angepasst. Der Dialog mit dem Kunden wird durch digitale Tools gefördert. Kundenbedürfnisse und Wünsche werden fortlaufend anhand von digitalen Daten und Tools analysiert.

304 Vgl. etwa https://soscisurvey.fr.capgemini.com/sosci/DigitalCulture_Teaser_de/; abgerufen am 15.09.2018; vgl. auch https://doubleyuu.com/digital-transformation-diagnosis/; abgerufen am 30.08.2018.

Dimension	Beschreibung
Entrepreneurship	Integration aktueller Marktimpulse und Trends in das bestehende Geschäftsmodell. Mitarbeiter werden ermutigt und befähigt, Risiken einzugehen und eigene Ideen voranzutreiben. Sie spielen daher eine aktive Rolle bei der Mitgestaltung des Unternehmens. Das eigene Geschäftsmodell wird kontinuierlich analysiert und entsprechend sich verändernder Marktverhältnisse und neuer technologischer Trends angepasst.
autonome Arbeitsbedingungen (New Work)	Mitarbeitern werden Freiräume zum eigenverantwortlichen Arbeiten gewährt. Genutzt werden flexible Arbeitsmodelle, die es den Mitarbeitern zum Beispiel über digitale Tools ermöglichen, selbst über Arbeitszeiten und Arbeitsort zu entscheiden. Dabei werden die Selbstständigkeit, Eigeninitiative und Selbstführung der Mitarbeiter gefördert.
Kollaboration	Fördern des interdisziplinären und bereichsübergreifenden Austausches unter den Mitarbeitern, mit Kunden und Wettbewerbern sowie zu und mit anderen Unternehmen. Das Sammeln und vor allem auch das Teilen und Strukturieren von Wissen wird als essenziell angesehen. Die Mitarbeiter unterstützen sich gegenseitig, auch über Bereichs- und Hierarchiegrenzen hinweg. Sie nutzen Synergien und überwinden das Silo-Denken.
Innovation und Lernen	Weiterentwickeln des Unternehmens und der Mitarbeiter ist der zentrale Erfolgsfaktor. Es wird ein kreativitätsförderndes Umfeld geschaffen, das Experimentierfreudigkeit und Aufgeschlossenheit gegenüber neuen Ideen fördert. Bisherige Gewohnheiten und Prozesse werden kritisch hinterfragt. Fehlschläge werden als Teil des Entwicklungsprozesses akzeptiert und Scheitern als wichtiger Lernprozess angesehen.
Digital Leadership	Die Führungskräfte vermitteln ihren Mitarbeitenden eine klare digitale Vision/Strategie und sind ausgeprägt mitarbeiterorientiert. Sie befähigen die Mitarbeiter, agieren als Coach und bringen ihnen ein hohes Maß an Vertrauen entgegen. Sie arbeiten mit Teams unabhängig von Zeit und Ort zusammen.

Dimension	Beschreibung
Agilität	Dynamisches Denken und Handeln dominieren. Prozesse und Strukturen werden zeitnah an sich ändernde Umweltbedingungen und Kundenbedürfnisse angepasst. Neue Impulse werden schnell aufgenommen, bewertet und umgesetzt. Führungskräfte und Mitarbeiter benötigen dabei eine hohe Ambiguitätstoleranz.
Digitale Technologien und digitalisierte Prozesse	Digitale Tools und Plattformen werden für die Weiterentwicklung der internen und externen Prozesse genutzt. Entscheidungen werden datenbasiert getroffen. Es besteht Offenheit gegenüber neuen Technologien als Basis für zukunftsorientierte Geschäftsmodelle. Nutzerorientierte, effiziente Prozesse flankieren diese Haltung. Digitale Technologien werden im Unternehmen flächendeckend zur Planung, Durchführung und Analyse von Arbeitsprozessen und Ergebnissen eingesetzt.

Abb. 4.27: Grundlegende Interventionsstoßrichtungen in Digitalen Transformationsprojekten, Quelle: Bartscher/Nissen (2018), S. 48, in Anlehnung an Schaefer et al. (2017), S. 24.

Neben den bereits erwähnten »klassischen« Lernplattformen zeichnet sich bei digitalen Veränderungsprozessen ein gewisser Schwerpunkt bei Methoden ab, die die digitale und persönliche Kollaboration befördern und die zudem dazu beitragen, ein nachhaltiges Wissensmanagement zu etablieren[305]. Grundlage für die konkrete Auswahl der jeweiligen Plattformen ist »... eine ausformulierte Digitalisierungsstrategie, gepaart mit einem klaren kulturellen Zielbild: Wie wollen wir miteinander arbeiten, wie wollen wir uns verhalten, welcher Spirit soll bei uns zu spüren sein? (...) Was wollen wir mit unserer Digitalisierungsstrategie erreichen, und wie muss unsere Kultur künftig aussehen, damit wir unser Ziel erreichen?«[306] Als präferierte Interventionsmuster gelten Modelling[307] und Vorleben. Diesbezüglich kommt den Führungskräften, auch und gerade im Top-Management, eine zentrale Vorbildfunktion zu. Des weiteren unterstützen Konzepte wie Digital Learning Journey, Digital Lab und Digital Campus, aber auch agile Methoden aus dem Projektmanagement das Entwickeln einer Digitalen Unternehmenskultur:

- Digital Learning Journey: Durch Besuche oder längere Aufenthalte in digitalen Zentren wie Palo Alto, Tel Aviv, Tallinn, oder Berlin sollen u. a. agile und kollaborative Formen der Zusammenarbeit erfahren bzw. erlernt werden. Daneben sollen

305 Vgl. z. B. Hart (2017), http://c4lpt.co.uk/top100tools/; abgerufen am 28.01.2018.
306 Schaefer et al. (2017), S. 44.
307 Vgl. z. B. Hoffmeister (2017), S. 12 ff.; vgl. z. B. Fox (2009), S. 1 ff.

die Teilnehmenden Verständnis für den digitalen Wandel entwickeln. Auch sollen sie inspiriert werden, ihr eigenes »Digitales Mindset« und eigene digitale Konzepte (weiter-)zuentwickeln[308].

- Digital Lab: Kreative physische oder virtuelle Räume, abseits etablierter Strukturen, die ausgewählte Mitarbeiter eines Unternehmens, Mitarbeiter kooperierender Start-ups und Wissenschaftler gemeinsam nutzen, um innovative Ideen zu generieren und umzusetzen. Deren Zusammenarbeit ist meist zeitlich begrenzt. Themenstellung können sein: spezielle digitale Technologien, neue Produktideen oder digitale Geschäftspraktiken[309].
- Digital Campus: Zentrale physische sowie virtuelle Infrastruktur für technisch unterstützte Lehr- und Lernszenarien. U. a. werden generelle und spezifische Auswirkungen der Digitalisierung beispielsweise auf Geschäftsmodelle, Prozesse oder Strukturen erörtert, sowie der Gebrauch konkreter Technologien vermittelt. In kleinen Projektteams werden die neu erworbenen Kenntnisse dann angewendet, um konkrete Problemstellungen zu bearbeiten[310].

Praxistipp: Transformations-Werkstatt

»BAUMGARTNER & CO. bietet mit der TRANSFORMATIONS-WERKSTATT ein Format kollegialen Erfahrungslernens an. Im Fokus stehen die Unternehmenskultur, Menschen und Führung. Führungskräfte als zentrale Kulturträger im Unternehmen werden zu internen Treibern, die die Chancen des digitalen Wandels aufzeigen, dafür begeistern und eine langfristige Veränderungsbereitschaft bei den Mitarbeitern erzeugen.
Agilität, die Bereitschaft zur Übernahme von Verantwortung und Unternehmenswerte, die Veränderungsbereitschaft unterstützen, sind wesentliche Elemente einer digitalen Unternehmenskultur. So wird die Gestaltung der Führungs- und Unternehmenskultur zum entscheidenden Schlüssel zu einer erfolgreichen digitalen Transformation.
In unserem Konvoi-Projekt begeben Sie sich gemeinsam mit 10-15 anderen Organisationen für ein Jahr auf den Weg der digitalen Transformation. Aufbauend auf einer Reifegradanalyse Ihrer Unternehmenskultur, erarbeiten Sie eine individuelle Fallstudie zum Thema Digitalisierung für Ihre Organisation, die auf den Grundpfeilern Kultur, Menschen und Führung fußt. In geschlossenen, regelmäßigen Lernwerkstätten entwickeln Sie Ihre Kompetenzen und Fallstudien weiter und lernen gemeinsam im Austausch mit den anderen Unternehmen und Transformationsexperten, wie Sie den digitalen Wandel für Ihre Organisation erfolgreich gestalten können. Sie erhalten spannende Impulse aus der Wissenschaft und Praxis anderer Unternehmen.«
Quelle: Transformations-Werkstatt (2018)[311]

308 Vgl. etwa etventure Learning Journey, https://www.etventure.de/workshops/learning-journey/; abgerufen am 19.09.2018.

309 Vgl. etwa berlinvalley, https://berlinvalley.com/uebersicht-digital-labs-deutschland/; abgerufen am 19.09.2018; vgl. auch etventure Digital Lab, https://www.etventure.de/digital-lab/; abgerufen am 19.09.2018.

310 Vgl. etwa https://www.digitaler-weiterbildungscampus.de/; abgerufen am 19.09.2018; vgl. auch Commerzbank Digital Campus, https://blog.commerzbank.com/digitalisierung/17q3/digital-campus.html; abgerufen am 19.09.2018.

311 Baumgartner & Co. (2018), https://transformations-werkstatt.de/werkstatt/; abgerufen am 20.09.2018.

- Scrum: Methode des Projektmanagements mit einer Rahmen-/Prozessstruktur, die an den Prinzipien des Agilen Manifests (2001)[312] orientiert ist. Bedeutsame Grundlagen sind u. a. Selbstorganisation, Selbstreflexion sowie der Anspruch, dass entwickelte Lösungen einfach und funktionsfähig sein und den Kunden zufriedenstellen sollen. »Scrum ist empirisch, inkrementell und iterativ. Das bedeutet, die konkrete Anwendung basiert auf Erfahrung und das Vorgehen findet schrittweise in sich wiederholenden Etappen statt.«[313]
- Design Thinking: An der Stanford University/USA entwickelte Methode, mit spezifischen Prinzipien und definiertem Prozess, inklusive einer Vielzahl unterstützender Werkzeuge/Tools, zum Bearbeiten komplexer Themenstellungen. Zugleich stellt Design Thinking ein Paradigma, einen spezifischen Denkansatz (Mind Set) dar, der eine Innovationskultur befördern möchte, welche die Kreativität der Mitarbeiter zulässt und fördert. Bedeutsames Kennzeichen ist, dass sich die entwickelten Innovationen ganz gezielt am Nutzer orientieren sollen[314].
- Working-Out-Loud (WOL): Selbstlernmethode, bei der sich Menschen selbstorganisiert in einer Gruppe aus i. d. R. drei bis fünf Personen real oder virtuell zusammenfinden. Diese arbeiten dann 12 Wochen lang, meist eine Stunde/Woche, an den jeweiligen individuellen Lernzielen der einzelnen Gruppenmitglieder[315].

In der Praxis werden die eben skizierten Informations-, Dialog-, Mitwirk- und Lernplattformen ergänzt durch eine Vielfalt digitaler Lernformate, um den digitalen Kompetenzaufbau der Mitarbeiter zu beschleunigen. Dabei lässt sich in der Praxis beobachten, dass die Vorreiter des digitalen Kulturwandels beim Ausgestalten der Lernplattformen den (zwischen-)menschlichen Anforderungen eine ebenso hohe Beachtung schenken wie den technisch-prozessualen[316].

Praxistipp: Corporate Learning – 10 digitale Lernformate

»Die Arbeitswelt 4.0 eröffnet neue Formate des Corporate Learning. (...)

1. Blended Learning: Auch wenn Blended Learning kein neuer Trend ist, hat sich dieses flexible und hybride Lernformat in vielen Unternehmen etabliert. Es kombiniert Präsenzveranstaltungen mit virtuellen Anteilen aus dem Online-Bereich und spricht damit

312 http://agilemanifesto.org/principles.html; abgerufen am 20.09.2018.
313 O.V., Projektmanagement (2018), http://projektmanagement-definitionen.de/glossar/scrum/; abgerufen am 20.09.2018; vgl. auch z. B. https://avenirconsult.com/2017/02/02/lego-scrum/; abgerufen am 20.09.2018.
314 Vgl. z. B. Die Glühbirne, https://www.diegluehbirne.de/was-ist-design-thinking/; abgerufen am 20.09.2018; vgl. auch Uebernickel et al. (2015), S. 13 ff.
315 Vgl. z. B. tn3 (2018), https://t3n.de/news/working-out-loud-daimler-bosch-1076783/; abgerufen am 20.09.2018.
316 Vgl. z. B. vgl. Mayer (2017), http://www.strimgroup.com/blog/neue-unternehmenskultur-2/; abgerufen am 22.09.2018.

auch ältere Generationen an, die so Schritt für Schritt zum digitalen Lernen hingeleitet werden können. Es vermittelt Fachwissen, aber auch kooperative Kompetenzen und passt sich damit ideal dem jeweiligen Bedarf an. Weil Blended Learning den Lernprozess erweitert und unterschiedliche Settings verknüpft, fördert dies den nachhaltigen Aufbau von Wissen – vor allem, wenn Elemente des Micro Learning begleitend zum Einsatz kommen.

2. Micro Learning: Micro Learning orientiert sich an der relativ kurzen Aufmerksamkeitsspanne von Menschen und nutzt diese effektiv. Denn dabei werden Inhalte in leicht zu verarbeitende Teile zerlegt und bei minimalem Zeitaufwand aufgenommen: Kurztexte aus Infografiken oder Twitter-Posts können auch während eines gewöhnlichen Arbeitstages gelesen werden und erleichtern so das Lernen im Berufsalltag.
3. Mobiles Lernen: Wartezeiten werden dank Mobile Learning zu Trainingszeiten, wenn Mitarbeiter mobile Endgeräte wie Smartphones oder Tablets nutzen. Für kürzere Zeitspannen lässt sich dieses Lernformat mit Micro Learning kombinieren, um größere Lerneffekte zu erzielen. Dahinter steckt das Konzept, in jedem Setting flexibel und spontan lernen zu können. Mit einem Zugang zu sozialen Medien unterstützen Unternehmen zudem den Wissensaustausch.
4. Social Media: Wissenstransfer durch soziale Vernetzung fördert nicht nur das selbstbestimmte Lernen, es macht die Lernerfahrung auch zu einer gemeinsamen Aktivität. Und es begünstigt das soziale Miteinander in Form von Diskussion und Austausch – ob über soziale Medien wie z. B. XING, LinkedIn oder Facebook, Blogs, Wikis oder Micro-Blogging-Dienste. Mitarbeiter können gemeinsam mit ihren Kollegen Inhalte erstellen, bearbeiten und ihr Know-how direkt zur Verfügung stellen.
5. Micro Blogging: Informelle Micro-Blogging-Anwendungen wie Twitter basieren grundsätzlich auf einer asynchronen Kommunikation ohne Verzögerung. Sie erweitern das Spektrum der Lernaspekte und unterstützen den Austausch sowie die Transparenz von Wissen, das hierbei knapp vermittelt und präzise auf den Punkt gebracht werden muss.
6. Web Based Training: Web Based Training ist ein Lernformat, das fast ausschließlich auf Online-Technologie basiert. Lernprozesse und Weiterbildungen laufen dabei über Web Trainings, wobei die Daten von einem Webserver online mittels Internet oder Intranet abgerufen werden können. Multimediale Online-Schulungen und -Prüfungen vermitteln und fragen Wissen der Mitarbeiter ab. Häufig begleitet das Training ein Tutor bzw. Experte, der nicht nur den Austausch der Lernenden untereinander ermöglicht, sondern auch Fragen zum spezifischen Themengebiet beantwortet. (…)
7. Virtuelle Klassenräume: Virtuelle Klassenräume sind Web Conferencing Tools. Sie lassen sich als eine Form des Web Based Trainings für synchrone E-Learnings wie z. B. bei Webinaren einsetzen und ermöglichen damit die Wissensvermittlung in Echtzeit. Sie verknüpfen Audio-Konferenz, Text-Chat und interaktive Whiteboards. Die Videoübertragung ist hierbei wie bei Präsenzveranstaltungen nicht mehr einseitig, sodass Teilnehmer kollaborativ lernen können.
8. Videobasierte Lernformen: Videobasierte Lernformen eignen sich dazu, komplexe Sachverhalte durch die Unterstützung von Bild und Ton verständlicher zu vermitteln. Wenn Videos online abrufbar sind, können Mitarbeiter zeit- und ortsunabhängig darauf zugreifen, ihr Lerntempo individuell steuern und ihre Lernfortschritte selbst vorantreiben. Dadurch können sie auch schwierige Themen leichter erfassen und bei Bedarf in einzelne Lerneinheiten aufteilen.

9. Simulationen: Es gibt Situationen in der Arbeitswelt, bei denen es auf sicheres und schnelles Handeln ankommt – wie z. B. im Krisenmanagement. Um Mitarbeiter auf solche Situationen besser vorzubereiten, kommen Simulationen zum Einsatz. Diese nutzen interaktive Visualisierung, erweitern oder simulieren damit reale Szenarien mittels Technologien wie Augmented Reality oder Virtual Reality und übertragen sie in die digitale Welt. Für Mitarbeiter wird dadurch ein Perspektivenwechsel einfacher, der z. B. auch bei der Einführung unternehmensrelevanter Produkte oder Konzepte hilfreich ist. KMU können durch Simulationen Entscheidungs- und Geschäftsprozesse realitätsnah abbilden und so deren Folgen früher erkennen.
10. Game Based Learning: Wenn Verkaufsteams anhand von Videospielen geschult werden, wird das Lernen praxisnaher, spielerischer, unterhaltsamer und effizienter. Lernende können sich auch theoretische Inhalte besser merken und im Berufsalltag einfacher umsetzen. Game Based Learning ist damit eine Methode, die Weiterbildung mit positiven Erfahrungen und Erlebnissen verbindet.«[317]

Quelle: MITTELSTAND HEUTE, 23.08.2018

4.3.2.4.4 Rückspiegelung

Wie oben bereits kurz dargelegt, stellen die Agenten, also die beauftragten Auftragnehmer, die Ergebnisse der von ihnen durchgeführten Auftragsklärung, Analyse und Diagnose, sowie ihre ersten Architekturüberlegungen dem Prinzipal und den zentralen Entscheidern vor und erörtern ihre Erkenntnisse mit jenen. Das Anbieten von Analysen, Hypothesen und Gestaltungsoptionen stellt dabei eine weitere und bedeutende Intervention in die Richtung der Auftraggeber dar.

Die Rückspiegelung ist damit einerseits ein zentrales Element in übergreifenden Lern- und Veränderungsprozessen. Dem Prinzipal und den zentralen Entscheidern wird eine eigenständige Sicht und distanzierte Außenperspektive durch die Agenten vermittelt. Erstere erhalten Anhaltspunkte zur Performanz der Organisation, auch zu deren Veränderungsfähigkeit. Typische Verhaltensweisen werden benannt, etwa bewährte und nützliche sowie problematische, ggf. auch hemmende Beziehungsmuster. Andererseits fühlen sich die Auftragnehmer insbesondere durch die Hypothesen veranlasst, ihre eigenen Verhaltens- und Handlungsweisen zu hinterfragen und alternative Vorgehensweisen zu benennen bzw. zu erarbeiten. Bereits im Verhältnis der Auftraggeber untereinander können so nicht geplante Beziehungsdynamiken, aber auch neue Lösungsmuster bewirkt werden, die deren Leistungsfähigkeit (Performanz) erweitern[318].

317 O.V., MITTELSTAND HEUTE, 23.08.2018, https://www.mittelstand-heute.com/artikel/corporate-learning-und-digitale-lernformate; abgerufen am 22.09.2018.

318 Vgl. z. B. https://www.katiasaalfrank.de/%C3%BCber-uns/ziel-der-beziehungsanalyse/; abgerufen am 05.10.2018; vgl. auch http://www.inovato.at/beratung/change/; abgerufen am 05.10.2018.

Zumindest werden die Auftraggeber aber die erhaltenen Informationen und gewonnenen Erkenntnisse weiterverarbeiten und fortschreiben. Die nachfolgenden sieben Aspekte bzw. sieben Wirkprinzipien sollten daher bei der Planung und Durchführung eines Rückspiegelungsworkshops grundsätzlich bedacht und beachtet werden.

1. Der Prinzipal und die zentralen Entscheider treten in ihre Verantwortung ein. Indem diese sich mit den Ergebnissen und den daraus abgeleiteten Gestaltungsanforderungen auseinandersetzen, indem sie letztere bewerten, die daraus entstehenden Handlungsnotwendigkeiten bestimmen und den Agenten konkrete Aufgabenpakete übertragen, wird deutlich, bei wem welche Verantwortung liegt. Gleichzeitig können so die Rollen für die gemeinsame Zusammenarbeit tiefergehend geklärt werden.
2. Der Prinzipal, die zentralen Entscheider und die Agenten gleichen ihre grundlegenden Sichtweisen auf den Veränderungsanlass und zentrale Herausforderungen des Transformationsprozesses untereinander ab. Die Beteiligten legen dabei die von ihnen zusammengetragenen Informationen, sowie ihre Analyseergebnisse und ihre darauf aufbauenden Diagnosen offen. Hierdurch wird ein gemeinsames Verständnis bezüglich der Ausgangslage und etwaiger Gestaltungsnotwendigkeiten befördert.
3. Der Prinzipal, die zentralen Entscheider und die Agenten erörtern gemeinsam etwaige Interventionsstoßrichtungen und erste Maßnahmen. Alle sollen zunächst möglichst objektiv und sachorientiert deren jeweilige Vor- und Nachteile, deren Chancen und Risiken bewerten. Erst in einem zweiten Schritt sollten ausgehend vom Prinzipal und von den Entscheidern mikropolitische und sozioemotionale Bewertungskriterien in die Diskussion einfließen. Die Agenten achten dabei »... im Sinne der Neutralität darauf, nicht einseitig zum Promotor von Veränderungstendenzen (...) zu werden. Gerade, wo viel in Bewegung kommt oder viel Verunsicherung vorhanden ist, gilt es, die bewahrende Seite zu stärken«[319]. Die Agenten moderieren diesen Prozess des Abwägens. Sie stellen sicher, dass alle Beteiligten zu Wort kommen, sie steuern über Fragen und treffen keine Festlegungen.
4. Der Prinzipal und die zentralen Entscheider stehen in der Pflicht zu bewerten, welche Informationen und Analyseergebnisse bedeutender sind als andere, welche Hypothesen aus ihrer Sicht eher tragen, welche nicht. Sie legen fest, welcher thematische Rahmen und welche Ziele für den jeweiligen Transformationsprozess prioritär sind. Ebenso entscheiden sie, welche Unternehmensbereiche, welche Prozesse und Kompetenzträger zunächst von der Veränderung betroffen sind und welche (erst einmal) nicht. Sie stecken die allgemeinen Rahmenbedingungen ab und definieren die verfügbaren Ressourcen. Die Agenten halten diese ersten Festlegungen möglichst schriftlich fest und entwickeln hierauf aufbauend zu einem späteren Zeitpunkt die detaillierte Veränderungsarchitektur.

319 Häfele (2007), S. 186.

5. Den Agenten eröffnet die Rückspiegelung eine weitere Gelegenheit, dem Prinzipal und den zentralen Entscheidern eine Arbeitsprobe ihres Könnens, ihrer thematischen Kompetenz und ihrer Arbeitsweisen aufzuzeigen. Damit haben sie die Chance, etwaigen kognitiven Dissonanzen auf Seiten des Prinzipals und der zentralen Entscheider entgegenwirken. Denn latent stehen häufig u. a. die nachfolgenden Fragen im Raum: Setzen wir die aus unserer Sicht richtigen Agenten ein? Verstehen letztere, was wir von ihnen erwarten, und können sie das auch umsetzen? Fühlen sich die Agenten uns gegenüber verpflichtet, sind zu uns als Auftraggeber loyal? Diese abwägenden Gedanken, ggf. Zweifel, werden nun zumeist nicht offen angesprochen. Gelingt es den Agenten, diese und weitere Anfragen u. a. anhand ihrer Arbeitsergebnisse sowie über die konkrete Ausgestaltung des Rückspiegelungsworkshops und nicht zuletzt über ihr Auftreten indirekt und überzeugend zu beantworten, können sie ein positiv konnotiertes Commitment seitens der Auftraggeber zu ihnen als Auftragnehmer befördern und Vertrauen in ihre Person begründen.
6. Weiterhin dient die Rückspiegelung den Agenten dazu, sich den Auftrag nochmalig bestätigen zu lassen. Sie können so die von ihnen im Rahmen der ersten Auftragsklärung wahrgenommenen Auftragsdimensionen und -bestandteile anhand der Rückmeldungen des Prinzipals und den zentralen Entscheidern nochmals verifizieren. Unklarheiten können ausgeräumt und etwaige Leerarbeiten können vermieden werden. Insoweit können auch die Planungen hinsichtlich der benötigten Ressourcen, des Zeitbedarfes und der Inhalte/Maßnahmen der ersten Prozessphasen, wie etwa eine nochmalige vertiefte Analyse und Diagnose, spezifiziert werden.
7. Schließlich ist es den Agenten möglich, zusammen mit dem Prinzipal und den zentralen Entscheidern bedeutsame Eckpunkte, aber auch kritische Handlungsfelder (Painpoints) bezüglich des Transformationsprojektes herauszuarbeiten. Woran kann beispielsweise in den einzelnen Veränderungsphasen (siehe etwa Abbildung 3.17 und 3.18) abgelesen werden, ob sich das Projekt im Zeitplan (on track) befindet oder ob »rote Linien« überschritten werden? Eine beispielhafte Auflistung zeigt Abbildung 4.28, deren Phasen »Aufsetzen – Neugestalten – Durchstarten« aus dem Veränderungskonzept von Lewin (1951) ableitet sind.

Unabhängig davon, ob die zu diesem Zeitpunkt zusammengetragenen Orientierungspunkte (Painpoints) mehr oder weniger konkret sind, sie verdeutlichen in ihrer Gesamtheit, dass eine kontinuierliche Reflexion und Evaluation des Veränderungsprozesses durch den Prinzipal, die zentralen Entscheider und die Agenten notwendig ist.

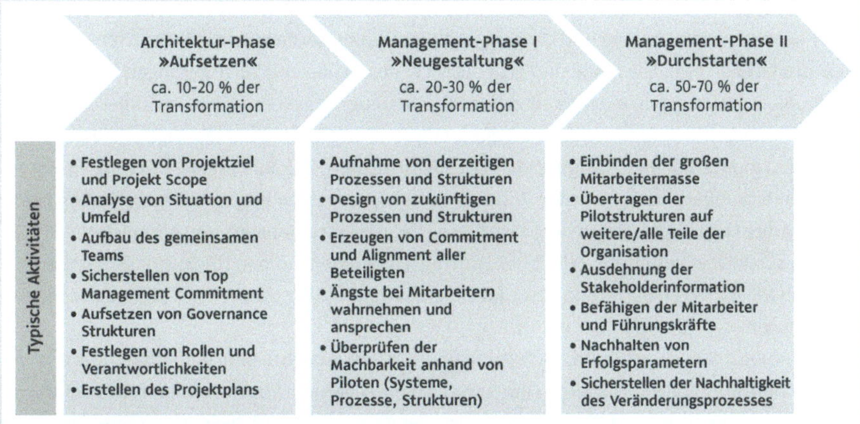

Abb. 4.28: Beispielhafte Übersicht über zentrale Painpoints, Quelle: Claßen (2013), S. 127.

Die eben skizzierten sieben Wirkprinzipien der Rückspiegelung legen u. a. zwei Schlussfolgerungen nahe: (1) Für die erfolgreiche Durchführung eines Rückspiegelungsworkshops ist eine hypothesengestützte Designentwicklung erforderlich[320]. (2) Die Architektur einer Transformation wird maßgeblich geprägt über die von den Teilnehmern geteilten und bestätigten Hypothesen sowie durch die Festlegungen im Rahmen des Rückspiegelungsworkshops. Da Hypothesen und Festlegungen lediglich vorläufig gültige Annahmen darstellen, sind diese und die darauf aufbauenden Maßnahmen immer wieder hinsichtlich ihrer Relevanz und hinsichtlich ihrer Auswirkungen für das operative Geschehen zu hinterfragen. Insoweit sollten während eines Transformationsprojektes in regelmäßigen Abständen Rückspiegelungsworkshops bzw. sog. Lessons-Learned-Workshops mit dem Prinzipal, den zentralen Entscheidern und den Agenten stattfinden.

Beispiel: Lessons-Learned-Workshops

Ein eigentümergeführtes Unternehmen verfolgt eine konsequente Wachstums- und Internationalisierungsstrategie, in deren Folge sich die Mitarbeiterschaft verdoppelt und Zahl der Standorte versiebenfacht. Diese Entwicklung erfordert u. a. die Harmonisierung der weltweiten Prozesse und eine neue skalierbare IT-Ausstattung, um auch weiterhin das Wachstum bewältigen zu können. Die Anpassungsfähigkeit des Unternehmens ist einer großen Belastungsprobe unterzogen. Ohne harmonisierte, robuste und IT-gestützte Prozesse können die nächsten notwendigen Wachstumsziele nicht erreicht werden. Es ist das größte Projekt in der Historie des Unternehmens, in dem kein Mitarbeiter Erfahrung in der Steuerung von Großprojekten hat.

320 Vgl. z. B. Schiersmann/Thiele (2018), S. 87 ff.; vgl. auch https://organisationsberatung.net/workshop-methoden/; abgerufen am 05.10.2018.

Das Projekt wird überwiegend auf der fachlich inhaltlichen Ebene vorangetrieben. Aspekte wie Kompetenzentwicklung und Umgang mit Emotionen werden nicht oder nur sehr untergeordnet beleuchtet. Die Folge sind erhebliche Widerstände und Verzögerungen in der Phase der Implementierung. In einer Sitzung des Projektsteuerungskreises wird resümiert, dass a) das Projekt aktuell mehr oder weniger blockiert ist und dass b) der internationale Roll-out unter den momentanen Bedingungen nicht gestartet werden kann. Ergänzend wird die Erkenntnis formuliert, dass derartige Transformationsprozesse wohl große Lernvorhaben für die gesamte Organisation sind und dass dieses Lernen systematisiert und organisiert werden muss. Die Projektleitung erhält den Auftrag, zusammen mit den HR-Business-Partnern und den HR-Experten das Projekt zu »ent-blocken« und die Projektarchitektur entsprechend anzupassen.

Zunächst wird zwischen der Projektleitung und der Personalabteilung vereinbart, das Projekt für den Moment »einzufrieren« und eine Lessons-Learned-Phase zu initiieren. Es starten verschiedene Analyse- und Diagnosemaßnahmen. U. a. werden 18 Projektteammitglieder interviewt und ca. 200 Mitarbeiterinnen und Mitarbeiter mittels einer Online-Puls-Befragung kontaktiert. Die Personalabteilung arbeitet hierbei mit externen Beratern zusammen, um neben zusätzlichen Kapazitäten auch eine weitere Wahrnehmungsperspektive von außen zu integrieren. Die Befragungen werden ausgewertet und es wird eine umfangreiche Diagnose abgeleitet. Die Ergebnisse der Analyse und Diagnose werden danach mit den Beteiligten des Projektes in zwei Teilschritten reflektiert.

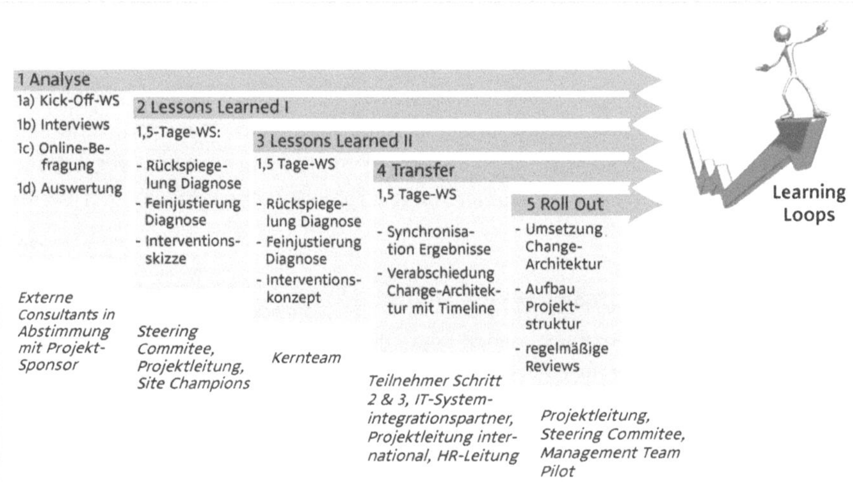

Abb. 4.29: Lessons-Learned Workshop-Folge, Bartscher (2016), S. 56, angelehnt an Bartscher/Lütjen (2014), S. 213

Zunächst werden dem Prinzipal, den zentralen Entscheidern und ausgewählten Multiplikatoren sowie der Projektleitung durch die Berater und HR die Ergebnisse dargelegt und mit diesen diskutiert. Ziel ist hierbei, das »buy-in« der Zielgruppen zu erzielen. Nur wenn diese Zielgruppen der Lessons-Learned-Workshops I (LL-W I) mehrheitlich die Analyse und Diag-

nose nachvollziehen können und erkennbar die gemeinsam entwickelten Handlungsoptionen unterstützen, können die nachfolgenden Prozessschritte erfolgversprechend angegangen werden. In den Lessons-Learned-Workshops II informiert die Projektleitung, unterstützt durch die Personalabteilung und Berater, zunächst die Teilprojektleiter und danach deren Projektmitglieder über den Stand der Ursachenanalyse. Gemeinsam werden diese Erkenntnisse diskutiert und es werden erste Verfeinerungen an den Handlungsoptionen aus den »LL-W I« erarbeitet.
Aufgrund der positiven Erfahrungen mit dieser Lessons-Learned-Workshop-Folge entscheidet die Geschäftsleitung die dauerhafte Initiierung von Lern-/Reflexions-Architektur-Elementen in Transformationsprojekten. Denn das (Top-)Management und die Projektmitarbeiter haben u. a. erfahren und verstanden, dass ein regelmäßiges Überprüfen und Infragestellen von Entscheidungen und Maßnahmen sowie deren (teilweise) Korrektur für einen Projekterfolg unumgänglich sind. [321]

Gerade angesichts des VUCA-Charakters von digitalen Transformationsprozessen ist die Erkenntnis entlastend und hilfreich, dass Hypothesen und Festlegungen lediglich vorläufig gültige Annahmen darstellen. Denn die Praxis zeigt, dass die diesbezüglichen Hypothesen und Festlegungen sowie die Architektur- und Maßnahmenkonzepte u.a. angesichts der technologischen und marktseitigen Dynamik beständig hinterfragt und angepasst werden müssen. Insbesondere bei der Weiterentwicklung von disruptiven und/oder digitalen Geschäftsmodellen sind die nachfolgenden Aspekte zu beachten[322]:

- Komplexität ist nicht als Ausnahme anzusehen, sondern als grundsätzlich gegeben; es ist daher bedeutsam, im Rahmen der Konzeptarbeit vielfältige Perspektiven einzunehmen und zu berücksichtigen. Die unterschiedlichen Sichtweisen reduzieren dabei das Risiko von groben Fehleinschätzungen. Dennoch gerät immer nur ein Ausschnitt der Gegebenheiten ins Blickfeld.
- Pläne oder Vorkehrungen sind hilfreich, um sich auf Unabwägbarkeiten vorzubereiten und bei Bedarf reagieren zu können; sie reduzieren aber nicht die Eintrittswahrscheinlichkeit des Unvorhersehbaren.
- Die eingesetzten technischen Lösungen, die internen Prozesse, die erforderlichen Kompetenzfelder und Arbeitssysteme, aber auch die Ertragslogik sind kontinuierlich auf die sich ändernden Bedürfnisse in den relevanten Umwelten anzupassen. Für die Organisationsmitglieder ist es daher unumgänglich, letzteren Zusammenhang als regelmäßige Aktivität anzuerkennen und anzunehmen.

321 Vgl. Bartscher/Lütjen (2014), S. 212 ff.
322 Bartscher (2017), in Anlehnung an Krejci (2017), https://www.zoe-online.org/meldungen/ein-praxisbeispiel-fuer-digitalisierung/; abgerufen am 10.10.2018.

Praxis: Transformation und Innovation

»Das Wort Erneuerung wollen wir in einem mehrfachen Wortsinn gebrauchen: sich selbst erneuern und die eigene Organisation erneuern, aber auch: Produkte, Prozesse und Geschäftsmodelle erneuern. Das eine nennen wir Transformation, das andere Innovation. Und das sind zwei der großen Themen, die heute die meisten Organisationen beschäftigen.
Wir haben in Projekten der strategischen Neuausrichtung, der Organisations- und Führungskräfteentwicklung immer wieder festgestellt, dass beide Themen eng miteinander verknüpft und verschränkt sind: Wer grundlegendere Innovationen fördern möchte, wird sich mit Transformationsprozessen beschäftigen müssen. Wer sich mit Transformationsprozessen beschäftigt, wird beobachten, dass sie meist angestrebt werden, um die Innovationsfähigkeit und Überlebensfähigkeit der Organisation zu erhöhen.
Transformation erscheint deshalb auch immer häufiger als das Zauberwort, das eine ganze Organisation verwandeln soll, damit sie befähigt wird, nachhaltige, tiefgreifende und – wie es heißt –,disruptive‹ Veränderungen zu meistern. (… Letzteres) sind dabei meist Entwicklungen, die lange zuvor aufgekeimt sind. Wir hätten sie längst entdecken können, wären wir achtsamer gewesen und hätten wir nur den Willen gehabt, die Veränderungen aufzuspüren und uns auf sie einzulassen. Und wenn es schon beinahe zu spät ist, jagt man die Mitarbeiter in einen Change-Prozess, der für manche dann tatsächlich ›disruptiv‹ ist und der darin besteht, irgendwelche abrupten Schwenks durchzuführen …«[323]

Veränderungssituationen der strategischen Neupositionierung (siehe Abbildung 3.9) erfordern von allen Organisationsmitgliedern und damit zuallererst vom Top-Management die Bereitschaft, ihre Entscheidungen und ihr Handeln permanent zu reflektieren, zu hinterfragen und – wenn erforderlich – neu zu fassen. Ein diesbezüglicher Orientierungspunkt sind die Bedürfnisse der Kunden und die technologischen Veränderungen, mittels derer Bedürfnisse befriedigt und/oder geweckt werden können. Hilfreich, wenn nicht sogar unumgänglich, ist es, im Rahmen der Neupositionierung mit ausgewählten Kunden zusammenzuarbeiten. Diesen sollten dabei in kurzen Abständen – abgestimmt mit dem Prinzipal und zentralen Entscheidern – immer wieder stabil funktionierende und möglichst einfache (Teil-)Lösungen der Bedürfnisbefriedigung präsentiert bzw. angeboten werden. So ist zu erkennen, ob und inwieweit letztere von den Kunden auch angenommen werden. Weiterhin ist es bedeutsam, dass weitgehend selbstorganisierte und vor allem leistungsbereite Teams an diesen Lösungen arbeiten[324]. Deren Struktur, Arbeitsweisen und Zusammensetzung können im Zeitverlauf variieren, u. a. in Abhängigkeit der benötigten Kompetenzen. Die Teammitglieder können dabei aus der Organisation und/oder von externen Kooperationspartnern stammen.

323 Mutius/Minx (2013), S. 58.

324 Siehe Agiles Manifest, http://agilemanifesto.org/iso/de/manifesto.html; abgerufen am 10.10.2018; vgl. auch https://blog.hays.de/agil-ist-eine-haltung-warum-unternehmen-bei-der-einfuehrung-scheitern-wenn-sie-agilitaet-als-ein-set-von-methoden-verstehen/; abgerufen am 10.10.2018.

Gerade digitalen Transformations- bzw. Innovationsprojekten liegt somit kein »... linearer, genau getakteter Prozess von einem Zustand A zu einem vorgegebenen Zustand B innerhalb eines starren Planungsrahmens mit feststehenden Parametern ... (zugrunde), der die Akteure im Glauben lässt, bei Zielerreichung sei alles geschafft«[325]. Vielmehr sind digitale und disruptive Projekte gekennzeichnet durch kreativ schöpferische Prozesse, die u.a. zwischen Chaos und Ordnung pendeln. Konzepten, wie Scrum und Design Thinking, ist dieser Grundgedanke zu eigen.

Praxis: Design Thinking

»Design Thinking ist eine systematische Herangehensweise an komplexe Problemstellungen aus allen Lebensbereichen. Der Ansatz geht weit über die klassischen Design-Disziplinen wie Formgebung und Gestaltung hinaus. Im Gegensatz zu vielen Herangehensweisen in Wissenschaft und Praxis, die von der technischen Lösbarkeit die Aufgabe angehen, stehen Nutzerwünsche und -bedürfnisse sowie nutzerorientiertes Erfinden im Zentrum des Prozesses. Design Thinker schauen durch die Brille des Nutzers auf das Problem und begeben sich dadurch in die Rolle des Anwenders. Design Thinking fordert eine stetige Rückkopplung zwischen dem Entwickler einer Lösung und seiner Zielgruppe. Design Thinker stellen dem Endnutzer Fragen, nehmen seine Abläufe und Verhaltensweisen genau unter die Lupe. Lösungen und Ideen werden in Form von Prototypen möglichst früh sichtbar und kommunizierbar gemacht, damit potenzielle Anwender sie – noch lange vor der Fertigstellung oder Markteinführung – testen und ein Feedback abgeben können. Auf diese Weise erzeugt Design Thinking praxisnahe Ergebnisse. (...)

Der Erfolg von Design Thinking wird maßgeblich durch eine gemeinschaftliche Arbeits- und Denkkultur bestimmt und beruht auf drei wesentlichen Elementen:

1. Multidisziplinäre Teams
   Innovation und Antworten auf komplexe Fragestellungen entstehen am besten in einem heterogenen Team aus fünf bis sechs Personen. Unterschiedliche fachliche Hintergründe und Funktionen sowie Neugier und Offenheit für andere Perspektiven sind das Fundament der kreativen Arbeitskultur Design Thinking. In unseren Design Thinking Workshops wird jedes Team von einem methodisch ausgebildeten Coach während des Prozesses begleitet. So können sich die Teilnehmer auf die konstruktive Zusammenarbeit an Inhalten fokussieren und die gesteckten Ziele erreicht werden.
   Um den größtmöglichen Lerneffekt zu erzielen, arbeiten die Teams immer auf haptisch greifbare und konkrete Ergebnisse hin. Diese werden zudem regelmäßig mit den anderen Teams ausgetauscht. Die Aufteilung in kleine Gruppen stellt sicher, dass jede Perspektive berücksichtigt werden kann. Innerhalb der Teams entsteht ein starker Zusammenhalt, der durch die hohe Akzeptanz für die entstehenden Konzepte nachhaltig wirkt.
2. Variabler Raum
   Damit ein Team seinen Kreativprozess entwickeln kann, benötigt es dafür optimierte räumliche Gegebenheiten. Dazu gehören flexibel bewegbare Möbel, ausreichend Platz für Whiteboards und Präsentationsflächen sowie Materialien zur prototypischen Gestaltung von Ideen, beispielsweise Legosteine, Stoffe und Bilder. In unseren Workshops arbeiten

325 Mutius/Minx (2013), S. 58.

die Design Thinking Teams an Steharbeitsplätzen für bis zu sechs Personen und sind jederzeit in der Lage, sich mit parallel arbeitenden Teams auszutauschen. Auf diese Weise wird die Zusammenarbeit zu einem dynamischen Erlebnis für alle Beteiligten.

3. Design Thinking Prozess
   Der Design Thinking Prozess ist an den Arbeitsprozess angelehnt, dem Designer intuitiv folgen. Er führt Teams in iterativen Schleifen durch sechs verschiedene Phasen.

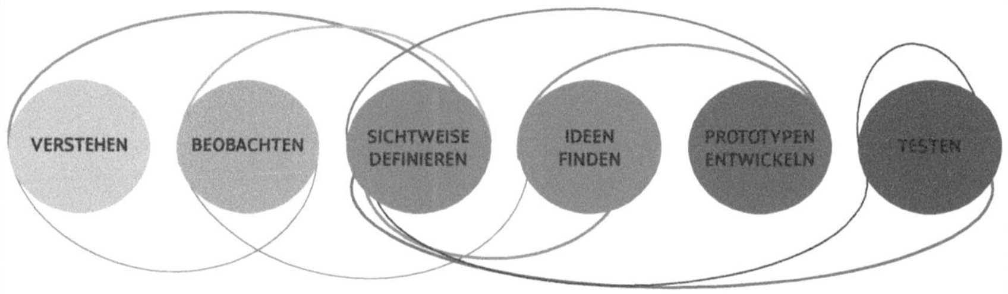

Abb. 4.30: Design Thinking Prozess nach HPI Academy (2018)

Verstehen: In der Phase des Verstehens steckt das Team den Problemraum ab.
Beobachten: In der Phase des Beobachtens sehen die Teilnehmer nach außen und bauen Empathie für Nutzer und Betroffene auf.
Sichtweise definieren: In dieser Phase geht es darum, die Sichtweise zu definieren. Es werden die gewonnenen Erkenntnisse zusammengetragen und verdichtet.
Ideen finden: In der Phase Ideen finden entwickelt das Team zunächst eine Vielzahl von Lösungsmöglichkeiten, um sich dann zu fokussieren.
Prototypen entwickeln: Die anschließende Prototypenentwicklung dient dem Ableiten konkreter Lösungen, die an den passenden Zielgruppen getestet werden können. (...)«.
Quelle: HPI Academy (2018)[326]

Zwischen Chaos und Ordnung finden sich in digitalen Transformations- bzw. Innovationsprojekten einerseits immer wieder Phasen des Öffnens, also Phasen der Analyse, der Diagnose und des Aufzeigens von Visionen und alternativen Interventionsstoßrichtungen mit etwaigen Gestaltungs- bzw. Handlungsoptionen. Diesen folgen andererseits Phasen des Schließens, also des Modellierens und Experimentierens, des Testens und des Implementierens, inklusive des Reflektierens/Evaluierens und Nachjustierens/Stabilisierens. Es schließt sich somit ein Art Kreislauf. Denn indem u. a. die erzielten Ergebnisse, das Nicht-Erreichte, die eingetretenen Abweichungen, die gemachten Erfahrungen untersucht und bewertet werden, tritt der Veränderungsprozess in eine neue Phase der Öffnung ein. Veränderung sind damit als »... ein zirkulärer Prozess zu (begreifen) ... Anfang und Ende sind Elemente eines ›endlos geflochtenen Bandes‹«[327].

326 HPI (2018), https://hpi-academy.de/design-thinking/was-ist-design-thinking.html; abgerufen am 12.10.2018.
327 Mutius/Minx (2013), S. 61.

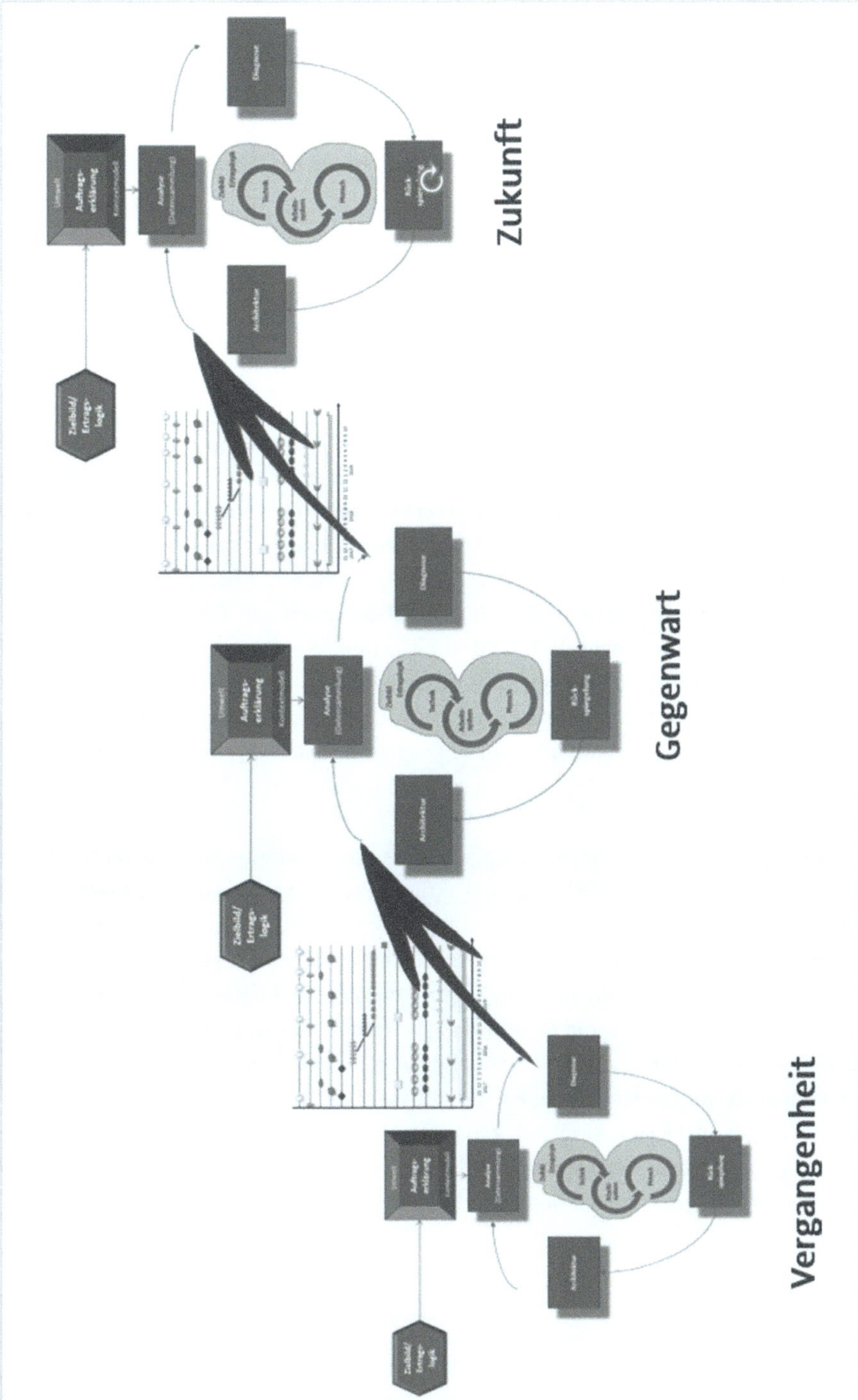

Abb. 4.31: Veränderungen als zirkuläres Prozessmodell, Quelle: Bartscher (2017), S. 78, angelehnt an Königswieser et al (2001), S. 53, an Mutius/Minx (2013), S. 59, an Bartscher/Lütjen (2014), S. 210.

Ausgehend von einer Rückspiegelung werden Maßnahmen entwickelt und implementiert, um die hierdurch bewirkten (Nicht-)Änderungen dann in einer nächsten Schleife zu analysieren, zu bewerten. Aufbauend hierauf sind im Rahmen einer Rückspiegelung mit dem Prinzipal, den zentralen Entscheidern und den Agenten über Anpassungsbedarfe oder eine grundlegende Neuausrichtung des Transformationsprojektes zu diskutieren und zu befinden.

Digitale Transformations- bzw. Innovationsprojekte können damit als fortgesetzte Abfolge von Interventionen angesehen werden, die von reflexiven Rückspiegelungsphasen durchsetzt sind, die der Evaluation, der Nachjustierung und dem Infragestellen dienen.

Letztere können auch eine grundlegende Neuausrichtung der Veränderung zur Folge haben kann. Diesem Grundgedanken folgt auch das zirkuläre Prozessmodell der Veränderung (siehe Abbildung 4.31). Denn inwieweit Interventionen »... für eine bestimmte gewünschte weitere Entwicklung dienlich waren oder nicht, kann erst im Nachhinein erhoben und bewertet werden. Für bestimmte beabsichtigte Zustände können somit manche Entscheidungen hilfreich gewesen sein, für andere nicht«[328]. Insoweit beruhen gerade digitale Veränderungsprozesse auf dem Entwickeln und kontinuierlichen Weiterentwickeln von dynamischen Prozess- bzw. Lernschleifen. Auf diese Weise wird den Anforderungen des sog. VUCA-Umfeldes, der Mehrdeutigkeit sozialer Beziehungen und den Gegebenheiten sog. »nicht-trivialer«-Systeme Rechnung getragen.

Für die Menschen, die in Veränderungsprozesse eingebunden sind, bedeutet dieses Vorgehen, dass sie sich mit Blick auf die aktuelle Prozessschleife relative Klarheit bzw. Orientierung verschaffen können. Sowohl hinsichtlich der weiteren Zukunft als auch mit Blick auf die nachfolgenden Prozessschleifen wird ihnen zugemutet, mit einer zunehmenden Unschärfe umzugehen. Zudem müssen sie die Bereitschaft aufbringen, gewonnene Erfahrungen und Orientierungen immer wieder in Frage zu stellen. Letzteres kann dazu führen, dass sie wohl abgewogene Entscheidungen und Lösungsansätze aus der Vergangenheit verwerfen (müssen) und durch neue, ggf. entgegengesetzte Vorgehensweisen ersetzen (müssen). Mutius/Minx (2013) betonen daher die nachfolgenden Meta-Fähigkeiten bzw. Kompetenzmuster, die für die Gestaltung intelligenter, lernfähiger Organisationen bedeutsam sind (siehe Abbildung 4.32).

328 https://studlib.de/8592/betrieb_management/nicht-triviale_maschine_kausalitat; abgerufen am 19.08.2018.

1. Achtsamkeit
Das Nichtwissen im Wissen akzeptieren, Fragen und in Frage stellen

2. Offenheit
An Grenzen gehen, gut beobachten und zuhören

3. Pfadunabhängigkeit
In Alternativen denken, kreativ kombinieren

4. Kombinatorische Intelligenz
Das Sowohl-als-auch-Denken, kreativ kombinieren

5. Gestaltungsfähigkeit
Anschlussfähig gestalten, Beziehungen herstellen

6. Kooperationsfähigkeit
Ein neues Zusammenspiel organisieren, Vielfalt zum Klingen bringen

7. Geduld und Ausdauer
Aus Erfahrungen des Scheiterns lernen können

Abb. 4.32: Kompetenzmuster für die Gestaltung intelligenter, lernfähiger Organisationen, Quelle: Mutius/Minx (2013), S. 61.

Praxis: Tipps für den Umgang mit sozialen, nichttrivialen Systemen

1. Es ist bedeutsam, eine Vorstellung vom Zustand der Organisation zu besitzen, in der ein Veränderungsprozess gestaltet wird. Neben belastbaren Fakten sind auch Hypothesen erforderlich.
2. Die Auswirkungen von Interventionen zeigen sich erst zeitverzögert. Bei sorgfältiger und geeigneter Analyse, Diagnose, Planung und Ausführung der Intervention wird die angestrebte Performanz wahrscheinlicher.
3. Änderungen mit Blick auf die Performanz Sozialer Systeme können weder angeordnet noch linear oder direkt angesteuert werden. Vielmehr geht es darum, Bedingungen zu schaffen, die Lernen und damit Weiterentwicklung begünstigen.
4. Soziale Systeme sollten nicht durch zu viele und sehr verschiedene Interventionen überfordert werden. Eine klare Priorisierung und Fokussierung ist stattdessen förderlich. »Viel hilft nicht viel!«[329]

329 Bartscher (2017), S. 117, in Anlehnung an https://blog.setzwein.com/2014/04/10/nichttriviale-maschinen-warum-dinge-oft-anders-laufen-als-man-denkt/; abgerufen am 12.10.2018; siehe auch: https://www.umsetzungsberatung.de/change-management/phasenmodelle-change.php; abgerufen am 12.10.2018.

5 Change-Tools

In den vorangestellten Kapiteln haben wir Ihnen einen detaillierten Überblick über die zentralen Kompetenz- und Gestaltungsfelder im Rahmen von Veränderungsarchitekturen gegeben. Hierbei haben wir uns nicht ausschließlich auf eine theoretische Darstellungsform beschränkt, vielmehr haben wir Ihnen an Hand praxisbezogener Beispiele mögliche Herangehensweisen angeboten. In diesem Kapitel stellen wir Ihnen exemplarisch einige Change-Tools vor, die Ihnen bei der Bewältigung Ihrer Veränderungsvorhaben durchaus hilfreich sein können. Bitte bedenken Sie, dass jedes genutzte Tool nur so gut wirkt, wie sein Nutzer es anwendet. Suchen Sie sich ein Change-Tool aus, das auch zu Ihnen passt. Bleiben Sie authentisch und arbeiten Sie mit Handwerkszeug, welches Sie sicher beherrschen.

5.1 Auftragsklärung und Kontrakt

Es gibt für Sie unterschiedliche Möglichkeiten, den Auftrag für ein Veränderungsprojekt zu erhalten. Entweder Sie suchen aktiv die Beauftragung für ein Projekt oder, und das dürfte in der Regel der wahrscheinlichere Fall sein, Sie werden mit der Durchführung und Gestaltung eines Veränderungsvorhabens beauftragt. Direkt über Ihre nächsthöhere Führungskraft oder aber über die Unternehmensleitung. Unterstellen wir den letzteren Fall, so ergeben sich für Sie eine Reihe von Fragen, die es zunächst zu beantworten gilt. Eine mögliche Herangehensweise ist die Auftragsklärung mit Hilfe des Kontextmodells, welches wir Ihnen nachfolgend darstellen werden. Die Abbildung 5.1 gibt einen Überblick über die unterschiedlichen Einflussfaktoren auf Ihren Veränderungsauftrag.

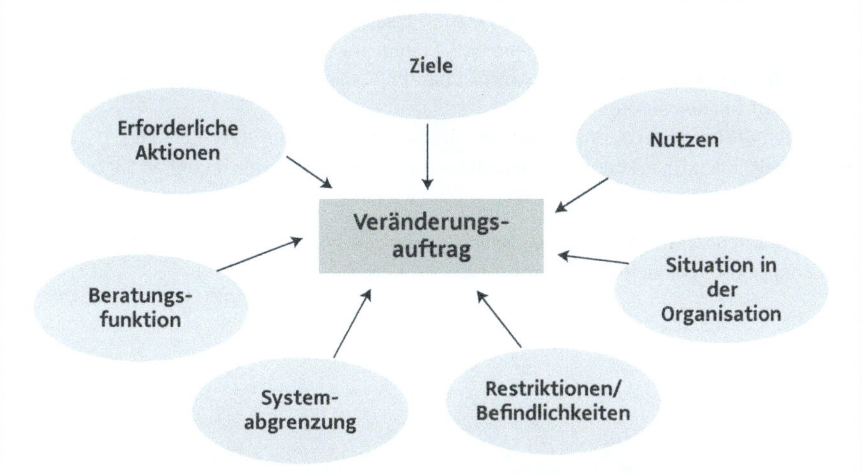

Abb. 5.1: Kontextmodell – Einflussfaktoren auf einen Veränderungsauftrag, Quelle: Bartscher/Nissen (2018), S. 35; vgl. auch https://blog.comteamgroup.com/change-consulting/; abgerufen am 04.12.2018.

Im Mittelpunkt Ihrer Analyse steht der formulierte Veränderungs-/Projektauftrag, der Ihnen übertragen wurde. Beschreiben Sie letzteren so konkret wie möglich. Wie ist der Name des Projektes? Wer ist Auftraggeber? Wer Projektleiter? Was ist der Anlass für das Projekt, worin besteht die Herausforderung? Was soll getan werden? Gibt es schon eine Kostenstelle? Datum der Auftragserteilung? Ggf. ist im Projektmanagement-Handbuch Ihrer Organisation bereits ein Template hinterlegt, das Sie nutzen können, um den Projektauftrag zu beschreiben.

Im Weiteren gilt es, dass Sie sich über die Einflussfaktoren im Klaren werden, die direkt oder indirekt auf das Vorhaben einwirken.

Formulieren Sie die **Ziele** der Veränderung unmissverständlich und klar.
• Wie lautet die Zielbeschreibung der Geschäftsführung? • Was sind die erwarteten Ergebnisse? • Wie lässt sich der erwartete Endzustand beschreiben? • Worin liegt die anzustrebende Veränderung? • Was bedeutet das für die Mitarbeiter/Betroffenen?
Stellen Sie den **Nutzen** Ihres Veränderungsvorhabens verständlich und nachvollziehbar dar.
• Warum ist das Veränderungsprojekt wichtig für das Unternehmen? • Worin liegt der Mehrwert, dieses Transformationsprojekt zu betreiben? • Was ist der strategische Zweck und der Grund des Projektes? • Was passiert, wenn nichts unternommen wird? • Wer wird von dem Veränderungsprojekt profitieren? • Welche Probleme, Verstrickungen, hemmenden Faktoren innerhalb und außerhalb der Organisation werden über das Projekt gelöst werden können?
Analysieren Sie die gegebene **Situation** in Ihrer Organisation. Daraus ergeben sich für Sie klare Arbeitsaufträge.
• Wer und welches Vorkommnis waren letztlich ursächlich für den Auftrag? • Wie stellt sich die aktuelle Unternehmenssituation am Markt dar? • Welche Stärken/Schwächen und welche Chancen/Risiken kennzeichnen Ihre Organisation mit Blick auf den Auftrag? • Was wurde bereits in der Vergangenheit im Sinne des Auftrages unternommen? • Auf welche Analysen können Sie aktuell bereits zugreifen? Auf welche sollten Sie zugreifen können? Welche Analysen müssen beauftragt werden?
Beachten Sie die **Restriktionen** bzw. die unterschiedlichen Befindlichkeiten, die Einfluss auf den Erfolg Ihres Veränderungsvorhabens haben könnten.

• Auf welche Rahmenbedingungen stoßen Sie aktuell? • Welchen organisatorischen Restriktionen stehen Sie gegenüber? Hierzu zählen neben Zeitrestriktionen auch finanzielle Restriktionen oder Beschränkungen durch mangelnde Zuarbeit. • Gibt es in Ihrer Organisation Befindlichkeiten, die Sie bei der Planung Ihres Projektes berücksichtigen müssen? • Wer hat Einfluss auf das Ergebnis dieses Veränderungsvorhabens? • Wer sind die Förderer des Vorhabens? Bei wem können Sie um Unterstützung nachfragen? • Wer wird das Projekt ggf. hintertreiben, oder verhindern wollen? Wie können diese Verhinderer Ihr Projekt in Misskredit bringen?
Jedes Projekt hat **Grenzen**, die möglichst nicht verschoben bzw. angetastet werden sollten.
• Wer ist Teil des zu betrachtenden Systems? Wer ist von dem Projekt betroffen, wer nicht? • Was soll mit dem Projekt bewirkt werden, was nicht? • Was sind die offen benannten und implizit geäußerten No-Gos, Worst Cases? Was sollte also auf keinen Fall passieren? • Gibt es »Heilige Kühe«? Wenn ja: Welche sind das? • Was darf alles (nicht) gesagt werden und wem?
In Ihrem Veränderungsvorhaben nehmen Sie die Rolle eines **internen Beraters** ein, indem Sie Ihren Auftraggeber, aber auch alle anderen Akteure während des Veränderungsprojektes beraten, begleiten und unterstützen.
• Welche Beratungsleistung ist wann und für wen erforderlich? • Was erwarten die einzelnen Beteiligten von Ihnen? Was wurde explizit formuliert, was implizit? • Was macht das Projekt attraktiv für Sie? Welche Verführungen und welche Stolpersteine können daraus entstehen? • Welche Fragestellungen stehen für Sie im Mittelpunkt der Veränderung? • Welche Emotionen löst das Projekt bei Ihnen aus? • Sind Sie dem Auftrag gewachsen? Was wird Ihnen eher leicht fallen? Wo sehen Sie noch Entwicklungsbedarf für sich?
Jedes Projekt beginnt mit einer groben und vorläufigen **Planung von Aktionen**. Wenn Sie die obigen Fragen bearbeiten, legen Sie sich immer gleich einen Maßnahmenspeicher zurecht. So behalten Sie den Überblick und können frühzeitig eine erste Projektablaufstruktur und einen »Kritischen Pfad« skizzieren.
• Welche Aktionen erwartet der Auftraggeber? • Wie muss ein Projekt in Ihrer Organisation aufgesetzt werden? • Welche formalen Anforderungen werden in Ihrer Organisation an ein Projekt gestellt? • Welche Anforderungen werden u. a. an die Projektorganisation, die Meilensteinplanung, an die Projektkommunikation/-dokumentation und an das Projektcontrolling gestellt? • Welche Besonderheiten Digitaler Transformationsprojekte in Ihrer Organisation sind zu berücksichtigen. • Welcher agile Reifegrad ist zu erreichen? • Was muss zuerst angegangen werden? Um den Fortschritt des Veränderungsvorhabens sicherzustellen, ist es immer wieder notwendig, die Aktionen zu befördern und zu steuern. Stellen Sie sich daher regelmäßig die Frage nach dem bereits Erreichten und dem Noch-Nicht-Erreichten. Welche Aktivitäten ergeben sich?

Ergänzen Sie im Verlauf des Projektes den obigen Fragenkatalog und Ihre Antworten anlassbezogen und erweitern Sie somit Ihr persönliches Kontextmodell.

Praxis: Umgang mit komplexen Projektaufträgen

- »Falls der Auftrag zu ungenau ist oder der Umfang der Aufgabenstellung zu Beginn noch nicht abzuschätzen ist, dann probieren Sie, zuerst einen eng definierten Projektauftrag abzuschließen, der die Prüfung der Machbarkeit der Aufgabenstellung, die mögliche Umsetzung im Unternehmen oder die Erarbeitung einer genaueren Projektdefinition mit Rahmenbedingungen zum Gegenstand hat. Danach kann ein genau ausgearbeiteter Auftrag für das gesamte Projekt erteilt werden.
- Sorgen Sie dafür, dass Aufgaben (›Was soll gemacht werden?‹) nicht mit Zielen (›Was muss erreicht werden?‹) verwechselt werden.
- Unterscheiden Sie bei der Zielsetzung zwischen einerseits den Zielen für das Projekt und andererseits den persönlichen Zielen für den Projektleiter, für deren Erreichung er die alleinige Verantwortung trägt und die er auch beeinflussen kann. Diese beiden Ziele werden bei großen, komplexen Projekten unterschiedlich sein.
- Ein komplexer Projektauftrag schreibt sich in der Regel nicht in einem ›Rutsch‹. Vielmehr sollte man ihn mit erfahrenen Kollegen diskutieren oder auch einmal kurz liegen lassen, um sich dann mit etwas Abstand noch einmal damit zu beschäftigen.«[330]

Ein Veränderungsprojekt baut auf Vertrauen und auf gegenseitigem Commitment auf. Des Weiteren möchte der Auftraggeber sichergehen, dass er vom Projektauftragnehmer in den für ihn bedeutsamen Details »richtig« verstanden wurde. Insoweit spricht vieles dafür, einen Kontrakt zwischen dem Auftraggeber und dem Auftragnehmer zu schließen. Diese formulierte Vereinbarung schafft zunächst einmal Klarheit und Transparenz über den Auftrag, dessen Art und Umfang sowie der angedachten Ausgestaltung. Dieser Kontrakt ist nicht im juristischen Sinne zu verstehen, vielmehr bildet er eine Diskussions- und Entscheidungsgrundlage, auf der das weitere Vorgehen basiert.

Inhalte eines Kontraktes können sein:
• Beschreibung der Ist-Situation, die zu der Veränderungsnotwendigkeit führt • Zielvereinbarungen, die das Erreichen des Veränderungsvorhabens beschreiben • Entscheidungskompetenzen des Auftragnehmers • Projektplanung, Timeline und Meilensteine • Beteiligte am Veränderungsprozess, Support aus anderen Abteilungen • Budget

Gerade die Diskussion um die Inhalte des Kontraktes ermöglicht einen Abgleich zwischen den Erwartungen des Auftraggebers und denen des Auftragnehmers. In dem Kontrakt ist dann eine Übereinkunft festgeschrieben, über die alle Akteure Einvernehmen bekundet haben.

330 Weiand (2016), S. 18.

Nachfolgend finden Sie ein beispielhaftes Musterformular »Projektauftrag/Projektvereinbarung«[331].

Musterformular Projektauftrag / Projektvereinbarung

Projektname		Projekt-Nr.	
Auftraggeber/in (z.B. auch RR vertreten durch …)			
Projektleiter/in			
Kompetenzen Projektleiter/in (= Befugnisse)			
Ausgangslage			
Ziele (Grobziele, z.B. aus Regierungsratsbeschluss oder Motion)			
Erwartete Ergebnisse und Resultate (Detailziele, auch im Hinblick auf Bearbeitung)			
Projektgrenze, Schnittstellen zu anderen Projekten resp. Aufgaben (ausführlicher als im Projektantrag)			
Rahmenbedingungen/ Anspruchsgruppen / Stakeholder und deren Einfluss			
Termine / Projektdauer (Grobschätzung)			
Aufwand / Kosten (Sach- und Personalkosten; Grobschätzung)	Intern: ____________ Extern: ____________		
Überlegungen zur Projektorganisation (Stv.; Begründung, warum gerade die Personen)			

Abb. 5.2A: Musterformular Projektauftrag / Projektvereinbarung

331 O.V., Personalamt des Kantons Bern (2016), https://www.fin.be.ch/fin/de/index/personal/personalentwicklung/fuehrung/LeitfadenCPM/Checklisten-Formulare.assetref/dam/documents/FIN/PA/de/18._musterformular_projektauftrag_-_projektvereinbarung.doc.; abgerufen am 03.12.2018.

Vorgehen (erster grober Projektplan)	
Information/Kommunikation/ Dokumentation (Vorgaben)	Statusbericht: ☐ 14 tägig ☐ monatlich ☐ Quartal ☐ ____________________ Informations-u. Kommunikationskonzept in Erarbeitung? ☐ Ja ☐ Nein Dokumentation: ____________________
Absehbare Risiken	
Das Projekt ist erfolgreich, wenn...	
Mögliche negative Auswirkungen bei Nichtrealisierung	

Unterschriften *(siehe detaillierte Beurteilung auf Meilensteinformular)*:

Auftrag erteilt am ____________________

Unterschrift Auftraggeber/in ____________________

Auftrag angenommen am ____________________

Unterschrift Projektleiter/in ____________________

→ Eröffnung Projekthandbuch

Abb. 5.2B: Musterformular Projektauftrag / Projektvereinbarung

»

Fazit: Auftragsklärung und Kontrakt

Um ein Veränderungsvorhaben erfolgreich starten zu können, ist eine Auftragsklärung unerlässlich. Auch für den weiteren Verlauf des Projektes geben klar formulierte Ziele und Erwartungen Orientierung und Verlässlichkeit. Ein Kontrakt schafft darüber hinaus Verbindlichkeit über die Erwartungshaltung der Akteure.

5.2 Kollegiale Beratung

Kollegiale Beratung ist eine Reflexions- und Beratungsplattform für Gruppen. Nach einem feststehenden Ablauf mit verteilten Rollen wird ein Teilnehmer von den übrigen Teilnehmern wertschätzend begleitet und bei seiner Suche nach möglichen Lösungen für eine konkrete Problemstellung unterstützt[332]. Auch bislang beratungsunerfahrene Personen können über dieses Verfahren qualifizierte Problemlösungen erarbeiten. Im Rahmen von Transformationsprozessen können hier sowohl projektbezogene Schlüsselthemen als auch persönliche Anliegen zwischen Kollegen und unternehmensexternen Partnern dargelegt, hinterfragt und fokussiert werden.

Über die Reflexion hinaus kann auch das Entwickeln von ersten Lösungsskizzen Ziel von Settings der Kollegialen Beratung sein[333]. Diese Problemlösungstechnik zählt neben Supervision und Coaching zu den praxis- und arbeitsplatznahen Maßnahmen der Professionalisierung[334]. Die Methode kann letztlich sowohl in der Phase der Konzeptentwicklung als auch in der Phase der Implementierung von den Treibern/Gestaltern eines Veränderungsprozesses genutzt werden. Hier können Erkenntnisse aus der Auftragsklärungen, sowie Informationen, Analysen und Hypothesen aus den jeweiligen Phasen des Veränderungsprozesses hinterfragt werden. Ebenso können die Auswirkungen implementierter Maßnahmen beleuchtet werden. Insoweit kann eine erste Evaluation von sich abzeichnenden Änderungen Gegenstand einer Kollegialen Beratung sein. Im Ergebnis würden sich dann weiterführende Evaluationsmaßnahmen anschließen.

Die Kollegiale Beratung empfiehlt sich auch für Führungskräfte und Change Agents, die ihr Erleben und Gestalten in Veränderungssituationen reflektieren möchten, oder nach Möglichkeiten suchen, Blockaden in Veränderungsprozessen zu verstehen und zu lösen. Schließlich eignen sich unterschiedliche Settings der Kollegialen Beratung dafür, den Betroffenen eines Veränderungsprozesses Räume zu eröffnen, in denen diese ihren Emotionen nachspüren können und in denen sie eigenständig ihre persönlichen Bewältigungsstrategien entwickeln. Gerade durch die Zusammenarbeit mit anderen Betroffenen erfahren sie Bestärkung in den Phasen der rationalen und emotionalen Einsicht, sowie in der Phase des Ausprobierens.

Die Betroffenen formulieren dabei konkrete Problem- bzw. Fragestellungen, die sie im Zusammenhang mit dem Veränderungsprozess persönlich beschäftigen. Typische Fragestellungen können in diesem Zusammenhang sein: »Meine Führungskraft hat mich gebeten, das Tagesgeschäft in unserer Abteilung am Laufen zu halten. Die meisten meiner Kollegen sind dagegen bereits mit zukunftsweisenden Themenstelllungen betraut worden. Was kann ich tun, um nicht den Anschluss an die weitere Entwicklung zu verlieren?«; »Im Rahmen des Veränderungsprojektes wird unser Bereich auf die anderen Organisationseinheiten aufgeteilt. Ich muss mich daher bei einer neuen und

332 Vgl. z. B. Titze (2018), http://www.kollegiale-beratung.de/Ebene1/methode.html; abgerufen am 29.10.2018; vgl. auch Büning/Bartscher (2013), S. 2.
333 Vgl. z. B. Schmid/Veith/Weidner (2013), S. 100 ff.
334 Vgl. z. B. Schulze/Lohkamp (2015), S. 2.

deutlich jüngeren Führungskraft beweisen. Wie kann ich hier vorgehen, ohne mich verbiegen zu müssen?«; »Die aktuellen Veränderungen eröffnen mir die Chance, mich beruflich nochmals gänzlich neu zu positionieren. Ich habe allerdings Sorge, dass ich mich übernehme.«

Sowohl für die Treiber/Gestalter einer Veränderung als auch für die Betroffenen erlaubt es die Kollegiale Beratung, vielfältige und zum Teil gegenläufige Themen aus unterschiedlichen Perspektiven und Wahrnehmungsmustern sowie aus unterschiedlicher Nähe und Distanz zu betrachten. Auf diese Weise wird die Methode der Viel- und Mehrdeutigkeit sozialer Situationen gerecht, die gerade typisch sind für digitale Transformationsprozesse und deren VUCA-Charakter.

Beschreibung
Zu Beginn einer Kollegialen Beratung ist festzulegen, wie der Gesamtprozess moderiert werden soll. Verfügen die Teilnehmenden bereits über vielfältige Erfahrungen mit der Durchführung dieser Methode, können sie ohne Weiteres gemeinsam die Prozessmoderation übernehmen. Je weniger Erfahrungswerte in der Gruppe gegeben sind, insbesondere wenn sich die Teilnehmenden erstmalig zu einer Kollegialen Beratung zusammenfinden, sollten sie sich von einem erfahrenen und neutralen Prozessmoderator (Berater) begleiten lassen. Dieser übernimmt auch die Leitung der Beratungssequenzen. Gleiches empfiehlt sich, wenn einige Gruppenmitglieder eine ausgeprägte Nähe zur Themenstellung aufweisen. Der Berater kann hier in den Beratungsprozess zusätzliche und/oder alternative Sichtweisen einfließen lassen.

Die ideale Gruppengröße liegt bei 5-6 Teilnehmenden, zzgl. eines etwaigen Beraters. In begründeten Einzelfällen ist auch eine Gruppengröße von bis zu 12 Teilnehmenden möglich. Hier empfiehlt es sich dann, mit dem Konzept des sog. Innen- und Außenkreises zu arbeiten. Hierbei werden die Teilnehmenden in 2-3 Kleingruppen aufgeteilt. Eine dieser Gruppen arbeitet entsprechend dem Phasenmodell der Kollegialen Beratung (siehe Abbildung 5.4) mit dem Fall-/Themengeber zusammen. Die andere(n) Kleingruppe(n) arbeiten in der Diagnose- und Lösungsphase unabhängig von diesem. Sie bringen dann aber ihre Erkenntnisse zum einen in die sog. Reaktionsphase und zum anderen am Ende der Lösungsphase mit ein. Auf diese Weise spiegeln sie einzelne Ergebnisse der Fallgeber-Gruppe und können darüber hinaus neue Aspekte in die Fallbearbeitung einsteuern. Nachfolgende Abbildung 5.3 zeigt ein denkbares Grobdesign[335].

Ein Kollegialer Beratungsprozess ist grundsätzlich in fünf Phasen untergliedert (siehe Abbildung 5.4). In der Explorationsphase ist zunächst zu entscheiden, wer Fallgeber (FG), wer Moderator (M), wer Berater (B) und wer ggf. Protokollant (P) ist. Um den Fallgeber

335 Bartscher (2017), S. 83.

zu bestimmen, kann ein sog. Themen- bzw. Fall-Casting hilfreich sein. Die Teilnehmenden visualisieren hierbei ihre Anliegen in Kurzform etwa auf einem Flipchart oder einem White-/Glassboard. Mittels einer Punkteabfrage wird dann das Thema ausgewählt, das die meiste Zustimmung erhält. Alternativ kann eine Themenstellung gewählt werden, bei der ein Teilnehmender für sich einen ausgeprägten Handlungsdruck verspürt.

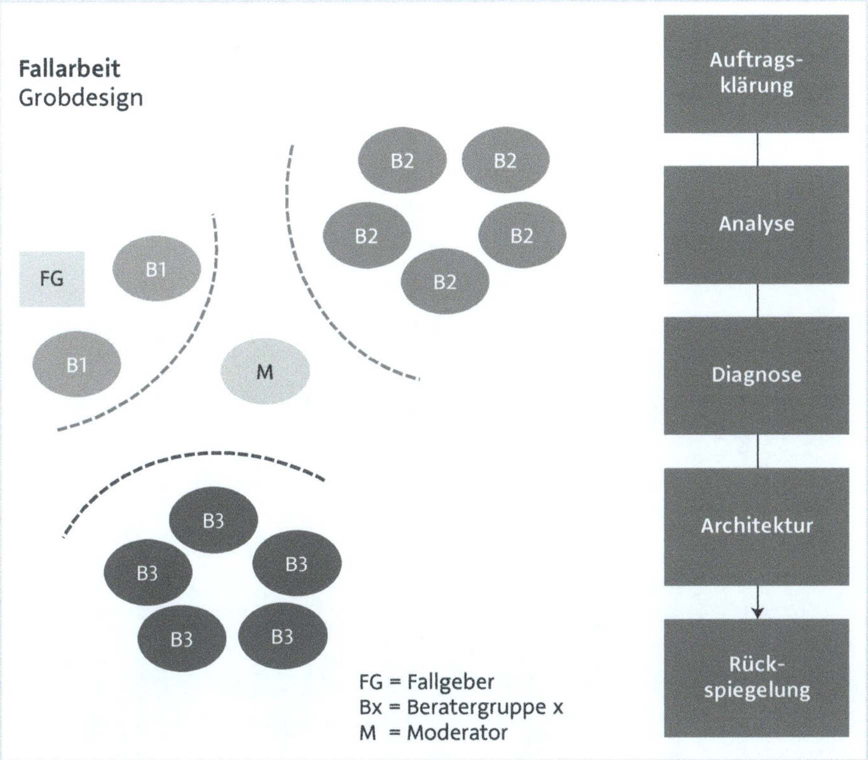

Abb. 5.3: Grobdesign einer Kollegialen Beratung bei 8-12 Teilnehmenden nach Bartscher (2017), S. 83

Ist der Fallgeber bestellt, trägt dieser zunächst aus seiner Sicht bedeutsame Fakten, Wahrnehmungen und Eindrücke bezüglich seiner Themenstellung vor: »Was bisher geschah. Wichtige Eckwerte, bedeutsame Rahmenbedingungen. Wer sind die Beteiligten? Worin besteht die Herausforderung?« In diesem Zusammenhang konkretisiert der Moderator zusammen mit dem Fallgeber dessen eigentliches Beratungsanliegen. Ist dieses herausgearbeitet und für alle Beteiligten sichtbar als Schlüsselfrage visualisiert, interviewen die Berater den Fallgeber. Die Berater nutzen unterschiedliche Fragetechniken und achten zudem auf eine konstruktiv-wertschätzende Grundhaltung. Hilfreich ist es zudem, wenn die Berater ihre Interviewrunde inhaltlich an der Struktur der Auftragsklärung ausrichten (siehe Kapitel 5.1). Zum Abschluss der Befragung ist nochmals das Ziel der Beratung mit dem Fallgeber zu klären: »Hat aus Deiner/Ihrer Sicht die bisherige Schlüsselfrage an Relevanz verloren? Falls ja: Wie lautet sie jetzt?«

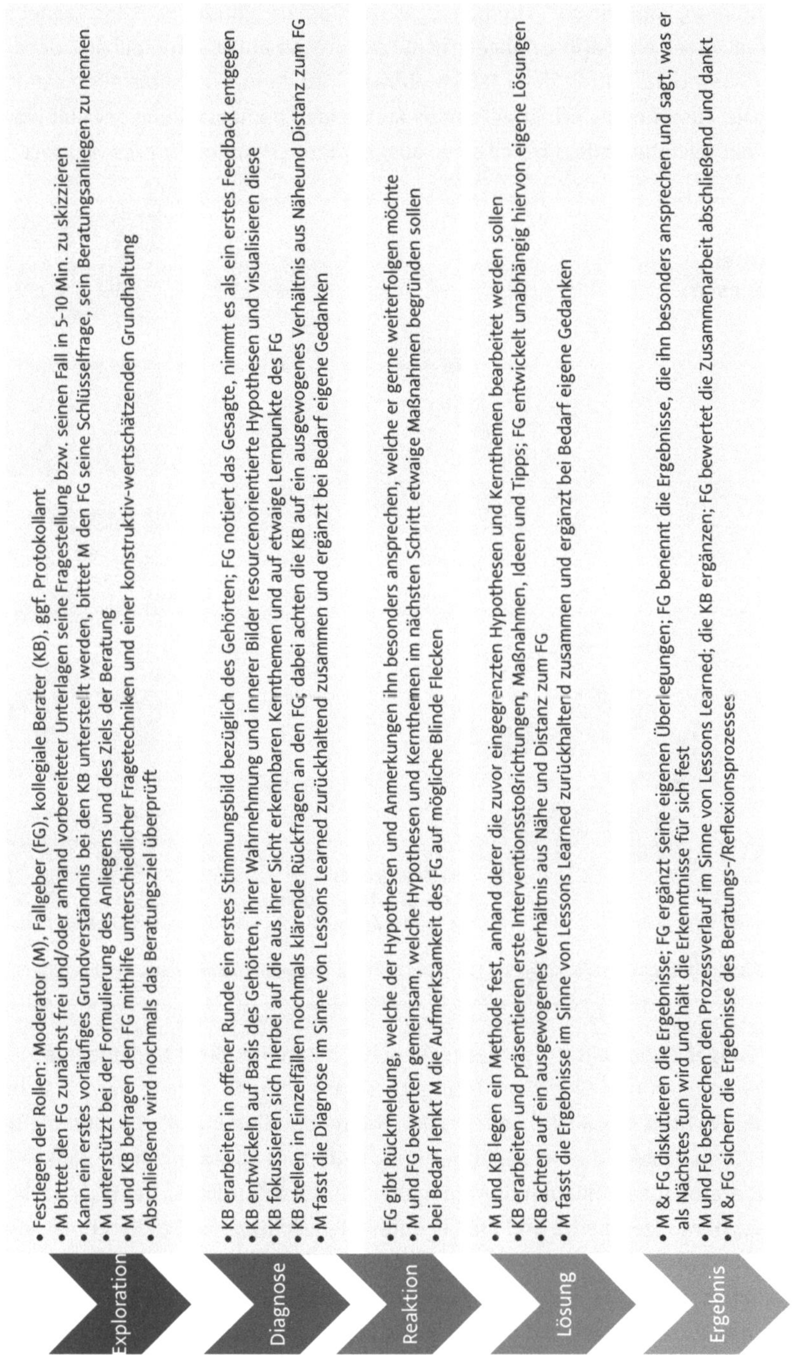

Abb. 5.4: Phasenmodell der Kollegialen Beratung nach Bartscher (2017), in Anlehnung an Schulze/Lohkamp (2015)

In der Diagnosephase spiegeln die Berater dem Fallgeber in einer ersten offenen Runde (Open Staff) ein spontanes Stimmungsbild bezüglich des Gehörten. »Was geht mir durch den Kopf, wenn ich höre, was ich höre?« Der Fallgeber wechselt in die Haltung eines Feedbacknehmers und notiert sich für ihn bedeutsame Aspekte in den Aussagen der Berater bzw. seine Assoziationen dazu. Die Berater entwickeln nun auf Basis der Interviewergebnisse, ihren daraus abgeleiteten Wahrnehmungen und inneren Bilder resourcenorientierte Hypothesen und visualisieren diese (siehe Kapitel 4.3.2.3.2). Hierbei fokussieren sich die Berater auf die aus ihrer Sicht erkennbaren Kernthemen und etwaigen Lernpunkte des Fallgebers. Wichtig ist, dass die Berater in dieser Phase auf ein ausgewogenes Verhältnis aus Nähe und Distanz zum Fallgeber achten. Bei etwaigen Unklarheiten, die für den Fall bedeutsam erscheinen, können die Berater auch klärende Rückfragen an den Fallgeber stellen. Der Moderator fasst abschließend die Diagnose im Sinne von Lessons Learned zurückhaltend zusammen und ergänzt bei Bedarf einige wenige eigene Gedanken.

In der Reaktionsphase (siehe Abbildung 5.4)[336] gibt der Fallgeber den Beratern dahingehend Rückmeldung, welche der Hypothesen und Anmerkungen ihn besonders ansprechen, welche er gerne weiterfolgen möchte. Für die Berater ist es in diesem Zusammenhang bedeutsam, die Festlegungen des Fallgebers zunächst einmal »bestehen zu lassen« und ernst zu nehmen – auch und gerade, wenn sie hierzu gänzlich abweichende Meinungen haben. Der Fallgeber ist der »Experte seines Falles« und als solcher zu respektieren. Der Moderator und der Fallgeber bewerten daher in einer weiteren Gesprächsrunde gemeinsam und resümierend, welche Hypothesen und Kernthemen im nächsten Schritt, also in der Lösungsphase, etwaige Maßnahmen oder Stoßrichtungen begründen sollen. Anlassbezogen kann der Moderator dabei die Aufmerksamkeit des Fallgebers nochmals auf Eindrücke und Hypothesen der Berater lenken, die dieser eher weniger beachtet hat, die aber möglicherweise relevante »Blinde Flecke« seinerseits adressieren.

Im Vorgriff auf die Lösungsphase einigen sich die Berater zusammen mit dem Moderator auf eine Bearbeitungsmethode. Neben Brainstorming, Erfahrungen aus der eigenen Praxis, Rollenspiel (Actstorming) bietet sich z. B. auch die Methode der Paradoxen Intervention an. Hier entwickeln die Berater Ideen, was der Fallgeber alles unternehmen müsste, um zuverlässig das Gegenteil seiner eigentlichen Absicht, seiner Schlüsselfrage, zu verwirklichen[337]. Steht für die Lösungsphase ausreichend Zeit zur Verfügung, kann auch die Methode Lego® Serious Play® (LSP) genutzt werden. Letztere ist

336 Bartscher (2017), S. 88 ff., in Anlehnung an Tietze (2008), S. 42 ff., Büning/Bartscher (2013), S. 4 ff., Schulze/Lohkamp (2015), S. 3; vgl. auch Titze (2018), http://www.kollegiale-beratung.de/Ebene2/6phasen.html; abgerufen am 29.10.2018.

337 Vgl. z. B. Titze (2018), http://www.kollegiale-beratung.de/Ebene3/4methowa.html; abgerufen am 29.10.2018.

eine » … innovative Problemlösungs-, Kommunikations- und Kreativmethode. Sie basiert auf der grundlegenden Idee, dass jeder Gedanke, jedes Erlebnis oder Vorhaben in Form von dreidimensionalen Legomodellen visualisiert werden kann. LSP funktioniert über einen moderierten Prozess, der die Vorzüge des Spielens und des Bauens mit Legosteinen mit den Belangen der Geschäftswelt effizient verknüpft«[338].

Die Berater können mittels dieser und vergleichbarer Techniken beispielsweise erste Interventionsstoßrichtungen oder Interventionsarchitekturen skizzieren, oder Lösungswege für Krisensituationen entwickeln sowie erste Maßnahmen ableiten. In die Entwicklung ihrer Ideen können die Berater den Fallgeber fallweise oder durchgängig einbinden. Ggf. hat letzterer aber auch das Bedürfnis, eigenständig zu arbeiten. Dies sollten die Berater dann auf jeden Fall respektieren. Sowohl bei ihrer kreativen Suche nach, als auch beim anschließenden Präsentieren von Lösungsskizzen achten die Berater auf ein ausgewogenes Maß aus Nähe und Distanz zum Fallgeber und zur Themenstellung. Auch der Fallgeber veröffentlicht nachfolgend seine Überlegungen. Zum Ende dieser Arbeitssequenz fasst der Moderator die erzielten Arbeitsresultate im Sinne von Lessons Learned nochmals zurückhaltend zusammen. Er ergänzt bei Bedarf ein oder zwei eigene Gedanken und leitet dann zur Phase der Ergebnissicherung über.

Zum Schluss der Kollegialen Beratung regt der Moderator den Fallgeber an, die Erkenntnisse, Lösungsskizzen zu benennen, die ihn besonders ansprechen. Auch soll der Fallgeber die nächsten Schritte umreißen, die er entschlossen ist oder beabsichtigt zu gehen. Auch soll er seine persönlichen Lessons Learned darlegen. Schließlich ist es Privileg des Fallgebers, die Kollegiale Beratung gesamthaft zu bewerten. Diesbezüglich kann der Moderator etwa fragen: »Auf einer Skala von 0 bis 100 (Null ist niedrig, Hundert ist die maximal mögliche Bewertungsstufe), wie sind die Ergebnisse Ihrer/Deiner Kollegialen Beratung zu bewerten?« Liegt die Rückmeldung des Fallgebers zwischen 70 und 90, darf angenommen werden, dass er von der Kollegialen Beratung profitiert hat. Bei einer Bewertung unter 70 sollte der Moderator nachfragen: »Was hätten wir leisten müssen, damit Sie/Du eine 80 geben würden/würdest?«

Im weiteren Verlauf erklärt der Moderator dann die konkrete Arbeit an dem Fall für beendet. Symbolisch entlässt er auch den Fallgeber aus seiner Rolle. Meistens ist es sinnvoll, nun allen Teilnehmenden an der Kollegialen Beratung noch die Möglichkeit zu geben, ihr persönliches Erleben während der Fallarbeit anzusprechen und zu reflektieren. Nach Abschluss der Kollegialen Beratung unterstützt der Moderator noch den (ehemaligen) Fallgeber beim Sichern der Ergebnisse des Beratungs-/Reflexionsprozesses.

338 The Future Academy (2018), https://thefutureacademy.de/methoden-lego_serious_play/; abgerufen am 29.10.2018.

Je nach Zeitbedarf können in einem Kollegialen Beratungsmeeting 2-3 kleinere Themenstellungen behandelt werden. Ein umfangreicher Fall kann aber auch schon mal mehrere Stunden für sich beanspruchen. Ziel sollte sein, dass die Teilnehmenden in regelmäßigen Abständen immer wieder Kollegiale Beratungssitzungen vereinbaren. Am besten wird zum Ende eines Treffens der nächste Termin festgelegt. So erhält einerseits jeder Teilnehmende die Chance, seine Fragestellungen sowie Fälle zu thematisieren. Andererseits kann der jeweilige (ehemalige) Fallgeber berichten, was seit dem letzten Treffen passiert ist, welche Ergebnisse er erzielen konnte und welche (Lern-)Erfahrungen er gemacht hat[339].

Die Methode der Kollegialen Beratung überzeugt dadurch, dass diese den Teilnehmenden einfach, im Sinne von »learning by doing«, zu vermitteln ist und dass sie den Mehrwert der investierten Zeit in der Regel unmittelbar erfahren. Wesentlich für einen hohen Wirkungsgrad ist dabei eine effiziente und effektive Durchführung. Nachfolgende Checkliste[340] verweist auf einige Voraussetzungen und Bedingungen, die einen nachhaltigen Einsatz dieser Methode befördern.

Praxis: Checkliste Kollegiale Beratung (KB) in Anlehnung an Delkeskamp (2013)

Hilfreiche Rahmenbedingungen zum Etablieren der Methode:

- Ausgewählte Leitungskräfte und Multiplikatoren sind mit der Methode bereits vertraut und stehen der Kollegialen Beratung positiv gegenüber.
- In der Organisation gibt es qualifizierte Moderatoren und auch Weiterbildungsangebote zu Kollegialer Beratung, Supervision und vergleichbaren Methoden, wie etwa Scrum, Kanban usw.
- Die Organisation greift bei Bedarf auf externe Moderatoren bzw. Prozessbegleiter zurück.

Hilfreiche Rahmenbedingungen zum Aufrechterhalten Kollegialer Beratungsrunden:

- Eine KB-Gruppe startet mit vertrauensbildenden Maßnahmen, damit sich die Teilnehmenden kennenlernen. Ziel ist es, eine feste, in sich stabile Gruppe zu formen.
- Hat sich eine KB-Gruppe gefunden, trifft diese sich regelmäßig. Es werden 3-4 Treffen pro Jahr geplant; anlassbezogen können es mehr sein.
- Es gibt Absprachen zur Vertraulichkeit; u. a. ist festgelegt, wie die Ergebnisse dokumentiert und ggf. veröffentlicht werden.
- Für jeden Termin gibt es eine Person, die zeitnah einlädt und die (abgeschiedene) Räumlichkeiten organisiert.
- Die Anfangs- und Endzeiten einer KB-Runde werden verbindlich eingehalten; die Zeit dazwischen ist nicht zu knapp bemessen.
- Der Meetingraum ist ausreichend groß, hat eine lockere Bestuhlung; er bietet vielfältige Visualisierungsmöglichkeiten sowie funktionsfähige Moderationsmaterialien.

339 Vgl. z.B. Jansen (2018), https://www.jbt.de/ablauf-kollegiale-beratung-prozessverlauf/; abgerufen am 01.11.2018.

340 Bartscher (2017), S. 88 ff., in Anlehnung an Delkeskamp (2013), S. 112 ff.; vgl. auch 10 Goldene Regeln für die Kollegiale Beratung, https://www.jbt.de/kollegiale-beratung-10-goldene-regeln/; abgerufen am 01.11.2018.

- Dem Umfeld der Teilnehmenden ist bewusst, dass eine KB-Runde nicht gestört werden soll.

Hilfreiche Rahmenbedingungen für den effektiven Verlauf Kollegialer Beratungsrunden:

- Die Gruppe besteht aus Teilnehmenden mit vergleichbarem Erfahrungshintergrund und ähnlichen Hierarchiestufen.
- Alle Teilnehmenden bringen sich in den Beratungsprozess ein, u. a., indem sie selbst Fälle/Fragestellungen anbieten und indem sie in jedem Beratungsprozess aktiv mitwirken.
- Eine Mehrzahl der Teilnehmenden ist mit dem Ablauf von KB-Runden vertraut. Mindestens ein Gruppenmitglied kennt den Ablauf so gut, dass dieses die Beratungen moderieren kann.
- Etwaige Irritationen und mögliche Konflikte untereinander werden offen und zeitnah von den Teilnehmenden angesprochen.
- Interessenskonflikte, eine direkte oder indirekte Betroffenheit bei einem Fallangebot/ einer Fragestellung werden von den Teilnehmenden angezeigt. Es wird geklärt, wie mit dieser Situation umgegangen wird.
- Die Teilnehmenden fühlen sich untereinander solidarisch.

Im nachfolgenden Fazit sind die wesentlichen Eckpunkte zur Methode der Kollegialen Beratung nochmals zusammengefasst.

Fazit: Kollegiale Beratung

»Mit dem strukturierten Ablauf und der sozialen Konstellation, die aus Gruppenmodus und Rollenaufteilung der Gruppenmitglieder besteht, zielt der Prozess von kollegialer Beratung auf die systematische Selbstreflexion beruflichen Handelns, welches sich in den Fällen der Ratsuchenden widerspiegelt. Auch mit Blick auf die empirisch untermauerten Effekte erscheint kollegiale Beratung geeignet, um beruflich relevante Ressourcen zu erhalten und zu erweitern und damit insgesamt der Professionalisierung Einzelner zu dienen.
Dass kollegiale Beratung in diesem Sinne praktisch genutzt wird, zeigen Blicke auf ihren Entstehungskontext, ihre Verbreitung und ihre Bedeutung im Rahmen von beruflichen Ausbildungen. Das Motiv der Professionalisierung beruflichen Handelns spielte von Anfang an eine maßgebliche Rolle dabei, dass sich Berufstätige kollegialer Beratung widmeten. … sie formierten sich in leiterlosen Gruppen und diskutierten ihre Praxisfälle freiwillig im Kreis von Gleichrangigen. Sie hatten den Bedarf, problematische berufliche Erfahrungen … zu reflektieren«[341].

Insoweit lässt sich festhalten:

- Kollegiale Beratung ist eine praxis- und arbeitsplatznahe Problemlösungsmethode.
- Kollegiale Beratung findet in Gruppen statt.
- Ein professioneller Berater ist nicht (zwangsläufig) anwesend.
- Die Beratung folgt einem festen Ablauf.
- Der Ablauf und die Methoden sind allen Teilnehmenden bekannt.
- Die Beratungsrollen und die Aufgaben werden verteilt.

341 Tietze (2016), S. 316.

- Alle Teilnehmenden sind aktiv an der Beratung beteiligt.
- Kollegiale Beratung dient der Professionalisierung der Teilnehmenden.

5.3 Analysekonzept

Wie bereits erwähnt ist einer unüberlegten und unreflektierten Arbeits- und Beziehungssystemgestaltung mittels einer fundierten Analyse vor Beginn der eigentlichen Veränderungsmaßnahmen entgegenzuwirken. Denn gerade bei Veränderungsprojekten der digitalen Transformation ist häufig eine zielgerichtete Weiterentwicklung der Unternehmenskultur und damit der Arbeits- und Beziehungsstrukturen zu bewirken. Unterbleibt die Analyse – und die sich daran anschließende Diagnose – der kulturellen, also der verhaltens- und beziehungsprägenden Rahmenbedingungen, ist das Risiko hoch, dass derartige Transformationen scheitern. Ohne eine belastbare Analyse sind die grundlegenden Interventionsstoßrichtungen der Kulturentwicklung beliebig; ebenso die verhaltensbeeinflussenden Informations-, Dialog- und Unterstützungsmaßnahmen innerhalb der Veränderungsarchitektur.

Ein Analyseprozess besteht aus zwei Teilschritten: Daten sammeln und Daten auswerten[342]. Das Datensammeln umfasst dabei das Wahrnehmen, Beschreiben und Dokumentieren von thematisch relevanten Informationen – und dies möglichst unverfälscht und wertungsfrei. Wie bereits in Kapitel 4.3.2.4.1 dargelegt, sind Fragebögen, Interviews, Beobachtungen und die Analyse von Dokumenten typische Tools zur Informationsgewinnung. Die Praxis ist diesbezüglich durch eine methodische und konzeptionelle Vielfalt geprägt[343].

Welche Instrumente genutzt werden in welcher Kombination, hängt zum einen vom Erkenntnisinteresse, also der Problemstellung, ab. Zum anderen wird die Analyse reglementiert durch die finanziellen Mittel, die Zeit der Probanden und durch die Methodenkompetenz der Analysten. In einem zielführenden Analysedesign sind daher die nachfolgenden Aspekte zu berücksichtigen: benötigte Informationen, Erhebungsmethoden und -vorgehen, Datenmenge und Auswertungskonzept.[344]

Abbildung 5.5 zeigt diesbezüglich eine generische Struktur zur Planung eines Analysekonzeptes.

342 Vgl. z. B. Werner/Elbe (2013), S. 18 ff.; vgl. Bartscher/Nissen (2017), S. 49 ff.
343 Vgl. z. B. Claßen (2013), S. 243 ff.; vgl. z. B. Werner/Elbe (2013), S. 178 ff.
344 Vgl. z. B. Bartscher/Nissen (2017), S. 49 ff.

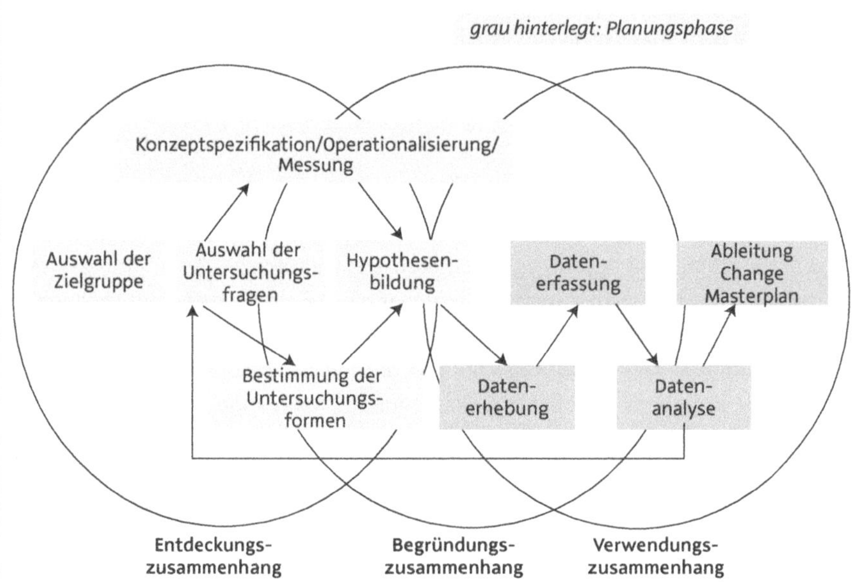

Abb. 5.5: Generische Struktur zur Planung eines Analysekonzeptes

Mit Blick auf die benötigten Informationen ist es u. a. sinnvoll, den Einfluss (Impact) eines Veränderungsprojektes auf die jeweiligen Zielgruppen aufzeigen zu können. Hilfreich ist in diesem Zusammenhang die sog. Change-Impact-Ziel-Pyramide. Diese beinhaltet die Ziele bzw. die angestrebten Endzustände einer Veränderung, untergliedert nach Hard- und Soft-Facts und betont damit u. a. die Nachhaltigkeit des Change-Projektes. In Abbildung 5.6 ist die beispielhafte Grundstruktur einer Change-Impact-Ziel-Pyramide wiedergegeben.

	HARD FACTS	SOFT FACTS	
• Neue strategische Ausrichtung mit neuer Strategy Map	**Vision, Ziele, Strategie**	Identität	• »Welche Grundeinstellung wird wichtig, um die neue Strategie & Organisation lebendig werden zu lassen?«
• Neue Kundensegmentierung	**Produkte, Leistungen**	Werte, Überzeugungen	• »Was sollen Leitlinien unserer Zusammenarbeit sein, um die neue Organisation wirkungsvoll zu entfalten?«
• Neue Organisation mit anderen Rollen/Rollenverantwortlichkeiten • Neue Prozesse mit Schnittstellenvereinbarungen	**Struktur, Prozesse, Schnittstellen**	Wissen, Fähigkeiten	• »Welche Fähigkeiten brauchen wir, um die neuen Prozesse zu betreiben?«
• Neue IT-Systeme in der Abrechnung • Neue KPI´s	**Tools, Systeme, Messgrößen**	Verhalten	• »Wie leben wir Führung in der neuen Organisation?« • »Welches Verhalten soll unsere Zusammenarbeit prägen?«

Abb. 5.6: Beispielhafte Grundstruktur einer Change-Impact-Ziel-Pyramide, Quelle: Bartscher (2016), S. 27, in Anlehnung an o. V., Change Factory, https://de.slideshare.net/change_factory/ change-factorycf-changebegleitung, abgerufen am 09.12.2018.

Praxis: Fragen zur Ableitung des Inhaltskonzeptes (des Entdeckungszusammenhangs) einer Analyse

Ausgehend von den Zielgruppen und den Zielen bzw. den angestrebten Endzuständen einer Veränderung ist zu ermitteln, wie sich letztere auf die Menschen auswirken mag. Um im Rahmen einer Datenerhebung und anschließenden Analyse konkrete Aussagen treffen zu können, ist zunächst im Rahmen eines Inhaltskonzept festzulegen, welche möglichen Zusammenhänge, Auswirkungen bzw. Annahmen überprüft werden sollen. Hilfreiche Fragen hierbei können sein:

- Was werden die Umfeldveränderungen für diese Zielgruppen sein?
- Wie ist der aktuelle Wissensstand dieser Zielgruppen?
- Wurden bereits Veränderungsmaßnahmen für diese Zielgruppen durchgeführt?
- Was sind kritische Erfolgsfaktoren bei der Umsetzung der Veränderungen für diese Zielgruppen?
- Welche Veränderungen bewirkt das Projekt für diese Zielgruppen?
- Welche Werte und Einstellungen sind dafür notwendig?
- Welche neuen Fähigkeiten sollen die Zielgruppen erwerben?
- Welches konkrete Verhalten sollen die Personen dieser Zielgruppen in Zukunft zeigen?
- Welches neue Selbstbild ist für die Zielgruppen erforderlich?

Ist erarbeitet, welche inhaltlichen Zusammenhänge untersucht werden sollen, sind im nächsten Schritt die Untersuchungsformen, die generelle Vorgehensweise und das jeweilige Setting der Untersuchungen festzulegen. Ebenso ist zu bestimmen, wie die ermittelten Daten und Informationen ausgewertet und aufbereitet werden sollen[345]. Orientiert an den Analyseergebnissen ist dann die Interventionsarchitektur, der sog. Change Masterplan, zu entwickeln.

Praxis: Entwicklung eines Change Masterplanes

»Ein Change Management Masterplan wird auf Basis einer sorgfältigen Analyse abgeleitet und erstellt. Hierbei erfolgt ein Abgleich der einzelnen Change-Konzepte für alle Zielgruppen. Eine detaillierte Beschreibung der einzelnen Maßnahmen wird erst später vorgenommen. Berücksichtigen Sie mögliche Maßnahmen während der einzelnen Phasen im Veränderungsprozess. Nutzen Sie bestehende und bereits bewährte Kommunikationswege, um über Ihr Veränderungsvorhaben zu informieren. Entwickeln Sie geeignete Maßnahmen entsprechend der jeweiligen Position auf der Veränderungskurve. Ermitteln Sie Maßnahmen, welche gezielt treibende und hemmende Faktoren berücksichtigen Hierbei ist die Definition möglicher Veränderungsmaßnahmen auf allen Ebenen hilfreich. Die Zusammenführung und ggf. Konsolidierung der Maßnahmen unter Berücksichtigung von Budgetrestriktionen, Verfügbarkeit der Förderer der Veränderung, verfügbarer Zeit usw. stellen einen wichtigen Aspekt dar. Die Implementierung sollte mit der wichtigsten Gruppe beginnen. Denken Sie an das Monitoring der Maßnahmen durch Integrierung in einen Projektplan. Denken Sie daran, alle wichtigen Stakeholder in Ihr Veränderungsvorhaben einzubinden.

345 Vgl. Baur/Blasius (2019), S. 23 ff.

Nachfolgende Grafik gibt einen Überblick über die Prozessfolge zur Ableitung und Implementierung eines Change Masterplans.

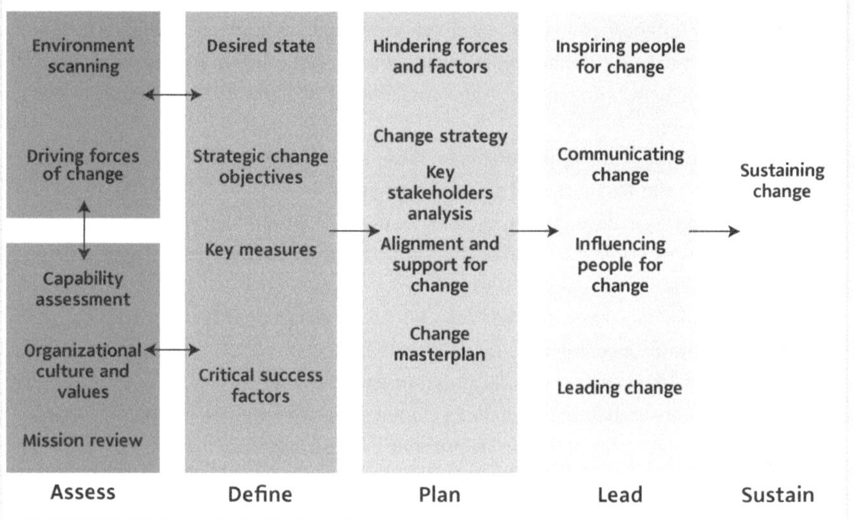

Abb. 5.7: Ableitung und Implementierung eines Change Masterplans«

Quelle: Capelle Consulting (2018)[346]

Fazit: Analyseansätze

Die Analyse vor einer Intervention oder eines Veränderungsvorhabens ist nicht mit einer Beschreibung zu verwechseln. Die Analyse gibt Auskunft darüber, wie die vorgefundene Situation ist, warum sie so ist und was geschehen muss, damit sie anders werden kann. Die hierfür verwendeten Daten werden auf unterschiedlichen Wegen gewonnen und ausgewertet. Je genauer die Fragestellungen formuliert sind und je präziser sie beantwortet werden, umso aussagekräftiger sind die Antworten und umso zielführender sind die daraus abgeleiteten Maßnahmen.

5.4 Informations-, Dialog- und Unterstützungsformate

Menschen verhalten sich gegenüber anstehenden Veränderungen häufig zunächst abwartend. Gründe sind u. a. die zu erwartenden Anstrengungen und die damit einhergehenden emotionalen Belastungen. Menschen sind versucht, letztere abzuwenden

346 O.V., Capelle Consulting (2018), http://www.capelleconsulting.com/sg/web_temp/corporate/consulting/organizational-alignment-2/change-management/; abgerufen am 09.12.2018; vgl. auch https://de.slideshare.net/change_factory/change-factorycf-changebegleitung; abgerufen am 09.12.2018.

oder zumindest zu verzögern (Widerstand). Die meist strategische Relevanz gerade digitaler Transformationsprozesse konfrontiert daher deren Treiber und Gestalter regelmäßig mit der Frage: Was können wir tun, damit die betroffenen Mitarbeiter die anstehenden Anpassungen akzeptieren und mittragen und darüber hinaus das erforderliche Veränderungsverhalten entwickeln? Abbildung 5.8[347] soll dahingehend einen ersten Eindruck vermitteln, dass je nach Veränderungsphase bestimmte Settings, Maßnahmen bzw. Change-Tools geeignet sein können, um die Akzeptanz und das Veränderungsverhalten seitens der Mitarbeiter zu befördern. Auf einige dieser Konzepte sind wir auch bereits in Kapitel 4 näher eingegangen.

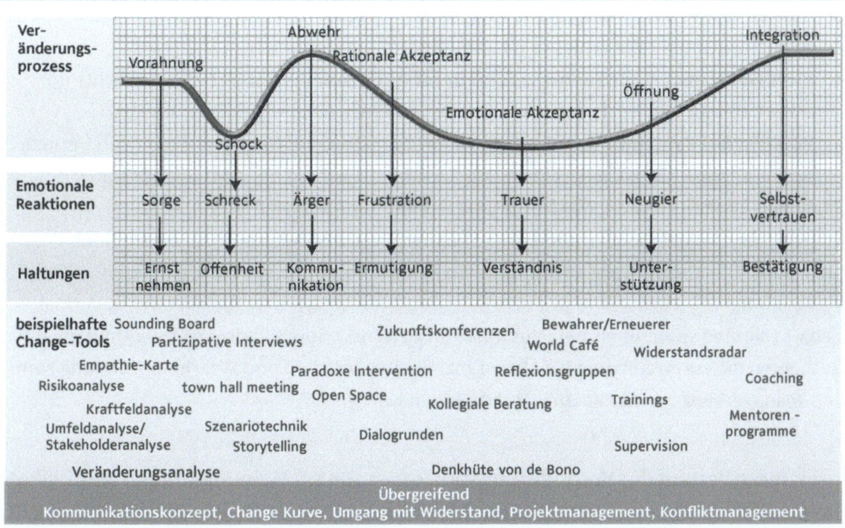

Abb. 5.8: Beispielhafte Informations-, Dialog- und Unterstützungsformate in Veränderungsprozessen

Wie ersichtlich ist es zum Start eines Veränderungsprozesses bedeutsam, die Mitarbeiter zu informieren. Sie sollen den zentralen Fokus, also das Kernanliegen der Veränderung, wahrnehmen und begreifen. Hierbei ist es hilfreich, bereits in der Phase der Vorahnung die Mitarbeiter für sich abzeichnende Änderungen zu sensibilisieren. So kann etwa bestätigt werden, dass verschiedene Änderungsszenarien im Kreis der Entscheider bereits analysiert und diskutiert werden. Ebenso können Gerüchte fallweise kommentiert werden, um diese zu begrenzen oder zu kanalisieren.

Praxistipp: Gerüchte positiv nutzen

»Der Flurfunk und seine Gerüchtekommunikation ist ein heißbegehrter Informationskanal in Unternehmen. (...) Informationen über diesen Kanal werden direkt abgerufen, sicher gespeichert, schnell weitergegeben und hinterlassen eine große Wirkung. (...) Diese Art

347 Bartscher/Nissen (2017), S. 331, in Anlehnung an Büning/Bartscher (2011), S. 54.

von Kommunikation scheint gerade durch den inoffiziellen Charakter und durch die direkte wertschätzende Beziehung zum Erzähler einen hohen Wert zu bekommen. (...) Sinnlos ist es, diesen Infokanal zu verbieten. Nutzbar werden Gerüchte für das Unternehmen, indem ich die Kraft in dem verdeckten Informationskanal erkenne und sichtbar mache.

1. **Gerüchte sind Grundlage für ein Führungsfeedback.** Häufen sich die negativen Geschichten in einem Unternehmen auf dem Flurfunk, kann dies als Spiegel für die Führung gesehen werden. (...)
2. **Gerüchte lassen Motive erkennen.** Gerüchte sind auch ein Spiegel der Mitarbeitermotivation. In den Geschichten stecken Angst, Wut, Ohnmacht und weitere Gefühle, die Rückschlüsse auf die Motive zulassen. Häufig können so sehr einfache Lösungsansätze für das Management erarbeitet werden. (...)
3. **Gerüchte sind beziehungsfördernd.** Manche Geschichten und Gerüchte sind einfach auch ein wichtiger Blitzableiter für den Frust im Unternehmen. (...)
4. **Viele Gerüchte – Change-Management reflektieren.** Übermäßig viele Gerüchte im Unternehmen weisen darauf hin, dass das System in einer instabilen Phase ist. (..)
5. **Vorsicht bei Zynismus und Galgenhumor.** Zynismus und Galgenhumor in den Gerüchten ist oft ein Anzeichen für eine mangelnde Identifikation mit dem Unternehmen.

Fazit: Was können Führungskräfte im Umgang mit Gerüchten lernen?

(...) Das Top-Management kommuniziert häufig zu viel positive Nachrichten auf Hochglanzpapier und büßt damit an Glaubwürdigkeit ein. (...) Gerüchte wirken daher manchmal glaubwürdiger. Gerüchte sind (...) in Unternehmen nicht zu unterdrücken oder zu vermeiden (...) sie sind wahrzunehmen, aus ihnen ist zu lernen. Somit kann ein neuer Umgang mit Gerüchten die Voraussetzung für Akzeptanz, Glaubwürdigkeit und Mitarbeiterbindung zum Top-Management und damit zum Unternehmen werden.«[348]

Im weiteren Verlauf des Veränderungsprozesses sollten Meinungsträger, Multiplikatoren, Schlüsselpersonen und Schlüsselbereiche, wie etwa Forschung/Entwicklung, Betriebsrat und die Personalabteilung, frühzeitig eingebunden werden. Diese können in Hintergrundgesprächen oder im Rahmen der bereits beschriebenen Sounding Boards über Zwischenstände zu den Anpassungsüberlegungen informiert werden. Die Teilnehmer sollen hierbei den Veränderungsanlass, die angedachten Veränderungsmaßnahmen verstehen und hinterfragen können. Meist sind sie zudem explizit aufgefordert, auch Rückmeldung zu geben und etwaige Alternativen vorzuschlagen.

Beispiel: Sounding Board Post Merger Integration Commerzbank AG

»Unter ›Sounding-Gruppen‹ verstehen wir eine organisierte Plattform für den offenen Dialog. Hier können positive und kritische Feedbacks sowie Themen artikuliert und diskutiert werden. Im Integrationsprojekt haben wir das Instrument speziell dazu genutzt, Mitarbeiter ihre Erfahrungen und Wahrnehmungen aus der Alltagsrealität ungefiltert an das Top-Management oder verantwortliche Projektleiter und -mitarbeiter adressieren zu lassen.

348 Kissel (2015), https://www.ifsm-online.com/content/uploads/2017/09/leadership_-_geruechte_positiv_nutzen_lernen_kissel.pdf; abgerufen am 19.11.2018; vgl. auch https://www.umsetzungsberatung.de/psychologie/geruechte.php; abgerufen am 19.11.2018.

	Sounding-Gruppen (reg.)	Sounding-Board (zentral)	Bereichs-Soundings	Integrations-talks
Ziel	Segmentübergreifende Resonanz zu Integration in der Fläche	Direkter Dialog des Integrationsvorstands mit Mitarbeitern	Resonanz zur Integration innerhalb eines Bereichs	Plattform für alle Mitarbeiter
Format	Offener Dialog in vertraulicher Runde, ohne Führungskräfte	Offener Dialog in vertraulicher Runde, ohne Führungskräfte	*bereichsabhängig*	Offene »Townhall-Meetings«
Teilnehmer	20 Teilnehmer, repräsentativ nach Kriterienraster	20-25 Teilnehmer, jew. 1 Vertreter aus regionalen und Bereichs-Soundings	*bereichsabhängig*	Jeweils 100 Teilnehmer aus allen Bereichen
Häufigkeit	Alle zwei Monate	Alle vier Monate	*bereichsabhängig*	4 Termine p.a.

Sounding als offenes Dialogformat für den direkten Austausch zwischen Topmanagement und Mitarbeitern zum laufenden Integrationsprozess

Quelle: Commerzbank AG

Abb. 5.9: Vier Sounding-Formate für den offenen Dialog«

Quelle: Commerzbank AG[349]

Auch die **Informationsplattformen** für das Publizieren der Veränderungsentscheidung an die Mitarbeiterschaft sind zu bestimmen. Bewährt sind Mitarbeiterversammlungen (town hall meetings), Kickoff-Veranstaltungen, Roadshows, World Cafés, Change-Marktplätze. Geeignet sind auch Change-Newsletter, Briefe der Geschäftsführung, Mitarbeiterzeitschriften, Plakate, Ziel-/Strategiebilder. Über wohldosierte Sonder-/Kurzmitteilungen in den unterschiedlichen digitalen Medien innerhalb der Organisation, wie Intranet, Info-Ticker, E-Mails, Podcasts/Webcasts, Blogs usw., kann die Aufmerksamkeit gegenüber dem Veränderungsprojekt aufrechterhalten werden. Die schließt eine aktive Pressearbeit mit ein, die auch die Sozialen Medien berücksichtigt[350].

Beispiel: Projekt »Migration Banken« der Fiducia & GAD IT AG

»Ziel des Projekts ›Migration Banken‹ ist es, bis Ende des Jahres 2019 alle bank21-Banken von ›bank21‹ nach ›agree21‹ migriert zu haben. Wesentlicher Projektgegenstand ist die Vorbereitung und Durchführung der Serienmigrationen als unternehmensweites Projekt,

349 Stölting (2012), S. 207 ff.; vgl. auch http://www.4managers.de/management/themen/sounding-board/; abgerufen am 17.11.2018; vgl. auch Kartenbender (2017), S. 35.

350 Vgl. z. B. Czichos (2014), S. 269 ff.; vgl. Deutinger (2017), S. 19 ff.; vgl. Gärtner (2017), S. 8, https://www.wa.uni-hannover.de/fileadmin/arbeitswissenschaft/IAW/Fotoprotokolle/WS_2016_2017/SP1-085W_Folien.pdf; abgerufen am 17.11.2018; vgl. auch https://www.coko.biz/beispiel-seite/change-beratung/#changekommunikation; abgerufen am 17.11.2018; vgl. https://de.slideshare.net/change_factory/change-factorycf-changebegleitung; abgerufen am 17.11.2018; vgl. http://www.cmc-consult.net/change-communication.html; abgerufen am 17.11.2018.

dazu zählen insbesondere eine qualifizierte Schulung der Mitarbeiter, eine qualitätsgesicherte Datenmigration, eine revisionssichere Projektdurchführung sowie das Bereitstellen ausreichender Personalressourcen zur Unterstützung vor, nach und während der Migration. Dabei ist eine Serie eine Gruppierung von vier bis sieben Banken, die zeitgleich auf ›agree21‹ migriert werden …
(Als Kommunikations- und Informations-Plattform) … wurde das bestehende Service-Portal ausgewählt, das bereits die meisten Anforderungen erfüllt und kurzfristig verfügbar war. Im ersten Schritt war es wichtig, dass es eine einheitliche Startseite zu dem Themenkomplex ›Gemeinsam zu agree21‹ gibt. Diese Startseite (inkl. der Navigation) musste neu implementiert werden, da diese noch nicht vorhanden war. Dafür musste klar sein, welche Elemente auf dieser Startseite platziert werden sollen. Auf Grundlage des Gesprächs mit der Projektleitung wurden folgende Kommunikationsinstrumente herausgearbeitet: **Migrationsleitfaden (inkl. Glossar), Newsletter, Forum, FAQ, Dokumente**. Die Projektleitung sprach sich explizit für die Nutzung von Social Media aus, um ein direktes Kundenfeedback (der betroffenen Mitarbeiter) zu erhalten und einen offenen Austausch mit den Kunden (Mitarbeitern) zu pflegen. … Bei Projekten, die starke Veränderungen mit sich ziehen, ist es wichtig, die Mitarbeiter nicht vor zusätzliche Herausforderungen, wie z. B. das Erlernen von neuen Medien und Arbeitsweisen, zu stellen. Da die Mitarbeiter der bank21-Banken durch das Service-Portal schon den generellen Umgang mit Social Media kennen und anwenden, folgt hier nur eine Transformation auf einen neuen Themenbereich.«

Abb. 5.10: Screenshot aus dem Informationsportal für das Projekt »Migration Banken«

Quelle: Feldmann/Teuteberg (2017), S. 216[351]

351 Feldmann/Teuteberg (2017), S. 216, https://dl.gi.de/bitstream/handle/20.500.12116/4895/PVM2017_paper_17.pdf?sequence=1&isAllowed=y; abgerufen am 17.11.2018.

Einen Überblick über Social-Media-Plattformen gibt u. a. das jährlich aktualisierte Global Social Media Prism, das über Social Networks, Social Media sowie Social Tools in der Praxis informiert[352].

Da bereits zu Beginn von Transformationsprojekten eine Vielzahl von Kommunikationskanälen genutzt werden können, empfiehlt es sich bereits an dieser Stelle, einen Kommunikationsplan/-matrix zu entwerfen. Hierüber wird es möglich, einen strukturierten Informationsaustausch für alle Zielgruppen, etwa die Entscheider, die Projektmitglieder, die Führungskräfte, die Multiplikatoren, die Mitarbeiter und die interessierte Öffentlichkeit, zu entwerfen und festzulegen. Im Kommunikationsplan wird u. a. festgehalten, in welchem Rhythmus, in welcher Häufigkeit, auf welchen Kanälen, im Rahmen welcher Veranstaltung sowie mit welchen Instrumenten eine professionelle und zielgruppenbezogene Kommunikation stattfinden soll.

Unterstützende Leitfragen sind in diesem Zusammenhang sind:

»WER? (Kommunikator), sagt WAS? (Botschaft), zu WEM? (Zielgruppe), mit WELCHEM Ziel? (Was wollen Sie genau erreichen?), über WELCHE Kanäle? (mündlich oder schriftlich), WANN? (Zeitpunkt), mit WELCHEM Budget? (Wie viel Geld steht zur Verfügung?) und mit WELCHER Wirkung? (Wurden die Ziele erreicht?)«[353].

Abbildung 5.11 zeigt die Grundstruktur einer Kommunikations*matrix*, anhand derer die inhaltlichen, zeitlichen und medienbezogenen Eckwerte von Kommunikationsmaßnahmen festgelegt werden können. Darunter befindet sich das Beispiel eines Kommunikations*planes*. Dieser enthält Informationsformate, die im Zuge des Roll-out einer Shared-Services-Center-Reorganisation genutzt werden.

352 https://ethority.de/en/social-media-prism/; abgerufen am 17.11.2018.

353 https://www.business-wissen.de/artikel/kommunikationsplan/; abgerufen am 17.11.2018; vgl. z. B. auch Weiand (2016), S. 18 f.; vgl. https://dieprojektmanager.com/kommunikationsplan-fuer-projekte/; abgerufen am 17.11.2018; vgl. https://www.business-wissen.de/produkt/3836/themen-der-projektkommunikation-als-kommunikationsmatrix-beispiel/; abgerufen am 17.11.2018.

Maßnahme	Adressat (Wer ist Empfänger?)	Kommunikator (Wer sendet Informationen?)	Kernbotschaft (Thema / Ereignis)	Medium (Präsentation, E-Mail etc.)	Zeitplan (Wann? Wie oft?)	Vorbereitung & Abnahme (Wer?)	Vorlaufzeit (Wie lange?)
Fact Book	Fokusinterview-Partner	Kernteam	• Das ist bereits passiert • Das ist noch geplant • So könnt ihr euch einbringen	• Physisch (Buch) • Präsentation per E-Mail	10.09.2018, Jan. 2019	• V: C.G. • A: Kernteam	1 Woche
Newsletter	...	...	• ...	• ...	...	• ...	...
Success Stories	...	...	• ...	• ...	...	• ...	...
Feedback-Plakate (regelmäßig)	...	...	• ...	• ...	...	• ...	...
Online-Forum	...	...	• ...	• ...	...	• ...	...

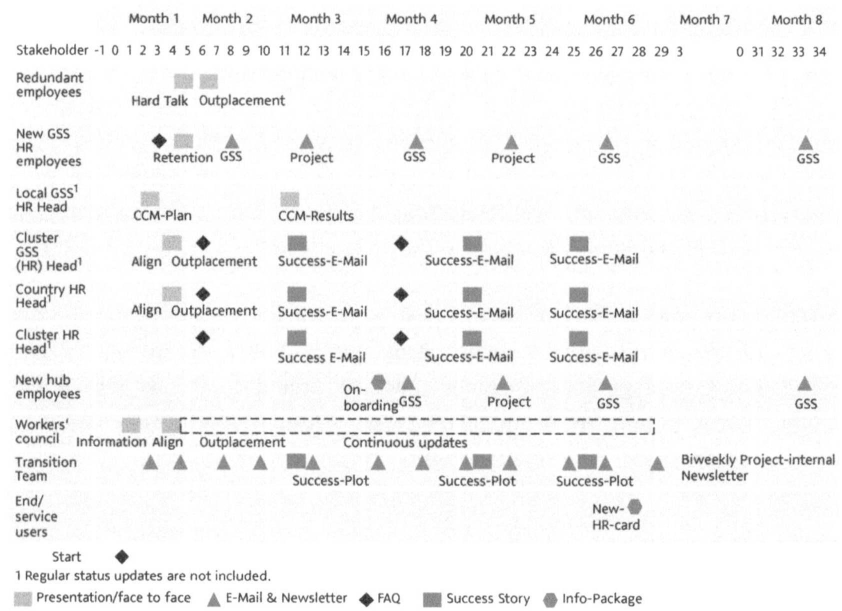

Abb. 5.11: Beispiel einer Kommunikationsmatrix und eines Kommunikationsplanes, Quelle: Bartscher (2017), S. 137, entnommen/angelehnt an Gärtner (2017), S. 11/12, https://www.wa.uni-hannover. de/fileadmin/arbeitswissenschaft/IAW/Fotoprotokolle/WS_2016_2017/SP1-085W_Folien.pdf; abgerufen am 17.11.2017.

Meist vergeht eine gewisse Zeit, bis alle Mitarbeiter die zur Verfügung gestellten Informationen als für sie relevant bewerten. Manche stehen letzteren offen gegenüber und sind schneller bereit, deren Bedeutung für ihr Arbeitsleben zu erfassen. Andere verharren länger im Schock und im Widerstand und werten den Bedeutungsgehalt dieser Informationen ab bzw. ignorieren ihn schlichtweg. Diesbezüglich legt etwa das transaktionale Stressmodell nach Lazarus (1981) typische Verhaltensmuster offen[354]. Früher oder später verunsichern die Informationen die meisten Mitarbeiter dann doch. In Relation zum routinegeprägten Alltag verspüren sie ein mehr oder weniger stark ausgeprägtes Bedürfnis nach Orientierung. Dies führt in den Veränderungsphasen der rationalen und emotionalen Einsicht (siehe Abbildung 5.8) dazu, dass die Betroffenen nicht mehr nur informiert werden wollen. Hingegen ist es für sie bedeutsam, vertiefende Fragen stellen zu können. Auch möchten sie ihre sorgenvoll kritischen Gedanken sowie ihre konstruktiv öffnenden Anmerkungen mit Blick auf das jeweilige Veränderungsprojekt äußern können. Für sie ist es wichtig, dass sie gehört und dass ihre Hinweise ernst genommen werden. Schließlich möchten sie mitgestalten können. Die Mitarbeiter möchten von Betroffenen zu Beteiligten werden!

Praxistipp: Dialogorientierte Kommunikation

»Dialogorientierte Kommunikation ist immer dann hilfreich, wenn Menschen gemeinsam an einem Ziel arbeiten und ganz besonders, wenn dabei unter Zeit- und Kostendruck komplexe Herausforderungen zu bewältigen sind. Gerade dann also, wenn für langwierige Gespräche scheinbar keine Zeit ist. Dialogorientierte Kommunikation vertieft jedoch das gegenseitige Verständnis zwischen Parteien. Sie schafft Vertrauen und verbessert damit die Zusammenarbeit. Nachdem Dialoge geführt wurden, können nachhaltig wirksame Hebel und Maßnahmen tatsächlich besser und schneller identifiziert und umgesetzt werden.
Als dialogischen Austausch ist ein Gespräch zu bezeichnen, zwischen zwei oder mehr Personen auf Basis von wertschätzendem Zuhören und authentischem und zugleich behutsamem Artikulieren der eigenen Gedanken und des eigenen Erlebens. Im Gegensatz zum häufig üblichen ›Raushauen‹ der eigenen Meinung und den fast automatisch erfolgenden verbalen Gegenschlägen in komplexen Situationen und unter Druck, nimmt man sich beim dialogischen Austausch die Zeit und den Raum zum gegenseitigen, emphatischen Zuhören.«[355]
Quelle: p4d | partnership for development GmbH, Bonn 2018

Welche **Plattformen** bieten sich nun für die **Einbindung der Mitarbeiter** und für den **direkten Dialog** mit ihnen an? Bewährt in der Praxis sind u. a. Großgruppenveranstaltungen[356], wie BarCamp[357], Open Space[358], Appreciative Inquiry Summit[359], Real-Time-Strategic-Change-Konferenz[360], Zukunftskonferenz, Fish-Bowl[361], Worldcafés[362], aber auch Workshops und »Arbeitsessen« mit dem Top-Management. Besonders wirksam

354 Vgl. z. B. Bartscher/Nissen (2017), S. 102 ff.
355 https://www.p-4-d.de/de/und-mehr/dialoge.html?acceptCookie=1; abgerufen am 20.11.2018.
356 Vgl. z. B. Hinnen/Krummenacher (2012), S. 23 ff.; vgl. auch https://organisationsberatung.net/grossgruppenmoderation-grossgruppenverfahren-vorbereitung/; abgerufen am 20.11.2018; vgl. http://www.grossgruppenmoderation.de/; abgerufen am 20.11.2018.
357 Vgl. z. B. https://www.theofel.com/barcamp/was-sind-barcamps.html; abgerufen am 20.11.2018.
358 Vgl. z. B. http://methodenpool.uni-koeln.de/openspace/open_darstellung.html; abgerufen am 20.11.2018.
359 Vgl. z. B. https://www.transformation.at/article68.htm; abgerufen am 20.11.2018.
360 Vgl. z. B. http://www.all-in-one-spirit.de/werkzeuge/rtsc.htm; abgerufen 20.11.2018.
361 Vgl. z. B. https://www.partizipation.at/fishbowl.html; abgerufen am 20.11.2018.
362 Vgl. z. B. http://www.theworldcafe.com/; abgerufen am 20.11.2018.

sind moderierte Mitarbeiterbesprechungen. Im Vordergrund sollte hier der Austausch zwischen der Führungskraft und ihren Mitarbeitern stehen. Förderlich sind aber auch abteilungsübergreifende Arbeits- und Erfahrungsaustauschgruppen, wie etwa Dragon Dreaming[363], Design Thinking und Scrum Teams. Des Weiteren eignen sich Exkursionen sowie erlebnisorientierte Ausstellungen. Mitarbeitern mit Schlüsselfunktionen sollten weiterhin regelmäßig dialogische Sonderveranstaltungen angeboten werden, wie etwa das bereits erwähnte Sounding Board, oder auch Expertenkreise, Convergent Facilitation[364] und Kamingespräche[365].

Beispiel: Future Search Conference (Zukunftskonferenz)

»Eine Zukunftskonferenz bietet sich für die Bearbeitung ›unklarer Probleme ohne Grenzen‹, für Dilemmata, komplexe Problemlagen und Strategien an. Damit ist sie zukunfts- sowie lösungsorientiert und gemeinschaftsbildend. Etwa sechzig bis achtzig TeilnehmerInnen werden ausgewählt, um die ganze Bandbreite möglicher Interessen, Erfahrungen und Perspektiven zu repräsentieren. Sie arbeiten über zwei (besser drei) Tage hinweg zusammen.

Schlüsselprinzipien

Damit diese ungewöhnlichen Ergebnisse zustande kommen können, müssen einige Schlüsselprinzipien beachtet werden:

- Die richtigen Personen müssen im Raum sein, d. h., Vertreter aus allen Sektionen des ganzen Systems,
- alle untersuchen denselben ›Elefanten‹, bevor sie einen Teil davon bearbeiten,
- die aktuelle Wirklichkeit und gemeinsame Zukunft werden erforscht,
- die Gruppen steuern sich und ihre Handlungspläne selbst,
- alle nehmen an der gesamten Konferenz durchgängig teil,
- ein Follow-Up ist die Regel.

Der Ablauf einer Zukunftskonferenz

An einer Zukunftskonferenz nehmen üblicherweise 40-80 Personen teil. Die ›Königszahl‹ sind 64 Teilnehmer: 8 Gruppen, die sich auf die involvierten Anspruchsgruppen aufteilen, zu jeweils 8 Personen, um die ganze Bandbreite möglicher Interessen, Erfahrungen und Perspektiven zu repräsentieren. Das Ziel ist immer die gemeinsame Aktion, die auf eine erwünschte Zukunft z. B. eines Unternehmens, eines Bereiches, einer Gemeinde gerichtet ist. Der Ablauf der Konferenz ist standardisiert, optimalerweise wird die Arbeitszeit von vier halben Tagen auf drei Tage verteilt. Bei dieser Reise über die ›Achterbahn‹ werden 5 Stationen durchlaufen:

- Der Blick zurück
- Der Blick in die Gegenwart
- Der Blick in die Zukunft
- Vereinbarung von Zielen
- Ausarbeitung von Maßnahmen«

---

363 Vgl. z. B. http://www.agonda.de/methoden/dragon_dreaming/dragon_dreaming.html; abgerufen am 20.11.2018.

364 Vgl. z. B. http://www.agonda.de/methoden/convergent-facilitation/convergent-facilitation.html; abgerufen am 20.11.2018.

365 Vgl. z. B. Claßen (2013), S. 254 ff.

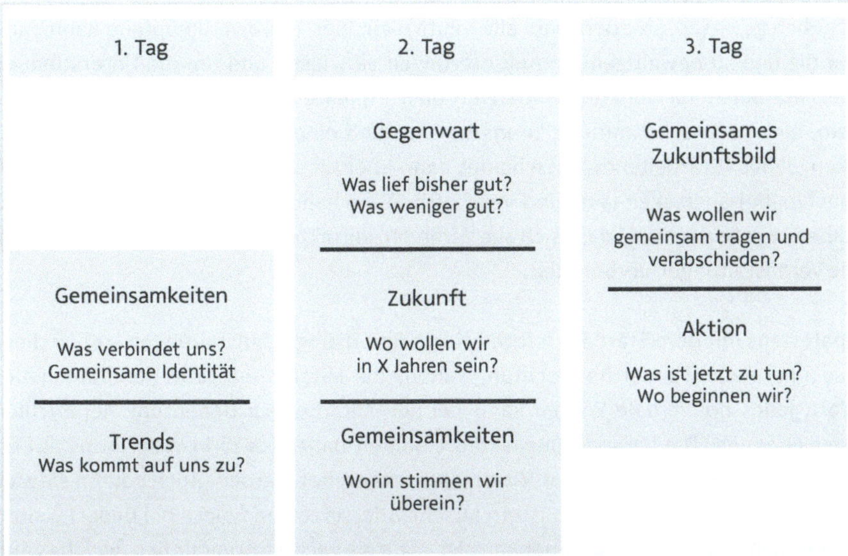

Abb. 5.12: Grob-Design Zukunftskonferenz, Bartscher (2017), S. 187 in Anlehnung an http://www.agonda.de/zukunftskonferenz/zukunftskonferenz.html; abgerufen am 20.11.2018

»Die Aufgabenstellungen einer Zukunftskonferenz sind methodisch sehr abwechslungsreich gestaltet, in der Regel wird in homogenen oder gezielt gemischten 8er Gruppen gearbeitet. Die Konzeption des Ablaufes wird treffend mit ›Die Langsamkeit der Katze vor dem Sprung‹ beschrieben. Der Weg erscheint vor allem sehr handlungsorientierten Teilnehmern anfangs oft weit und umständlich, bis sich dann plötzlich im letzten Drittel der Veranstaltung wie von Zauberhand alles aufzuklaren scheint.«
Quelle: Kolenaty (2017)[366]

Für die Mitarbeiter ist es wichtig, dass die angebotenen Dialogräume ihnen Möglichkeiten eröffnen, zu hinterfragen, zu verstehen und Einfluss zu nehmen. Darüber hinaus wollen sie erleben, dass sie in den Überlegungen der Veränderungsakteure eine Rolle spielen, dass sie gebraucht werden, dass sie anerkannt sind und dass die persönlichen Bindungen innerhalb der Betriebsgemeinschaft grundsätzlich fortbestehen können. In den Dialogveranstaltungen ist für die Mitarbeiter neben der rationalen Inhalts-/Verstehensebene damit immer auch die emotionale Beziehungsebene relevant.

Gerade langjährige Mitarbeiter erwarten, dass ihr bisheriger Einsatz für die Organisation nicht angezweifelt und diskreditiert wird. Unternehmensvertreter sollten daher auch in dialogischen Veranstaltungsformaten die Gelegenheit nutzen, den Mitarbeiten ehrlich und authentisch zu deren zurückliegenden Erfolgen zu gratulieren und diesen für ihre bisherige Leistungsbereitschaft zu danken. Denn: Wäre beides nicht

366 https://www.transformation.at/article9.htm; abgerufen am 20.11.2018.

gegeben gewesen, stünden wohl alle heute nicht hier. Hieran anknüpfend kann dann auf die neu zu bewältigenden Anforderungen verwiesen und um die Unterstützung der Mitarbeiter für konkrete Initiativen oder Projekte geworben werden. Ziel sollte sein, eine Aufbruchstimmung zu inszenieren und einen Gemeinschaftsgeist zu wecken. Jeder Mitarbeitende entscheidet dann aber für sich, inwieweit er sich hiervon (nachhaltig) anstecken lässt und Vertrauen in die handelnden Personen entwickelt. Daher ist es bedeutsam, dass sich alle Veränderungsakteure im Vorfeld umfassend auf die Veranstaltungen vorbereiten.

Spätestens mit dem Start der Informations- und Dialogveranstaltungen stehen diese quasi permanent unter Beobachtung seitens der Mitarbeiter. Jede Handlung, jedes Wort, jedes nonverbale Wirken kann bei den Mitarbeitern Bedeutung hervorrufen oder erlangen. Die Veränderungsakteure sollten daher vorab in Workshops auf erwartbare Reaktionsmuster der Mitarbeiter vorbereitet werden. Auch sollten sie sich mit ihren eigenen Reaktionsmustern auseinandersetzen und diese bei Bedarf weiterentwickeln. In diesem Zusammenhang ist es für sie wichtig zu verstehen, welches Auftreten und Agieren einen relevanten Unterschied für das jeweilige Veränderungsprojekt erzeugen kann. »Welcher Unterschied macht den Unterschied?!« Daher ist es u. a. hilfreich, dass sich die Akteure auch nochmals vertieft mit den Hypothesen aus der Diagnosephase auseinandersetzen.

Sowohl zur Vorbereitung auf den Start des konkreten Veränderungsprojektes und vor jeder einzelnen Intervention/ Maßnahme als auch für die kontinuierliche Staff-Arbeit sind klassische und agile Workshop-Formate geeignet[367]. Daneben ist auch mit Blick auf den Austausch von Erlebtem an Formate wie Kollegiale Beratung, Supervision und Coaching zu denken. Auf diese Weise erhalten die Veränderungsakteure zusätzliche Impulse, um ihre symbolische Vorbildfunktion professionell, reflektiert und authentisch ausfüllen zu können.

Um die Mitarbeitenden für den Veränderungsprozess zu gewinnen, ist es schließlich zielführend, dass die Akteure bereits im Rahmen der Informations- und Dialogveranstaltungen auf die angedachten **Unterstützungskonzepte und Unterstützungsmaßnahmen** hinweisen. Letztere sollen den Mitarbeitern u. a. signalisieren: *»Wir, die Verantwortungsträger, wollen Euch zum einen emotional und psychosozial in die Lage versetzen, die anstehenden Veränderungen zu meistern. Zum anderen sollt ihr die fachlichen und methodischen Kompetenzen erwerben, die Euch befähigen, auch weiterhin erfolgreich in der und für die Organisation tätig zu sein. Mit der Veränderung gehen natürlich auch (personal-)administrative und organisatorische Anpassungen einher. Für die entstehenden Aufwendungen, etwa ein längerer Anfahrtsweg, oder die disziplinarische*

367 Vgl. z. B.: Zirn/Allmers (2018), S. 82 ff.; vgl. auch Roehl/Eppler (2012), S. 9 ff.

Neuzuordnung, etwa eine Versetzung, haben wir in Absprache mit der Mitarbeitervertretung Lösungen entwickelt und organisiert."

Gerade im Zusammenhang mit Digitalen Transformationsprozessen verändern sich die unternehmensseitigen Anforderungen an die fachlichen, methodischen und psychosozialen Kompetenzen der Mitarbeiter in Teilen sehr umfassend. Diesbezüglich sind letztere tiefergehend verunsichert, ob sie auch in Zukunft den an sie gerichteten Erwartungen gerecht werden können. Werden daher durch das jeweilige Unternehmen umfassende und zielgenaue Qualifizierungsmaßnahmen angeboten, beruhigt das die Mitarbeiter. Ihr Vertrauen in das Veränderungsprojekt und in den eigenen Kompetenzaufbau wird befördert, wie etwa der Zukunftspakt Digitalisierung von IG Metall, Gesamtbetriebsrat und Unternehmensleitung bei der Siemens AG belegt[368].

Praxistipp: Digitale Kompetenzen im Arbeitsleben

»Digitale Kompetenz ist wesentlich fürs Lernen, Arbeiten und die Beschäftigungsfähigkeit sowie die aktive Teilnahme an der Gesellschaft. Für die Qualifikation ist es sowohl wichtig, zu wissen, worin die digitalen Kompetenzen bestehen, wie auch dabei zu helfen, diese zu entwickeln. (...) Ohne das nötige Maß an digitaler Kompetenz wird man künftig im Berufsleben nicht mehr weiterkommen. Es entstehen Jobs mit verändertem Anforderungsprofil - neue, anspruchsvolle Jobs. Für digital qualifizierte Arbeitnehmer bieten sich hervorragende berufliche Chancen. Denn diese Kompetenzen werden die wichtigsten Fähigkeiten für Arbeitnehmer werden - genauso wichtig wie Fach- oder Sozialkompetenz, die auch in Zukunft zu den Schlüsselkompetenzen zählen.
Unternehmen sind aufgefordert, den Wissensstand und die Qualifikation der Mitarbeiter um die digitale Kompetenz zu erweitern. Die Anforderungen an die Fachkräfte werden weiter steigen. Berufsbilder werden sich verändern. Nicht nur ein ständig aktuelles Wissen ist bedeutend, sondern die Wissens-Anwendung, die Innovationskompetenz sowie die praktische wirtschaftliche Umsetzung spielen zukünftig die entscheidende Rolle. Man kann sich nicht einer Aneignung von neuem Wissen verschließen, wenn man weiter am Markt bestehen möchte - sowohl als Unternehmen nicht als auch als Arbeitnehmer.«[369]
Quelle: Enterra GmbH, Schwetzingen (2018)

Hinsichtlich des Kompetenzaufbaus sind u. a. vielfältige virtuelle Lernarenen[370] geeignet, wie etwa OpenOlat, Ilias, Clio, Moodle oder etwa YouTube, MOOCs[371] und Ude-

368 Vgl. https://www.igmetall.de/siemens-zukunftspakt-vereinbart-29842.htm; abgerufen am 19.01.2019.

369 https://digcomp.enterra.de/de/digcomp-hintergrund.html; abgerufen am 28.11.2018.

370 Vgl. z. B. Breitner (2015), http://www.enzyklopaedie-der-wirtschaftsinformatik.de/lexikon/uebergreifendes/E-Learning/E-Learning-Technologie/Lernplattform/index.html; abgerufen am 21.11.2018; vgl. z. B. auch https://www.praktisch-unschlagbar.de/de/ausbildung-4-0-lernen-in-virtuellen-welten-2232.html; abgerufen am 21.11.2018.

371 Vgl. z. B. https://www.mooc-list.com/; abgerufen am 30.11.2018.

my[372], aber auch Präsenz-/Blended-Learning-Veranstaltungen on/near/off the Job[373]. Abbildung 5.13 zeigt, wie die Lernplattformen generell unterteilt werden können.

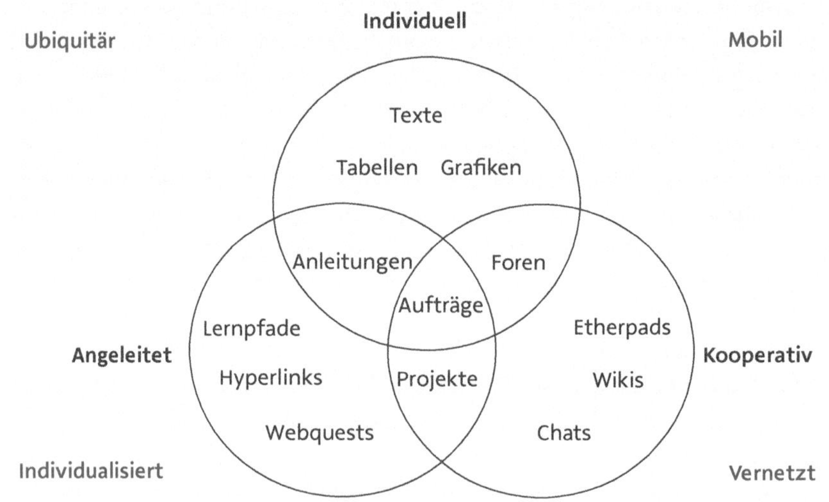

Abb. 5.13: Gestaltungsdimensionen für Lernplattformen und Lernformate, Quelle: Bartscher 2017, S. 153, in Anlehnung an Maurek (2015), S. 13; vgl. auch Bartscher/Nissen (2017), S. 468 ff.

Qualifizierungsmaßnahmen können hiernach einerseits an einem grundlegenden bzw. generischen Qualifizierungserfordernis ausgerichtet sein. Ziel ist es, den Lernenden einen thematischen Überblick bzw. notwendiges Grundlagenwissen zu vermitteln, ohne dass deren Qualifikationsstand berücksichtigt wird. Die Lerninhalte sind von den Lernenden im Laufe ihres Lernprozesses dann auf ihre konkrete Arbeits-/ Lernsituation zu transferieren. Andererseits berücksichtigen individualisierte Lernformate den Qualifikationsstand der Lernenden und sind an deren aktuellem Lernbedarf orientiert. Mobile Lernformate ermöglichen es den Lernenden Lerninhalte dann abzurufen, wenn sie diese benötigen bzw. darauf zugreifen wollen. Vernetzte Lernformate sind weniger flexibel; der Lernende muss sich vorgegebene Lernzeiten in seinen Tagesablauf einplanen. Daneben kann der Lernende sich die Lerninhalte individuell, also autodidaktisch, erarbeiten. Ebenso kann er unter Anleitung lernen, also orientiert am Vermittlungskonzept eines Dritten, oder aber kooperativ, also im Austausch mit anderen Lernenden – ggf. unter Anleitung/Begleitung eines Dritten.

372 Vgl. https://www.udemy.com/; abgerufen am 30.11.2018.

373 Vgl. z. B. https://wirtschaftslexikon.gabler.de/definition/personalentwicklung-52604; abgerufen am 21.11.2018.

Beispiel: Digitale Lernformate bei der Siemens AG

»... Digitales Lernen ermöglicht selbstgesteuerte Lernprozesse unabhängig von Raum und Zeit, individualisiert, d. h. zugeschnitten auf die spezifischen Bedürfnisse des Lernenden. Technologie spielt hier eine zunehmend wichtige Rolle. Intelligente Lernplattformen ermöglichen personalisierte Empfehlungen auf Basis künstlicher Intelligenz, mobiler Zugang auf Basis hoher Bandbreiten und virtuelle Lernumgebungen auf Basis von Virtual bzw. Augmented Reality. Somit können wir auch Zielgruppen ansprechen, die bisher schwer für uns zu erreichen waren. Beispielsweise in der Produktion haben nun die meisten Mitarbeiter ein Smartphone, die in der Vergangenheit nur eingeschränkten Zugang zu Laptops hatten. Diese Kollegen können nun über Web App auf unsere Plattformen zugreifen und können on demand Lerninhalte abrufen. Außerdem können wir über digitale Trainings Kollegen zusammenbringen, die auf der Welt verteilt sind, jedoch den gleichen Job machen. (...) Ein weiterer Vorteil könnte sein: Kollegen können problemlos in Themen/Kompetenzen hineinschnuppern, die nicht unmittelbar ihrer eigenen Jobgruppe zugeordnet sind, für die sie sich jedoch interessieren.

Lernformate

Web-based Trainings, virtuelle Kurse, ›Knowledge Challenges‹, Videos, Quiz, Podcasts etc. – die ganze Bandbreite an elektronischen Lernformaten und auch herkömmliche Formate wie Präsenztrainings sind im Einsatz. Wichtig dabei ist, dass die Formate auf die Bedürfnisse der Zielgruppe und die spezifischen Lernziele zugeschnitten sind – kurze elektronische Lernmodule mit spielerischen Elementen, intensives Üben und Experimentieren im Klassenzimmer mit Feedback von erfahrenen Coaches und natürlich Kollegen und Kolleginnen. Zunehmend wichtiger für eine erfolgreiche Umsetzung sind begleitende Elemente wie ›Social Learning‹, also der Austausch in Communities mit anderen Experten sowie Zertifizierungen als Auszeichnung und Karrierehebel.

Wir bieten verstärkt digitale Programme an, die diese unterschiedlichen Formate verknüpfen und den Kollegen somit ein umfassendes, digitales Lernerlebnis ermöglichen. Hierbei steht die ›Learner Experience‹ besonders im Fokus und wir arbeiten intensiv an der einfachen Nutzung unserer Plattformen sowie am intuitiven Aufbau der Lerninhalte. Dabei ist es besonders wichtig, das richtige Format für den jeweiligen Inhalt zu wählen.«

Quelle: Blum/Reuter (2018)[374]

Mit Blick auf die Anforderungen der Digitalen Transformation sind die Ausgangslagen der einzelnen Mitarbeiter häufig sehr unterschiedlich. Um beispielsweise entscheiden zu können, inwieweit letzteren aufgrund deren Vorwissens bereits eher individuelle Lernformate angeboten werden können, oder ob sich aufgrund deren Status als Einsteiger zunächst eher ubiquitäre Lerninhalte empfehlen, ist eine Analyse deren aktuellen digitalen Qualifizierungsstandes notwendig.

---

374 Blum/Reuter (2018), https://www.management-circle.de/blog/digital-vernetzt-virtuell-darum-hat-sich-das-lernen-veraendert/; abgerufen am 21.11.2018; vgl. auch z. B. https://www.aspekteins.com/virtuelles-lernen-aus-und-weiterbildung-im-kundenservice-mit-virtual-reality/; abgerufen am 21.11.2018; vgl. http://digitalisierung-bildung.de/2018/05/14/virtual-reality-learning-zeit-fuer-didaktische-konzepte/; abgerufen am 21.11.2018.

Die jeweiligen Förderbedarfe können etwa anhand des Europäischen Referenzrahmens für digitale Kompetenzen (European Digital Competence Framework for Citizens) ermittelt werden[375]. Das Framework unterscheidet zunächst fünf Kompetenzfelder: (1) Umgang mit Informationen und Daten, (2) Kommunikation und Zusammenarbeit, (3) Erzeugen digitaler Inhalte, (4) Sicherheit und (5) Problem lösen.

Beispiel: Die Kompetenzbereiche des European Digital Competence Framework for Citizens (DigComp 2.1)

Der DigComp 2.1 unterscheidet 5 Kompetenzfelder, denen 21 Einzelkompetenzen zugeordnet sind.[376]

	Kompetenzfelder	Kompetenzen
1	Umgang mit Informationen und Daten	1.1 Recherche, Suche und Filterung von Daten, Informationen und digitalen Inhalten 1.2 Auswertung von Daten, Informationen und digitalen Inhalten 1.3 Verwaltung von Daten, Informationen und digitalen Inhalten
2	Kommunikation und Zusammenarbeit	2.1 Interaktion mittels digitaler Technologien 2.2 Austausch mittels digitaler Technologien 2.3 Mitarbeiterengagement mittels digitaler Technologien 2.4 Zusammenarbeit mittels digitaler Technologien 2.5 Netiquette 2.6 Verwaltung der digitalen Identität
3	Erzeugen digitaler Inhalte	3.1 Entwicklung von digitalen Inhalten 3.2 Integration und Neuausarbeitung von digitalen Inhalten 3.3 Copyright und Lizenzen 3.4 Programmierung
4	Sicherheit	4.1 Schutz von Geräten 4.2 Schutz von personenbezogenen Daten und der Privatsphäre 4.3 Schutz von Gesundheit und Wohlbefinden 4.4 Schutz der Umwelt
5	Problem lösen	5.1 Lösung technischer Probleme 5.2 Ermittlung von Bedürfnissen und technischen Rückmeldungen 5.3 Kreativer Gebrauch von digitalen Technologien 5.4 Identifizierung digitaler Kompetenzlücken

Abb. 5.14: Kompetenzbereiche des DigComp 2.1; Quelle: Wissenschaftszentrum der Europäischen Kommission (2017)

375 Vgl. https://ec.europa.eu/jrc/en/publication/eur-scientific-and-technical-research-reports/digcomp-20-digital-competence-framework-citizens-update-phase-1-conceptual-reference-model; abgerufen am 30.11.2018; vgl. auch https://www.jisc.ac.uk/guides/developing-digital-literacies; abgerufen am 30.11.2018.

376 O.V., Wissenschaftszentrum der Europäischen Kommission (2017), https://ec.europa.eu/jrc/en/digcomp/digital-competence-framework; abgerufen am 02.12.2018.

Die 21 Einzelkompetenzen werden je nach Aufgabenkomplexität, Selbstständigkeit bei der Aufgabenerledigung (Autonomie) und kognitiver Anforderung über acht Kompetenzstufen abgestuft. Sie sind an den Europäischen Qualifikationsrahmen (EQR) angepasst und damit auch auf den Deutschen Qualifikationsrahmen (DQR) übertragbar. Auf dem DigComp 2.1 setzen nun unterschiedliche Evaluationstools auf, wie etwa Skillage[377], IKANOS[378], oder Europass CV[379]. Deren Ziel es ist, den Probanden eine individuelle Standortbestimmung zu ermöglichen. Ebenso sind sie für Benchmarking-Projekte innerhalb von Organisationen geeignet. Insoweit sind auch Vergleichsuntersuchungen auf Abteilungs- und Unternehmensebene gestaltbar, auf deren Basis dann geeignete Qualifizierungsmaßnahmen abgeleitet werden können.

Bereits in der Praxis bewährte Tools sind das »The Digital Competency Wheel«[380] und der sog. Digital Competence Check (DCC), der vom Fraunhofer-IGD zusammen mit Unternehmen entwickelt worden ist. Dessen Ergebnisse »... lassen sich organisationsweit vergleichen und ermöglichen so ein Benchmarking auf Abteilungs- und Organisationsebene. Der Digital Competence Check deckt dazu auf den Ebenen Mindset, Skillset und Toolset die Ansatzpunkte und individuelle Entwicklungspotenziale auf. Er analysiert die erfolgskritischen Schlüsselkompetenzen, um gezielt die digitalen Kompetenzen zu identifizieren und zu qualifizieren, die die Mitarbeiter und die Organisation für die erfolgreiche Bewältigung des digitalen Wandels benötigen. Darauf basierend können Seminare und Workshops optimal am individuellen Förderungsbedarf der Mitarbeiter bzw. Organisation ausgerichtet werden«[381].

Schließlich sind mit Veränderungsprozessen auch eine Vielzahl (personal-)administrativer Folgeaufgaben verbunden. Zu denken ist beispielsweise an das Überarbeiten der Organisationscharts, das Zuordnen von Personen zu neuen Organisationseinheiten im ERP-System, das Erstellen von Zwischenzeugnissen.

Ebenso sind ggf. vorzubereiten:

- Versetzungen/Umgruppierungen nach §§ 99, 102 BetrVG,
- Änderungskündigungen,
- Aufhebungsverträge oder auch
- betriebsbedingte Kündigungen.

377 Vgl. https://all-digital.org/wp-content/uploads/2016/01/Skillage-report-2012-2015_oct2015-final.pdf; abgerufen am 01.12.2018.
378 Vgl. http://www.ikanos.eus/; abgerufen am 01.12.2018.
379 Vgl. https://europass.cedefop.europa.eu/de/resources/digital-competences; abgerufen am 01.12.2018.
380 Vgl. https://digital-competence.eu/; aufgerufen am 01.11.2018.
381 Vgl. https://www.forum-did.de/themen/digcomp/; abgerufen am 01.12.2018.

Jedes der anstehenden Maßnahmenpakete sollte bereits im Vorfeld – etwa anhand von Checklisten – professionell durchdacht und vorbereitet werden. Auch die Durchführungskapazitäten sollten gewährleistet sein.

Aufgaben	Was ist zu tun?
Arbeitsvertraglicher Versetzungsbegriff	**Zuweisung** • einer anderen Beschäftigung, • eines anderen Aufgabenbereichs oder • eines anderen Arbeitsorts. **Ausnahmen:** • Bagatellfälle • kurzfristige Zuweisung
Voraussetzungen für eine Versetzung	• Zustimmung des Arbeitnehmers **Ausnahmen:** • Möglichkeit der Versetzung in Arbeitsvertrag vorgesehen • Art der Tätigkeit bringt Versetzung mit sich • Arbeitnehmer ist für größere Bandbreite von Tätigkeiten eingestellt • Einhalten billigen Ermessens i. S. d. § 315 BGB • Soweit keine Zustimmung und keine Ausnahme: Änderungskündigung erforderlich
Unterrichtung des Arbeitnehmers	• Rechtzeitige Information gemäß §§ 81 Abs. 1 und 2 BetrVG
Beteiligung des Betriebsrats	• Vorliegen des Mitbestimmungsrechts gemäß § 99 Abs. 1 BetrVG **Voraussetzung:** • Betrieb mit mehr als 20 Arbeitnehmern • Betriebsverfassungsrechtliche Versetzung: • Zuweisung eines anderen Arbeitsbereichs • Zuweisung für die voraussichtliche Dauer von mind. 1 Monat • Erhebliche Änderung der Arbeitsumstände • Rechtzeitige und umfassende Information des Betriebsrats • Zustimmung des Betriebsrats bzw. Verstreichenlassen der Wochenfrist • Widerspruch des Betriebsrats (§ 99 Abs. 2 BetrVG) • Binnen einer Woche • Schriftliche Begründung • Arbeitgeber muss Antrag auf Zustimmungsersetzung beim Arbeitsgericht stellen (§ 99 Abs. 4 BetrVG) • Versetzung nur möglich, wenn Arbeitsgericht Zustimmung ersetzt

Abb. 5.15: Checkliste Versetzung; https://www.betriebsrat.com/checkliste/129/64521/versetzung; abgerufen am 02.12.2018

Fazit

Über gut durchdachte und detailliert ausgearbeitete Unterstützungskonzepte und Unterstützungsmaßnahmen kann den Mitarbeitenden einerseits Professionalität und andererseits Zuversicht mit Blick auf den Veränderungsprozess vermittelt werden. Die Wahrscheinlichkeit wächst damit, dass die Mitarbeiter Vertrauen in die handelnden Personen entwickeln. Ebenso sehen sie sich motiviert, ihren eigenen Kompetenzrahmen auszuweiten. Für uns Personaler bedeutet dies u. a., dass wir als kompetenter und verlässlicher Prozessbegleiter und Prozessgestalter für (digitale) Transformationsprojekte zunehmend akzeptiert werden. Wir können Überblick demonstrieren und Orientierung geben. Schließlich zählen die (personal-)administrativen Aufgaben zu den sog. Hygienefaktoren nach Herzberg. Stellen wir diesbezüglich einen ergebnisorientierten und robusten Prozessverlauf sicher, leisten wir somit einen nicht unwesentlichen Beitrag zur NICHT-Unzufriedenheit der Belegschaft[382].

5.5 Evaluationsformate

Evaluieren bedeutet bewerten. Für Ihr Veränderungsvorhaben bedeutet dies, dass die erfolgreiche Umsetzung Ihres Veränderungsprojektes einer Bewertung unterzogen wird. Hierbei können unterschiedliche Herangehensweisen vollzogen werden. Zunächst einmal werden Sie selbst Ihr Veränderungsprojekt evaluieren, also einen Abgleich zwischen dem Geforderten und dem Erreichten erstellen. Diesen Vorgang bezeichnet man auch als Selbstevaluation. Daneben steht die Fremdevaluation oder auch externe Evaluation, die i.d.R. durch einen Fachexperten vorgenommen wird. Ob und inwieweit wissenschaftliche Studien erforderlich und hilfreich für Evaluierungszwecke sind, hängt maßgeblich von der thematischen Ausgestaltung Ihres Veränderungsprojektes ab.

Die Evaluation beschreibt »... fünf grundsätzliche Funktionen:

1. Evaluation dient der Gewinnung von Erkenntnissen über die Maßnahme.
2. Sie soll eine selbstkritische Reflexion dieser Erkenntnisse und einen Dialog darüber anregen.
3. Dadurch gibt sie Impulse für die Planung und Steuerung und kann die weitere Projektarbeit im Sinne einer Qualitätsentwicklung positiv beeinflussen.
4. Und schließlich soll sie als Erfolgskontrolle die Ergebnisse der Intervention auch nach vorher festgelegten Maßstäben überprüfen.
5. Hierdurch wird im Unternehmen Akzeptanz geschaffen und die Maßnahme wird legitimiert«[383].

Zudem wird noch zwischen formativer und summativer Evaluation unterschieden. Für die Evaluation Ihres Veränderungsprojektes sind beide Vorgehensweisen relevant. Die

382 Vgl. z. B. Bartscher/Nissen (2017), S. 88 ff.
383 Gairing (2017), in Anlehnung an Stockmann/Meyer (2014).

formative Evaluation betrachtet die Bewertung und Verbesserung eines Prozesses im Laufe Ihres Veränderungsprojektes. Hierbei werden die von Ihnen eingesetzten methodischen Instrumente und Herangehensweisen betrachtet, die im Projektverlauf auf Ihre Prozesse eingewirkt haben.

Die summative Evaluation wird nach Abschluss des Prozesses zur Bewertung herangezogen. Es wird also das Erreichen des im Vorfeld festgelegten Zieles betrachtet. Und hier kommen wir wieder auf unseren Einstieg in die Change-Tools zurück. Je konkreter Sie Ihre Zielvorgaben im Sinne einer Auftragsklärung formulieren und je genauer Sie in einem Kontrakt die Aufgabenstellung Ihres Veränderungsvorhabens mit Ihrem Auftraggeber festlegen, desto besser können Sie nach Abschluss Ihres Projektes das Erreichte evaluieren und eine Aussage zur Effektivität tätigen. Neben der inhaltlichen Zielerreichung wird auch die zeitliche Komponente sowie die Einhaltung eines vorgegebenen Budgets betrachtet.

Wie sieht er nun aus, der von Ihnen initiierte Evaluationsprozess?
Für die Evaluation Ihres Veränderungsprojektes nutzen Sie am besten Checklisten[384]. Diese gibt es zuhauf im Internet, allerdings ist es empfehlenswert, dass Sie sich Ihre eigenen Listen an Hand Ihrer individuellen Anforderungen zusammenstellen[385]. Wir haben Ihnen nachfolgend eine beispielhafte Darstellung[386] aufgeführt. An dieser können Sie sich orientieren und Ihre eigene Evaluationscheckliste erstellen.

Beispiel: Checkliste für die Erstellung von Checklisten

1. Fokussieren Sie die Aufgabe, der die Checkliste dienen soll	
☐	Definieren Sie das Evaluationsfeld von Interesse
☐	Definieren Sie den vorgesehenen Verwendungszweck der Checkliste
☐	Reflektieren Sie über und stützen Sie sich auf einschlägiges Wissen und Erfahrung
☐	Ziehen Sie relevante Literatur heran
☐	Nehmen Sie Kontakt zu Experten/Expertinnen im Evaluationsfeld auf
☐	Klären und begründen Sie die Kriterien, welche die Checkliste erfüllen soll (z. B. Richtigkeit, Vollständigkeit, Klarheit, Konkretheit, Benutzerfreundlichkeit, Sparsamkeit, Anwendbarkeit auf die gesamte Palette der Verwendungszwecke und Fairness

384 Weitere Evaluationsformate können sein: Mitarbeiterbefragungen in Form von Feedbackbögen oder Ergebnispräsentationen vor Großgruppen, in denen die bislang erzielten Ergebnisse eines Projektes dargelegt, besprochen und bewertet werden.

385 Vgl. z. B. Wolff (2018) https://www.degeval.org/fileadmin/jahrestagung/Dresden_2018/Dokumentation/Block_C/Session_C6_Jutta_Wolff_Begrenzungen_Voraussetzunge_quasi-experimentelles_Design.pdf; abgerufen am 14.12.2018.

386 Beywl/Klockgether (2014), http://www.univation.org/download/01checkliste_entwicklungcl.pdf; abgerufen am 12.12.2018.

2.	Machen Sie eine Entwurfsliste mit Checkpunkten
☐	Listen Sie Deskriptoren für bereits etablierte Bewertungskriterien auf
☐	Definieren Sie jeden der ursprünglichen Checkpunkte kurz
☐	Erstellen Sie für die Checkpunkte Deskriptoren, welche relevant sind, um für das Evaluationsfeld eine brauchbare Definition auszuarbeiten
☐	Stellen Sie Definitionen für jeden hinzugefügten Deskriptor zur Verfügung
3.	Klassifizieren und sortieren Sie die Checkpunkte
☐	Schreiben Sie jeden Deskriptor und jede Definition auf eine separate C6 Karte (11,4 x 16,2 cm)
☐	Sortieren Sie die Karten nach Kategorien
☐	Identifizieren Sie die Hauptkandidaten für Kategorien und benennen Sie die einzelnen Kategorien
4.	Definieren Sie die Kategorien und arbeiten Sie sich aus
☐	Definieren Sie jede Kategorie und ihre wichtigsten Konzepte und Begriffe
☐	Schreiben Sie eine Begründung für jede Kategorie
☐	Geben Sie relevante Warnungen vor Übereifer bei der Anwendung des Checkpunktes
☐	Überarbeiten Sie die Checkpunkte in jeder Kategorie in Bezug auf Vollständigkeit, Klarheit und Sparsamkeit
☐	Fügen Sie Checkpunkte hinzu, streichen Sie und redigieren Sie, wo es angebracht erscheint
5.	Bestimmen Sie die Abfolge der Kategorien
☐	Entscheiden Sie, ob die Reihenfolge wichtig ist für die vorgesehene Verwendung der Checkliste
☐	Wenn ja, schreiben Sie eine Begründung für die bevorzugte Reihenfolge
☐	Bringen Sie die Kategorien in eine Reihenfolge
6.	Holen Sie erste Rückmeldungen zur Checkliste ein
☐	Bereiten Sie eine Review-Version der Checkliste vor
☐	Fordern Sie potenzielle Nutzende auf, die Checkliste zu überprüfen und zu kritisieren
☐	Interviewen Sie die Kritiker/Kritikerinnen, um ein vertieftes Verständnis ihrer Anliegen und Anregungen zu gewinnen
☐	Listen Sie die Fragen auf, welche Aufmerksamkeit erfordern
7.	Überarbeiten Sie die Checkliste
☐	Prüfen und entscheiden Sie, wie die identifizierten Probleme anzugehen sind
☐	Schreiben Sie die Checkliste um

8. Gestalten Sie die Checkliste und richten Sie sie so aus, dass sie den vorgesehenen Nutzungen dient	
☐	Bestimmen Sie gemeinsam mit potenziellen Nutzenden, ob Kategorie-Scores und/oder Gesamtwertungen benötigt oder gewünscht werden
☐	Bestimmen Sie mit Nutzenden, welche Bedürfnisse bezüglich unterschiedlicher Gewichtung von Kategorien und/oder einzelner Checkpunkte existieren
☐	Bestimmen Sie mit Nutzenden die Checkpunkte oder Kategorien von Checkpunkten, welche für ein befriedigendes Ergebnis gemäß der Gesamtcheckliste erfüllt sein müssen
☐	Bestimmen Sie mit Nutzenden, welche Bedürfnisse sie bezüglich der Darstellungsweise der Checklisten-Ergebnisse haben
☐	Gestalten Sie die Checkliste auf der Grundlage der Feststellungen oben
9. Evaluieren Sie die Checkliste	
☐	Holen Sie Rückmeldungen zur Checkliste von vorgesehenen Nutzenden und einschlägigen Experten/Expertinnen ein
☐	Fordern Sie vorgesehene Nutzende auf, die Checkliste im Feld zu testen
☐	Beurteilen Sie generell, ob die Checkliste die Anforderungen der Richtigkeit, Vollständigkeit, Klarheit, Anwendbarkeit auf die gesamte Palette der Verwendungszwecke, Konkretheit, Sparsamkeit, Benutzerfreundlichkeit und Fairness erfüllt
10. Finalisieren Sie die Checkliste	
☐	Arbeiten Sie systematisch die Rückmeldungen und Feldtestergebnisse durch
☐	Drucken Sie die finalisierte Checkliste
11. Wenden Sie die Checkliste an und verbreiten Sie sie	
☐	Nutzen Sie die Checkliste entsprechend ihrer vorgesehenen Verwendung
☐	Stellen Sie die Checkliste über Medien wie Fachzeitschriften, Internetseiten usw. zur Verfügung
☐	Bitten Sie die Nutzenden um Feedback
12. Überprüfen und überarbeiten Sie die Checkliste regelmäßig	
☐	Verwenden Sie jegliches verfügbare Feedback zur Überprüfung und Verbesserung der Checkliste in angemessenen Zeitabständen

Abb. 5.16: Checkliste zur Entwicklung von Checklisten nach Beywl/Klockgether (2014)

Ferner bietet sich eine Evaluation angelehnt an das CIPP-Modell[387] an. Ziel dieses Modells ist es, Sie oder auch einen externen Fachexperten über relevante Fragestellungen eine Bewertung Ihres Projektes vornehmen zu lassen. Das CIPP-Modell besteht aus vier Phasen, die entsprechend dem Akronym die Evaluation des Kontextes (C), des Inputs (I), des Prozesses (P) und des Produkts (P) zum Gegenstand haben.

387 Vgl. Stufflebeam/Shinkfield (2007), 187 ff.

Die einzelnen Phasen beschreiben folgende Ziele:

- Die Kontextevaluation (C) stellt die Frage: »Was muss getan werden?« Sie dient der Zielfindung, darüber hinaus auch der Klärung der Bedarfe, Ressourcen und Problemstellungen. Es wird festgelegt, wer Nutzen aus dem Veränderungsvorhaben gewinnt, wer also von dem Projekt profitiert. Hilfreich können hierfür z. B. Stakeholder-Analysen sein. Die Ergebnisse der Kontextevaluation sorgen dafür, die formulierten Ziele des Veränderungsvorhabens zu verstehen und entsprechend zu bewerten.
- Die Inputevaluation (I) richtet sich auf die Frage: »Wie muss es getan werden?« Sie beschreibt die Bewertung von gewählten Strategien oder konzeptionellen Verfahrensalternativen. Betrachtet wird hierbei auch der Ressourceneinsatz, z. B., wenn es ein vorgegebenes Budget gab oder wenn während der Projektlaufzeit auf Mitarbeiterkapazitäten zurückgegriffen wurde. Auch methodisches Vorgehen kann Evaluationsgegenstand sein. Ergebnis der Inputevaluation kann sein, dass die genutzten Vorgehensweisen analysiert werden, um daraus für zukünftige Projekte Erfahrungslernen zu generieren, wie etwa hinsichtlich der Auswahl von internen Projektleitern, Change Agents oder von externen Beratern[388].
- Die Prozessevaluation (P) fragt: »Wurde das Programm/das Verfahren wie vorgesehen umgesetzt?« Sie betrachtet den Projektablauf und den Projektverlauf, um ihn gegen die Erwartung an das Projekt zu spiegeln. Die Prozessevaluation kann auch im laufenden Projekt eingesetzt werden, um frühzeitig eine nicht gewünschte Abweichung zu erkennen und kurzfristig gegensteuern. Im Ergebnis der Prozessevaluation sollen Erkenntnisse aus dem Verlauf des Projektes gewonnen werden, die auch zukünftige Projekte nutzen.
- Die Produkt-/Projektevaluation (P) stellt die Frage nach dem Erfolg des Veränderungsvorhabens: »Führt das Projekt zum Erfolg?« Hierbei werden vier unterschiedliche Teilaspekte – Einfluss, Effektivität, Nachhaltigkeit und Transfer – betrachtet, die Aussagen zum Erfolg bewerten sollen. Zunächst stellt der Aspekt des Einflusses sicher, dass auch die richtigen Adressaten durch das Veränderungsvorhaben erreicht wurden. Die Effektivität gibt Aussagen darüber, ob die Wirkung der Maßnahme Einfluss auf die Zielgruppe hatte. Für die Nachhaltigkeit steht eine längere Betrachtung im Vordergrund. Hierbei wird geprüft, ob das Ergebnis des Projektes auch längerfristige Wirkungen hat. Bei dem Teilaspekt des Transfers geht es um eine Übertragbarkeit in den Arbeitsalltag der von dem Veränderungsvorhaben Betroffenen. Im Ergebnis gibt also die Produktevaluation darüber Auskunft, ob das Projekt in Gänze erfolgreich war, Einfluss auf die gewünschte Zielgruppe hatte, die erreichten Ziele Wirkung entfalten und zwar über einen längeren Zeitraum hinweg und das Ergebnis in den Alltag integriert werden kann.

388 Vgl. z. B. Weiand (2016), S. 26.

Praxistipp: CIPP-Evaluationen

CIPP-Evaluationen sollen auf expliziten Vereinbarungen mit den Auftraggebenden basieren; diese sollen aktualisiert werden, wenn nötig, und zwar über die ganze Evaluation hinweg. Kernbestandteile der CIPP-Evaluationen sind gemäß diesem Modell: Evaluation des Kontextes (C), des Inputs (I), der Prozesse (P) sowie der Produkte (P), also das Ergebnis[389].
Hier schließen sich die vier zentralen Fragen an:

- Was muss getan werden?
- Wie soll es getan werden?
- Ist es so getan worden?
- Führt es zum Erfolg?

Die Gesellschaft für Evaluation e.V. (DeGEval) aktualisiert regelmäßig die Anforderungen, die an eine solide Ergebnisevaluation zu stellen sind. Zentrale Kriterien sind hierbei: Nützlichkeit, Durchführbarkeit, Fairness und Genauigkeit[390]. Diese Hinweise sollten Sie bei der Entwicklung Ihres Evaluationskonzeptes beachten und einfließen lassen.

Bedeutsam ist schließlich die Präsentation der Evaluationsergebnisse. So sollten u. a. im Berichtstext Fakten und Analyse nachvollziehbar getrennt sein. Zunächst sind Fakten, Sachverhalte oder die Ergebnisse einer Datenauswertung darzulegen. Getrennt hiervon erfolgt dann die Interpretation dieser und die darauf aufbauende Hypothesenbildung bzw. Bewertung[391].

Fazit

Eine solide durchgeführte Evaluation ermöglicht einerseits, dass Erfolge im Rahmen des Veränderungsprojektes gesehen und wertgeschätzt werden. Anderseits kann die Evaluation Schwächen oder unpassende Vorgehensweisen im Prozess aufdecken und helfen, dieses zukünftig zu vermeiden.
Bedenken Sie bitte: Auch während der Laufzeit Ihres Veränderungsprojektes können Evaluationen durchgeführt werden. Diese bergen die Chance, frühzeitig negative, unerwünschte Abweichungen festzustellen und adäquat gegenzusteuern. Das könnte hilfreich für den weiteren, positiven Verlauf des Projektes sein.

389 Beywl/Klockgether (2014), http://www.univation.org/download/01checkliste_entwicklungcl.pdf; abgerufen am 12.12.2018.

390 https://www.degeval.org/degeval-standards-alt/kurzfassung/; abgerufen am 15.12.2018; vgl. auch http://www.univation.org/evaluationsstandards; abgerufen am 15.12.2018.

391 Vgl. z. B. Caspari (2014), S. 88 ff., https://www.giz.de/de/downloads/giz2010-de-meta-evaluation-synthese-lernen-aus-evaluierungen.pdf, abgerufen am 15.12.2018; vgl. auch Farrokhzad/Mäder (2014), S. 84 ff.

6 Ausblick: HR als Berater und Mitgestalter – Haltung in Veränderungsprozessen

Eines hat der Streifzug durch das Change-Management für Personaler deutlich gemacht: Ein »Weiter so!« wird es nicht geben. Wir werden morgen sicher nicht mehr so arbeiten können, wie wir es heute noch tun. Die Veränderungszyklen beschleunigen sich und es obliegt uns Personalern zu entscheiden, welchen Beitrag wir in welcher Form zu leisten bereit sind. Wenn wir von den anderen Akteuren im Personalmanagement als Gestalter und nicht als Verwalter wahrgenommen werden wollen, müssen wir uns dieser Verantwortung bewusst sein und uns dieser auch stellen. Das bedeutet folglich, sich gegebenenfalls von liebgewonnenen und geschätzten Gewohnheiten zu verabschieden, Handlungen und Haltungen auf den Prüfstand zu stellen und Aktionsstrategien daraus abzuleiten.

Dass sich die Arbeitswelt um uns herum verändern wird, haben wir an unterschiedlichen Beispielsfeldern aufgezeigt. Ein wichtiges Aktionsfeld ist und bleibt die Unternehmenskultur. Diese gilt es an zukünftigen Bedarfen auszurichten. Über eine lange Zeit wurde eine Kultur der Machterhaltung gelebt, die in stark hierarchisch orientierten Strukturen ihren Niederschlag fand. Zukünftige Modelle sehen aber eher flache Hierarchien und liquide Strukturen vor. Die Eigenverantwortlichkeit und Befähigung der Mitarbeiter wird auch künftig einen immer größeren Stellenwert einnehmen. Lebenslanges Lernen gewinnt immer mehr an Bedeutung und auch hierfür sind wir aufgefordert, innovative Lösungen anzubieten! Damit verändert sich auch die Rolle der Führungskräfte. Sie werden zukünftig weniger direktiv agieren, sondern als Berater und Coach ihrer Mitarbeiter fungieren. Motivationsförderndes und bestärkendes Verhalten der Führungskräfte kann und sollte über Personalentwicklungsmaßnahmen begleitet werden. Denn schlussendlich sind die Führungskräfte die ersten Personalentwickler ihren Mitarbeitern gegenüber.

Wir als Personaler sind hier gefordert, die Führungskräfte mit unserer Expertise zu unterstützen und zu begleiten. Nur wenn wir die Führungskräfte solide anleiten und ausbilden, können diese als Multiplikatoren den Weiterentwicklungsgedanken voranbringen, vorleben und ihre Mitarbeiter für einen weiteren Kompetenzaufbau begeistern. Und die Begeisterung ist es, die Veränderungen erfolgreich werden lässt!

Für uns Personaler bedeutet dies zunächst einmal, das Erkennen und Benennen von Veränderungen zu formulieren und diese dann im Sinne der Organisation zu betreiben. Wir haben hier insbesondere gesehen, inwieweit die ständig zunehmende Digitalisierung auf die Arbeitsplätze, die Arbeitsumgebung und nicht zuletzt auf jeden einzelnen Mitarbeiter einwirkt.

Schwerpunkt Gesunderhaltung

Für Personaler wird ein weiterer wichtiger Schwerpunkt auf der Gesunderhaltung der Mitarbeiter liegen. Wir können die gesundheitlichen Folgewirkungen, die die anstehenden Veränderungen, insbesondere im Rahmen von Digitalisierungsprojekten, mit sich bringen, heute noch gar nicht in vollem Umfang absehen. Das betriebliche Gesundheitsmanagement wird eine neue Entwicklungsstufe erreichen.

Die persönliche Digital Health Literacy – also die eigene digitale Gesundheitskompetenz – eines jeden einzelnen Mitarbeiters wird zukünftig in einem deutlich stärkeren Ausmaß zunehmen. Die Informationsbeschaffung zum Thema Gesundheit, Gesunderhaltung, aber auch Krankheit und dessen Folgewirkungen wird weiter durch die Digitalisierung vereinfacht. Die Frage wird dann nur sein, in welcher Form mit den gesundheitsbezogenen Informationen umgegangen wird, wie diese also bewertet werden und welche Konsequenzen aus der Bewertung erwachsen.

Was verstehen wir unter Digital Health Literacy?

Es gibt in der Literatur diesbezüglich keine einheitliche Definition. Daher geben wir zunächst folgende Definition vor, von der wir allerdings schon heute wissen, dass diese in nächster Zeit und in Abhängigkeit weiteren technologischen Fortschrittes sicher weiter angepasst und akzentuiert werden muss.

Definition: Digital Health Literacy – Digitale Gesundheitskompetenz

Die digitale Gesundheitskompetenz beschreibt die Kompetenz, vorhandene digitale Techniken zu nutzen, um die eigene Gesundheit zu verbessern, zu erhalten oder wiederzuerlangen.[392]

Das bedeutet, das Bewusstsein und die Kompetenz des Einzelnen hinsichtlich der eigenen Gesundheitsanforderungen, und damit verbunden auch der Ansprüche an die Organisation, werden zunehmen. Gesundheitskompetente und gesundheitsinformierte Mitarbeiter werden zukünftig verstärkt ihre gesundheitsbefördernden Ansprüche an ihren Arbeitsplatz und damit gegenüber ihrem Arbeitgeber deutlich artikulieren. Wollen wir auch weiterhin als attraktiver Arbeitgeber mit entsprechenden Arbeitsplätzen wahrgenommen werden, müssen wir verstärkt ein Augenmerk auf die Gestaltung der Arbeitsbedingungen haben. Wie kann das gehen? Welche Angebote müssen seitens der Arbeitgeber gemacht werden? Diese Fragen gilt es zu beantworten. Somit obliegt es uns Personalern hier im Vorgriff, sinnvolle Strategien zum Ausbau des betrieblichen Gesundheitsmanagements zu entwickeln und Antworten auf Fragen zu finden, die zukünftig gestellt werden.

392 Bartscher/Nissen (2017), unveröffentlichtes Manuskript, Norderstedt 2017.

Entscheidend bleibt für die erfolgreiche Veränderung ein weiterer Auf- und Ausbau der Veränderungskompetenz aller beteiligten Akteure. Unter Berücksichtigung der diskutierten Handlungsfolge in der Organisationsentwicklung heißt das noch einmal kurz dargestellt:

Keine Maßnahme ohne vorherige Analyse, Diagnose und Ableitung/Planung einer Vorgehensarchitektur!

In diesem Vorgehen liegen die konkreten Handlungsoptionen für uns Personaler. Als Vorbereiter, Begleiter und Betreiber von Veränderungsprozessen sehen wir uns mit einer der größten Herausforderungen, der Gestaltung der Vorgehensarchitektur, konfrontiert. Ein Mensch alleine wird diese komplexe Architektur nur schwerlich bewerkstelligen können, also mit Leben und Erleben befüllen können.

Für eine erfolgreiche Implementierung werden folglich Mitakteure gebraucht, die die Veränderungsidee und Veränderungsnotwendigkeit unterstützen und befördern. Nur mit geeigneten vertrauensbildenden Kommunikationsstrategien lässt sich das Veränderungsvorhaben erfolgreich realisieren. Nutzen Sie die formellen, aber auch die informellen Informationskanäle Ihrer Organisation, um Transparenz im Veränderungsprozess zu leben. Eingeführte und solide strukturierte Reflexions- und Evaluationsrunden bestärken zusätzlich das Vertrauen in Ihren Veränderungsprozess. Durch derart gestaltete Runden erfahren die Betroffenen Beteiligungsmöglichkeiten und Mitgestaltungsoptionen, die ein Bekenntnis zu dem Veränderungsprozess bekräftigen.

Dass die Digitalisierung zu tiefgreifenden Strukturbrüchen führen wird, ist von niemandem mehr zu übersehen. Die Augmentationsdiskussion nach Davenport/Kirby (2016) findet in der breiten Öffentlichkeit zunehmend Beachtung. Die Forderung nach einer verstärkten Bewusstmachung, dass Menschen digitale Maschinen zunehmend nutzen, um sich auf ihre, ihnen eigene Stärken konzentrieren zu können, wird dabei immer lauter. Hier setzen wieder die Handlungsmöglichkeiten für uns Personaler an. Die Kompetenzen der Mitarbeiter müssen an die Anforderungsprofile in der digitalisierten Arbeitswelt angepasst werden. Dies ist eine originäre Aufgabe der Personalentwicklung!

Digital Literacy – Digitalkompetenz – gilt es auf- und auszubauen und an die Erfordernisse der Arbeitswelt anzupassen. Mit Hilfe und Unterstützung der Arbeitgeber können entsprechend benötigte Qualifikationsstrukturen aufgebaut werden, die die Kernbelegschaft dann in ihrem Wirken befähigt und für zukünftige Entwicklungen vorbereitet.

In den dargestellten zentralen Kompetenz- und Gestaltungsfeldern haben wir deutlich gemacht, an welchen Stellen ein stärkeres Einbringen des Personalmanagements von Nöten sein wird. Insbesondere birgt die Personalkapazitätsplanung im Transformationsprozess die Chance, durch ein vorausschauendes Planungsverhalten die tatsächlich benötigten Kapazitäten zu erfassen und hierdurch eine Kostenoptimierung zu erzielen. Andererseits haben wir aber auch aufgezeigt, dass die Vermittlung der Notwendigkeit von Personalanpassungen eine klare Führungsaufgabe der Vorgesetzten ist. Diese Führungskräfte zu begleiten und gut vorzubereiten wiederum ist Aufgabe der Personaler. Hierbei können wir eine Stärkung der Wahrnehmung von uns Personalern als Berater durch exzellente Beratungsleistung befördern. Ziel muss es sein, dass unsere Expertise an dieser Stelle von den betroffenen Akteuren erkannt, anerkannt und aktiv nachgefragt wird.

Zunehmend digitale Geschäftsmodelle beeinflussen unsere Tätigkeiten und unseren Aktionsraum als Personaler nachhaltig. Denn diese digitalen Geschäftsmodelle gehen verstärkt mit einer Werte- und Einstellungsverschiebung aller am Veränderungsprozess Beteiligten einher. Und das bezieht sich nicht nur auf bisherige Geschäftspraktiken und Regeln im Umgang miteinander. Vielmehr greifen Werte- und Einstellungsverschiebungen auch in die Visionen für die zukünftige Entwicklung der Organisation ein. Diese wiederum haben Einfluss auf die Unternehmenskultur, die aktuell in der Organisation gelebt und erlebt wird, aber auch auf die Weiterentwicklung dieser. Wie wollen wir als Organisation wirken? Wer wollen wir sein und wofür wollen wir stehen? Diese und weitere Fragen gilt es zu beantworten! Denn die von Veränderungen betroffenen Mitarbeiter müssen für sich entscheiden, ob und inwieweit sie diese Änderungen mitgehen wollen.

Wir haben umfänglich dargestellt, wie das Ineinandergreifen von Zielbild, Ertragslogik, digitaler Technik, Arbeitssystemen und Mensch wirken kann und welche Erfordernisse sich daraus ergeben. Die Veränderungsarchitektur gibt dabei einen Überblick über die geplanten bzw. angedachten Maßnahmen, bündelt diese und zieht sich wie ein roter Faden durch den Veränderungsprozess. Eine fortwährend zu aktualisierende Auftragsklärung, auch hinsichtlich des Zielbildes, gibt Planungssicherheit und legt das Fundament des Veränderungsvorhabens.

Um Sie in Ihrem Tun zu unterstützen, haben wir Ihnen mit den Change-Tools exemplarisch einige Möglichkeiten zur Herangehensweise dargestellt. Bedenken Sie, dass jedes Tool nur so effektiv ist, wie es im Unternehmenskontext eingesetzt wird. Suchen Sie sich also aus den angebotenen Werkzeugen jene aus, die sich in Ihrem Veränderungsvorhaben als adäquat anbieten. Das Kernstück eines jeden Projektes ist die Auftragsklärung. Je eindeutiger und klarer Ihr Auftrag formuliert ist, desto genauer können Sie arbeiten. Missverständnisse sind somit bereits im Vorfeld ausgeräumt und ein gemeinsames Verständnis über einen festgelegten Kontrakt wird verankert. Ein klar formulierter Auftrag erleichtert Ihnen das weitere Vorgehen; der Kontrakt soll Ihnen

Planungssicherheit vermitteln. Die Kollegiale Beratung ist mehr als nur ein geeignetes Tool für Veränderungsprozesse. Diese Form des Agierens kann als Format in unterschiedlichsten Situationen eingesetzt werden. Es bedarf allerdings einiger Übung, um dieses Tool zielführend zu nutzen. Die von uns dargestellten unterschiedlichen Dialog- und Unterstützungsformate sollen Ihnen eine breite Vielfalt an Alternativen anbieten, die in den unterschiedlichen Situationen eingesetzt werden können. Bedenken Sie, dass auch eine Erfolgsmessung Ihres Veränderungsvorhabens Bestandteil Ihres Auftrages ist.

Was wir uns für Sie wünschen?

Um unseren Anspruch an eine aktive Beteiligung aller Personaler im Veränderungsprozess Nachdruck zu verleihen, haben wir einen knappen und übersichtlichen Forderungskatalog aufgestellt, der von **Ihnen** als Handlungsmaxime genutzt werden kann:

- Seien Sie mutig!
- Machen Sie Veränderungsnotwendigkeiten diskutabel!
- Sorgen Sie für notwendige Transparenz und bauen Sie dadurch Ängste und Unsicherheiten ab!
- Seien Sie hartnäckig!
- Bieten Sie Unterstützung an, aber opfern Sie sich nicht auf!
- Zeigen Sie Verständnis für die Sorgen und Befürchtungen Ihrer Mitarbeiter; bestenfalls lassen sich daraus gute Lösungen ableiten, die die Adhärenz erhöhen!
- Vertrauen Sie auf Ihre Stärken und Fähigkeiten!
- Nutzen Sie den Veränderungsprozess für sich und lassen persönliches Wachstum zu!

Denn bedenken Sie, der Erfolg eines Veränderungsprozesses zeigt sich nur dann, wenn alle Akteure dieser Transformation Beteiligte sind und ihr Bestes für das gemeinsame Gelingen des Veränderungsvorhabens geben. Damit ist Ihre Organisation dann solide aufgestellt und auf weitere, anstehende Veränderungen vorbereitet. Und dass wir und unsere Organisationen permanenten Veränderungen unterliegen, ist unstreitig!

Denn **nach** der Veränderung ist **vor** der Veränderung!

Literaturverzeichnis

Achtziger, A., Gollwitzer, P. M.: Motivation und Volition im Handlungsverlauf, in: Heckhausen, J., Heckhausen, H. (Hrsg.): Motivation und Handeln, 4. Auflage, Heidelberg 2010, S. 277-302.

Adloff, F., Mau, S. (Hrsg.): Vom Geben und Nehmen. Zur Soziologie der Reziprozität, Frankfurt 2005.

Afting, C. et al: Transformation der Unternehmens- und Prozesskultur, in: Deekeling, D., Barghop, D. (Hrsg.): Kommunikation in der digitalen Transformation, Wiesbaden 2017, S. 69-111.

Alvesson M. et al.: Reflecting on reflexivity: Reappraising practice, in: Journal of Management Studies, Vol. 45, 2008, pp. 480-501.

Alvesson, M.: Understanding organizational culture, 2. Auflage, Oxford 2013.

Alvesson, M./Sveningsson, S.: Changing Organizational Culture, Cultural change work in progress, 2. Auflage, New York 2016.

Anderson, L. W., Krathwohl, D.R. et al (Hrsg.): A Taxonomy for Learning, Teaching, and Assessing: A Revision of Bloom's Taxonomy of Educational Objectives, Boston 2001/2013.

Andrzejewski, L., Refisch, H.: Trennungs-Kultur und Mitarbeiterbindung, 4. Auflage, Düsseldorf 2015.

Antons, K. et al.: Gruppenprozesse verstehen: Gruppendynamische Forschung und Praxis, 2. Auflage, Wiesbaden 2013.

Argyris, C., Schön, D.A.: Organizational Learning. A theory of action perspective, 1978.

Argyris, C., Schön, D.: Organizational learning II. Theory, method and practice, Reading, Mass 1996.

Arntz, M. et al.: Tätigkeitswandel und Weiterbildungsbedarf in der digitalen Transformation, ZEW-Gutachten und Forschungsberichte, Mannheim 2016.

Aymann, F.: Kritische Lebensereignisse – eine erste Annäherung, 2010, abrufbar unter: https://www.uni-trier.de/fileadmin/fb1/prof/PSY/PAE/Team/Aymanns/FilippAymanns2010_Excerpt.pdf, abgerufen am 24.06.2018.

Bach, N.: Mentale Modelle als Basis von Implementierungsstrategien: Konzepte für ein erfolgreiches Change Management, 2. Auflage, Ilmenau 2010, https://core.ac.uk/download/pdf/33443501.pdf.

Bäcker, D. et al.: Was digitale Transformation für die PE bedeutet, in: wirtschaft+weiterbildung, 02/2018, S. 22-25.

Bärtle, D. et al.: etventure-Studie 2018 – Digitale Transformation 2018: Hemmnisse, Fortschritte, Perspektiven, Berlin 2018, https://service.etventure.de/hubfs/etventure_Studie_2018-Trendreport.pdf?hsCtaTracking=52ea00ef-e9c3-40f2-9e37-5e6fd18cd301%7C75ddf2ef-585d-4792-a44b-95534b2b1a86; abgerufen am 08.09.2018.

Balzer, L.: Wie werden Evaluationsprojekte erfolgreich? – Ein integrierender theoretischer Ansatz und eine empirische Studie, Landau 2005.

Barthelmess, M.: Systemische Beratung: Eine Einführung für psychosoziale Berufe, 4. Auflage, Weinheim, Basel 2014.

Bartscher, T.: Innovationsmanagement, unveröffentlichtes Vorlesungsskript, Deggendorf 2016.

Bartscher, T.: Digitale Transformation – Changemanagement für Personaler, unveröffentlichte Seminarunterlage, Freiburg 2017.

Bartscher, T.: Corporate Culture und Arbeit 4.0 – Arbeiten in der digitalen Zukunft, unveröffentlichte Seminarunterlage, Freiburg 2018.

Bartscher, T., Büning, W.: BC-Tool for roll change, in: Rohm, A., Alwart, S., Bartscher, T. et al. (Hrsg.), Change Tools, Bonn 2015, S. 214-222.

Bartscher, T., Lütjen, S.: Lernarchitekturen in Changemanagement-Prozessen, in: Schwuchow, K., Gutmann, J.: Personalentwicklung: Themen, Trends, Best Practice 2014, Freiburg/München 2014, S. 205-216.

Bartscher, T., Nissen, R.: Konzept Personalmanagement, unveröffentlichtes Manuskript, IPP-Institut GmbH, Deggendorf/Norderstedt 2016.

Bartscher, T., Nissen, R.: Personalmanagement. Grundlagen, Handlungsfelder, Praxis, München 2017.

Bartscher, T., Nissen, R.: Konzept Digitales Transformations-Management, unveröffentlichtes Manuskript, IPP-Institut GmbH, Deggendorf/Norderstedt 2018.

Bartscher, T., Nissen, R.: Fluides (Personal-)Management in einer digitalisierten Arbeitswelt, Deggendorf/Norderstedt 2018 (unveröffentlichtes Manuskript).

Bartscher, T., Nissen, R.: Unternehmenskultur, unveröffentlichtes Skript, Deggendorf/Norderstedt 2018.

Bartscher, T., Nissen, R..: Fluides Personalmanagement, in: Gabler Wirtschaftslexikon - online, 2019; https://wirtschaftslexikon.gabler.de/definition/fluides-personalmanagement-120266; abgerufen am 12.02.2019.

Baumgartner & Partner: Workforce Analytics, Düsseldorf 2014, https://www.baumgartner.de/content/workforce_analytics_evidenzbasiertes_personalmanagement.pdf; abgerufen am 23.08.2018.

Baur, N., Blasius, J. (Hrsg.): Handbuch Methoden der empirischen Sozialforschung, 2. Auflage, Wiesbaden 2019.

Becke, G., Behrens, M., Bleses, P.: Vertrauen ≠ Vertrauen, in: OrganisationsEntwicklung, Nr. 1/2012, S. 4-8.

Beilhammer, M.: Deskriptive und explorative Verfahren der Datenanalyse, in: www.industrie-press.com, 2018, https://www.industry-press.com/deskriptive-explorative-datenanalyse/; abgerufen am 18.08.2018.

Bents, J.P., Blank, R.: Golden Profiler of Personality, Bern 2004.

Berner, W.: Auftragsklärung, in: Die Umsetzungsberatung, 2015, https://www.umsetzungsberatung.de/projektmanagement/auftragsklaerung.php; abgerufen am 27.06.2018.

Berner, W.: Interviewtechnik, in: Die Umsetzungsberatung, 2017, https://www.umsetzungsberatung.de/kommunikation/interviewtechnik.php; abgerufen am 18.08.2018.

Berner, W.: Kulturanalyse, in: Die Umsetzungsberatung, 2017, https://www.umsetzungsberatung.de/unternehmenskultur/kulturanalyse.php; abgerufen am 04.08.2018.

Berner,W.: Personalabbau, in: Die Umsetzungsberatung, https://www.umsetzungsberatung.de/turnaround/personalabbau.php, abgerufen am 25.06.2018.

Berthel, J. Becker, F.: Personalmanagement: Grundzüge für die Konzeption betrieblicher Personalarbeit, 10. Auflage, Stuttgart, 2013.

Beywl, H., Klockgether, K.: Richtlinien zur Entwicklung von Evaluations-Checklisten: Die Checkliste zur Entwicklung von Checklisten, Univation 2014, http://www.univation.org/download/01checkliste_entwicklungcl.pdf; abgerufen am 12.12.2018.

bitkom, Digitale Transformation / Branchen. Die Wirtschaft wird digital: klassische Branchen und Leitindustrien verschmelzen mit IT, Berlin 2018, https://www.bitkom.org/Themen/Digitale-Transformation-Branchen/index.jsp; abgerufen am 25.01.2018.

Bloching, B. et al.: Die Digitale Transformation der Industrie, Berlin 2015, http://bdi.eu/media/user_upload/Digitale_Transformation.pdf; abgerufen am 16.01.2018.

Blum, C., Reuter, M.: Digital, vernetzt, virtuell: Darum hat sich das Lernen verändert, 23. April 2018, https://www.management-circle.de/blog/digital-vernetzt-virtuell-darum-hat-sich-das-lernen-veraendert/; abgerufen am 20.11.2018.

Boch, D., Echter, D., Haidvogl, G.: Wissen – Die strategische Ressource. Wie sich die Lernende Organisation verwirklichen lässt, Weinheim 1997.

Böhm, S.: Auswirkungen der Digitalisierung der Arbeit auf die Gesundheit von Menschen, Berlin 2016, https://www.unisg.ch/de/wissen/newsroom/aktuell/rssnews/forschung-lehre/2016/september/untersuchung-digitalisierung-arbeit-27september2016; abgerufen am 17.01.2018.

Börkircher, M.: Fehlerfreie und robuste Prozesse sind Voraussetzung für Industrie 4.0, in: www.kvp.de (2016), http://www.kvp.de/blog/fehlerfreie-und-robuste-prozesse-sind-voraussetzungen-fuer-industrie-4-0/; abgerufen am 15.01.2018.

Boes, A. et al.: Die Digitalisierung braucht den Menschen – die Arbeitswelt der Zukunft zwischen »digitalem Fließband« und neuer Humanisierung, in: Daimler und Benz Stiftung (Hrsg.): Digitale Arbeitswelt. Folgen für Arbeit und Gesellschaft, Berlin 2016a, S. 4-13.

Boes, A. et al.: Digitalisierung und »Wissensarbeit«, in: Aus Politik und Zeitgeschichte, Beilage zur Wochenzeitung ›Das Parlament‹, Jg. 66, 2016b, Heft 18-19, S. 32-38.

Bohm, U. et al.: Digitale Revolution. Ist Change Management mutig genug für die Zukunft?, Capgemini Change Management Studie 2012, München 2012.

Bonin, H. et al.: Übertragung der Studie von Frey/Osborne (2013) auf Deutschland, ZEW Kurzexpertise Nr. 57, Mannheim 2015; ftp://ftp.zew.de/pub/zew-docs/gutachten/Kurzexpertise_BMAS_ZEW2015.pdf; abgerufen am 10.04.2018.

Booß, S. et al.: Digitalisierung: Disruptiver Megatrend oder evolutionärer Treiber?, Mannheim 2015, https://myconvento.com/public/_files/userfiles/3850/image/studie_digitalisierung_dhbw_mannheim_oktober_2015.pdf; abgerufen am 17.05.2018.

Bornemann, S.: Auftauen, ändern, stabilisieren: Change Management nach Kurt Lewin, lead&conduct, 25.05.2014, http://www.lead-conduct.de/2014/05/25/change-management-kurt-lewin/; abgerufen am 12.08.2018.

Bossidy, L., Ram Charan, L.: Managen heißt machen: Die Kunst, Projekte abzuschließen und bis zum Schluss durchzuhalten, 2. Auflage, München 2011.

Brandenburg, T.: Vertrauen in Veränderungsprozessen, in: Brandenburg, T., Thielsch, M. T., Praxis der Wirtschaftspsychologie, Münster 2009, S. 223-236, http://www.thielsch.org/download/wirtschaftspsychologie/brandenburg_2009.pdf; abgerufen am 09.03.2018

Breitner, M. H.: Lernplattformen, 11.06.2015, http://www.enzyklopaedie-der-wirtschaftsinformatik.de/lexikon/uebergreifendes/E-Learning/E-Learning-Technologie/Lernplattform/index.html; abgerufen am 21.11.2018.

Bruch, H.: Leadership zwischen Hochleistung und Erschöpfung, St. Gallen 2017.

Bruch, H. et al.: Arbeitswelt im Umbruch. Von den erfolgreichen Pionieren lernen, TOP JOB-Trendstudie 2016, Konstanz 2016.

Bruch, H., Vogel, B.: Organisationale Energie, 2. Auflage, Wiesbaden 2009.

Brühl, V.: Wirtschaft des 21. Jahrhunderts. Herausforderungen in der Hightech-Ökonomie, Wiesbaden 2015.

Brynjolfsson, E., McAfee, A.: Race Against The Machine: How The Digital Revolution Is Accelerating Innovation, Driving Productivity and Irreversibly Transforming Employment and The Economy, Lexington 2011.

Buchholz, B. et al.: Digitalisierung industrieller Wertschöpfung – Transformationsansätze für KMU. Eine Studie im Rahmen der Begleitforschung zum Technologieprogramm AUTONOMIK für Industrie 4.0 des Bundesministeriums für Wirtschaft und Energie, Berlin 2017; https://www.digitale-technologien.de/DT/Redaktion/DE/Downloads/Publikation/2017-04-27_AUT%20Studie%20Wertsch%C3 %B6pfungsketten.pdf?__blob=publicationFile&v=4; abgerufen am 17.05.2018.

Büning, W.: Verhaltenstypen und ihre Ausprägungen, unveröffentlichtes Manuskript, Bocholt 2012.

Büning, W., Bartscher,T.: Veränderungsprozesse professionell gestalten, Bocholt/Deggendorg 2011.

Büning, W., Bartscher, T.: Kollegiale Beratung, unveröffentlichtes Arbeitsskript, Bocholt/Deggendorf 2013.

Bundesministerium für Arbeit und Soziales (bmas.bund), Arbeiten 4.0 – Das Weissbuch, Berlin 2016, http://www.arbeitenviernull.de/; abgerufen am 21.01.2018.

Bundesministerium für Arbeit und Soziales, Transferleistungen, 2017, http://www.bmas.de/DE/Themen/Arbeitsmarkt/Arbeitsfoerderung/transferleistungen.html, abgerufen am 25.06.2018.

Bundesministerium für Wirtschaft und Technologie, Broschüre »Fachkräfte sichern Wissens- und Erfahrungstransfer«, München 2012.

Bundesministerium für Wirtschaft und Technologie, Wissensbilanz-Toolbox, abrufbar unter: http://www.akwissensbilanz.org/Infoservice/Infomaterial/Wissensbilanz-Leitfaden_2.0_Stand_2013.pdf, abgerufen am 17.06.2018.

Caspari, A.: Lernen aus Evaluierungen, Frankfurt 2014, https://www.giz.de/de/downloads/giz2010-de-meta-evaluation-synthese-lernen-aus-evaluierungen.pdf, abgerufen am 15.12.2018.

Cherry, K.: 2018), Understanding Groupthink. How to Recognize and Avoid It, in: verywellmind 12.03.2018, https://www.verywellmind.com/what-is-groupthink-2795213; abgerufen am 05.08.2018.

Christensen, C.M., Raynor, M.E., McDonald, R.: What Is Disruptive Innovation?, in: Harvard Business Review, issue December 2015, pp. 44-53.

Claßen, M.: Change Management aktiv gestalten. Personalmanager und Führungskräfte als Architekten des Wandels, 2. Auflage, Köln 2013.

Cooke, R. A., Lafferty, J. C., & Rousseau, D. M.: Thinking and behavioral styles: Consistency between self-descriptions and descriptions by others. Educational and Psychological Measurement, 1987, pp. 815-823.

Cooke, R. A., Lafferty, J. C., Rousseau, D. M.: Thinking and behavioral styles: Consistency between self-descriptions and descriptions by others. Educational and Psychological Measurement, New York 1987.

Cooke, R. A., Szumal, J. L.: Measuring normative beliefs and shared behavioral expectations in organizations: The reliability and validity of the Organizational Culture Inventory, in: Psychological Reports, vol. 72, 1993, pp. 1299-1330.

Cooke, R. A., Szumal, J. L.: The impact of group interaction styles on problem-solving effectiveness, Journal of Applied Behavioral Science, 1994.

Cooke, R. A., Szumal, J. L.: Using the Organizational Culture Inventory to understand the operating cultures of organizations, New York 2000.

Czichos, R.: Erfolgsfaktor Change Management. Den Wandel im Unternehmen aktiv gestalten und kommunizieren, Freiburg/München 2014.

Dahm, M.H., Joseph, C.: Reif für den Change? So analysieren Sie die Veränderungsbereitschaft Ihres Unternehmens, Teil 1, in: ProjektMagazin, 14.06.2017; https://www.projektmagazin.de/artikel/so-analysieren-sie-die-veraenderungsbereitschaft-ihres-unternehmens-teil-1_1120385; abgerufen am 27.03.2018.

Davenport, T., Kirby, J.: Dein Freund, der Computer, in: Harvard Business Manager, 09/2015, S. 2-11.

Davenport, T., Kirby, J.: Only humans need apply. Winners and losers in the age of smart machines, New York 2016.

Deekeling, E., Barghop, D. (Hrsg.): Kommunikation in der digitalen Transformation, Wiesbaden 2017.

Delkeskamp, J.: Wissen teilen und vermehren – Kollegiale Beratung für engagierte Gruppen und Teams. In: Neumann, U./Weckel, E. (Hrsg.): Entschieden! – Zivilcourage jetzt., Marburg 2013, S. 105-114.

Denison, D. et al.: Diagnosing Organizational Cultures: A Conceptual and Empirical Review of Culture Effectiveness Surveys, Lausanne 2006.

Denzau, A.T., North, D.C.: Shared Mental Models: Ideas and Ideologies, in: Kyklos 1994, Vol. 47, issue 1, 3-31.

de Shazer, S.: Der Dreh. Überraschende Wendungen und Lösungen in der Kurzeittherapie. 5. unveränderte Auflage, Heidelberg 1997.

Deutinger, G.: Kommunikation im Change. Erfolgreich kommunizieren in Veränderungsprozessen, 2. Auflage, Berlin 2017.

Dick, M., Marotzki, W., Mieg, H. (Hrsg.): Handbuch Professionsentwicklung, Bad Heilbrunn 2016.

Diedrich, A., Verfahren der Personalbedarfsermittlung, abrufbar unter: http://wirtschaft.fh_duesseldorf.de/fileadmin/personen/professoren/diedrich/Downloads/personal2012/Verfahren_der_Personalbedarfsermittlung.pptx.pdf, abgerufen am 18.06.2018.

Dlugosch, S., Terörde, A.: Eignungsdiagnostik im Wandel, Göttingen 2009.

Dombrowski, U. et al.: Industrie 4.0 – Die Rolle des Menschen in der vierten industriellen Revolution, in: Kersten, W. et al. (Hrsg.): Industrie 4.0 – Wie intelligente Vernetzung und kognitive Systeme unsere Arbeit verändern, Berlin 2014, S. 129-154.

Dombrowski, U., Wagner, T.: Arbeitsbedingungen im Wandel der Industrie 4.0. Mitarbeiterpartizipation als Erfolgsfaktor zur Akzeptanzbildung und Kompetenzentwicklung, in: zwf Zeitschrift für wirtschaftlichen Fabrikbetrieb, Heft 5, 2014, S. 351-354.

Doppler, K., Lauterburg, C.: Change Management: Den Unternehmenswandel gestalten, Frankfurt 2014.

Dornis, V.: Wie Paketdienste den Weihnachts-Wahnsinn meistern wollen, Süddeutsche Zeitung, 18.12.2017, http://www.sueddeutsche.de/wirtschaft/pakete-zu-weihnachten-wie-paketdienste-den-weihnachts-wahnsinn-meistern-wollen-1.3796692; abgerufen am 28.01.2018.

Drumm, H.J.; Personalwirtschaftslehre, Heidelberg, New York 2005.

Dutke, S.: Mentale Modelle: Konstrukte des Wissens und Verstehens, Göttingen/Stuttgart 1994.

Eckrich, K.: Kulturveränderung im Unternehmen: Die verborgene Führungsdisziplin, München 2017.

Eisele, L., Kräft, A.: Skript Unterrichtsplanung Unterrichtsmethoden, Karlsruhe 2012.

Eilers, S. et al.: HAYS HR-REPORT 2017. Schwerpunkt Kompetenzen für eine digitale Welt, Mannheim 2017, https://www.hays.de/documents/10192/118775/Hays-Studie-HR-Report-2017.pdf/3df94932-63ca-4706-830b-583c107c098e; abgerufen am 27.03.2018.

Farrokhzad, S., Mäder, S.: Nutzenorientierte Evaluation, Münster, New York 2014.

Faßbender, R-R.: Die Antreiber-Risikoanalyse als Frühwarnsystem fürs Projekt, in: ProjektMagazin, 27.06.2018, https://www.projektmagazin.de/artikel/die-antreiber-risikoanalyse-als-fruehwarnsystem-fuers-projekt_1129534; abgerufen am 04.08.2018.

Feldmann, A., Teuteberg, F.: Wie kann in Change-Projekten mit Hilfe von Social Media zielgerichtet kommuniziert werden? Eine fallstudienbasierte Untersuchung, in: Volland et al. (Hrsg.): Projektmanagement & Vorgehensmodelle, Lecture Notes in Informatics (LNI), Gesellschaft für Informatik, Bonn 2017, S. 213-224; https://dl.gi.de/bitstream/handle/20.500.12116/4895/PVM2017_paper_17.pdf?sequence=1&isAllowed=y; abgerufen am 17.11.2018.

Fleisch, E., Weinberger, M., Wortmann, F.: Geschäftsmodelle im Internet der Dinge, in: Reinheimer, S. (Hrsg.): Industrie 4.0 – Herausforderungen, Konzepte und Praxisbeispiele, Wiesbaden 2017, S. 1-16.

Foerster, v., H.: Entdecken oder Erfinden. Wie lässt sich das Verstehen verstehen?, in: Gumin, H., Mohler, H: Einführung in den Konstruktivismus, München 1985, S. 41-88.

Frey, C., Osborne, M. A.: The Future of Employment: How Susceptible are Jobs to Computerization?, Oxford 2013; https://www.oxfordmartin.ox.ac.uk/downloads/academic/future-of-employment.pdf; abgerufen am 10.04.2018.

Frey, D., Bierhoff, H.-W.: Sozialpsychologie – Interaktion und Gruppe, Göttingen 2011.

Gärtner, C.: Management- und Beratungstools aus organisationstheoretischer Sicht, Hannover 2017, https://www.wa.uni-hannover.de/fileadmin/arbeitswissenschaft/IAW/Fotoprotokolle/WS_2016_2017/SP1-085W_Folien.pdf; abgerufen am 17.11.2018.

Gairing, F.: Organisationsentwicklung. Geschichte – Konzepte – Praxis, Stuttgart 2017.

Gebauer, A.: Musteranalyse Staff Ride — Wie fit sind wir im Umgang mit Komplexität und Risiko?, in: Zeitschrift für OrganisationsEntwicklung, 15.10.2016, Heft 04, S. 78-85.

Geilenbrügge, M.: Der integrale Ansatz nach Ken Wilber und seine Umsetzung im Bereich Organisations- und Personalentwicklung, Dortmund 2004, http://www.michaelegli.ch/html/img/pool/Integraler_Ansatz_und_Organiationsentwicklung.pdf; abgerufen am 02.09.2018.

Geramanis, O.: Gruppen-Kompass: Gruppen-Design zwischen Struktur und Prozess, Basel 2007.

Gerner, V. et al.: Wenn alles ganz schnell gehen muss, in: Zeitschrift für OrganisationsEntwicklung, Heft 1, 2015, S. 61-65.

Gerstbach, I: Advocatus Diaboli – des Teufels Anwalt, in: Gerstbach Design Thinking, 03.11.2016, https://gerstbach-designthinking.com/podcast/dt39-advocatus-diaboli-des-teufels-anwalt; abgerufen am 02.07.2018.

Giesecke, M.: Beraten als kommunikative Kooperationsform. Grundlagen von Beratungsgesprächen, Erfurt 2009, http://www.michael-giesecke.de/giesecke/dokumente/268/Skript_Beratung_2009.pdf; abgerufen am 06.08.2018.

Glasl, F.: Konfliktmanagement: Ein Handbuch für Führungskräfte, Beraterinnen und Berater, 11. Auflage, Bern 2017.

Glatzel, K., Lieckweg, T.: Collaborative Leadership, in: wirtschaft + weiterbildung, Heft 6, 2016, S. 36-38.

Göhlich, M. et al. (Hrsg.): Organisation und Beratung, Wiesbaden 2010.

Griguscheit, M.. Veränderungsprojekte professionell durchführen, Teil 1/2, in: ProjektMagazin 03./17.09.2014, https://www.projektmagazin.de/artikel/veraenderungsprojekte-professionell-durchfuehren-teil-1_1093008 und https://www.projektmagazin.de/artikel/veraenderungsprojekte-professionell-durchfuehren-teil-2_1093011; abgerufen am 07.04.2018.

Gröner, S.: Disruption in den Medien: Aktuelle Entwicklung und Ausblick in die Zukunft, adhibeo 2015, http://www.adhibeo.de/2015/10/02/disruption-in-den-medien-aktuelle-entwicklung-und-ausblick-in-die-zukunft/; abgerufen am 25.01.2018.

Gulick, L.H.: Notes on the theory of organizations, in Gulick, L.H., Urwick, L. F. (Hrsg.): Papers on the science of administration, New York 1937, S. 1-22.

Hackl, B.: New Work: Auf dem Weg zur neuen Arbeitswelt, Wiesbaden 2017.

Häfele, W. (Hrsg.): OE-Prozesse initiieren und gestalten, Bern 2007.

Haußmann, R.: Das Pädagogische Rad für iPads – ein didaktisches Modell, iPad in der Schule, 16.02.2016, http://schule-ipad.de/?p=3081; abgerufen am 03.01.2018.

Haufe online, Disruptive Innovation: »Viele haben das Konzept falsch verstanden«, 2016, https://www.haufe.de/personal/hr-management/innovationsmanagement-christensen-ueber-disruptive-innovation_80_388494.html; abgerufen am 25.01.2018.

Hebenstreit, K.: Digitale Transformation im Unternehmen: 4 Ebenen der Wirkung (Insight), in: manymizemagazin, 03.12.2015, https://www.manymize.com/digitale-transformation-und-unternehmen-4-ebenen#Zusammenfassung_und_Fazit; abgerufen am 22.05.2018.

Heckhausen J., Heckhausen H: Motivation und Handeln, 4. Auflage, Berlin et al. 2010.

Heilmann, D. et al.: Erfolgsfaktoren für die Etablierung von Inkubatoren im Ruhrgebiet, Düsseldorf 2015, http://research.handelsblatt.com/assets/uploads/files/Studie_Inkubator.pdf; abgerufen am 02.02.2018.

Heitger, B., Doujak, A.: Harte Schnitte – Neues Wachstum. Wandel in volatilen Zeiten. Die Macht der Zahlen und die Logik der Gefühle im Change Management, 2. Auflage, Landsberg 2014.

Hemmecke, J.: Handbuch der Repertory Grid Technik. Theoretischer Hintergrund, Erhebungsleitfaden und Auswertungshinweise, Hagenberg 2012, http://www.hemmecke.com/material/Hemmecke-Jeannette_Handbuch-Repertory-Grid-Technik_2012.pdf; abgerufen am 24.11.2018.

Henrici, M.: Agile Business Development: Die sechs größten Fallstricke im agilen Konzernumbau, Der Innovationsblog, 19.April 2017, http://www.financial-disruption.de/die-sechs-groessten-fallstricke-im-agilen-konzernumbau/; abgerufen am 25.01.2018.

Hermann-Koller, B.: Der abwechslungsreiche Weg zwischen (Nicht-)Wissen und Handeln, Zürich 2007.

Hess, T.: Digitalisierung, in: Enzyklopädie der Wirtschaftsinformatik 2016, http://www.enzyklopaedie-der-wirtschaftsinformatik.de/lexikon/technologien-methoden/Informatik--Grundlagen/digitalisierung; abgerufen am 03.01.2018.

Hilsenbeck, T.: Auftragsklärung. Eine Fragensammlung für Organisationsentwicklung, Beratung und Coaching, Kürnach, Juli 2017, http://www.thomas-hilsenbeck.de/wp-content/uploads/Dr-Th-Hilsenbeck-Kleines-Handbuch-zur-Auftragskl%C3%A4rung-1_0.pdf; abgerufen am 02.06.2018.

Hinnen, H., Krummenacher, P.: Großgruppen-Interventionen: Konflikte klären – Veränderungen anstoßen – Betroffene einbeziehen, Stuttgart 2012.

Hofer, C.: Gruppendynamische Modelle als Interventionsinstrument für den Unterricht unter besonderer Berücksichtigung des Pflichtgegenstands Bewegung und Sport, Wien 2014.

Hofmann, M.: Durch Veränderungen lernen – durch Lernen verändern, in: Graf, J. (Hrsg.): managerSeminare 2010, das Jahrbuch der Management-Weiterbildung, Bonn 2010,

S. 87-102, http://www.shsconsult.de/wp-content/uploads/2017/01/2010_Hofmann_Lernen_und_Veraendern_Seminare_2010-1.pdf; abgerufen am 09.03.2018.

Holderegger, H.: Die Bedeutung der Übertragung und Gegenübertragung im Alltag und in der Psychotherapie, 2014, online abrufbar unter: http://www.psychotherapie-wissenschaft.info/index.php/psy-wis/article/view/1040/1084; abgerufen am 14.03.2018.

Horx, M.: Der Mythos Disruption, Zukunftsinstitut 2016, https://www.zukunftsinstitut.de/artikel/innovation-und-neugier/der-mythos-disruption/; abgerufen am 02.02.2018.

House, R. et al.: Understanding cultures and implicit leadership theories across the globe: an introduction to project GLOBE, in: Journal of World Business, vol. 37, S. 3-10, 2002.

Ihlow, O.: Mit Komplexität und Dynamik besser umgehen. Warum wir ein neues Verständnis von Projektmanagement brauchen, in: ProjektMagazin, 26.11.2014, https://www.projektmagazin.de/artikel/warum-wir-ein-neues-verstaendnis-von-projektmanagement-brauchen_1095511; abgerufen am 07.04.2018.

Interview mit dem TWM Champion derDeutschen Telekom AG, Dirk Weber, Total Workforce Management: Strategische Personalplanung sichert die Wettbewerbsfähigkeit von Unternehmen, 2013, abrufbar unter: https://www.detecon.com/sites/default/files/Detecon_TWM_Interview.pdf, abgerufen am 18.06.2018.

Irber, W.: Mit Bildern die Vision, die Strategie und die eigenen Werte emotional verankern, in: www.wirber.de, 2018, https://www.instagram.com/p/Bh_GvZEHtGO/; abgerufen am 27.05.2018.

Jacob, K. et al.: Der Mensch im betrieblichen Veränderungsprozeß. Vorgehen zur Entwicklung von Veränderungskompetenz, in: M. Hartmann (Hrsg.), DYNAPRO III – Erfolgreich produzieren in turbulenten Märkten (Band 3), Stuttgart 1998, S. 132-157.

Jacob, M.: Informationsorientiertes Management, Wiesbaden 2012.

Jacobsen, M.: Changemanagement: To Change or not to Change?, in: personalmanagement.info, 08.03.2017, http://www.personalmanagement.info/hr-know-how/fachartikel/detail/changemanagement-to-change-or-not-to-change/; abgerufen am 01.07.2018.

Jansen, A.: Ablauf Kollegiale Beratung – Prozessverlauf, Darmstadt 2018, https://www.jbt.de/ablauf-kollegiale-beratung-prozessverlauf/; abgerufen am 01.11.2018.

Janssen, C.: Förändringens fyra rum (The Four Rooms of Change), Goteborg 1996.

Jánszky, S.G., Abicht, L.: 2025. So arbeiten wir in der Zukunft, 4. Auflage, Berlin 2017.

Jánszky, S.G., Abicht, L.: 2030. 2030: Wie viel Mensch verträgt die Zukunft?, Leipzig 2017.

Johnson, G. et al.: Strategisches Management, 10. Auflage, Hallbergmoos 2016.

Johnson-Laird, P.N.: Mental models. Cambridge, MA, 1983.

Jung, H.: Personalwirtschaft, 9. Aufl., München, 2011.

Jungmeister, A.: Reflexion und Innovation im Forschungsprozess, Zürich 2016.

Kakas, C.: Change braucht Vision, in: www.moderne-unternehmenskommunikation.de, 27.11.2015, https://www.moderne-unternehmenskommunikation.de/veraenderungskommunikation/change-braucht-vision/; abgerufen am 27.05.2018.

Kalcher, T., Informationsprozesse, in: Glasl, F., Kalcher, T., Piber, H., (Hrsg.): Professionelle Prozessberatung, 2. Auflage, S. 287-305, Bern 2008.

Kartenbender, D.: Rollen im Change Management: Sounding Board, in: changement!, Heft 08, 28.11.2017, S. 35.

Kasper, H./Schmidt, A.: Organisationskultur – Ansätze zwischen Gestaltung und Selbstorganisation, in: Mayrhofer, W./Furtmüller, G./Kasper, G. (Hrsg.): Personalmanagement – Führung – Organisation, S. 245-284, Wien 2015.

Kastner, M.: Umgang mit Belastungen und Anforderungen. In: Rosenstiehl, L.; Regnet, E., Domsch, M. E., (Hrsg.): Führung von Mitarbeitern, Handbuch für erfolgreiches Personalmanagement. 7. Aufl. Schäffer-Poeschel, Stuttgart 2014.

Kewitz, C.: In den USA wurde gerade die erste Künstliche Intelligenz als Anwalt eingestellt, in: MOTHERBOARD 13.05.2016, https://motherboard.vice.com/de/article/in-den-usa-wurde-gerade-die-erste-kuenstliche-intelligenz-als-anwalt-eingestellt; abgerufen am 15.01.2018.

Kiesel, A., Koch, I.: Lernen. Grundlagen der Lernpsychologie, Wiesbaden 2012.

Kissel, K.: Gerüchte positiv nutzen lernen, Höhr 2015, https://www.ifsm-online.com/content/uploads/2017/09/leadership_-_geruechte_positiv_nutzen_lernen_kissel.pdf; abgerufen am 19.11.2018.

König, E., Volmer, G.: Handbuch Systemische Organisationsberatung, 2. Auflage, Weinheim, Basel 2014.

König, O., Schattenhofer, K.: Einführung in die Gruppendynamik, Heidelberg 2015.

Königswieser, R. et al.: SIMsalabim – SystemischesIntergrationsManagement, Stuttgart 2001.

Königswieser, R., Exner, A.: Systemische Intervention: Architekturen und Designs für Berater und Veränderungsmanager, 10. Auflage, Stuttgart 2013.

Königswieser, R., Hillebrand, M.: Einführung in die systemische Organisationsberatung, Heidelberg 2004.

Kolenatys, E.: Future Search Conference – Zukunftskonferenz von Marvin Weisbord und Sandra Janoff, https://www.transformation.at/article9.htm; abgerufen am 20.11.2018.

Kollmann, T.: Electronic Business, in: Gabler Wirtschaftslexikon, Digitale Fachbibliothek 2014, http://wirtschaftslexikon.gabler.de/Archiv/54580/electronic-business-v11.html; abgerufen am 03.01.2018.

Kotter, J.: Leading Change, Boston 1996.

Kotter, J.: Leading Change: Wie Sie Ihr Unternehmen in acht Schritten erfolgreich verändern, München 2011/13.

Krapf, et al.: Gesund arbeiten in der Digitalen Arbeitswelt, Freiburg/Hamburg 2017, https://www.tk.de/centaurus/servlet/contentblob/948596/Datei/74949/TK-Studie-whatsnext-Mai-2017.pdf; abgerufen am 17.01.2018.

Krause, V. et al.: Die Zukunft des Personalmanagements – Herausforderungen, Lösungsansätze und Gestaltungsoptionen, Surrey/Tiberius (Hrsg), Zürich, 2018.

Krejci, G.P., Die Arbeit mit Hypothesen, in: zoe-online, 24.06.2016, https://www.zoe-online.org/meldungen/die-arbeit-mit-hypothesen/; abgerufen am 19.08.2018.

Krejci, G.P.: Ein Praxisbeispiel für Digitalisierung, in: zoe-online, 18.08.2017, https://www.zoe-online.org/meldungen/ein-praxisbeispiel-fuer-digitalisierung/; abgerufen am 10.10.2018.

Kreutle, U.: Grundlagen Unternehmensführung, AKAD-Lerneinheit 107, Stuttgart 2014.

Krizanits, J.: Einführung in die Methoden der systemischen Organisationsberatung, 2. Auflage, Heidelberg 2015.

Kruse, P.: Unternehmen im Wandel: Das Management von Unsicherheit, in: projektmagazin, 08.12.2004, https://www.projektmagazin.de/artikel/unternehmen-im-wandel-das-management-von-unsicherheit_6760; abgerufen am 17.04.2018.

Kübler-Ross, E.: On Death and Dying, New York 1969.

Kühl, S.: Zum Verhältnis von Beobachtungs- und Kommunikationslatenzen in Beratungsprozessen, Uni Bielefeld, Working Paper 2/2009; http://www.uni-bielefeld.de/soz/personen/kuehl/pdf/a-Beobachtungs-und-Kommunikationslatenz-3-Endfassung-090309.pdf; abgerufen am 13.03.2018.

Küpers, W.: Integrales Lernen in und von Organisationen, in: Integral Review, Jg. 2, 2006, S. 43-77.

Kurzweil, R.: The Law of Accelerating Returns, http://www.kurzweilai.net/the-law-of-accelerating-returns; abgerufen am 03.01.2018.

Langer, W.: Die Inhaltsanalyse als Datenerhebungsverfahren, Halle 2000, https://langer.soziologie.uni-halle.de/pdf/meth1/inhaltan.pdf; abgerufen am 18.08.2018.

Leimeister, J., Durward, D. et al.: Crowd Work in Deutschland – Eine empirische Studie zum Arbeitsumfeld auf externen Crowdsourcing-Plattformen, in: Hans-Böckler-Stiftung, Study 323, Düsseldorf 2016.

Leubner, T. et al.: Digitalisierung@Siemens – Auswirkungen auf die Aus- & Weiterbildung, in: Surrey, H., Tiberius (Hrsg.): Die Zukunft des Personalmanagements. Herausforderungen, Lösungsansätze und Gestaltungsoptionen, Zürich 2018.

Lewin, K.: Gleichgewichte und Veränderungen in der Gruppendynamik, in: Lewin, L.: Feldtheorie in den Sozialwissenschaften. Ausgewählte theoretische Schriften, Bern u. a. 1963, S. 223–270.

Löffler, M.: Change-Projekte mit Retrospektiven steuern, Teil 1 & 2, in: ProjektMagazin 2014, https://www.projektmagazin.de/artikel/change-projekte-mit-retrospektiven-steuern-teil-1_1091068; https://www.projektmagazin.de/artikel/change-projekte-mit-retrospektiven-steuern-teil-2_1091070; abgerufen am 06.04.2018.

Loer, T.: Welten der Latenz in Organisationen, in: supervision, Heft 1, 2017, S. 15-20.

Lorenz, M. et al.: Man and Machine in Industry 4.0., BCG-Studie, München 2015.

Lüscher, B.V.: Die Rolle des Human Capital Management bei Change Prozessen, Masterarbeit, Zürich 2015, https://www.zhaw.ch/storage/sml/institute-zentren/zhcm/masterarbeit-barbara-valenta.pdf; abgerufen am 06.08.2018.

Luhmann, N.: Soziologische Aufklärung 1: Aufsätze zur Theorie sozialer Systeme. 9. Aufl., Wiesbaden 2017.

Macharzina, K. (Hrsg.): Diskontinuitätenmanagement. Strategische Bewältigung von Strukturbrüchen bei internationaler Unternehmenstätigkeit, Berlin 1984.

Macharzina, K., Wolf, J.: Unternehmensführung: Das internationale Managementwissen Konzepte – Methoden – Praxis, 9. Auflage, Wiesbaden 2015.

Maier, C.: Augmentation und smarte Personalentwicklung, scil-blog 20.02.2018, https://www.scil-blog.ch/blog/2018/02/20/augmentation-und-smarte-personalentwicklung/; abgerufen am 10.08.2018.

Marr, R., Steiner, K.: Personalabbau in deutschen Unternehmen. Empirische Ergebnisse zu Ursachen, Instrumenten und Folgewirkungen. Wiesbaden 2003.

Martin, A.: Die Erklärung der Personalpolitik, Schriften aus dem Institut für Mittelstandsforschung, Heft 5, Lüneburg 1996.

Matzler, K. et al.: Digital – Disruption: Wie Sie Ihr Unternehmen auf das digitale Zeitalter vorbereiten, München 2016.

Maurek, J. (2015): Lernmanagementsysteme, München 2015, https://de.slideshare.net/JohannesMaurek/lv-lernmanagementsysteme; abgerufen am 21.11.2015.

Mayrhofer, W. et al.: Praxis der Organisationsanalyse. Anwendungsfelder und Methoden, Wien 2010.

Mayring, P.: Einführung in die qualitative Sozialforschung, 6. Auflage, Weinheim und Basel 2016.

Mayring, P.: Qualitative Inhaltsanalyse, 12. Auflage, Weinheim und Basel 2014.

Mayrshofer, D., Kröger, H.: Prozesskompetenz in der Projektarbeit: Ein Handbuch mit vielen Praxisbeispielen für Projektleiter, Prozessbegleiter und Berater, 4. Auflage, Hamburg 2011.

Meier, S.: Qualitative Inhaltsanalyse, Paderborn 28.11.2014, https://blogs.uni-paderborn.de/fips/2014/11/26/qualitative-inhaltsanalyse/; abgerufen am 18.08.2018.

Meyerding, S.: Change Management in KMU, Hannover 2016.

Minx, E.: Arbeit weiter denken, in: Daimler und Benz Stiftung (Hrsg.): Digitale Arbeitswelt. Folgen für Arbeit und Gesellschaft, Berlin 2016, S. 2.

Mirow, C.: Innovationsbarrieren, Wiesbaden 2010.

Moser, K.S. Mentale Modelle und ihre Bedeutung, Zürich 2003, http://www.symbolforschung.ch/files/pdf/karin_moser.pdf; abgerufen am 17.01.2018.

Müller, E.: Fernsteuerung. MANAGEMENT Rund um die Welt verteilte Teams, ständig wechselnde Mitarbeiter – in der digitalen Welt hat Führung nach dem Befehlsprinzip ausgedient. Manager Magazin 3/2017, S. 92-95.

Mutius v., B., Minx, E.: Kreisförmiger Fortschritt. Ein zirkuläres Prozessmodell für die erneuerungsfähige Organisation, in: OrganisationsEntwicklung Heft 1, 2013, S. 57-64.

Nagel, R.: Lust auf Strategie: Workbook zur systemischen Strategieentwicklung, 3. Auflage, Stuttgart 2014.

Nagel, R.: Organisationsdesign. Modelle und Methoden für Berater und Entscheider, Stuttgart 2014.

Nagel, R.: Strategie als zukunftsorientierte Führungsaufgabe, in: PersonalEntwickeln, 216. Erg.-Lfg., 4.92, April 2017, https://www.osb-i.com/fileadmin/user_upload/Nagel_Stratgeie_als_zukunftosorientierte_Fuehrungsaufgabe_2017.pdf; abgerufen am 27.05.2018.

Nagel, R., Wimmer, R.: Systemische Strategieentwicklung: Modelle und Instrumente für Berater und Entscheider, 6. Auflage, Stuttgart 2014.

Nemeth, A.: Geschäftsmodellinnovation – Theorie und Praxis der erfolgreichen Realisierung von strategischen Innovationen in Großunternehmen, St. Gallen 2011.

Nerdinger, F. W.: Grundlagen des Verhaltens in Organisationen, Stuttgart 2012.

Nerdinger, F.W.: Organisationsdiagnose, in: Nerdinger, F.W. et al., Arbeits- und Organisationspsychologie, Berlin, Heidelberg 2014, S. 133-142.

Nussbaumer, L.: Vorlage Risikoanalyse und Risikoregister, in: www. ayonik.de, 2016, http://www.ayonik.de/projektmanagement/projektmanagementvorlagen/item/5-vorlage-risikoanalyse-risikoregister; abgerufen am 04.08.2018.

Oechsler, W., Paul, C.: Personal und Arbeit: Einführung in das Personalmanagement, 10. Auflage, Berlin/München/Boston 2015.

Oettingen, G.: Die Psychologie des Gelingens, München 2017.

Osterwalder, A., Pigneur, Y.: Business Model Generation, Hoboken NJ 2010.

o. V., 3sat, Strenge Anforderungen. Ethik-Kommission stellt 20 Thesen zum autonomen Fahren vor, 31.03.2017, https://www.3sat.de/page/?source=/nano/technik/175412/index.html; abgerufen am 15.01.2018.

o. V.: Agilität. Haufe Agilitätsbarometer, Freiburg 2016.

o. V.: Arbeit 4.0: Megatrends Digitaler Arbeit der Zukunft – 25 Thesen, Telekom 2015, https://www.telekom.com/de/medien/medieninformationen/detail/maschinen-werden-kuenftig-kollegen-sein-349222; abgerufen am 17.01.2018.

o. V., BMWI: Business Model Canvas, in: Existenzgründungsportal des BMWI 2018, http://www.existenzgruender.de/DE/Gruendung-vorbereiten/Businessplan/Business-Model-Canvas/inhalt.html; abgerufen am 17.05.2018.

o. V.: BVDW, Campana & Schott: Deutsche Social Collaboration Studie (2016), http://www.bvdw.org/medien/campana--schott-deutsche-social-collaboration-studie?media=7936; abgerufen am 21.01.2018.

o. V.: Car2Go und Drivenow: Daimler und BMW könnten Carsharing-Geschäft bündeln, t3n 27.05.2017, https://t3n.de/news/car2go-drivenow-carsharing-fusion-daimler-bmw-826059/; abgerufen am 25.01.2018.

o. V., Changeboard Team: The role of HR in change. Four primary roles in change, in: changeboard, 02.02.2016, https://www.changeboard.com/article-details/14013/the-role-of-hr-in-change/; abgerufen am 06.08.2018.

o. V., Change-Fitness-Studie 2016/17, http://www.mutaree.com/content/change-fitness-studie-20162017; abgerufen am 04.04.2018.

o. V.: Change-Leitfaden für Entscheider, Bundesverband Deutscher Unternehmensberater e. V., BDU, Bonn 2017; https://www.bdu.de/media/253694/fin_rz_leitfaden_changemanagement_einzel.pdf; abgerufen am 27.03.2018.

o. V., CO Improve: Projektmanagement, Eschborn 2018, https://www.co-improve.com/fachkompetenz/projektmanagement.html; abgerufen am 04.09.2018.

o. V., Developing digital literacies, Jisc (2016), https://www.jisc.ac.uk/guides/developing-digital-literacies; abgerufen am 10.08.2018.

o. V., Die Glühbirne: Was ist Design Thinking?, Türkheim 2018, https://www.diegluehbirne.de/was-ist-design-thinking/; abgerufen am 20.09.2018.

o. V.: Digital Futur of HR: Herausforderungen und Lösungen, Kienbaum HR-Jahrestagung 2016, Düsseldorf 2016.

o. V., Flexibilisierung, Unternehmenswelt (2018), https://www.unternehmenswelt.de/flexibilisierung.html; abgerufen am 25.01.2018.

o. V., Gesellschaft für Wissensmanagement e. V., abrufbar unter: http://www.gfwm.de/wp content/uploads/2016/02/20160412_Pressemitteilung_ISO9001_GfWM_DGQ.pdf, abgerufen am 17.06.2018.

o. V. Gesellschaft für Wissensmanagement e. V., abrufbar unter: http://www.gfwm.de/wp-content/uploads/2016/05/Studie_Wissen_Kompetenz_9001_GfWM_DGQ.pdf, abgerufen am 17.06.2018.

o. V., Hays, Wissensarbeit im Wandel, Mannheim 2017, http://www.gfwm.de/fachlich/studien/wissensarbeit-2017/.

o. V.: HMI Human Machine Interface-Benutzerschnittstelle, itwissen.info, 2015, http://www.itwissen.info/HMI-human-machine-interface-Benutzerschnittstelle.html; abgerufen am 31.01.2018.

o. V., hrpraxis.ch: Change Management Prozesse: 10 Gründe weshalb sie oft scheitern, 07.05.2017, http://www.hrpraxis.ch/2017/05/changemanagemen.html; abgerufen am 10.08.2018.

o. V., Lünendonk & Hossenfelder GmbH, Lünendonk-Studie: Integrierte Digital Customer Experience Services in Deutschland, Mindelheim 2018.

o. V.: MANUSERV. Planungs- und Entscheidungsunterstützung für den Einsatz industrieller Serviceroboter, in: Bundesministerium für Wirtschaft und Energie (BMWi) (Hrsg.): AUTONOMIK für Industrie 4.0, Berlin 2016, S. 29-30.

o. V., Mass Customization. Ihre Bedürfnisse, Ihr Produkt, conneXXt, Hamburg 2017, https://web.still.de/33173.0.0.html; abgerufen am 25.03.2018.

o. V.: Megatrend: New-Work, zukunftsInstitut 2016, https://www.zukunftsinstitut.de/dossier/megatrend-new-work/; abgerufen am 31.01.2018.

o. V., Mit den Händen denken mit LEGO® SERIOUS PLAY® – Kreativ, innovativ, mitreißend!, in: The Future Academy, München 2018, https://thefutureacademy.de/methoden-lego_serious_play/; abgerufen am 29.10.2018.

o. V., MITTELSTAND HEUTE: Mit Corporate Learning und digitalen Lernformaten punkten, 23.08.2018, https://www.mittelstand-heute.com/artikel/corporate-learning-und-digitale-lernformate; abgerufen am 22.09.2018.

o. V., Nachfolgeplanung, (o.J.), abrufbar unter: http://www.talentmanagement-magazin.de/wp content/uploads/sites/8/2015/01/HR_TalentManagement_Februar_2015_13-16.pdf, abgerufen am 17.06.2018..

o. V., Organizational Culture Inventory; https://www.humansynergistics.com/de/produkte/produkte-f%C3 %BCr-organisationen/auswertungen-f%C3 %BCr-organisationen/organizational-culture-inventory; abgerufen am 24.11.2018.

o. V., Projektmanagement: Scrum, München 2018, http://projektmanagement-definitionen.de/glossar/scrum/; abgerufen am 20.09.2018.

o. V., Reflecting-Team, in: methodenpool.uniköln (o. J.), http://methodenpool.uni-koeln.de/reflecting/reflecting_kurzbeschreibung.html; abgerufen am 02.07.2018.

o. V., o.J., Reflexion, http://change-partner.de/glossary/reflexion/; abgerufen am 04.04.2018.

o. V.: Sechs Szenarien für Deutschlands Arbeitsmarkt, BertelsmannStiftung 14.03.2016, https://www.bertelsmann-stiftung.de/es/unsere-projekte/wirtschaftliche-dynamik-und-beschaeftigung/projektnachrichten/studie-digitalisierung-und-beschaeftigung/; abgerufen am 24.05.2018.

o. V., tn3: Daimler und Bosch machen es vor: Working-Out-Loud – das steckt hinter dem Hype-Begriff, 07.05.2018, https://t3n.de/news/working-out-loud-daimler-bosch-1076783/; abgerufen am 20.09.2018.

o. V., Was ist Design Thinking?, HPI Academy, 2018, https://hpi-academy.de/design-thinking/was-ist-design-thinking.html; abgerufen am 12.10.2018.

o. V.: Was ist Industrie 4.0), plattform-i40.de, 2017, http://www.plattform-i40.de/I40/Navigation/DE/Industrie40/WasIndustrie40/was-ist-industrie-40.html; abgerufen am 31.01.2018.

o. V., Welcome to the House of Change – Was digitaler Wandel wirklich bedeutet. 10 Regeln und ein Fallbeispiel, Business School Berlin BSP GmbH (2017), https://kommunikation-mittelstand.digital/content/uploads/2017/06/Leitfaden-House-of-Change.pdf; abgerufen am 14.04.2018.

Pabinger-Eisl, U.: Entwicklungsprozesse in Organisationen – ein (Er-)Spüren, Entfalten, Gestalten, Verbinden von Möglichkeiten, in: MC Notiz, 12/2016, https://www.mcv.at/wp-content/uploads/2017/12/Inmitten-der-Schwierigkeiten_U.-Pabinger_Eisl.pdf; abgerufen am 30.08.2018.

Pätzold, P.B.: Veränderungsprozesse in Organisationen – Chancen der internen Kommunikation beim sozialen System, Zürich 2011, https://digitalcollection.zhaw.ch/bitstream/11475/856/1/ba0136.pdf; abgerufen am 09.03.2018.

Pelzmann, S., Strümpf, B.: Integrative Tools für die Team- und Organisationsdiagnose, Wirksam beraten, Heidelberg 2012.

Peteranderl, A.: Arbeitsblätter Systemische Organisationsberatung, unveröffentlichtes Manuskript, Deggendorf/München 2016.

Peterjohann, H.: Change Management in Projekten, Ladbergen 2017, https://www.peterjohann-consulting.de/change-management-in-projekten/; abgerufen am 27.09.2018.

Petry, T. (Hrsg.): Digital Leadership. Erfolgreiches Führen in Zeiten der Digital Economy, Freiburg/München 2016.

Pfeiffer, S. et al.: Industrie 4.0 – Qualifizierung 2015, Frankfurt 2016.

Priddat, B.: Strukturierter Individualismus. Institutionen als ökonomische Theorie, Marburg 2005.

Prochaska, J.O., Norcross, J.C.; Systems of Psychotherapy: A Transtheoretical Analysis, 6. Auflage, Belmont, CA/USA 2007.

Rappe-Giesecke, C.: Sondierung – von der Beratungsanfrage zum Kontrakt, in: Pühl, H. (Hrsg.), Das aktuelle Handbuch der Supervision, 2. Auflage, Gießen 2017, S. 64-80.

Rasch, T.: Verstehen abstrakter Sachverhalte: Semantische Gestalten in der Konstruktion mentaler Modelle, Berlin 2006 Risak (2003), S. 136.

Rayome, A.: 10 tech tools that will help bring digital transformation to your SMB, in: TechRepublic, 15.02.2018, https://www.techrepublic.com/article/10-tech-tools-that-will-help-bring-digital-transformation-to-your-smb/; abgerufen am 08.09.2018.

Reiners, K.: Bei der beruflichen Neuorientierung werden Outplacementberater als Motivatoren, Karrierearchitekten und Vertraute geschätzt, 2018, abrufbar unter: https://www.bdu.de/media/351857/befragung_-opb_kandidatensicht.pdf, abgerufen am 25.06.2018.

Rentmeister, H. et al.: Schöne neue Arbeitswelt 4.0?, The Boston Consulting Group (BCG) – Studie, Berlin 2017; https://www.bcg.com/Images/27Nov_Report_Arbeitswelt4.0_tcm108-178261.pdf; abgerufen am 04.04.2018.

Rest, J.: Digitale Plattformen. Street-Fighter, in: manager magazin 18.05.2018, http://www.manager-magazin.de/magazin/artikel/digitale-plattformen-die-naechste-runde-wird-auf-der-strasse-ausgetragen-a-1211063.html; abgerufen am 18.06.2018.

Richter, T.: Führungswerkzeug Auftragsklärung. Wie wird der Anfang von etwas Neuem gut?, in: manager magazin 18.01.2018, http://www.manager-magazin.de/unternehmen/karriere/moderne-fuehrung-so-geht-auftragsklaerung-a-1188203.html; abgerufen am 16.08.2018.

Risak, J.: Sanierung in action, in: zfo, 72. Jg., 2003, Heft 3, Seite 133-137.

Robrecht, T.: Umgang mit Emotionen, in: Kreuser, K., Robrecht, T. (Hrsg.): Führung und Erfolg, Wiesbaden 2010, S. 21-37.

Roehl, H., Eppler, M.: Werkzeuge Des Wandels: Die 30 Wirksamsten Tools Des Change Managements, Stuttgart 2012.

Röllecke, T., Umfrage abrufbar unter: https://www.wissensmanagement-im-unternehmen.com/aktuelle-umfrage/ abgerufen am 17.06.2018.

Roth, S.: Emotionen im Visier. Neue Wege des Change Managements, in: OrganisationsEntwicklung, 2/2000, S. 14-21.

Rohrbach-Schmidt, D., Tiemann, M.: Changes in workplace tasks in Germany – evaluating skill and task measures, in: Journal for Labour Market Research, Jg. 46, Heft 3, 2013, S. 215-237.

Sackmann, S.: Erfolgsfaktor Unternehmenskultur, Mit kulturbewusstem Management Unternehmensziele erreichen, Wiesbaden 2004.

Sackmann, S.: Unternehmenskultur verstehen: Modelle für die Diagnose, in: changement!, 28.08.2017, Heft 06, Seite 31-34.

Schaefer, D. et al.: Culture First! Von den Vorreitern des digitalen Wandels lernen. Capgemini Change Management Studie 2017, Offenbach 2017, https://www.capgemini.com/consulting-de/resources/change-management-studie-2017/; abgerufen am 21.08.2018.

Schein, E.: Coming to a New Awareness of Organizational Culture, in: Sloan Management Review, vol. 25, issue 2, S. 3-16, 1984.

Schein, E.: Organizational culture and leadership, San Francisco 1985.

Schiersmann, C., Thiel H.-U.: Organisationsentwicklung, 5. Auflage, Heidelberg 2018.

Schmid, B., Veith, T., Weidner, I.: Einführung in die kollegiale Beratung, Heidelberg 2013.

Schuderer, M., Heiden, M.K., Schroeder, S.: Change Management im digitalen Zeitalter, in: BANKING HUB, 04.04.2017, https://bankinghub.de/innovation-digital/change-management; abgerufen am 28.04.2018.

Schuler, H., Kanning, U.P.: Lehrbuch der Personalpsychologie, 3. Auflage, Göttingen 2014.

Schulze, H., Lohkamp, L.: Kollegiale Beratung – problemlösungsorientierte Unterstützung von Führungskräften, unveröffentlichtes Manuskript, Deggendorf/Hamburg 2015.

Seifert, N.: Veränderungskompetenz, in: Handbuch Personalentwicklung, Köln, 164. Erg.-Lfg., September 2012, S. 1-44.

Seel, N.M.: Weltwissen und mentale Modelle, Göttingen 1991.

Sejkora, K./Schulze, H.: Die Kunst der starken Führung, Persönliche Potenziale kraftvoll nutzen – Ressourcen der Mitarbeiter stärken, Munderfing 2016.

Selvini Palazzoli, Mara et al.: Hypothetisieren – Zirkularität – Neutralität: Drei Richtlinien für den Leiter der Sitzung, in: Familiendynamik, Jg. 6, 1981, S. 123-139.

Senge, P.M.: The Fifth Discipline – The Art & Practice of a Learning Organization, New York 1990/2011.

Simon, F.: Einführung in Systemtheorie und Konstruktivismus, 8. Auflage, Heidelberg 2017.

Simon, F., Rech-Simon, C.: Zirkuläre Fragen, 13. Auflage, Heidelberg 2018.

Simon, V.: Management, Unternehmenskultur und Problemverhalten, Wiesbaden 2000.

Slupetzky, W.: Wo ist der Unterschied, der den Unterschied macht? Der »systemische Ansatz« in der Beratung, Graz 2002, http://www.systemische-professionalitaet.de/download/schriften/13-wo-ist-der-unterschied.pdf; abgerufen am 18.02.2017.

Spencer, S.A., Adams, J.D.: Life changes: growing through personal transitions. A Guide to the Seven Stages of Personal Growth, New York 2002.

Spichalsky, K.: Change Management und Mitarbeiterbefragungen, Wiesbaden 2016.

Starker, V., Peschke, T.: Hypnosystemische Perspektiven im Change Management, Berlin 2017.

Stegmaier, W.: Philosophie der Orientierung, Berlin 2008.

Steiner, G.: Analoge Repräsentationen, in: Mandl, H., Spada, H. (Hrsg.): Wissenspsychologie, München/Weinheim 1988, S. 99-119.

Steinmann, H./Schreyögg, G./Koch, J: Management, Grundlagen der Unternehmensführung, Konzepte – Funktionen – Fallstudien, 7. Auflage, Wiesbaden 2013.

Stiller, K.-T.: Forschendes Lernen – systemisch beraten. Eine Skizze zur Beratung in Praxisphasen der Lehramtsausbildung, Bielefeld 2015, https://pub.uni-bielefeld.de/download/2756706/2913558; abgerufen am 09.08.2018.

Stock-Homburg, R.: Personalmanagement: Theorien – Konzepte – Instrumente, 3. Auflage, Wiesbaden 2013.

Stockmann, R., Meyer, W.: Evaluation: Eine Einführung, 2. Auflage, Opladen, Toronto 2014.

Stölting, D.: Regionale Sounding-Gruppen und zentrales Sounding-Board – ein wirkungsvolles Format für Diagnose, Monitoring und Feedback, in: Große Peclum, K.-H. et al.: Erfolgreiches Change Management in der Post Merger Integration. Fallstudie Commerzbank AG, Wiesbaden 2012, S. 207-228.

Stolla, C., Schotkowsky, R.: Systemische Evaluation. Ein Beitrag zur effektiven Steuerung von Veränderungsprozessen, in: OrganisationsEntwicklung, Nr. 1/2008, S. 42-51.

Strebe, R.: Mental Models: Teil 1 – Die Welt im Kopf des Nutzers, usabilityblog 17.11.2015, https://www.usabilityblog.de/mental-models-teil-1-die-welt-im-kopf-des-nutzers/; abgerufen am 10.03.2018.

Stufflebeam, D. L., Shinkfield, A. J.: Evaluation theory, models and applications, San Francisco 2007.

Szebel, A.: Veränderungskompetenz von Mitarbeitern, Köln 2015.

Tietze, K.-O.: Kollegiale Beratung, 2. Auflage, Hamburg 2008.

Tietze, K.-O.: Kollegiale Beratung, in: Dick, M., Marotzki, W., Mieg, H. (Hrsg.): Handbuch Professionsentwicklung, Bad Heilbrunn 2016, S. 309-320.

Tietze, K.-O.: Kollegiale Beratung – Die Methode, in: www.kollegiale-beratung.de 2018, http://www.kollegiale-beratung.de/Ebene1/methode.html; abgerufen am 29.10.2018.

Thiemann, D. et al.: Auswirkung von Big Data auf das Börsengeschäft, FOM Essen, 2015, http://winfwiki.wi-fom.de/index.php/Auswirkung_von_Big_Data_auf_das_B%C3%B6rsengesch%C3%A4ft; abgerufen am 15.01.2018.

Thom, N.: Management des Wandels: Grundelemente für ein differenziertes und integriertes »Change Management«, ResearchGate Januar 2012, https://www.researchgate.net/publication/269708957_Management_des_Wandels_Grundelemente_fur_ein_differenziertes_und_integriertes_Change_Management; abgerufen am 18.04.2018.

Tofall, N.: Gemeinsame mentale Modelle, FAZ Feuilleton, 08.05.2006, http://www.faz.net/aktuell/feuilleton/wirtschaft/gemeinsame-mentale-modelle-1332587.html; abgerufen am 04.03.2018.

Uebernickel, F. et al.: Design Thinking: Das Handbuch, Frankfurt 2015.

Unternehmensdarstellung »Karent«, abrufbar unter: http://www.karent.de/outplacement/honoraruebersicht/abgerufen am 25.06.2018.

Vahs, D., Brem: Innovationsmanagement. Von der Idee zur erfolgreichen Vermarktung, 5. Auflage, Stuttgart 2015.

VDA – Verband der Automobilindustrie, Innovation und Technik, Berlin 2018, https://www.vda.de/de/themen/innovation-und-technik.html; abgerufen am 28.01.2018.

Vogels, W.: Größer, höher, weiter: Wie die Digitalisierung Wertschöpfung neu definiert, in: WirtschaftsWoche 25.04.2017, https://www.wiwo.de/technologie/digitale-welt/groesser-hoeher-weiter-wie-die-digitalisierung-wertschoepfung-neu-definiert/19709416.html; abgerufen am 17.05.2018.

Volland, A. et al. (Hrsg.): Projektmanagement & Vorgehensmodelle 2017, Lecture Notes in Informatics (LNI), Gesellschaft für Informatik, Bonn 2017.

Wagner, D. et al.: Typologie von Lernkulturen in Unternehmen, QUEM-report, Schriften zur beruflichen Weiterbildung, Heft 73, Berlin 2001.

Wanner, R.: Risikomanagement für Projekte. Die wichtigsten Methoden und Werkzeuge für ein wirkungsvolles Risikomanagement, 2. Auflage, Leipzig 2015.

Weiand, A.: Toolbox Change Management. 44 Instrumente für Vorbereitung, Analyse, Planung, Umsetzung und Kontrolle, Stuttgart 2016.

Weidmann, J.: Auch ohne Glaskugel strategisch planen – Zur Bedeutung einer zielorientierten Steuerung in der deutschen Verwaltung am Beispiel der Bundesbank. Rede beim Spitzengespräch »Zielorientierte Steuerung in der deutschen Verwaltung«, Berlin 2014, https://www.bundesbank.de/Redaktion/DE/Reden/2014/2014_09_29_weidmann.html; abgerufen am 23.03.2018.

Weissmann, W.: Unternehmenskultur, Ein Weg zum tieferen Verständnis von Prozessen in Unternehmen, Wiesbaden 2004.

Welge, M., Al-Laham, A., Eulerich, M.: Strategisches Management. Grundlagen – Prozess – Implementierung, 7. Auflage, Wiesbaden 2017.

Wenzlaff, T.: Die TOP 12 Fragetechniken, in: kleinhirn, 24.08.2017 http://kleinhirn.eu/2017/08/24/die-top-12-fragetechniken/; abgerufen am 11.08.2018.

Werner, C., Elbe, M. (Hrsg.): Handbuch Organisationsdiagnose, München 2013.

Westerheide, F.: acceleration growth, asgard 24.12.2014, http://asgard.vc/tag/acceleration-growth/; abgerufen am 31.01.2018.

Wilber, K.: Ganzheitlich handeln – eine integrale Vision für Wirtschaft, Politik, Wissenschaft und Spiritualität, Freiamt 2001.

Wildemann, H.: Komplexität, Externe und interne Komplexitätstreiber, TCW-Arbeitspapier, München 2015.

Wilson, L. O.: Anderson and Krathwohl – Bloom's Taxonomy Revised, The Second Principle 2016, http://thesecondprinciple.com/teaching-essentials/beyond-bloom-cognitive-taxonomy-revised/; abgerufen am 03.01.2018.

Winkel, C., Petermann, F., Petermann, U.: Lernpsychologie, Paderborn 2006.

Winkler, B.: Auftragsklärung und Kontraktgestaltung, in: Zeitschrift für OrganisationsEntwicklung, Heft 4, 2004, S. 88-95.

Wolf, I.: Wechselwirkung Mensch und autonomer Agent, in: Maurer, M. et al. (Hrsg.): Autonomes Fahren, Berlin 2015, https://studlib.de/7051/maschinenbau/mentale_modelle_autonomen_fahrens#451; abgerufen am 03.03.2018.

Wolff, J.: Das Evaluieren wir mal eben. Begrenzungen / Voraussetzungen (quasi-)experimentalgesteuerter Evaluationen, in: 21. Jahrestagung der DeGEval, Dresden 2018, https://www.degeval.org/fileadmin/jahrestagung/Dresden_2018/Dokumentation/Block_C/Session_C6_Jutta_Wolff_Begrenzungen_Voraussetzunge_quasi-experimentelles_Design.pdf; abgerufen am 14.12.2018.

Young, I.: Mental Models. Aligning Design Strategy with Human Behavior, New York 2008.

Zelesniack, E., Grolman, F.: Die besten Change Management-Modelle im Vergleich, initio Organisationsberatung (o. J.), https://organisationsberatung.net/change-management-modelle-im-vergleich/; abgerufen am 12.04.2018.

Zirn, J., Allmers, S.: Einfach. Machen. Micro Methods für das agile Projektsetup, in: Zeitschrift OrganisationsEntwicklung, Heft 3, 2018, S. 82-89.

Zowislo, N., Schwab, H.: Interne Kommunikation im Veränderungsprozess, Wiesbaden 2003.

Abbildungsverzeichnis

Autoren

Thomas Bartscher
Prof. Dr. Thomas Bartscher kann auf langjährige Erfahrungen in verschiedenen Funktionsbereichen des Personalmanagements zurückgreifen. Seit 1998 vertritt er die nachfolgenden Lehr- und Forschungsgebiete an der Technischen Hochschule Deggendorf (THD): Personalmanagement, Transformations- und Innovationsmanagement. Als Trainer und Organisationsberater ist er seit mehr als 20 Jahren für Industrie- und Dienstleistungsunternehmen, Non-Profit- und öffentliche Unternehmen tätig. Seine Schwerpunkte in der Beratung liegen in den Bereichen Strategisches Personalmanagement, Begleitung komplexer & digitaler Transformationsprozesse, Leadership-Programme, Großgruppenveranstaltungen. Als Gesellschafter des I:AD Institut für Arbeit & Digitalisierung beschäftigt er sich mit den Herausforderungen der Digitalisierung in Arbeitssystemen. Thomas Bartscher ist als Speaker zu den aktuellen Entwicklungen in der Arbeitswelt gefragt.

Regina Nissen
Regina Nissen hat langjährige Erfahrung in der Personalarbeit. Personalwirtschaftliche Themenstellungen wie Controlling, Vertragsmanagement, strategisches Personalmanagement, Change-Prozesse, Arbeits- und Tarifrecht stellen Teile ihres Arbeitsgebietes dar. Insbesondere Coaching, Burnout-Prävention und fachliche Begleitung gehören zu ihrem inhaltlichen Repertoire. Als Geschäftsführerin der IPP-Institut GmbH Management- & Organisationsberatung sowie des I:AD Institut für Arbeit und Digitalisierung engagiert sich die Diplom-Kauffrau für eine kontinuierliche Weiterentwicklung der aktuellen Themen im Personalmanagement insbesondere im Kontext digitalisierter Arbeitssysteme. Neben ihrer Lehrtätigkeit als Lehrbeauftragte an der THD – Technischen Hochschule Deggendorf – ist Regina Nissen u. a. als Lern-Coach aktiv. Sie ist Co-Autorin mehrerer Fachbücher, im Pearson Verlag erschienen ist ein Standardwerk zu Personalmanagement.